DAXUE JISUANJI
JICHU

大学计算机基础

（Windows 10+Office 2016）（第2版）

主　编　卓晓波

副主编　曾学军　王　华　潘　臻

高等教育出版社·北京

内容简介

本书主要根据教育部计算机基础教学指导委员会《关于进一步加强高等学校计算机基础教学的意见》《高等学校非计算机专业计算机基础课程教学基本要求》和教育部办公厅印发的《高等职业教育专科信息技术课程标准（2021版）》，结合全国计算机等级考试的新考试大纲的内容编写完成。

本书主要内容包括计算机基础知识、微型计算机的软硬件系统、Windows 10操作系统、文字处理软件 Word 2016、表格处理软件 Excel 2016、演示文稿软件 PowerPoint 2016、计算机网络基础、IT 新技术（云计算、大数据、人工智能、5G移动通信、物联网、区块链等）、软件技术基础、数据库技术基础等。

本书为新形态一体化教材，配套建设了微课视频、授课用 PPT、课后习题、习题答案、素材等数字化学习资源。与本书配套的数字课程在"智慧职教"平台（www.icve.com.cn）上线，读者可以登录平台进行学习并下载基本教学资源，详见"智慧职教"使用指南，教师也可发邮件至编辑邮箱 1548103297@qq.com 获取相关教学资源。

本书以 Windows 10+Office 2016 为教学平台，具有条理清楚、内容翔实、通俗易懂等特点，适合作为应用型本科院校和高等职业院校大学计算机基础课程的教材，也可作为参加计算机等级考试人员和计算机爱好者的参考用书。

图书在版编目（C I P）数据

大学计算机基础：Windows 10+Office 2016 / 卓晓波主编 . --2 版 . --北京：高等教育出版社，2022.1（2023.11 重印）
ISBN 978-7-04-056877-6

Ⅰ. ①大… Ⅱ. ①卓… Ⅲ. ①Windows 操作系统-高等职业教育-教材②办公自动化-应用软件-高等职业教育-教材 Ⅳ. ①TP3

中国版本图书馆 CIP 数据核字（2021）第 176036 号

Daxue Jisuanji Jichu

策划编辑	许兴瑜	责任编辑	许兴瑜	封面设计	张 志	版式设计	马 云
插图绘制	邓 超	责任校对	高 歌	责任印制	高 峰		

出版发行	高等教育出版社	网　址	http://www.hep.edu.cn
社　址	北京市西城区德外大街 4 号		http://www.hep.com.cn
邮政编码	100120	网上订购	http://www.hepmall.com.cn
印　刷	北京汇林印务有限公司		http://www.hepmall.com
开　本	787 mm×1092 mm　1/16		http://www.hepmall.cn
印　张	21.25	版　次	2014 年 8 月第 1 版
字　数	620 千字		2022 年 1 月第 2 版
购书热线	010-58581118	印　次	2023 年 11 月第 4 次印刷
咨询电话	400-810-0598	定　价	49.50 元

本书如有缺页、倒页、脱页等质量问题，请到所购图书销售部门联系调换
版权所有　侵权必究
物 料 号　56877-00

▐▐▐ "智慧职教"服务指南

"智慧职教"（www.icve.com.cn）是由高等教育出版社建设和运营的职业教育数字教学资源共建共享平台和在线课程教学服务平台，与教材配套课程相关的部分包括资源库平台、职教云平台和 App 等。用户通过平台注册，登录即可使用该平台。

● 资源库平台：为学习者提供本教材配套课程及资源的浏览服务。

登录"智慧职教"平台，在首页搜索框中搜索"Photoshop CC 图像处理基础"，找到对应作者主持的课程，加入课程参加学习，即可浏览课程资源。

● 职教云平台：帮助任课教师对本教材配套课程进行引用、修改，再发布为个性化课程（SPOC）。

1. 登录职教云平台，在首页单击"新增课程"按钮，根据提示设置要构建的个性化课程的基本信息。

2. 进入课程编辑页面设置教学班级后，在"教学管理"的"教学设计"中"导入"教材配套课程，可根据教学需要进行修改，再发布为个性化课程。

● App：帮助任课教师和学生基于新构建的个性化课程开展线上线下混合式、智能化教与学。

1. 在应用市场搜索"智慧职教 icve" App，下载安装。

2. 登录 App，任课教师指导学生加入个性化课程，并利用 App 提供的各类功能，开展课前、课中、课后的教学互动，构建智慧课堂。

"智慧职教"使用帮助及常见问题解答请访问 help.icve.com.cn。

前　言

随着以计算机技术、通信技术和控制技术为核心的现代信息技术的飞速发展和广泛应用，社会对计算机基础教育提出了新的认识和学习要求，同时对学生的计算机应用能力也提出了更高的需求。为了适应这种新发展，编者根据教育部计算机基础教学指导委员会《关于进一步加强高等学校计算机基础教学的意见》《高等学校非计算机专业计算机基础课程教学基本要求》和教育部办公厅印发的《高等职业教育专科信息技术课程标准（2021 版）》，结合全国计算机等级考试新的考试大纲，编写了本书。

本书为四川建筑职业技术学院高水平专业群（建筑工程技术专业群）建设成果之一，是专业群共享模块课程《计算机应用基础》的配套教材，可用于工程造价专业、道路桥梁工程技术专业、铁道工程技术专业、建筑设备工程技术专业、建筑装饰工程技术专业的相关课程教学配套。本书以学生为中心，以建筑工程技术专业群学生的综合素质（基本职业素养）提升为目标，校企深度合作（团队共建、资源共享、人才共育）。本书编写的宗旨是使学生较全面、系统地了解计算机基础知识，具备计算机实际应用能力，并能在各自的专业领域自觉地应用计算机进行学习与研究。本书在编写过程中探索和实践对应课程《计算机应用基础》的线上线下混合式教学，同时结合党的二十大精神进教材、进课堂、进头脑的要求，进一步全面落实立德树人的根本任务，努力培养德智体美劳全面发展的新时代建设者和接班人。本书增加了人工智能、大数据、云计算、物联网、5G 通信、区块链等 IT 新技术的基本概念和应用理解，使读者能深刻把握信息技术的深刻变化和发展方向。

全书共分 9 章，内容具体如下。

第 1 章计算机与信息安全，介绍计算机的产生、发展、特点和应用；计算机中信息的处理方式，网络安全技术，计算机病毒，信息素养和职业道德规范。

第 2 章计算机系统，介绍微型计算机的软硬件系统、系统总线和接口。

第 3 章操作系统基础，介绍操作系统的概念，Windows 10 的基本知识、基本操作和系统管理。

第 4 章文字处理软件 Word，介绍文字处理软件 Word 2016 文档的建立、编辑和排版，表格的处理，图文混排，长文档的处理，页面设置和打印等。

第 5 章表格处理软件 Excel，介绍表格处理软件 Excel 2016 的基本知识数据的输入与编辑，公式与函数，数据的管理与分析，数据的图表化。

第 6 章演示文稿软件 PowerPoint，介绍演示文稿软件 PowerPoint 2016 的窗口界面和基本操作，幻灯片的编辑与动画效果设置，幻灯片的放映与打印。

第 7 章计算机网络基础，介绍计算机网络概念、分类和组成，Internet 基础，Internet 服务。

第 8 章 IT 新技术，介绍云计算、大数据、人工智能、5G 移动通信、物联网、区块链等信息新技术的概念、发展、特点及应用。

第 9 章软件技术基础，介绍算法与数据结构，软件工程、程序设计的相关知识，数据库和数据模型的基本概念，数据库设计的相关知识等。

在本书的编写过程中，注重对计算机相关知识基本内容的阐述，力求概念准确、条理清晰、通俗易懂，以培养学生良好的创新意识、协作意识、质量意识、法律意识及社会责任意识，加强行为规范与思想意识的引领作用，落实以人才为第一资源的科教兴国和人才强国战略。本书还提供二维码链接教学视频，对书中的重点和难点知识内容进行了相应的讲解。为帮助读者真正掌握所学知识，加强读者对计算机操作技能的培养，有与本书配套的《大学计算机基础实训指导（Windows 10+Office 2016）（第 2 版）》供参考。本书参照了计算机等级考试新考试大纲的考试要求，能够满足教学和学生参加计算机等级考试的需要。

本书由四川建筑职业技术学院计算机基础教研室的老师和企业人员集体完成，所有参加编写工作的老师长期工作在教学第一线，具有丰富的教学经验，对书中的知识点有较深刻的理解。具体编写分工如下：第 1 章由闫青编写，第 2 章和第 5 章由张光建编写，第 3 章和第 7 章由曾学军编写，第 4 章由卓晓波编写，第 6 章由王喻编写，第 8 章由潘臻编写，第 9 章由王华编写，全书由卓晓波主编和统稿，曾学军、王华、潘臻任副主编。

由于本书的知识面较广，要将众多知识很好地贯穿起来，难度较大，因此书中难免存在不妥之处，敬请广大读者批评指正。编者联系方式：735577171@qq.com。

编　者

2023 年 7 月

目　录

第 1 章　计算机与信息安全

自从世界上第一台计算机 ENIAC（Electronic Numerical Integrator and Calculator，电子数字积分计算机）于 1946 年诞生以来，计算机技术日新月异、飞速发展，取得巨大的进步。当前，计算机技术已得到广泛运用，在人们的学习、工作和生活中发挥着非常重要的作用。因此，具备以计算机技术为核心的信息技术的基础知识和应用能力，是当代大学生必备的职业素养。

1.1　计算机的产生与发展

1.1.1　计算机的产生

1．人类早期的计算工具

在漫长的文明发展过程中，人类发明了许多计算工具。早期具有历史意义的计算工具有以下几种。

- 算筹：该计算工具的源头可以追溯至商代的算筹。算筹或称算子，是中国古代的一种十进制计算工具，起源于商代的占卜，用现成的小木棍做计算。
- 算盘：中国唐代发明的算盘是世界上第一种手动式计算工具，一直沿用至今。许多人认为算盘是最早的数字计算机，而珠算口诀则是最早的体系化算法。
- 计算尺：1633 年，英国数学家威廉·奥特雷德（William Oughtred）利用对数基础，发明出一种圆形计算工具，即比例环。后来逐渐演变成近代熟悉的计算尺。计算尺可执行加、减、乘、除、指数、三角函数等运算，一直沿用到 20 世纪 70 年代才由计算器所取代。
- 加法器：1642 年，法国哲学家、数学家帕斯卡（Blaise Pascal）发明了世界上第一个加法器，它采用齿轮旋转的方式进行运算，但只能做加法运算。
- 计算器：1673 年，德国数学家戈特佛里德·莱布尼茨（Gottfried Leibniz）在帕斯卡的发明基础上又发明了能演算加、减、乘、除和开方的计算器。

2．推动计算机诞生及发展的杰出科学家

（1）电子计算机的鼻祖——巴贝奇

现代电子计算机的鼻祖可以追溯到 19 世纪由英国科学家查尔斯·巴贝奇（Charles Babbage，1792—1871）设计的差分机和分析机，见图 1.1.1。当时，因计算错误频出，巴贝奇萌生了用机器来计算数据表的设想。经过 10 年的不懈努力，于 1822 年，巴贝奇成功地研制出了第一台计算精度达到 6 位数的差分机。1834 年巴贝奇又提出设计通用的数学计算机——分析机的设想。巴贝奇的分析机依靠蒸汽机为动力，驱动大量的齿轮运转，共包括存储仓库、运算室（作坊 mill）、控制筒以及输入装置——穿孔卡、输出装置五部分。由于研制经费短缺以及当时技术条件、水平低下等原因，分析机最终没能制造出来。分析机的出现虽然没有带来石破天惊的震撼，也没有被广泛地接受，但设计分析机所采用的一些计算机思想一直沿用至今。

图 1.1.1
查尔斯·巴贝奇和他的差分机与分析机模型

(b)

(c)

(a)

（2）计算机科学的奠基人——图灵

计算机科学的奠基人是英国科学家艾伦·麦席森·图灵（Alan Mathison Turing，1912—1954），见图1.1.2。1936年，图灵向伦敦权威的数学杂志投了一篇论文，题为《论数字计算在决断难题中的应用》。在这篇论文中，图灵给"可计算性"下了一个严格的数学定义，并提出著名的"图灵机"的设想。其基本思想是用机器来模拟人们用纸和笔进行数学运算的过程。1950年，"图灵测试"和"机器思维"概念的提出，为图灵赢得了"人工智能之父"的桂冠。图灵是第一个提出利用某种机器实现逻辑代码的执行，以模拟人类的各种计算和逻辑思维过程的科学家，其思想是后人设计实用计算机的思路来源，是当今各种计算机设备的理论基石。

（3）现代计算机之父——冯·诺依曼

现代计算机之父是美籍匈牙利数学家约翰·冯·诺依曼（John von Neumann，1903—1957），见图1.1.3。他于1946年提出现代电子计算机理论——冯·诺依曼体系结构，主要包括以下3点：

图 1.1.2
图灵

图 1.1.3
冯·诺依曼

- 计算机的数制采用二进制。
- 采用存储程序方式：事先编制程序，把程序存入存储器中，计算机在运行时就能自动地、连续地从存储器中取出指令并执行。
- 计算机硬件由运算器、控器、存储器、输入设备和输出设备五大部分组成。

以此理论为依据，他和同事们研制了人类历史上第2台电子计算机EDVAC，对后来的计算机在体系结构和工作原理上具有重大影响。时至今日，虽然计算机系统从性能指标、运算速度、工作方式、应用领域等方面与当时的计算机有很大差别，但基本体系结构没有改变，都称为冯·诺依曼计算机。

3．电子计算机问世

世界上第一台电子计算机在1946年2月由宾夕法尼亚大学研制成功。莫奇来（Mauchly）博士和他的学生爱克特（Eckert）设计的ENIAC如图1.1.4所示。这部机器使用了18 800个真空管，长50英尺，宽30英尺，占地1500平方英尺，重达30吨（大约是一间半的教室大，

图 1.1.4
ENIAC

6 只大象重）。它可进行 5000 次每秒的加法运算，预示了科学家们将从奴隶般的计算中解脱出来。ENIAC 的问世，表明了电子计算机时代的到来，具有划时代意义。

ENIAC 本身存在两大缺点：一是没有存储器，程序与计算是分离的，程序采用外部插入式；二是用布线接板进行控制。每当进行一项新的计算时，都要重新连接线路。有时几分钟或几十分钟的计算，要花几小时或好几天的时间进行线路连接准备。虽然存在许多不足，但 ENIAC 的发明仍然为现代计算机在体系结构和工作原理上奠定了基础。

1.1.2　计算机的发展

从 1946 年第一台计算机诞生以来，电子计算机已经走过了半个多世纪的历程，计算机的体积不断变小，性能、速度却在不断提高。根据计算机采用的物理器件，一般将计算机的发展分成 4 个阶段。

1. 第一代电子计算机

第一代电子计算机（1946—1958 年）是电子管计算机。其主要特点是采用电子管作为基本电子元器件，体积大，耗电量大，寿命短，可靠性低，成本高。没有系统软件，用机器语言和汇编语言编程。因此，第一代计算机只能在少数尖端领域中运用，一般用于科学、军事方面的计算。其代表机型有 IBM650（小型机）、IBM709（大型机）。

2. 第二代电子计算机

第二代电子计算机（1958—1964 年）是晶体管计算机。其基本特征是逻辑元件逐步由电子管改为晶体管，内存大都使用磁心存储器。外存储器有了磁盘、磁带，外设种类也有所增加。运算速度达到几十万次每秒，内存容量扩大到几十 KB。与此同时，计算机软件也有了较大的发展，出现了 FORTRAN、COBOL、ALGOL 等高级语言。与第一代计算机相比，晶体管电子计算机体积小、成本低、功能强，而可靠性大大提高。除了科学计算外，还用于数据处理和事务处理。其代表机型由 IBM7090、CDC7600。

3. 第三代电子计算机

第三代电子计算机（1964—1970 年）是中小规模集成电路计算机。随着固体物理技术的发展，集成电路工艺已可以在几平方毫米的单晶硅片上集成由十几个甚至上百个电子元器件组成的逻辑电路。其基本特征是，逻辑器件采用小规模集成电路（Small Scale Integration，SSI）和中规模集成电路（Middle Scale Integration，MSI）。第三代电子计算机的运算速度可为几十万次到几百万次每秒。存储器进一步发展，体积越来越小，价格越来越低，而软件越来越完善。这一时期，计算机同时向标准化、多样化、通用化、机种系列化方向发展。高级程序设计语言在这个时期有了很大发展，并出现了操作系统和会话式语言，计算机开始广泛应用在各个领域。其代表机型有 IBM360。

4. 第四代电子计算机

由大规模和超大规模集成电路组装成的计算机，被称为第四代电子计算机。进入 20 世纪 70 年代以来，计算机逻辑器件采用大规模集成电路（Large Scale Integration，LSI）和超大规模集成电路（Very Large Scale Integration，VLSI）技术，在硅半导体芯片上集成了大量的电子元器件。集成度很高的半导体存储器取代了服役达 20 年之久的磁心存储器。第四代电子计算机一方面向巨型化发展，出现了运算速度为数亿次每秒的巨型机；另一方面向微型化发展，出现了小巧灵活的微型机。

1.1.3 我国计算机发展史

我国计算机的研制起步于 20 世纪 50 年代中期，经历了 60 多年漫长的过程。时至今日，我国计算机的部分研究已达到国际领先水平。

1958 年，中国科学院计算所成功研制了第一台小型电子管通用计算机 103 机（八一型），标志着我国第一台电子计算机的诞生。

1965 年，中科院计算所成功研制了第一台大型晶体管计算机 109 乙机，随后又推出 109 丙机。该机在两弹一星试验中发挥了重要作用。

1974 年，清华大学等单位联合设计研制了采用集成电路的 DJS-130 小型计算机，其运算速度达 100 万次/秒。我国 DJS 系列机的诞生推动了中国计算机工业走上系列化批量生产的道路。

从 20 世纪 80 年代开始，中国计算机事业进入了快速发展阶段。超级计算机的研发是衡量一个国家综合国力的重要标志，因此我国相继研制出银河系列、曙光系列、天河系列、神威系列等超级计算机。

（1）银河系列

国防科学技术大学于 1983 年研制成功了"银河 I 号"巨型计算机，其运算速度达 1 亿次/秒。银河-I 巨型机是我国自行研制的第一台亿次计算机系统，是中国高速计算机研制的一个重要里程碑。

1992 年研制成功银河-II 通用并行巨型机，峰值速度达 4 亿次/秒浮点运算（相当于 10 亿次/秒基本运算操作）。

1997 年研制成功银河-III 百亿次并行巨型计算机系统，采用可扩展分布共享存储并行处理体系结构，峰值性能为 130 亿次/秒浮点运算。

2000 年由 1024 个 CPU 组成的银河IV超级计算机问世，其峰值性能达到 1.0647 万亿次/秒浮点运算，各项指标均达到当时国际先进水平，它使我国高端计算机系统的研制水平再上一个新台阶。"银河"超级计算机用于中期数值天气预报系统，使我国成为世界上少数几个能发布 5 天～7 天中期数值天气预报的国家之一。

（2）曙光系列

国家智能计算机研究开发中心于 1993 年研制成功曙光一号全对称共享存储多处理机。1995 年，国家智能机中心又推出了国内第一台具有大规模并行处理机（MPP）结构的并行机曙光 1000，其实际运算速度上了 10 亿次/秒浮点运算这一高性能台阶。

随后还推出曙光 2000 系列超级服务器、曙光 3000 超级服务器、曙光 4000 系列、曙光 5000 系列。

（3）天河系列

2009 年"天河一号"超级计算机由国防科学技术大学研制，"天河一号"超级计算机使用了由我国中科院计算所自行研发的通用 CPU——"龙芯"芯片。而 1206 万亿次/秒的峰值速度和 563.1 万亿次/秒的运行速度，成为我国第一台千万亿次超级计算机。在 2010 年第 36 届世界超级计算机 500 强排行榜上名列世界第一。

2013 年"天河二号"由国防科学技术大学研制成功。采用了麒麟操作系统，以峰值计算速度 5.49 亿亿次/秒、持续计算速度 3.39 亿亿次/秒双精度浮点运算的优异性能在 2014

年的全球超级计算机 500 强榜单中,"天河二号"获得冠军,其速度比第二名的美国"泰坦"快一倍。成为全球最快超级计算机。"天河二号"自 2013 年问世以来,连续 6 次位居世界超算 500 强榜首,获得"六连冠"殊荣。这也是世界超算史上第一台实现六连冠的超级计算机。

在发展银河和曙光系列的同时,我国发现由于向量型计算机自身的缺陷,很难继续发展,因此转向发展并行型计算机,随后研发出神威系列超级计算机。

（4）神威系列

神威系列开发有神威蓝光计算机、神威 E 级原型机、神威·太湖之光超级计算机。

"神威·太湖之光"是由我国国家并行计算机工程技术研究中心研制的超级计算机。安装了我国自主研发的"申威 26010"众核处理器,是世界首台运行速度超 10 亿亿次/秒的超级计算机,其峰值性能达每 12.5 亿亿次/秒、持续性能为 9.3 亿亿次/秒,均居世界第一,被称为"国之重器"。

2016 年,在世界超算大会上,"神威·太湖之光"超级计算机系统登顶榜单之首,不仅速度比第二名的"天河二号"快出近 3 倍,其效率也提高了 3 倍。

1.2　计算机的特点与分类

1.2.1　计算机的特点

计算机的特点很多,它可以存储各种信息,会按人们事先设计的程序自动完成计算、控制等许多工作。其主要特点表现在以下几个方面。

1. 运算速度快

运算速度是计算机的一个重要性能指标。计算机的运算速度通常用每秒执行定点加法的次数或平均每秒执行指令的条数来衡量。1946 年诞生的 ENIAC,每秒只能进行 300 次乘法运算或 5000 次加法,是名副其实的计算用的机器。此后的 70 多年里,计算机技术发生着日新月异的变化,运算速度越来越快。2019 年,美国超级计算机"顶点"(Summit)以 14.86 亿亿次/秒的浮点运算速度荣登全球超级计算机 500 强榜首,令其他计算机望尘莫及。2020 年,日本超级计算机"富岳"(Fugaku)实力非凡,凭借着 41.55 亿亿次/秒浮点计算的峰值速度(是亚军 Summit 超级计算机的 2.8 倍)登顶 TOP500 榜首,成为全球最快的超级计算机。

2. 计算精度高

在科学研究和工程设计中,对计算的结果精度有很高的要求。普通的计算工具只能达到几位有效数字(如过去常用的 4 位数学用表、8 位数学用表等),而计算机的精度可达到十几位、几十位有效数字,甚至可根据需要达到任意的精度。

3. 存储容量大

计算机的存储器可以存储大量数据,这好比让计算机具有了"记忆"功能。随着科技的发展,目前计算机的存储容量越来越大,其容量单位现已达到太字节。计算机这一"记忆"功能,是与传统计算工具的一个重要区别。

4．具有逻辑判断功能

计算机的运算器除了能够完成基本的算术运算外，还具有进行比较、判断等逻辑运算的功能。这种能力是计算机处理逻辑推理问题的前提。

5．自动化程度高，通用性强

由于计算机的工作方式是将程序和数据先存放在机内，工作时按程序规定的操作一步一步地自动完成，一般无须人工干预，因而自动化程度高。这一特点是一般计算工具所不具备的。

1.2.2　计算机的分类

随着计算机技术的发展和应用的推动，尤其是微处理器的发展，计算机的类型越来越多样化。

1．根据用途及其使用范围分类

根据用途及其使用范围，计算机可分为通用机和专用机。

通用机的特点是通用性强，具有很强的综合处理能力，能够解决各种类型的问题。

专用机则功能单一，配有解决特定问题的软件和硬件，能够高速、可靠地解决特定的问题。

2．根据性能指标分类

从计算机的运算速度和性能等指标来看，计算机主要有高性能计算机、微型机、工作站、服务器、嵌入式计算机等。这种分类标准不是固定不变的，只能针对某一个时期。现在是大型机，过了若干年后可能成了小型机。

（1）高性能计算机

高性能计算机又称为巨型机（大型机）或超级计算机，是计算机中功能最强、运算速度最快、存储容量最大的一类计算机，多用于国家高科技领域和尖端技术研究，是一个国家科研实力的体现，它对国家安全、经济和社会发展具有举足轻重的意义，是国家科技发展水平和综合国力的重要标志。

高性能计算机数量虽不多，但却有重要和特殊的用途。在军事方面，可用于战略防御系统、大型预警系统、航天测控系统等；在民用方面，可用于大区域中长期天气预报系统、大面积物探信息处理系统、大型科学计算和模拟系统等。美国国家大气研究中心与科罗拉多大学合作，采用了 IBM 蓝色基因超级计算机来模拟海洋、天气和气候现象，并研究这些现象对农业生产、石油价格变动和全球变暖等问题的影响。日本科学家研制成功了代号为"地球模拟器"的超级计算机，其主要目的就是要提供准确的全球性天气预报。

（2）微型计算机

微型计算机又称为个人计算机（Personal Computer,PC）。1971 年美国英特尔（Intel）公司的工程师马西安·E.（台德）·霍夫成功研制出了世界上第一块 4 位微处理器芯片Intel4004，组成了世界上第一台微型计算机，自此微处理器的发展引起了计算机工业翻天覆地的变化。Intel 微处理器（CPU）芯片从早期的 4004/8008 开始发展，随后陆续推出了8080/8085、8086/8088、80286、80386、80486、奔腾（Pentium）系列以及酷睿（Core）系列。计算机的字长也从早期的 4 位，8 位，16 位发展到现在的 32 位及 64 位。

自 IBM 公司于 1981 年采用 Intel 的微处理器推出 IBM PC 以来，微型计算机因其小巧、轻便、价格便宜等优点，得到迅速的发展。今天，微型计算机的应用已经遍及社会的各个领域，从工厂的生产控制到政府的办公自动化，从商店的数据处理到家庭的信息管理，几乎无处不在。

（3）工作站

工作站是一种高档的微型计算机，通常配有高分辨率的大屏幕显示器及容量很大的内存储器和外部存储器，并且具有较强的信息处理功能和高性能的图形、图像处理功能，以及联网功能。

早期的工作站大都采用摩托罗拉（Motorola）公司的 680X0 芯片，配置 UNIX 操作系统。现在的工作站多采用 Intel 至强系列芯片，配置 Windows 或者 Linux 操作系统。和传统的工作站相比，Windows/Intel 工作站价格便宜。有人将这类工作站称为"个人工作站"，而将传统的、具有高图像性能的工作站称为"技术工作站"。

（4）服务器

服务器是一种在网络环境中对外提供服务的计算机。从广义上讲，一台微型计算机也可以充当服务器，关键是它要安装网络操作系统、网络协议和各种服务软件；从狭义上讲，服务器是专指通过网络对外提供服务的高性能计算机。与微型计算机相比，服务器对稳定性、安全性等方面要求更高，因此对硬件系统的要求也更高。

根据提供的服务，服务器可以分为 Web 服务器、FTP 服务器、文件服务器、数据库服务器等。

（5）嵌入式计算机

嵌入式计算机是指作为一个信息处理部件嵌入到应用系统之中的计算机。与通用计算机可以满足多种任务不同，嵌入式计算机只能完成某些特定目的的任务。嵌入式计算机与通用计算机的主要区别在于嵌入式计算机系统和功能软件集成于计算机硬件系统之中。也就是说，系统的应用软件与硬件一体化，类似于 BIOS 的工作方式。第一个被人们认可的现代嵌入式系统是麻省理工学院仪器研究室查尔斯·斯塔克·德雷珀开发的阿波罗导航计算机。在两次月球飞行中，太空驾驶舱和月球登陆舱都是用了这种惯性导航系统。随着软件和硬件技术的发展，嵌入式系统被广泛用于航空航天、国防、军工、电子通信、交通运输等行业。

嵌入式系统应具有的特点是：要求高可靠性，在恶劣的环境或突然断电的情况下，系统仍然能够正常工作；许多应用要求实时处理能力，这就要求嵌入式系统具有实时处理能力；嵌入式系统中的软件代码要求高质量、高可靠性，一般都固化在只读存储器或闪存中。也就是说，软件要求固态化存储，而不是存储在磁盘等载体中。

嵌入式系统主要由嵌入式处理器、外部硬件设备、嵌入式操作系统以及特定的应用程序等 4 部分组成，是集软、硬件于一体的可独立工作的"器件"，用于实现对其他设备的控制、监视或管理等功能。

1.3　计算机的应用

计算机已经渗透到人类社会的各个方面，正改变着人们传统的工作、学习和生活方式，推动着社会的发展。未来计算机将进一步深入人们的生活，将更加人性化，更加适应人们的生活，甚至改变人类现有的生活方式。数字化生活可能成为未来人类生活的主要模式，人们离不开计算机，计算机也将更加丰富多彩。

归纳起来，计算机的应用主要有下面几种类型。

1. 科学计算

科学计算也称为数值计算，是指应用计算机处理科学研究和工程技术中所遇到的数学计算。科学计算是计算机最早的应用领域，ENIAC 就是为科学计算而研制的。随着科学技术的发展，各种领域中的计算模型日趋复杂，人工计算已无法解决这些复杂的计算问题。例如在天文学、量子化学、空气动力学、核物理学领域，都需要依靠计算机进行复杂的运算。科学计算的特点是，计算工作量大、数值变化范围大。

2. 数据处理

数据处理也称为非数值计算，是指对大量的数据进行加工处理，如统计分析、合并、分类等。与科学计算不同，数据处理涉及的数据量大，但计算方法较简单。

从 20 世纪五六十年代开始，银行、企业和政府机关就纷纷应用计算机进行管理。直到现在在运用计算机方面开发出许多新功能，例如在银行，计算机和网络的最新应用是开通网上银行功能，它使得银行可以通过 Internet 为客户提供金融服务。从理论上讲，无论客户身在何处，无论何时，只要轻点鼠标，就可通过计算机享受银行提供的服务。在商业领域，不仅零售商店运用计算机管理商品的销售情况和库存情况，为人们提供最佳的决策，而且实现了电子商务，即利用计算机和网络进行商务活动。

数据处理是现代化管理的基础。它不仅能处理日常的事务，而且能支持科学的管理与决策。以一个企业为例，从市场预测、经营决策、生产管理到财务管理，无不与数据处理有关。

3. 电子商务

电子商务是指利用计算机和网络进行的新型商务活动。作为一种新型的商务方式，它将生产企业、流通企业以及消费者和政府带入了一个网络经济、数字化生存的新天地，可让人们不再受时间、地域的限制，以一种非常简捷的方式完成过去较为繁杂的商务活动。

电子商务根据交易双方的不同，可分为以下 5 种形式。

- B2B：交易双方都是企业，商家和商家之间，这是电子商务的主要形式，如阿里巴巴网站。
- B2C：交易双方是企业和消费者之间，如亚马逊网站。
- C2C：交易双方都是消费者，个人和个人之间，如淘宝网、易趣等网站。
- C2B：个人和企业之间，由个人发起需求，再由企业来决定是否接受客户的要约。
- O2O：线上网店线下消费模式。

在一个拥有数十亿台联网计算机的时代，电子商务的发展对于一个公司而言，不仅仅意味着一个商业机会，还意味着一个全新的全球性的网络驱动经济的诞生。据报道，2009年"双十一"的销售额 0.5 亿元；2013 年"双十一"的销售额为 350 亿元；2016 年"双十一"的成交额飙升至 1207 亿元；2020 年，天猫"双十一"的成交额突破 3723 亿元。

4. 过程控制

过程控制又称为实时控制，指用计算机实时采集检测数据，按最佳值迅速地对控制对象进行自动控制或自动调节。

现代工业，由于生产规模不断扩大，技术和工艺日趋复杂，因而对实现生产过程自动化的控制系统要求也日益增高。利用计算机进行过程控制，不仅可以大大提高控制的自动化水平，而且可以提高控制的及时性和准确性，从而改善劳动条件、提高质量、节约能源、降低成本。计算机过程控制已在冶金、石油、化工、纺织、水电、机械、航天等部门得到广泛的应用。

5．CAD/CAM/CIMS

计算机辅助设计（Computer Aided Design，CAD）是指用计算机帮助设计人员进行设计。由于计算机有快速的数值计算能力、较强的数据处理及模拟能力，使 CAD 技术得到广泛应用。如飞机或船舶设计、建筑设计、机械设计、大规模集成电路设计等。采用计算机辅助设计后，不但降低了设计人员的工作量，提高了设计的速度，更重要的是提高了设计的质量。

计算机辅助制造（Computer Aided Manufacturing，CAM）是指用计算机进行生产设备的管理、控制和操作。例如，在产品的制造过程中，用计算机控制机器的运行，处理生产过程中所需的数据，控制和处理材料的流动以及对产品进行检验等。使用 CAM 技术可以提高产品的质量、降低成本、浓缩生产周期、减轻劳动强度。

除了 CAD/CAM 之外，计算机辅助系统还有计算机辅助工艺规划（Computer Aided Process Planning，CAPP）、计算机辅助工程（Computer Aided Engineering，CAE）、计算机辅助教育（Computer Based Education，CBE）等。

计算机集成制造系统（Computer Integrated Manufacture System，CIMS）是指以计算机为中心的现代化信息技术应用于企业管理与产品开发制造的新一代制造系统，是 CAD、CAPP、CAM、CAE、CAQ（计算机辅助质量管理）、PDMS(产品数据管理系统)、管理与决策、网络与数据库及质量保证系统等子系统的技术集成。它将企业生产和经营的各个环节，从市场分析、经营决策、产品开发、加工制造到管理、销售、服务都视为一个整体，即以充分的信息共享促进制造系统和企业组织的优化运行，其目的在于提高企业的竞争能力及生存能力。CIMS 通过将管理、设计、生产、经营等各个环节的信息集成、优化分析，从而确保企业的信息流、资金流、物流能够高效、稳定地运行，最终使企业实现整体最优效益。

6．多媒体技术

多媒体技术是以计算机技术为核心，将现代声像技术和通信技术融为一体，以追求更自然、更丰富的界面，因而其应用领域十分广泛。它不仅覆盖计算机的绝大部分应用领域，同时还拓宽了新的应用领域，如可视电话系统、视频会议系统等。实际上，多媒体系统的应用以极强的渗透力进入了人们工作和生活的各个领域，正改变着人们的生活和工作方式，让工作更加方便快捷、让生活更加丰富多彩。

7．人工智能

人工智能（Artificial Intelligence，AI）是指用计算机来模拟人类的思维。虽然计算机的能力在许多方面远远超过了人类，如计算速度，但是真正要达到人的思维能力还是非常遥远的事情。目前，有些智能系统已经能够替代人的部分脑力劳动，获得了实际的应用，尤其是在机器人、专家系统、模式识别等方面。

1.4.1　数制的概念

数制也称计数制，是用一组固定的符号和统一的规则来表示数值的方法。在日常生活中，经常遇到不同进制的数，如十进制数，逢十进一；一周有 7 天，逢七进一。平时用的最多的是十进制数。而计算机内部使用的并不是人们在实际生活中常用的十进制，而是采用只包含 0 和 1 两个数值的二进制。人们输入十进制数，在计算机内部被转换成二进制进行计算，计算后的结果又由二进制转换成十进制输出，这些都是由计算机系统自动完成。

在采用进位计数制的数字系统中，如果只用 r 个基本符号（如 $0,1,2\cdots r-1$）表示数值，则称其为 r 进制数，r 称为该数制的基数，故进制数就是基数。而数制中每一固定位置对应的单位值称为位权。表 1.4.1 列出了常用的几种进位计数制。

表 1.4.1　计算机中常用的进位计数制

进位制	二进制	八进制	十进制	十六进制
规则	逢二进一	逢八进一	逢十进一	逢十六进一
基数	$r=2$	$r=8$	$r=10$	$r=16$
基本符号	0,1	$0,1,2\cdots7$	$0,1,2\cdots9$	$0,1\cdots9,A,B\cdots F$
权	2^i	8^i	10^i	16^i
角标表示	B（Binary）	O（Octal）	D（Decimal）	H（Hexadecimal）

不同的数制有两个共同的特点：一是采用进位计数制方式，每一种都有固定的基本符号，称为数码；二是都使用位置表示法，即处于不同位置的数码所代表的值不同，与它所在位置的权值有关。

例如，在十进制数中，251.75 可表示为

$$251.75=2\times10^2+5\times10^1+1\times10^0+7\times10^{-1}+5\times10^{-2}$$

可以看出，各种进位计数制中的位权值恰好是基数 r 的某次幂。因此，任何一种进位计数制表示的数都可以写成按其权展开的多项式之和，任意一个 r 进制数 N 都可以表示为

$$(N)r=a_{n-1}a_{n-2}\cdots a_1a_0a_{-1}\cdots a_{-m}$$
$$=a_{n-1}\times r^{n-1}+a_{n-2}\times r^{n-2}+\cdots+a_1\times r^1+a_0\times r^0+a_{-1}\times r^{-1}+\cdots+a_{-m}\times r^{-m} \qquad（1.4.1）$$

其中，a_i 是数码，r 是基数，r^i 是权。不同的基数，表示不同的进制数。

1.4.2　不同进位计数制间的转换

1．r 进制数转换成十进制数

把任意 r 进制数按照式（1.4.1）写成按位权展开的形式后，各位数码乘以各自的权值后累加，就可得到该 r 进制数对应的十进制数，即系数乘以相应的位权值，然后求和就得到对应的十进制数。

【例 1.4.1】　分别将下列二进制数、八进制数、十六进制数转换为十进制数。

微课 1-1
二、八、十六进制
转十进制

11

$$（110111.01）_B=1\times2^5+1\times2^4+0\times2^3+1\times2^2+1\times2^1+1\times2^0+0\times2^{-1}+1\times2^{-2}$$
$$=（55.25）_D$$
$$（456.4）_O=4\times8^2+5\times8^1+6\times8^0+4\times8^{-1}=（302.5）_D$$
$$（A12）_H=10\times16^2+1\times16^1+2\times16^0=（2578）_D$$

微课 1-2
十进制转二、八、
十六进制

2. 十进制数转换成 r 进制数

将十进制数转换为 r 进制数时，可将此数分成整数与小数两部分分别转换，然后加起来即可。

整数部分：

采用除 r 取余法，即将十进制整数连续除以 r 取余数，直到商为 0 为止，余数从右到左排列，首次取得的余数排在最右，即"倒序法"。

小数部分：

采用乘 r 取整法，即将十进制小数连续乘以 r，然后取整数，直到小数部分为 0 或达到要求的精度为止（小数部分可能永远不会得到 0），所得的整数自左往右排列，取有效精度，首次取得的整数排在最左，即"顺序法"。

【例 1.4.2】　将十进制的 66.625 转换成二进制的过程如图 1.4.1 所示。

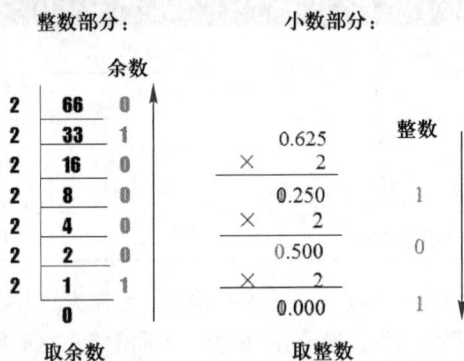

图 1.4.1
十进制数转化为二进制数的过程

转换后的二进制整数为（1000010）_B　　　　转换后的二进制小数为（0.101）_B

最后，（66.625）_D≈（1000010.101）_B

【注意】

小数部分转换时可能是不精确的，要保留多少位小数，主要取决于对数据精确度的要求。

微课 1-3
二、八、十六进制
互换

3. 二进制数、八进制数、十六进制数间的相互转换

由【例 1.4.2】可以看出，十进制数转换成的二进制数的位数较多，书写麻烦，容易出错。为了方便起见，人们就借助于八进制和十六进制来进行转换或表示。由于二进制、八进制和十六进制之间存在特殊关系：$8^1=2^3$、$16^1=2^4$，即 1 位八进制数相当于 3 位二进制数，1 位十六进制数相当于 4 位二进制数。因此转换方法就比较容易，见表 1.4.2。

表 1.4.2　二进制、八进制、十进制、十六进制之间的关系

二进制	十进制	八进制	十六进制
0000	0	0	0
0001	1	1	1

二进制	十进制	八进制	十六进制
0010	2	2	2
0011	3	3	3
0100	4	4	4
0101	5	5	5
0110	6	6	6
0111	7	7	7
1000	8	10	8
1001	9	11	9
1010	10	12	A
1011	11	13	B
1100	12	14	C
1101	13	15	D
1110	14	16	E
1111	15	17	F

　　根据这种对应关系，二进制数转换成八进制数时，以小数点为中心向左右两边分组，每 3 位为一组，两头不足 3 位补 0 即可。同样，二进制数转换成十六进制数时只要每 4 位为一组进行分组。例如：

$$(\underline{001}\ \underline{001}\ \underline{101}\ \underline{011}\ \cdot\ \underline{110}\ \underline{110})_2 = (1153.66)_8$$
$$\quad\ 1\quad\ 1\quad\ 5\quad\ 3\quad\quad 6\quad\ 6$$

$$(\underline{0010}\ \underline{0110}\ \underline{1011}\cdot\underline{1101}\ \underline{1000})_2 = (26B.D8)_{16}$$
$$\quad\ 2\quad\quad 6\quad\quad B\quad\ \ D\quad\quad 8$$

同样，将八或十六进制数转换成二进制数只要 1 位展开成 3 位或 4 位即可。例如：

$$(2364.51)_8 = (\underline{010}\ \underline{011}\ \underline{110}\ \underline{100}\ \cdot\ \underline{101}\ \underline{001})_2$$
$$\quad\quad\quad\ 2\quad\ 3\quad\ 6\quad\ 4\quad\quad 5\quad\ 1$$

$$(4CD.B7)_{16} = (\underline{0100}\ \underline{1100}\ \underline{1101}\ \cdot\ \underline{1011}\ \underline{0111})_2$$
$$\quad\quad\quad\quad 4\quad\ \ C\quad\ \ D\quad\quad\ B\quad\ 7$$

【注意】

　　整数前的高位 0 和小数后的低位 0 可取消。

1.4.3　数据在计算机中的表示

　　任何形式的数据输入计算机中，都必须进行二进制编码转换，采用二进制编码的好处有以下几点。

- 物理上容易实现，可靠性强。
- 运算简单，通用性强。
- 便于表示和进行逻辑运算。

二进制形式适合对各种类型数据进行编码，图、声、文、数字合为一体，使得数字化社会成为可能。因此，输入进计算机中的各种数据都要进行二进制编码的转换。同样，从计算机输出的数据，都要进行逆向的转换。

1．数值型数据在计算机中的表示

（1）数的编码表示

在计算机中，因为只有 0 和 1 两种形式，因此数的正、负号也要用 0 和 1 编码。通常把一个数的最高位定义为符号位，用 0 表示正，用 1 表示负，称为数符，其余位仍表示数值。例如，一个 8 位二进制数 11011010，其中最前面的 1 就是数符，表示负数。

一个数在计算机中的表示形式称为"机器数"，而它代表的数值称为此机器数的"真值"。所以例中 11011010 是机器数，除符号位外其余部分 1011010 是这个机器数的真值。

数值在计算机内采用符号数字化表示后，计算机就可识别和表示数符了。但如果符号位和数值同时参加运算，有时会产生错误的结果。若要考虑运算结果的符号问题，将增加计算机实现的难度。为了解决此类问题，在机器数中常采用多种编码方式表示符号数，常用的是原码、反码和补码，其实质是对负数表示的不同编码。

在下面的例子中，以整数为例，假定字长为 8 位。

① 原码。

整数 X 的原码：最高位 0 表示正，1 表示负，数值部分为 X 的绝对值的二进制表示。通常用$[X]_原$表示 X 的原码。例如，$[+56]_原$=00111000；$[-56]_原$=10111000。

8 位原码表示的最大值为 127，最小值为-127，表示数的范围为-127～127。当采用原码表示法时，编码简单，与其真值的转换方便。但原码也存在下列问题。

● 在原码表示中，0 有两种表示形式，即$[+0]_原$=00000000，$[-0]_原$=10000000。

● 用原码做四则运算时，符号位需要单独处理，增加了运算规则的复杂性。

② 反码。

整数 X 的反码：对于正数，反码与原码相同；对于负数，数符位为 1，其数值为 X 的绝对值按位取反。通常用$[X]_反$表示 X 的反码。例如，$[+56]_反$=00111000；$[-56]_反$=11000111。

在反码中，0 也有两种表示形式，即$[+0]_反$=00000000，$[-0]_反$=11111111，且反码的运算也不方便，很少使用，一般是用作求补码的中间码。

③ 补码。

整数 X 的补码：对于正数，补码与原码、反码相同；对于负数，数符位为 1，其数值为 X 的绝对值取反后末位加 1，即为反码加 1。通常用$[X]_补$表示 X 的补码。例如$[+56]_补$=00111000；$[-56]_补$=11001000。在补码中，0 有唯一的编码，即$[+0]_反$=$[-0]_原$=00000000。利用补码可以方便地进行运算。

（2）定点数与浮点数

定点数约定了小数点隐含在某一固定位置上，而浮点数是指小数点位置可以任意浮动。

① 定点数表示法，有定点整数和定点小数两种约定。定点整数也称纯整数，是指小数点位置约定在机器数的最低位之后；定点小数也称纯小数，是指小数点位置约定在机器数的符号位之后、有效值部分最高位之前，如图 1.4.2 所示。

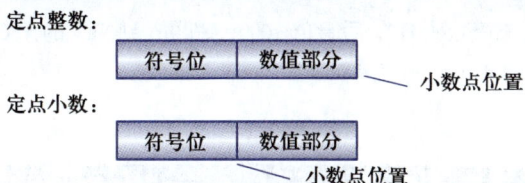

定点整数：

符号位	数值部分

—— 小数点位置

定点小数：

符号位	数值部分

—— 小数点位置

图 1.4.2
定点数中小数点的位置

由此可见，从形式上看，定点整数和定点小数毫无区别，所以在使用时必须加以说明。对于一个既有整数又有小数的原始数据，采用定点数表示时，必须设定一个缩放因子，使它缩小成定点小数或扩大成定点整数，然后再进行运算，而且运算结果也要折算成实际值。这样很复杂，因此一般采用浮点数。

② 浮点数表示法。在科学计算中，为了表示特别大或特别小的数，采用浮点数表示。浮点数由两部分组成，即尾数和阶码。阶码即指数，尾数即有效小数。

任意二进制浮点数的表示形式为 $N=\pm d \times 2^{\pm p}$，其中，d 是尾数，用定点小数表示，前面的"±"以数符表示；p 是阶码，用定点整数表示，前面"±"以阶符表示。基数默认是 2，一般不出现在机器数中，所以浮点数在计算机内的表示形式为如图 1.4.3 所示。

阶符	阶码	数符	尾数

图 1.4.3
浮点数在计算机中的表示形式

浮点数表示法的特点如下。

- 浮点数表示数值的范围比定点数大。
- 在运算过程中及时对中间结果进行规格化处理，就不易丢失有效数字，从而提高了运算精度。

（3）数值型编码

计算机内部用二进制数来表示十进制，虽然二进制数与十进制数之间的转换并不复杂，但一个二进制数与其对应的十进制数之间不能直观地直接转换。为解决这个问题，人们对十进制数的 10 个数码进行二进制编码（称为二进制编码的十进制数，也称 BCD 码）。编码的方法有很多种，常用的有 8421BCD 码，见表 1.4.3。

表 1.4.3　二进制编码的十进制数

十进制数	0	1	2	3	4	5	6	7	8	9
8421BCD 码	0000	0001	0010	0011	0100	0101	0110	0111	1000	1001

例如，$(67)_{10}=(1000011)_2=(\underline{0110}\ \underline{0111})_{BCD}$

2. 字符型数据在计算机中的表示

在计算机中同样需要用一系列二进制数编码来表示字符型的数据，如西文字符（字母、数字、标点符号等）和中文字符。

（1）西文字符在计算机中的表示

广泛使用的西文字符编码方式有 ASCII、ANSI、EBCDIC 和 Unicode，其中 ASCII（美国国家信息交换标准码）是使用最广泛的字符编码方案。

标准的 ASCII 码使用 7 个二进制位来表示 2^7 个符号（128 个符号），包括英文大小写字母、特殊控制字符、数字和标点符号。ASCII 码表见表 1.4.4。在该表中要查询字符"a"

的 ASCII 编码方法为：先高位码 110，后低位码 0001，即可得到"a"的 ASCII 码为（1100001）$_2$ =（97）$_{10}$，即"a"的 ASCII 码值是 97。

表 1.4.4　ASCII 编码

高位 低位	000	001	010	011	100	101	110	111
0000	NUL	DLE	SP	0	@	P	`	p
0001	SOH	DC1	!	1	A	Q	a	q
0010	STX	DC2	"	2	B	R	b	r
0011	ETX	DC3	#	3	C	S	c	s
0100	EOT	DC4	$	4	D	T	d	t
0101	ENO	NAK	%	5	E	U	e	u
0110	ACK	SYN	&	6	F	V	f	v
0111	BEL	ETB	'	7	G	W	g	w
1000	BS	CAN	(	8	H	X	h	x
1001	HT	EM	)	9	I	Y	i	y
1010	LF	SUB	*	:	J	Z	j	z
1011	VT	ESC	+	;	K	[	k	{
1100	FF	FS	,	<	L	\	l	|
1101	CR	GS	–	=	M	}	m	]
1110	SO	RS	.	>	N	↑	n	~
1111	SI	US	/	?	O	←	o	DEL

（2）中文字符在计算机中的表示

我国使用的是汉字，利用计算机对汉字信息进行处理要比处理西文字符复杂得多。

由于西文的基本符号比较少，编码比较容易，而且在计算机系统中，输入、内部处理、存储和输出都可以使用同一代码（ASCII 码）。但汉字共有 60000 多个，常用汉字也有 6000 多个，字量多而字形复杂，键盘上的一个键不可能对应一个汉字。在使用计算机处理汉字时，必须先将汉字代码化，即对汉字进行编码，这就是汉字输入码的原理。

1）输入码

汉字输入技术主要表现在汉字的输入方式及对输入码的处理上。汉字输入方式有多种，但目前使用最多的仍是随机配置的键盘输入法。键盘上没有一个汉字，那么用户如何利用键盘输入汉字的呢？实际上，用户输入的不是汉字本身，而是汉字代码，统称输入码（或外码）。

输入码就是与某种汉字编码方案相对应的汉字代码。输入汉字前，用户需要选定一种汉字输入码作为输入汉字时使用的代码，如拼音、五笔、自然码等，然后再按指定的编码规则把汉字输入计算机。

如"中国"两个汉字，区位码是 5448 和 2590，拼音码是 zhong 和 guo，五笔型代码是 khlg，这些都是输入码，它是用户利用键盘进行汉字输入的一种代码。

输入码是用户使用的代码，如"zhong guo"，计算机是不会直接识别的，还需要相应的汉字输入驱动程序将其转换成机器的内码才能被识别和保存，即无论采用哪种输入码输入的汉字，要存入计算机内部，都要转换成计算机可以识别的内码。目前，微型计算机普遍采用 GB 2312—80 所规定的内码作为统一标准。

微课 1-4
汉字编码

2）GB/T 2312—80《信息交换用汉字编码字符集 基本集》

汉字国标交换码是指不同的具有汉字处理功能的计算机系统之间在交换汉字信息时所使用的代码标准。

1980 年我国颁布了第一个汉字编码字符集标准，即 GB/T 2312—80《信息交换用汉字编码字符集 基本集》。该标准共收录了 6763 个汉字及常用符号，其中一级汉字 3755 个，二级汉字 3008 个，图形符号 682 个，奠定了中文信息处理的基础。

GB/T 2312—80 规定，所有的汉字及符号都分布在一个 94 行、94 列的表格中，表格的每行称为"区"，编号为 01~94 区；每列称为"位"，编号为 01~94 位。将表格中的每一个汉字或符号所在的区号和位号组合在一起形成的 4 个阿拉伯数字就是它的"区位码"。区位码的前两位表示区号，后两位表示位号。用区位码可以唯一地确定一个汉字或符号，但区位码是一个十进制数，是与 2 字节的二进制编码一一对应的。

国标码是汉字信息交换的标准编码。GB/T 2312—80 规定，每个汉字用 2 字节的二进制进行编码，每字节为 7 位，最高位一般为 0。这种 2 字节的二进制编码即称为国标码。

国标码并不等同于区位码，它是由区位码稍作转换而来。其转换方法为：先将十进制区码和位码转换为十六进制，这样就得到了一个与国标码有相对位置差的代码，再将这个代码的第 1 字节和第 2 字节分别加上 20H，就得到国标码。

由于 GB/T 2312—80 只收录了 6763 个汉字，有不少汉字并未有收录在内。中文计算机开发商利用了 GB/T 2312—80 未使用的编码空间，收录所有出现在 Unicode 1.1 及 GB 13000.1—93 之中的汉字，制定了 GBK 编码，但 GBK 并非国家正式标准。

3）机内码

国标码和西文字符的 ASCII 码在计算机中都用二进制进行编码。为了在计算机内部区分输入的是汉字编码还是 ASCII 码，故将国标码的每一字节的最高位由 0 变为 1，也就是每一字节加上 128，迈过 ASCII 码。由此可知，汉字机内码每一字节的值都大于 128，而每个西文字符的 ASCII 码值均小于 128。这样就将汉字和西文字符区分开来，变换后的国标码称为汉字机内码。因此，区位码、国标码、机内码三者之间的转换关系是：

$$汉字国标码=区位码+2020H$$

$$汉字机内码=汉字国标码+8080H=区位码+A0A0H$$

例如：

汉字"中"，区位码是（5448）$_D$=（3630）$_H$；汉字国标码是（8680）$_D$=（5650）$_H$=（0101011001010000）$_B$；汉字机内码是（11010110 11010000）$_B$=（D6D0）$_H$。

4）汉字字形码

计算机内的汉字要显示输出或打印输出时，需要根据汉字内码检索出相应汉字的字形信息，将其送到输出设备后得到汉字图形。

① 点阵式汉字：点阵字形是把每一个汉字都分成 16×16、24×24、48×48 个点，然后用每个点的虚实来表示汉字的轮廓。点阵中的每个点可以有黑白两种颜色，有字形的点用黑色（二进制"1"）；反之，用白色（二进制"0"），如图 1.4.4 所示。

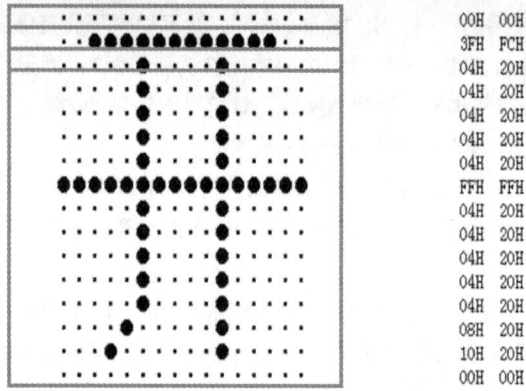

图 1.4.4
点阵字形

00H	00H
3FH	FCH
04H	20H
04H	20H
04H	20H
04H	20H
FFH	FFH
04H	20H
04H	20H
04H	20H
04H	20H
08H	20H
10H	20H
00H	00H

汉字"开"的点阵字形（16×16 点阵）可以用一串二进制数来表示，这个二进制数称为字形码。一行有 16 格，可用 2 字节的十六进制数表示。从上而下逐行记录"开"的字形码数据依次为 00、00； 3F、FC；04、20；04、20；04、20 等，共 32 字节。

计算机所处理的字体有多种，如宋体、黑体、楷体等。字体不同，点阵信息就不同，所以点阵字库应包括多种字体的点阵信息。另一方面，汉字字号有大小、不同大小的字体需要不同的点阵信息。点阵越大，字体越美观，所需要的存储空间就越大。点阵字库结构简单，但其最大的缺点是汉字不能放大，一旦放大后就会发现文字边缘的锯齿，而矢量字库就可以解决这一问题。

② 矢量式汉字：反映了每个字符的矢量信息，如一个笔画的起始、终止坐标、半径、弧度等。在显示、打印这一类汉字时，要经过一系列的数学运算才能输出结果，但是矢量字库保存的汉字在理论上可以被无限地放大，笔画轮廓仍然能保持圆滑。

汉字的矢量表示法就是将汉字看作由笔画组成的图形。抽取汉字每个笔画的特征坐标值，将这些坐标组合起来即得到这个汉字字形的矢量信息。每当显示汉字时，实际上就是在屏幕上按照所存储的坐标进行画图操作。所以，对矢量汉字进行缩放就显得特别方便、逼真，从而达到美观、高质量的效果。

由此，汉字输入、处理、输出的全过程如图 1.4.5 所示。

图 1.4.5
汉字输入、处理、输出的全过程

1.4.4　数据在计算机中的存储单位

计算机中数据存储的最基本单位包括位和字节。

- 位（bit，b），就是一个二进制数 0 或 1。计算机中任何复杂的数据处理都是通过直接对二进制位的基本操作来实现的。
- 字节（Byte，B），是计算机存储数据的最基本单位。每字节包含 8 个二进制位，即 1 B=8 bit。

计算机存储容量单位常用 B、KB、MB、GB 和 TB、PB 等来表示，它们之间的换算关系如下。

1 B=8 bit

1 KB=1024 B=2^{10} B　　　　　　　　　　　　　　　　　　　　K 读"千"

1 MB=1024 KB=2^{10} KB=2^{20} B　　　　　　　　　　　　　　M 读"兆"

1 GB=1024 MB=2^{10} MB=2^{20} KB=2^{30} B   G 读 "吉"

1 TB=1024 GB=2^{10} GB=2^{20} MB=2^{30} KB=2^{40} B   T 读 "太"

1 PB=1024 TB=2^{10} TB=2^{20} GB=2^{30} MB=2^{40} KB=2^{50} B   P 读 "拍"

1.5 网络安全与道德规范

1.5.1 网络安全概述

1. 网络安全的基本概念

网络安全是一门包含计算机科学、密码技术及通信网络技术等的综合性学科。其包含网络的系统安全和网络的信息安全两方面的内容。而网络安全的最终目标和关键是保护网络的信息安全。

计算机网络安全（Computer Network Security）简称 "网络安全"，是指利用计算机网络管理控制和技术措施，保证网络系统及数据的保密性、完整性、网络服务可用性和可审查性，即保证网络系统的硬件、软件及系统中的数据资源得到完整、准确、连续运行与服务不受干扰破坏和非授权使用。

2. 网络安全的特征

网络安全的属性特征，主要包括可用性、保密性、完整性、可靠性和不可抵赖性这 5 个方面。

（1）可用性

可用性是指信息资源可被授权实体按要求访问、正常使用或在非正常情况下能恢复使用的特性。即在系统运行时能正确存取所需信息，当系统遭受攻击或破坏时，能迅速恢复并能投入使用。信息系统只有持续有效，授权用户才能随时随地根据需求访问信息系统提供的服务。可用性是衡量网络信息系统面向用户的一种安全性能。例如，网络环境下拒绝服务、破坏网络和破坏有关系统的正常运行等，都属于对可用性的攻击。

（2）保密性

保密性是指网络中信息不被非授权实体（包括用户和进程等）获取与使用。可以通过信息加密、身份认证、访问控制、安全通信协议等技术来实现保密。其中信息加密是防止信息非法泄露的最基本手段。

（3）完整性

完整性是指信息在传输、交换、存储和处理过程中，保持信息不被破坏或修改、不丢失和信息未经授权不能改变的特性。完整性也是最基本的安全特征。它主要包括软件的完整性和数据的完整性两方面的内容。软件完整性是为了防止对程序的修改；数据完整性是为了保证存储在计算机系统中或在网络上传输的数据不受非法删改或意外事件的破坏，保持数据整体的完整。

（4）可靠性

可靠性通常是指信息系统能够在规定的条件与时间内完成规定功能的特性。可靠性是所有信息系统正常运行的基本前提，也是网络安全最基本的要求之一。目前对于网络可靠性的研究主要偏重于硬件研究，主要采用硬件冗余、提高研究质量和精确度等方法来实现。实际上，软件的可靠性、人员的可靠性和环境的可靠性在保证系统可靠性方面也是非常重要的。

（5）不可抵赖性

不可抵赖性也称可审查性，是指通信的双方在通信过程中对于自己所发送或接收的消息不可抵赖，即发送者不能抵赖他发送过消息的事实和消息内容，而接收者也不能抵赖其接收到消息的事实和内容。

3．网络安全面临的主要威胁

计算机网络面临的主要威胁来自人为因素和运行环境的影响，其中包括网络设备的不安全因素和对网络信息的威胁。这些网络安全威胁主要表现为非法授权访问、线路窃听、黑客入侵、假冒合法用户、病毒破坏、干扰系统正常运行、修改或删除数据等。网络安全面临的主要威胁类型见表 1.5.1。

表 1.5.1　网络安全面临的主要威胁类型

威胁类型	情况描述
窃听	窃听网络传输信息
讹传	攻击者获得某些非正常信息后，发送给他人
伪造	将伪造的信息发送给他人
篡改	攻击者对合法用户之间的通信信息篡改后，发送给他人
非授权访问	通过口令、密码和系统漏洞等手段获取系统访问权
截获/修改	数据在网络系统传输中被截获、删除、修改、替换或破坏
拒绝服务攻击	攻击者以某种方式使系统响应减慢甚至瘫痪，阻止用户获得服务
行为否认	通过实体否认已经发生的行为
旁路控制	利用系统的缺陷或安全脆弱性的非正常控制
截获	攻击者从有关设备发出的无线射频或其他电磁辐射中获取信息
人为疏忽	已授权人为了利益或由于疏忽将信息泄露给未授权人
信息泄露	信息被泄露或暴露给非授权用户
物理破坏	通过计算机及其网络或部件进行破坏，或绕过物理控制非法访问
病毒木马	利用计算机木马病毒及恶意软件进行破坏或恶意控制他人系统
窃取	盗取系统重要的软件或硬件、信息和资料
服务欺骗	欺骗合法用户或系统，骗取他人信任以便谋取私利
陷阱门	设置陷阱"机关"系统或部件，骗取特定数据以违反安全策略
资源耗尽	故意超负荷使用某一资源，导致其他用户服务中断
消息重发	重发某次截获的备份合法数据，达到信任并非法侵权目的
冒名顶替	假冒他人或系统用户进行活动
媒体废弃物	利用媒体废弃物得到可利用信息，以便非法使用

4．网络安全的应用

（1）电子邮件安全

网络信息化时代，电子邮件已经成为常用通信工具，然而，邮件安全问题也日益突出，逐渐成为电信诈骗、勒索软件攻击的重灾区，如垃圾邮件、诈骗邮件、邮件炸弹、通过电子邮件传播的蠕虫病毒、电子邮件欺骗、钓鱼式攻击等。为了让邮件更安全，需要对信息加密，保障电子邮件的传输安全。目前，最广泛使用的是 PGP 标准（软件）。该标准将传统的公钥加密与对称加密方法结合起来，保证邮件内容机密且不被篡改，使用散列算法对邮件内容数字签名，保证信件内容不可否认。对邮件先压缩后加密，不仅减少了网络传输时间和磁盘空间，还增加了明文的安全性。

（2）IP 安全

IPv4 在设计之初没有考虑安全性，这导致在网络上传输的数据很容易受到各种威胁，如窃听、篡改、IP 欺骗、攻击等。为了解决 IP 存在的安全问题，IETF 设计了端到端的确保 IP 通信安全的机制——IPSec（IP Security）。IPSec 使用传输模式和隧道模式两种运行模式，为 IPv4 和 IPv6 提供认证、保密、秘钥管理三方面内容，在 IP 层实现多种安全服务，包括访问控制、数据完整性、机密性等。

（3）无线网络安全

相对于有线网络，无线网络的客户端接入网络不受网线的物理位置限制，更加方便快捷。随着计算机及其他移动设备等客户端的发展，无线网络的应用越来越广泛。但是，无线网络中存在的安全隐患一直威胁着网络安全，如无线网络被盗用（蹭网）、网络通信被窃听、无线钓鱼攻击、无线 AP 被他人控制等。基于以上原因，无线网络引入加密机制，维护网络安全。

无线网络的加密方式分为 WEP 加密方式和 WPA 加密方式两种。WEP 使用流密码算法 RC4 对接入过程进行认证和加密通信。但因其自身存在安全问题已被 WPA 所取代。WPA 相比 WEP 具有使用动态变换密钥；提高了数据传输完整性保护能力；使用 TSC 来抗重放攻击等优点。到现在，WPA 已被其升级版 WPA2、WPA3 所取代。新版 WPA 在增强用户隐私的保护以及提高加密强度方面都做得更好。

（4）DNS 安全

域名系统（Domain Name System，DNS）是互联网运行的最重要的基础设施。DNS 一旦遭受攻击，会给整个互联网带来无法估量的损失。DNS 安全是网络安全的第一道大门。常见针对 DNS 攻击的手段有 DDoS（分布式拒绝服务）攻击、缓存投毒、域名劫持等。为应对上述安全威胁，IETF 提出了 DNS 安全扩展协议——DNSSEC，以保护互联网的这部分基础设施。

上述针对域名系统攻击能够成功的原因是 DNS 解析的请求者无法验证它所收到的应答信息的真实性。而在 DNSSEC 中，权威域名服务器用自身的私钥来数字签名资源记录，域名解析服务器用公钥来认证数据是否来自于真实的服务器，或者是否在传输过程中被篡改过。DNSSEC 通过使用密钥技术和数字签名来保护 DNS 数据的可信性和完整性。

1.5.2　网络安全主要技术

1. 数据加密技术

数据加密技术是指在数据传输时，利用密码技术对信息进行加密处理，从而达到隐藏信息的作用，使非法用户无法读取信息内容，以此达到保护信息系统和数据安全的目的。该技术是网络安全核心技术之一。

数据加密技术在计算机网络安全中已经成为最有效的防护手段，它可以经过信息的编码以及隐藏相关内容来防止信息的泄露和窃取，它在计算机网络安全领域中的应用主要有数据加密、密钥密码技术以及数字签名认证技术 3 种。

（1）数据加密

数据加密在计算机网络安全中的存在方式主要有结点加密、链路加密、端到端加密3 种。

- 结点加密：指设置密码连接计算机，避免信息在结点处被攻击，让用户传输的信息受到双重加密的安全防护，有效地保护信息在传输过程中不被泄露。
- 链路加密：指接收方的计算机结点内对信息双重加密的保护，主要是对物理层前的数据链路层展开防护。
- 端到端加密： 指对传输的信息在两端同时进行加密。信息在传输端口首先进行加密，等到达接收端口会再次进行加密保护，从而使传输中的信息不受外界的窃取和泄漏。

（2）密钥密码技术

由于对计算机网络系统进行加密的主要方式是对计算机内部的数据与信息进行保护，密钥就是对网络安全进行保护的主要方式。

对于加密技术，是以对数据的安全性和完整性的保护为最终目的的，它是现代信息技术中的一种主动的防护信息安全的方法。譬如，就像在实际生活中，对门进行上锁和开锁的最重要工具就是钥匙，而对于计算机网络安全而言，加密和解密的核心就是密钥。

密钥密码技术是指通过加密算法和加密密钥将明文转换成密文的技术。根据加密密钥和解密密钥是否相同，可将目前的加密体制分为两种。

- 对称加密技术

对称加密又叫作私钥加密，是指信息发送方和接收方使用相同的密钥进行加密和解密数据，这要求通信双方在安全传输密文之前必须商定一个公用密钥。因此，只有密钥未被双方泄露的情况下，才能确保传输数据的安全性、机密性和完整性。

- 非对称加密技术

非对称加密又称作公钥加密，是指信息发送方和接收方使用不同的密钥进行加密和解密数据，密钥被分解为公开密钥（加密）和私有密钥（解密）。加密密钥是可以公开的，但是解密密钥则是由用户自己持有的。非对称加密技术以密钥交换协议为基础，通信的双方无须事先交换密钥便可直接安全通信，消除了密钥安全隐患，提高了传输数据的保密性。数据加密与解密过程如图 1.5.1 所示。

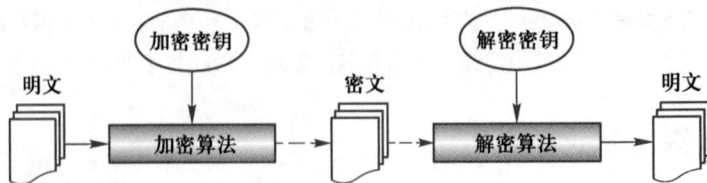

图 1.5.1
加密与解密过程

（3）数字签名认证技术

为了使网络信息传递得更安全、可靠，在计算机网络安全中应用数字签名认证技术就显得尤其重要。数字签名是利用密码技术和密码算法生成一系列符号及代码，组成电子密码以进行签名，用来代替书写签名和印章。这种电子式的签名还可进行技术验证，其验证的准确度是一般手工签名和图章的验证无法比拟的。实现数字签名有很多方法，目前采用较多的是非对称加密技术和对称加密技术。数字签名可以解决否认、伪造、篡改及冒充等问题，其主要的功能是保证信息传输的完整性、对发送者的身份进行认证、防止交易中的抵赖发生。数字签名的应用范围十分广泛，凡是需要对用户的身份进行判断的情况都可以使用数字签名，如加密信件、商务信函、订货购买系统、远程金融交易、自动模式处理等。

2. 防火墙技术

防火墙是目前非常流行、广泛使用的一种网络安全技术。在构建安全网络的过程中，防火墙作为内网与外网之间的第一道安全防线，是非常重要的网络安全技术之一。当内部局域网连接到互联网上时，为防止非法入侵，最有效的防范措施就是在内外网之间设置一道防火墙，以实施网络之间的安全访问控制。

防火墙是一种软件和硬件的组合体，用于网络间的访间控制，防止外部非法用户使用内部网络资源，保护内部网络的设备不被破坏，防止内部网络的敏感数据被窃取。防火墙具有过滤进出网络的数据、管理进出网络的访问行为、禁止非法访问等基本功能。能在最大程度上防止黑客入侵、病毒感染、非正常访问等具有威胁性操作的进行，防止随意更改、移动和删除相关信息的发生。防火墙功能如图 1.5.2 所示。

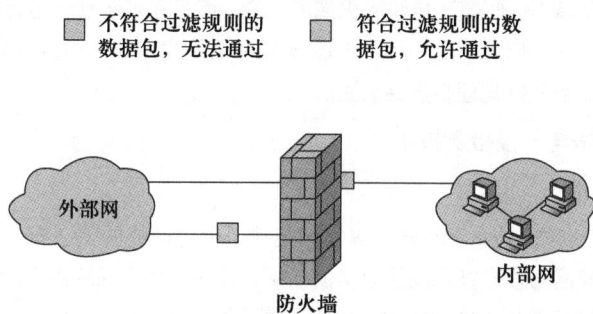

图 1.5.2
防火墙功能模型

根据防火墙所采用的技术不同，可以将它分为包过滤型、网络地址转换（NAT）型和代理型和监测型 4 种基本类型。

（1）包过滤型

包过滤型是防火墙的初级产品，依据的是网络中的分包传输技术。网络上的数据都是以"包"为单位进行传输的，数据被分割成为一定大小的数据包，每一个数据包中都会包含一些特定信息，如数据的源地址、目标地址、TCP/UDP 源端口和目标端口等。防火墙则通过读取数据包中的地址信息来判断这些"包"是否来自可信任的安全站点，一旦发现来自危险站点的数据包，防火墙便会将这些数据拒之门外。包过滤技术的缺陷是无法识别基于应用层的恶意侵入，如恶意的 Java 小程序以及电子邮件中附带的病毒。有经验的黑客很容易伪造 IP 地址，骗过包过滤型防火墙。

（2）网络地址转换型

网络地址转换是一种用于把 IP 地址转换成临时的、外部的、注册的 IP 地址的标准。它允许具有私有 IP 地址的内部网络访问 Internet。在内部网络通过安全网卡访问外部网络时，将产生一个映射记录。系统将外部的源地址和源端口映射为一个伪装的地址和端口，让这个伪装的地址和端口通过非安全网卡与外部网络连接，这样对外就隐藏了真实的内部网络地址。在外部网络通过非安全网卡访问内部网络时，它并不知道内部网络的连接情况，而只是通过一个开放的 IP 地址和端口来请求访问。防火墙根据预先定义好的映射规则来判断这个访问是否安全。当符合规则时，防火墙认为访问是安全的，可以接受访问请求，当不符合规则时，防火墙认为该访问是不安全的，不能被接受，防火墙将屏蔽外部的连接请求。

（3）代理型

代理型防火墙也称为代理服务器，它的安全性要高于包过滤型产品。代理服务器位于客户机与服务器之间，完全阻挡了二者间的数据交流。当客户机需要使用服务器上的数据时，首先将数据请求发给代理服务器，代理服务器再根据这一请求向服务器索取数据，然后再由代理服务器将数据传输给客户机。由于外部系统与内部服务器之间没有直接的数据通道，外部的恶意侵害也就很难伤害到内部网络系统。代理型防火墙的优点是安全性较高，可以针对应用层进行侦测和扫描，对付基于应用层的侵入和病毒十分有效。

（4）监测型

监测型防火墙能够对各层的数据进行主动的、实时的监测，在对这些数据加以分析的基础上，监测型防火墙能够有效地判断出各层中的非法侵入。同时，这种监测型防火墙产品一般还带有分布式探测器，这些探测器安置在各种应用服务器和其他网络的结点之中，不仅能够检测来自网络外部的攻击，同时对来自内部的恶意破坏也有极强的防范作用。因此，监测型防火墙不仅超越了传统防火墙的定义，而且在安全性上也超越了包过滤型和代理服务器型防火墙。但由于监测型防火墙技术的实现成本较高，也不易管理，所以目前使用的防火墙产品仍然以代理型产品为主。

3. 网络攻击与入侵检测技术

（1）网络攻击

近年来，网络攻击技术和攻击工具发展迅速，使得网络的信息安全面临越来越大的风险。只有加深对网络攻击技术发展趋势的了解，才能够尽早采取相应的防护措施。网络攻击是指任何非授权而进入或试图进入他人计算机网络的行为。这种行为包括对整个网络的攻击，也包括对网络中的服务器或单台计算机的攻击。网络攻击是入侵者实现入侵目的所采取的技术手段和方法。攻击的范围从简单地使服务器无法提供正常的服务到完全破坏，甚至控制服务器。网络攻击包含侦查、攻击与侵入、退出 3 个阶段。入侵者运用计算机及网络技术，利用网络的薄弱环节，侵入对方计算机及其系统以进行一系列破坏性活动，如搜集、修改、破坏和偷窃信息等。

常用的网络攻击技术有网络监听、ARP 欺骗、缓冲区溢出、DoS（拒绝服务攻击）与 DDoS（分布式拒绝服务攻击）。

① 网络监听，是攻击者获取权限的一种最简单且最有效的方法。在网络上，监听效果最好的地方是在网关、路由器、防火墙一类的设备处，而对于攻击者来说，最方便的是在以太网中的任何一台上网的主机上进行监听。目前，多数的计算机网络使用共享的通信信道，通信信道的共享意味着计算机有可能接收发向另一台计算机的信息，在通常的网络环境下，用户的所有信息，包括用户名和口令信息都是以明文的方式在网上传输的。因此，对于网络攻击者来说，进行网络监听并获得用户的各种信息并不是一件很困难的事。

② ARP 欺骗。ARP（Address Resolution Protocol），中文意思是地址解析协议。ARP 是一种将 IP 地址转换成物理地址的协议。ARP 欺骗是针对以太网地址解析协议（ARP）的一种攻击技术。该攻击可让攻击者取得局域网上的数据分组甚至可篡改分组，并且可让网络上特定计算机或所有计算机无法正常连接。ARP 欺骗存在两种情况：一种是欺骗主机

作为"中间人",被欺骗主机的数据都经过它中转一次,这样欺骗主机可以窃取到被它欺骗的主机之间的通信数据;另一种欺骗则是让被欺骗主机直接断网。

③ 缓冲区溢出(Buffer Overflow 或 Buffer Overrun),是指当计算机向缓冲区内填充数据时超过了缓冲区本身的容量,溢出的数据覆盖在合法数据上。缓冲区溢出是一种非常普遍、非常危险的漏洞,在各种操作系统、应用软件中广泛存在。攻击者利用这种漏洞破坏系统或者插入特别编制的代码,以获得系统的控制权。利用缓冲区溢出攻击,可以导致程序运行失败、系统宕机、重新启动等后果。更为严重的是,可以利用它执行非授权指令,甚至可以取得系统特权,进而进行各种非法操作。

④ DoS 与 DDoS。拒绝服务攻击(Denial of Service,DoS)是一种针对某些服务可用性的攻击。一般采用一对一方式进行攻击,侧重于通过利用主机特定漏洞进行攻击,导致网络栈失效、系统崩溃、主机死机,从而无法提供正常的网络服务功能,造成拒绝服务。常见的 DoS 攻击手段有 TearDrop、Land、Jolt 等。对于 DoS 攻击,通过给主机服务器打补丁或安装防火墙软件就可以很好地防范。

分布式拒绝服务攻击(Distributed Denial of Service,DDoS),侧重于通过很多"僵尸主机"(被攻击者入侵过或可间接利用的主机)向受害主机发送大量看似合法的网络包,从而造成网络阻塞或服务器资源耗尽,最终导致拒绝服务。DDoS 一旦被实施,攻击网络包就会犹如洪水般涌向受害主机,从而把合法用户的网络包淹没,导致合法用户无法正常访问服务器的网络资源,因此 DDoS 又被称之为"洪水式攻击"。DDoS 能瞬间造成对方计算机死机,危害较大,很难防范。常见的 DDoS 攻击手段有 SYN Flood、ACK Flood、UDP Flood 等。

(2)入侵检测技术

计算机入侵检测技术是继防火墙、数据加密等传统技术之后的新兴防护技术。它能对计算机和网络资源的恶意使用行为进行甄别、检测和提示,是继防火墙等传统安全技术之后的第二道安全防护,是对传统技术的合理补充。

入侵检测(Intrusion Detection)被定义为"识别针对计算机或网络资源的恶意企图和行为,并对此做出反应的过程"。入侵检测一般可分为 3 个步骤,即信息收集、信息分析和结果处理。

入侵检测,首先是进行信息的收集,它能够检测未授权对象(人或程序)针对系统的入侵企图或行为,同时监控授权对象对系统资源的非法操作,即从系统的不同环节收集信息,从中发现网络或系统中是否有违反安全策略的行为和被攻击的迹象。其次,要对所收集的信息进行分析,判断收集的信息所显示的异常情况,一旦发现攻击会自动发出警报并采取相应的措施。同时,记录受到攻击的过程,为网络或系统的恢复和追查攻击的来源提供基本数据。

入侵检测技术按照检测对象划分为基于主机型、基于网络型、混合型 3 类。根据其采用的技术可以分为异常检测和特征检测。

1.5.3 计算机病毒

1. 计算机病毒的基本知识

(1)计算机病毒的概念

计算机病毒(Computer Viruses)是靠修改其他程序来插入或进行自身复制,从而感染其他程序的一种特殊程序。它隐藏在计算机系统的数据资源或程序中，借助系统运行和共享资源来进行繁殖、传播和生存，扰乱计算机系统的正常运行，篡改或破坏系统和用户的数据资源及程序。计算机病毒是能够引起计算机故障，破坏计算机数据，影响计算机系统正常使用的程序代码。

《中华人民共和国计算机信息系统安全保护条例》第二十八条规定：计算机病毒，是指编制或者在计算机程序中插入的破坏计算机功能或者毁坏数据，影响计算机使用，并能自我复制的一组计算机指令或者程序代码。

（2）计算机病毒的特征

计算机病毒是人为编制的特殊程序，与正常的程序相比，具有以下几个特征：

① 传染性，是计算机病毒最基本的特征，病毒程序一旦侵入计算机系统就通过自我复制和自我繁殖迅速传播。达到传染和扩散的目的。

② 潜伏性，计算机病毒的潜伏性是指计算机病毒具有依附其他媒体而寄生的能力。计算机感染病毒后不一定立刻发作，病毒可能会长时间潜伏在计算机中，病毒的发作是由触发条件来确定的，在触发条件不满足时，系统没有异常症状。

③ 可触发性，计算机病毒的发作一般都有一个或多个触发条件，一旦满足触发条件或者激活病毒的传染机制，病毒就进行传播，如某个特定的时间、日期、或某种文件类型都可以是触发条件。例如 CIH 病毒 v1.2 版，就是在每年的 4 月 26 日发作，VHP2 病毒每感染 8 个文件就会触发系统热启动操作等。

④ 破坏性，是病毒本质的特性。病毒发作时，能干扰计算机系统的正常工作，破坏磁盘文件的内容、删除数据、修改文件、抢占存储空间，甚至对磁盘进行格式化，致使计算机系统紊乱，以至瘫痪，从而造成灾难性的后果。例如 CIH 病毒发作时硬盘中所有数据都会被破坏，硬盘分区信息也将丢失，还可能会改写 BIOS 中的数据。

⑤ 寄生性，计算机病毒需要在宿主中寄生才能生存。通常情况下，病毒寄生在其他正常文件、程序之中，在运行宿主计算机过程中，一旦达到触发条件，病毒就被激活起破坏作用。

⑥ 隐蔽性，大部分病毒都设计得短小精悍不易被发现，一般只有几百字节甚至几十千字节。而且，病毒通常都附着在正常程序中或磁盘较隐蔽的地方（如引导扇区），或以隐含文件形式出现，目的是不让用户发现它的存在。这样病毒可以在不被察觉的情况下，感染尽可能多的计算机系统。

⑦ 针对性，病毒是针对特定的计算机、操作系统、服务软件，甚至特定的版本和特定模板而设计的。例如，"CodeBLue（蓝色代码）"专门攻击 Windows 2000 操作系统。

⑧ 变异性，变种多是当前病毒呈现出的新特点。例如"爱虫"是脚本语言病毒，在 10 多天内出现 30 多种变种；"熊猫烧香"病毒在短短两个月时间里，新老变种已达 700 多个。

（3）计算机病毒的命名

计算机病毒种类繁多，为了区分不同的病毒，按照病毒的特性，将病毒进行了分类命名。其一般格式为：

<病毒前缀>·<病毒名>·<病毒后缀>

病毒前缀是指一个病毒的种类，是用来区别病毒的种族分类的。不同种类的病毒，其前缀也是不同的。例如木马病毒的前缀是 Trojan，脚本病毒的前缀是 Script，等等。

病毒名是指一个病毒的家族特征，是用来区别和标识病毒家族的。例如著名的灰鸽子木马病毒，到 2006 年就达 6 万多个变种，但它的家族名都是统一的"Huigezi"。

病毒后缀是指一个病毒的变种特征，是用来区别具体某个家族病毒的某个变种的。例如，Trojan.Chifrax.cht 指的是"橘色诱惑"变种为 cht 病毒，Backdoor.Wuca.mq 指的是"舞客"变种 mq 病毒。

综上所述，通过掌握病毒的命名规则，就能通过杀毒软件的报告中出现的病毒名来判断出一个病毒的共有特性。

（4）计算机病毒的分类

从 1986 年世界上第一个病毒——"巴基斯坦"病毒诞生起至今，计算机病毒的发展经历了 DOS 时代，Windows 时代，到现在的 Internet 时代。计算机病毒的分类方式也有多种，按前缀名称的方式来分，可分为以下 9 类：

① 木马病毒，其前缀是 Trojan。其特性以盗取用户信息为目的。木马的传播方式主要有通过电子邮件传播、软件下载传播和网页浏览传播 3 种。到现在，木马病毒是和黑客程序往往是成对出现的，一旦入侵他人计算机既能远程控制，又能盗取系统信息和口令密码，如冰河木马病毒。

② 系统病毒，其前缀是 Win32、PE、Win95、W32、W95 等，主要感染 Windows 系统的可执行文件。系统病毒的危害包括影响操作系统正常运行、破坏硬盘、破坏系统数据区、损坏文件等，如 CIH 病毒。

③ 蠕虫病毒，其前缀是 Worm，主要是通过网络和电子邮件进行传播，还利用操作系统和应用程序的漏洞主动进行攻击，占用大量的计算机资源和网络资源，影响计算机及网络的工作速度。严重情况下可以使计算机系统和网络系统崩溃，如 Mydoom 病毒。

④ 脚本病毒，其前缀是 Script，特点是采用脚本语言编写，通过网页进行传播，如红色代码（Script.Redlof），脚本病毒还会有其他前缀，如 VBS、JS（表明是何种脚本编写的），如欢乐时光（VBS.Happytime）、十四日（Js.Fortnight.c.s）等。

⑤ 后门病毒，其前缀是 Backdoor，通过网络传播，并在系统中打开后门，给用户计算机带来安全隐患。后门病毒一方面有潜在的泄露本地信息的危险，另一方面病毒出现在局域网中使网络阻塞，影响正常工作，如 Humpler 病毒。

⑥ 宏病毒，也是脚本病毒的一种，其前缀是 Macro，第二前缀是 Word、Word97、Excel、Excel97 等的其中之一。该类病毒的共有特性是能感染 Office 系列文档，然后通过 Office 通用模板进行传播，如著名的美丽莎（Macro.Melissa）病毒。

⑦ 破坏性程序病毒，其前缀是 Harm，一般会对系统造成明显的破坏。这类病毒的共有特性是以本身带有的好看图标来诱惑用户点击，当用户点击这类病毒时，病毒便会直接对用户计算机产生破坏，如格式化硬盘等。

⑧ 玩笑病毒，其前缀是 Joke，是恶作剧性质的病毒，通常不会对计算机系统造成实质性的破坏。

⑨ 捆绑机病毒，其前缀是 Binder，这是一类会和其他特定应用程序捆绑在一起的病毒。当用户运行这些附着捆绑病毒的程序时，表面上会运行这些应用程序，然后隐藏运行捆绑在一起的病毒，从而给用户造成危害，如捆绑 QQ（Binder.QQPass.QQBin）、系统杀（Binder.killsys）等。

（5）计算机病毒的症状

计算机病毒发作前一般会出现一定的表现症状，具体出现哪些异常现象和所感染病毒的种类直接相关。当计算机出现以下异常症状时，可能已经染上了病毒。

- 计算机系统运行速度减慢，或出现死机、蓝屏、黑屏等现象。
- 计算机网络速度变慢，或无法正常使用 Internet。
- 丢失文件或文件损坏，计算机屏幕上出现异常显示。
- IE 浏览器被主页锁定到某网址，或注册表被锁定。
- 系统不识别硬盘，或对存储系统异常访问。
- 键盘输入异常，或文件的日期、时间、属性等发生变化。
- 文件无法正确读取、复制或打开，或命令执行出现错误。
- 虚假报警，或更换当前盘符。如有些病毒会将当前盘符切换到 C 盘。
- 没做写操作时出现"磁盘写保护"信息。
- Windows 操作系统无故频繁出现错误。
- 一些外部设备工作异常，或异常要求用户输入密码。
- Word 或 Excel 提示执行"宏"，或不应驻留内存的程序驻留内存。

总之，计算机的任何异常都可以怀疑是病毒引起的，但异常情况不一定说明系统内肯定有病毒，要真正确定，必须通过适当的检测手段来确认。

1.6　信息素养与职业道德规范

半个多世纪以来，人类社会正由工业社会全面进入信息社会，其主要动力就是以计算机技术、通信技术和控制技术为核心的现代信息技术的飞速发展和广泛应用。纵观人类发展史和科学技术史，虽然各种高新技术层出不穷、日新月异，但是最主要的、发展最快的仍然是信息技术。

1.6.1　信息、信息技术及其发展历程

1. 信息

信息是指音讯、消息、通信系统传输和处理的对象，泛指人类社会传播的一切内容。信息既是对各种事物的变化和特征的反映，又是事物之间相互作用和联系的表征。人们通过获得、识别自然界和社会的不同信息来区别不同事物，从而认识和改造世界。信息同材料、能源一样，是人类生存和社会发展的三大基本资源之一。可以说，信息不仅维系着社会的生存和发展，而且在不断地推动着社会和经济的发展。数据是信息的载体，包含数值、文字、语言、图形、图像等不同表现形式。数据是未加工的信息，而信息是经过加工以后能为某个目的而使用的数据。

2. 信息技术

信息技术（Information Technology，IT），是指通过获取、处理、传递、存储等方式来扩展人们的信息功能，协助人们有效地进行信息处理的一门技术。信息技术是管理、开发和利用信息资源的有关方法、手段与操作程序的总称，也是研究如何获取信息、处理信息、传输信息和使用信息的技术。信息技术依靠利用计算机科学和通信技术相结合，对图、

文、声、像等各种信息进行采集、传输、存储、加工与使用。它也常被称为信息和通信技术（Information and Communications Technology，ICT），主要包括传感技术、计算机技术、通信技术和控制技术。

3．信息技术的发展历程

从古至今，在人类漫长的发展历史中，人们从最初的语言文字的形成到造纸术、印刷术的应用，再到电报、电话、网络等的普及，信息技术的发展历程经历了以下5个阶段。

第一阶段：语言的使用。

在35 000 年～50 000 年前，语言的使用是类人猿进化为人的重要标志。随后，语言成为人类进行思想交流和信息传播不可缺少的工具。

第二阶段：文字的出现和使用。

我国商朝时期使用的甲骨文被公认为世界上最早的文字。文字作为信息的载体使人类对信息的保存和传播取得重大突破，超越了时间和地域的限制。

第三阶段：造纸术、印刷术的发明和使用。

东汉时期（105 年），蔡伦改进造纸方法，用树皮、麻头、渔网等作纸，人称"蔡侯纸"。造纸术的发明，引起了书写材料的一场革命，大大方便了人们的书写，便利了信息的保存和交流。北宋庆历年间（1041—1048 年）毕昇发明了活字印刷术。造纸术和印刷术的发明和应用，使得信息可以大量复制，扩大了信息交流的范围。

第四阶段：电报、电话、广播、电影、电视的发明和应用。

从19 世纪开始，人类进入利用电磁波传播信息的时代。1837 年美国人莫尔斯研制了世界上第一台有线电报机。1876 年，亚历山大·贝尔发明了世界上第一台电话机。1894 年电影问世。1925 年英国首次播映电视。这些发明的应用进一步突破了时间与空间的局限。

第五阶段：计算机和现代通信技术的应用。

从 1946 年诞生了世界上第一台电子计算机开始，随着电子计算机的普及以及计算机与现代通信技术的有机结合，信息的处理和传递速度得以迅速提高，人类利用信息的能力得到空前发展。计算机和现代通信技术的应用将人类社会推进到了数字化的时代。

1.6.2　信息素养及主要要素

1．信息素养

信息素养（Information Literacy）的本质是全球信息化需要人们具备的一种基本能力。信息素养概念的酝酿始于美国图书检索技能的演变。1974 年，美国信息产业协会主席保罗·泽考斯（Paul Zurkowski）率先提出了信息素养这一全新概念，并解释为：利用大量的信息工具及主要信息源使问题得到解答的技能。信息素养概念一经提出，便得到广泛传播和使用。

1989 年美国图书馆协会（ALA）对信息素养的含义进行了重新定义：信息素养是指个人能够认识到何时需要信息，能够检索、评估和有效地利用信息的综合能力。

2015 年美国大学与研究图书馆协会（ACRL）颁布了《高等教育信息素养框架》，对信息素养的定义进一步进行了扩展：信息素养是指包括对信息的反思性发现，对信息如何产生和评价的理解，以及利用信息创造新知识并合理参与学习团体的一组综合能力。

信息素养是一种基本能力：是一种对信息社会的适应能力。美国教育技术 CEO 论坛 2001 年第 4 季度报告提出 21 世纪的能力素质，包括基本学习技能（指读、写、算）、信息素养、创新思维能力、人际交往与合作精神、实践能力。信息素养是其中一个方面，它涉及信息的意识、信息的能力和信息的应用。

信息素养是一种综合能力：其涉及各方面的知识，是一种特殊的、涵盖面很宽的能力，它包含人文的、技术的、经济的、法律的诸多因素，与许多学科有着紧密的联系。它是一种了解、搜集、评估和利用信息的知识结构，既需要通过熟练的信息技术，也需要通过完善的调查方法、通过鉴别和推理来完成。信息素养是一种信息能力，信息技术是它的一种工具。

2．信息素养的主要要素

信息素养是人的整体素质的一部分，是未来信息社会生活必备的基本能力之一。具体来说，信息素养包括以下 4 个方面的内涵。

（1）信息意识

信息意识是信息素养的前提，是人对信息的敏感程度，是人对信息敏锐的感受力、持久的注意力和对信息价值的洞察力、判断力等。它决定人们捕捉、判断和利用信息的自觉程度。

（2）信息技能

信息技能是信息素养的基础，是指人们获取、处理信息的能力，包括检索、组织和利用信息的能力。

（3）信息能力

信息能力是信息素养的保证，是信息素养最重要的一个方面。它包括获取、处理、交流、应用、创造信息的能力等。通过熟练应用信息技术，在大量无序的信息中辨别出自己所需的信息，并能根据所掌握的信息知识、信息技能和信息检索工具，迅速有效地辨别、选择信息，并创造出新知识的能力。

（4）信息道德

信息道德是信息素养的准则，是指在信息的采集、加工、存储、传播和利用等信息活动中应该遵循的道德规范。要树立正确的法制观念，增强信息安全意识，保护知识产权，尊重个人隐私，抵制和不传递不良信息。

1.6.3　信息伦理及职业道德规范

1．信息伦理

信息伦理，又称信息道德，是指涉及信息开发、信息传播、信息的管理和利用等方面的伦理要求、伦理准则、伦理规约，以及在此基础上形成的新型的伦理关系。它是调整人们之间以及个人和社会之间信息关系的行为规范的总和。

信息道德内容包含两个方面，一是个人信息道德，指个人在信息活动中以心理活动形式表现出来的道德观念、情感、行为和品质，如对虚假信息的谴责，对非法窃取他人信息成果的鄙视、自律等；二是社会信息道德，指社会信息活动中人与人之间的关系以及反映这种关系的行为准则与规范，如扬善抑恶、权利与义务、契约精神等。

2. 信息网络职业道德规范

计算机作为现代化的信息处理工具，应用于各行各业，在经济和社会生活中正发挥着越来越重要的作用。在信息技术高速发展的今天，利用计算机犯罪已成为一种新的犯罪形式。为此，我国出台了一系列相关法律和法规。对于中华人民共和国的每一个公民，有义务维护国家利益，遵守相关法律和社会道德规范，抵制犯罪，有效维护自己和他人的合法权益。

（1）与信息安全相关的法律法规

我国除刑法对利用计算机犯罪进行打击以外，从 20 世纪 90 年代开始，还陆续颁布了一系列的法律法规，这些法律法规主要涉及信息系统安全保护、国际互联网的管理、计算机病毒防治和软件知识产权的保护等方面。

① 1994 年 2 月 18 日发布《中华人民共和国计算机信息系统安全保护条例》。首先明确了信息系统及安全的定义，从安全保护制度、安全监督、法律责任等方面进行了约定，为保护计算机信息系统的安全，促进计算机的应用和发展，起到了积极的作用。

② 1996 年 2 月 1 日《中华人民共和国计算机信息网络国际联网管理暂行规定》发布，规定了互联网接入和使用各方的责任和义务，明确了任何单位和个人不得利用国际联网危害国家安全、泄露国家秘密，不得侵犯国家的、社会的、集体的利益和公民的合法权益，不得从事违法犯罪活动。

③ 2000 年 1 月 1 日，国家保密局发布了《计算机信息系统国际联网保密管理规定》。此规定要求加强计算机信息系统国际联网的保密管理，强调了国家秘密的安全性。

④ 2000 年 3 月 30 日，《计算机病毒防治管理办法》由公安部发布施行。该办法对计算机病毒进行了定义，使计算机病毒防范和治理有法可依。

⑤ 2002 年 1 月 1 日，《计算机软件保护条例》正式施行。此条例明确规定：未经软件著作权人的同意，复制其软件的行为是侵权行为，侵权者要承担相应的民事责任。该条例保护了计算机软件著作权人的权益，对调整计算机软件在开发、传播和使用中发生的利益关系，鼓励计算机软件的开发与应用，对软件产业和国民经济信息化的发展起到了积极的促进作用。

⑥ 2009 年 5 月，颁布的《互联网网络安全信息通报实施办法》和《木马和僵尸网络监测和处置机制》对国家互联网应急中心和互联网运营商、域名服务机构，以及网络安全企业共同开展网络安全信息共享和打击黑客产业提出了具体的规定。

⑦ 2017 年 6 月 1 日，《中华人民共和国网络安全法》正式施行。该法的制定是为了保障网络安全，维护网络空间主权和国家安全、社会公共利益，保护公民、法人和其他组织的合法权益，促进经济社会信息化健康发展。

（2）计算机使用者的道德规范

为维护系统的安全，保护知识产权，尊重个人隐私，抵制和不传播不良信息，在使用计算机时，一方面要学习掌握有关计算机法律法规，另一方面，还要养成良好的道德行为规范，并做到以下几点。

①　有关知识产权。

在使用计算机软件或信息数据时，应遵照知识产权法的规定，尊重创作者的著作权、版权，不非法复制、传播版权信息；使用正版软件，坚决抵制盗版。尊重他人的隐私，保守秘密。这是计算机从业者的基本道德规范。

②　有关计算机、网络信息。

不要蓄意破坏和损坏他人的计算机系统设备及资源；不制造病毒程序，不有意传播病毒；不能有意地造成网络交通混乱或擅自闯入网络及其相连的系统；不能商业性地或欺骗性地利用计算机资源去偷窃资料、设备或智力成果；不得伪造传播虚假信息；口令密码不泄露。被授权者对自己享用的资源负有保护责任。

1.7　习题

一、单选题

1. 计算机之所以能自动连续运算，是由于采用了＿＿＿＿＿＿＿＿工作原理。

　　A. 布尔逻辑　　　　　　B. 存储程序　　　　　　C. 数字电路　　　　　　D. 集成电路

2. 第一代计算机到第四代计算机的体系结构都是由运算器、控制器、存储器以及输入和输出设备组成，它被称为＿＿＿＿＿＿＿体系结构。

　　A. 艾伦·图灵　　　　　B. 罗伯特·诺依斯　　　C. 比尔·盖茨　　　　　D. 冯·诺依曼

3. 以微处理器为核心组成的微型计算机属于＿＿＿＿＿＿＿计算机。

　　A. 第一代　　　　　　　B. 第二代　　　　　　　C. 第三代　　　　　　　D. 第四代

4. 下列关于计算机的叙述中，错误的一条是＿＿＿＿＿＿＿。

　　A. 世界上第一台计算机诞生于美国，主要元件是晶体管

　　B. 银河是我国自主生产的巨型机

　　C. 笔记本计算机也是一种微型计算机

　　D. 计算机的字长一般都是 8 的整数倍

5. "神舟八号"飞船利用计算机进行飞行状态调整属于＿＿＿＿＿＿＿。

　　A. 科学计算　　　　　　　　　　　　　　　B. 数据处理

　　C. 计算机辅助设计　　　　　　　　　　　　D. 实时控制

6. CAM 是计算机主要应用领域之一，其含义是＿＿＿＿＿＿＿。

　　A. 计算机辅助制造　　　　　　　　　　　　B. 计算机辅助设计

　　C. 计算机辅助测试　　　　　　　　　　　　D. 计算机辅助教学

7. 淘宝网的网上购物属于计算机现代应用领域中的＿＿＿＿＿＿＿。

　　A. 计算机辅助系统　　　B. 电子政务　　　　　　C. 电子商务　　　　　　D. 办公自动化

8. 在计算机术语中，英文 CAI 是指＿＿＿＿＿＿＿。

　　A. 计算机辅助制造　　　　　　　　　　　　B. 计算机辅助设计

　　C. 计算机辅助测试　　　　　　　　　　　　D. 计算机辅助教学

9. 计算机在实现工业自动化方面的应用主要属于＿＿＿＿＿＿＿。

　　A. 数据处理　　　　　　　　　　　　　　　B. 科学计算

　　C. 计算机辅助设计　　　　　　　　　　　　D. 实时控制

10. 人工智能是让计算机能模仿人的一部分智能。下列_____不属于人工智能领域中的应用。

    A. 机器人   B. 银行信用卡   C. 人机对弈   D. 机械手

11. 将二进制数 10000001 转换为十进制数应该是_____。

    A. 126   B. 127   C. 128   D. 129

12. 十六进制数 BD 转换为等值的八进制数是_____。

    A. 274   B. 275   C. 254   D. 264 B

13. 位是计算机中表示信息的最小单位，则微机中 1 KB 表示的二进制位数是_____。

    A. 1000   B. 8×1000   C. 1024   D. 8×1024

14. 十六进制数 3FC3 转换为相应的二进制数是_____。

    A. 11111111000011B   B. 0111111000011lB

    C. 01111111000001B   D. 11111111000001B

15. 两个二进制数算术加的结果 11001001+00100111 是_____。

    A. 11101111   B. 11110000   C. 1   D. 10100010

16. 在计算机内部，机器码的形式是_____。

    A. ASCII 码   B. BCD 码   C. 二进制   D. 十六进制

17. 已知字母"A"的 ASCII 码值是 41H，则字母"D"的 ASCII 码值是_____。

    A. 44   B. 44H   C. 45   D. 45H

18. 通常在微型计算机内部，汉字"计算机"一词占_____字节。

    A. 2   B. 6   C. 3   D. 1

19. 以下对微机汉字系统描述中正确的是_____。

    A. 汉字内码与所用的输入法有关

    B. 汉字的内码与字型有关

    C. 在同一操作系统中，采用的汉字内码是统一的

    D. 汉字的内码与汉字字体大小有关

20. 在 16×16 点阵字库中，存储一个汉字的字模信息需用的字节数是_____。

    A. 8   B. 24   C. 32   D. 48

21. 标准 ASCII 码在机器中的表示方法准确的描述应是_____。

    A. 使用 8 位二进制代码，最右边一位为 1

    B. 使用 8 位二进制代码，最左边一位为 0

    C. 使用 8 位二进制代码，最右边一位为 0

    D. 使用 8 位二进制代码，最左边一位为 1

22. 在 ASCII 码表中，按照 ASCII 码值从小到大排列顺序是_____。

    A. 数字、英文大写字母、英文小写字母

    B. 数字、英文小写字母、英文大写字母

    C. 英文大写字母、英文小写字母、数字

    D. 英文小写字母、英文大写字母、数字

23. 关于非对称加密密码体制的正确描述是_____。

    A. 非对称加密密码体制中加解密钥不相同，从一个很难计算出另一个

    B. 非对称加密密码体制中加密密钥与解密密钥相同，或是实质上等同

    C. 非对称加密密码体制中加解密钥虽不相同，但是可以从一个推导出另一个

    D. 非对称加密密码体制中加解密密钥是否相同可以根据用户要求决定

24. 密码学的目的是_____。

    A. 研究数据加密   B. 研究数据解密

    C. 研究数据保密   D. 研究信息安全

25. 计算机病毒是_____。

    A. 一个命令   B. 一个程序

    C. 一个标记   D. 一个文件

26. 按传染方式，计算机病毒可分为引导型病毒、_____、混合型病毒。

    A. 入侵型病毒   B. 外壳型病毒

    C. 文件型病毒   D. 操作系统型病毒

27. _____是采用综合的网络技术设置在被保护网络和外部网络之间的一道屏障，用以分隔被保护网络与外部网络系统防止发生不可预测的、潜在破坏性的侵入，它是不同网络或网络安全域之间信息的唯一出入口。

    A. 防火墙技术   B. 密码技术

    C. 访问控制技术   D. 虚拟专用网

28. 在计算机密码技术中，通信双方使用一对密钥，即一个私人密钥和一个公开密钥，密钥对中的一个必须保持秘密状态，而另一个则被广泛发布，这种密码技术是_____。

    A. 对称算法   B. 保密密钥算法

    C. 公开密钥算法   D. 数字签名

29. 防止 U 盘感染计算机病毒的一种有效方法是_____。

    A. U 盘远离电磁场

    B. 定期对 U 盘作格式化处理

    C. 对 U 盘加上写保护

    D. 禁止与有病毒的其他 U 盘放在一起

30. 发现微型计算机染有病毒后，较为彻底的清除方法是_____。

    A. 用查毒软件处理   B. 用杀毒软件处理

    C. 删除磁盘文件   D. 重新格式化磁盘

31. 计算机病毒会造成计算机_____的损坏。

    A. 硬件、软件和数据   B. 硬件和软件

    C. 软件和数据   D. 硬件和数据

32. 为了预防计算机病毒，对于外来磁盘应采取_____。

    A. 禁止使用   B. 先查毒，后使用

    C. 使用后，就杀毒   D. 随便使用

33. 关于计算机病毒，下列中正确的说法是_____。

    A. 计算机病毒可以烧毁计算机的电子元件

    B. 计算机病毒是一种传染力极强的生物细菌

    C. 计算机病毒是一种人为特制的具有破坏性的程序

    D. 计算机病毒一旦产生，便无法清除

34. 为了预防计算机病毒，应采取的正确步骤之一是_____。

    A. 每天都要对硬盘和软盘进行格式化

    B. 决不玩任何计算机游戏

    C. 不同任何人交流

    D. 不用盗版软件和来历不明的磁盘

35. 计算机病毒会造成_____。

    A. CPU 的烧毁   B. 磁盘驱动器的损坏

    C. 程序和数据的破坏   D. 磁盘的物理损坏

36. 计算机病毒主要是造成_____的损坏。

    A. 磁盘   B. 磁盘驱动器

    C. 磁盘和其中的程序和数   D. 程序和数据

37. 以下对计算机病毒的描述不正确的是_____。

    A. 计算机病毒是人为编制的一段恶意程序

    B. 计算机病毒不会破坏计算机硬件系统

    C. 计算机病毒的传播途径主要是数据存储介质的交换以及网络链接

    D. 计算机病毒具有潜伏性

二、多选题

1. 下列关于微型机中汉字编码的叙述中，_____是正确的。

    A. 五笔字型编码是汉字输入码

    B. 汉字库中寻找汉字字模时采用输入码

    C. 汉字字形码是汉字字库中存储的汉字字形的数字化信息

    D. 存储或处理汉字时采用机内码

2. 下列汉字输入法中，有重码的输入法有_____。

    A. 微软拼音输入法   B. 区位码输入法

    C. 智能 ABC 输入法   D. 五笔字型输入法

3. 在计算机中采用二进制的主要原因是_____。

    A. 物理上容易实现，可靠性强

    B. 运算简单，通用性强

    C. 便于表示和进行逻辑运算

    D. 其他进制无法在计算机中实现

4. 以下关于 ASCII 码的论述中正确的是_____。

    A. ASCII 码中的字符全部都可以在屏幕上显示

    B. ASCII 码基本字符集由 7 个二进制数码组成

    C. 用 ASCII 码可以表示汉字

    D. ASCII 码基本字符集包括 128 个字符

5. 下列说法中正确的是_____。

    A. 任何二进制整数都可用十进制表示

    B. 任何二进制小数都可用十进制表示

    C. 任何十进制整数都可用二进制表示

    D. 任何十进制小数都可用二进制表示

三、填空题

1. 网络数据加密常用的方式有链路加密、_____和_____。

2. 根据密钥类型不同，可以将现代密码技术分为_____和_____两类。

3. 从技术上看，防火墙的 4 种基本类型，分别是包过滤型、_____、_____、_____。

4. 网络安全的 5 大基本特征分别指的是信息具有完整性、_____、可用性、_____可控性。

5. 常用的网络攻击技术有_____、_____、_____、_____。

6. 计算机病毒的特征有传染性、_____、潜伏性、_____、_____、_____、_____、针对性、_____。

7. 计算机病毒分为引导型病毒、_____、_____、_____、_____。

第2章 计算机系统

1946 年，冯·诺依曼等人在《关于电子计算机仪器逻辑设计的初步探讨》的论文中，首次提出了计算机组成和工作方式的基本思想。目前主流的计算机体系结构基本上还是经典的冯·诺依曼体系结构。计算机系统包括硬件（Hardware）系统和软件（Software）系统两大部分，如图 2.0.1 所示。

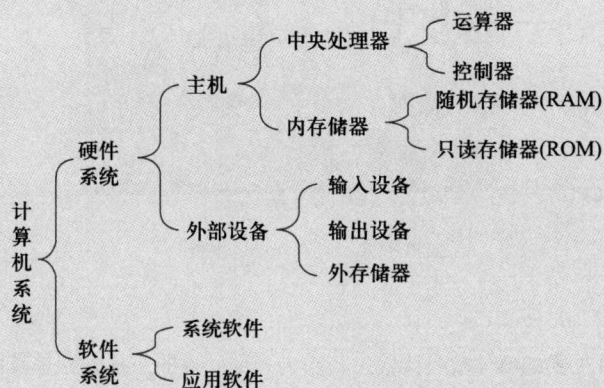

图 2.0.1
计算机系统的组成

冯·诺依曼体系计算机由五大功能部件组成，分别是运算器、控制器、存储器、输入设备、输出设备，如图 2.0.2 所示。

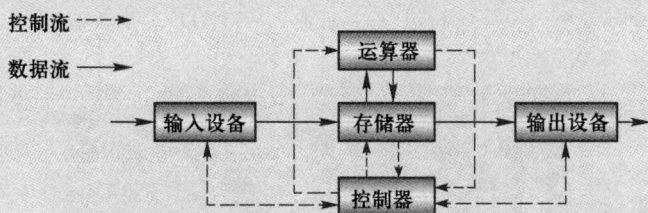

图 2.0.2
计算机硬件组成

2.1　微型计算机硬件系统

微型计算机，简称微机，是电子计算机中的一员。它主要以微处理器为基础，配以内存储器及输入输出（I/O）接口电路和相应的辅助电路等组成，如图 2.1.1 所示。

微型计算机的特点是体积小、功耗低、运行环境要求低、使用方便。

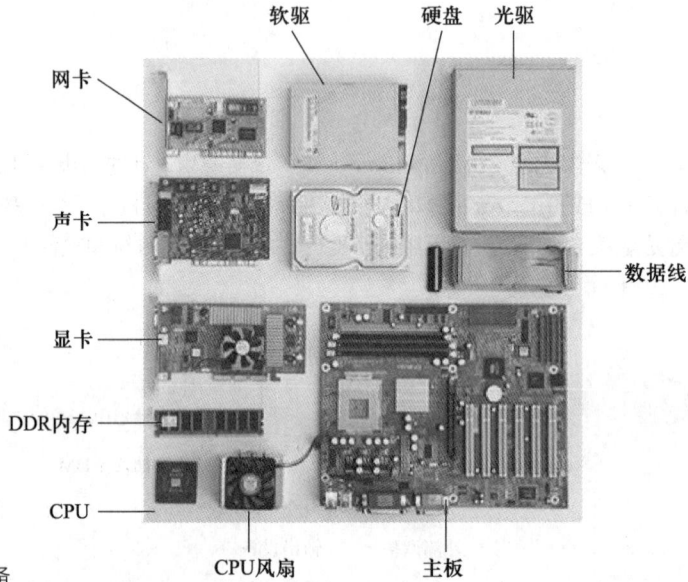

图 2.1.1
微型计算机主机箱内主要硬件设备

1.　主板

主机箱中最主要的部件就是连接主机箱内其他硬件的主板，它是其他硬件的载体，因此又称"母板"。CPU、内存、硬盘驱动器、光盘驱动器、显示卡等都插接在主板上，如图 2.1.2 所示。

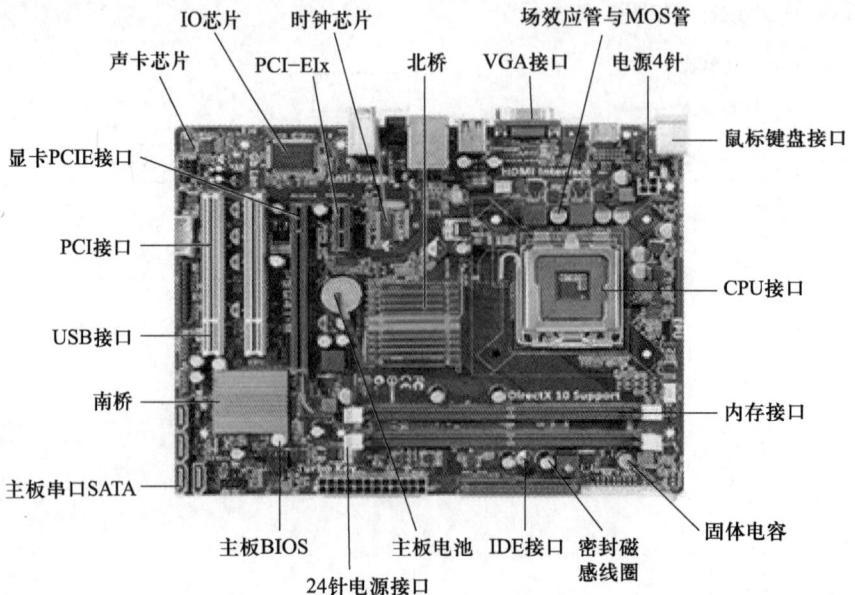

图 2.1.2
主板上的接口

2. 处理器

处理器包括运算器和控制器。

（1）运算器

① 运算器的组成。

- 算术逻辑单元（Arithmetic Logical Unit，ALU），完成对二进制数据的算术运算、逻辑运算和各种移位操作。
- 通用寄存器，用于保存参加运算的操作数和运算结果。
- 状态寄存器，用于记录算术、逻辑运算或测试操作的结果状态。

② 运算器的性能指标。

- 字长，CPU一次能并行处理的二进制位数，字长总是8的整数倍，通常个人计算机的字长为16位（早期）、32位、64位。
- 运算速度，每秒执行加法指令的数目。常用百万次/秒来表示。这个指标直观地反映计算机的速度。

（2）控制器

控制器是发布命令部件，由指令寄存器、指令译码器、操作控制器和程序计数器组成。用于完成协调和指挥整个计算机系统的操作。

3. 存储器

微型计算机的存储器分为主存储器（或称内部存储器，简称内存）和辅助存储器（或称外部存储器，简称外存，如硬盘、U盘、光盘等）两大部分，如图2.1.3所示。

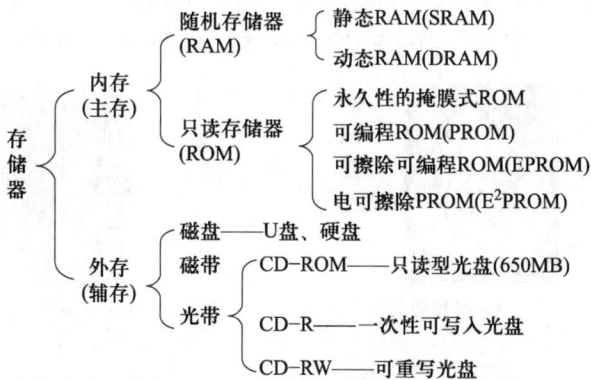

图 2.1.3
存储器的组成及类型

（1）内存储器

组成微型计算机的内存储器中的只读存储器（ROM）以固化了系统程序和相关数据的物理器件的形式安装在主板上；而随机存储器（RAM）通常以内存条器件形式安装在主板的内存条插槽上。内存条如图2.1.4所示。

图 2.1.4
内存条

① ROM。在内存中，有一小部分用于存放特殊的专用数据，对它们只取不存，这部

分称为只读存储器（Read Only Memory，ROM）。ROM 是一种只能读出不能写入的存储器，其中的信息被永久写入，即使关闭计算机电源，ROM 中的信息也不会丢失。因此，它常用于永久地存放一些固定的系统程序和数据。有些 ROM 可以用特殊装置擦除和重写，可编程 ROM（Programmable ROM，PROM）可以用编程器一次性写入芯片，可擦除可编程（Erasable Programmable ROM，EPROM）可在擦除时揭开覆盖标签用紫外线照射其硅晶片，可擦除可编程 ROM（Electrically Erasable Programmable ROM，E^2PROM）通过特定设备和软件可以方便地改写存储的内容。

② RAM。计算机中大部分对信息可存可取的内存称为随机存储器（Random Access Memory，RAM）。RAM 是易失性存储器，其中存放的信息是临时性的，可随时读出和写入信息。当计算机工作时，RAM 用于存放系统程序和用户的程序及数据。RAM 的空间越大，处理能力越强。计算机工作时，RAM 能准确地保存数据，但这种保存功能需要电源的支持，一旦切断电源，其中的所有数据立即完全消失，不可恢复。

（2）外部存储器

由于价格和技术方面的原因，内存的存储容量会受到限制。为了存储大量的信息，就需要采用价格便宜的辅助存储器（外存）。常用的外存储器有磁盘存储器、光盘存储器和磁带存储器等。

外存用来存放"暂时不用"的程序或数据。外存容量要比内存容量大得多，但它存取信息的速度比内存慢。通常，外存不和计算机内的其他装置直接交换数据，它只和内存交换数据，并且不是按单个数据进行存取，而是以成批数据进行交换。

外存和内存有许多不同之处。一是外存不怕停电，只要外存设备永久不坏，数据就能永久保存；二是外存的容量不像内存那样受多种限制，可以很大；三是外存价格较为便宜。

微型计算机中常用的外存储器有 USB（闪存）盘、硬盘、光盘等，如图 2.1.5 所示。

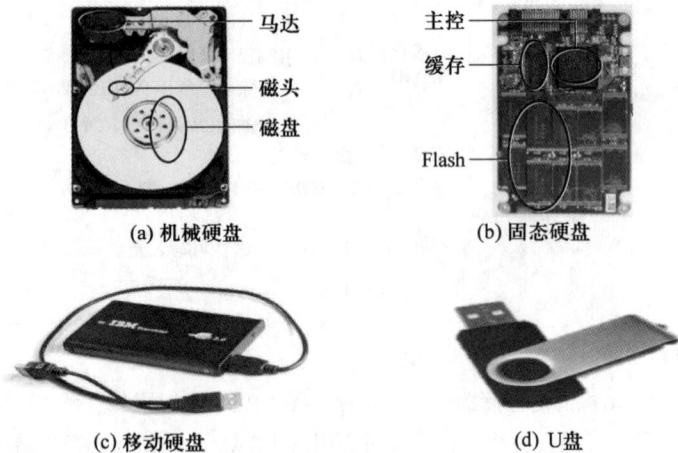

(a) 机械硬盘　　(b) 固态硬盘

(c) 移动硬盘　　(d) U盘

图 2.1.5
常用的外存储器

近年来，飞速发展起来的 USB 闪存盘已经让传统软盘退出了历史舞台。USB 闪存盘使用 USB 接口，存储容量不断增大，存取数据方便快捷。许多其他存储器如 MP3、MP4、数码伴侣、移动硬盘也具有 USB 接口的功能，属于移动式外存储器。

① 硬盘（Hard Disc Drive，HDD）。

硬盘是个人计算机中一种主要的外部存储器，用于存放系统文件、用户的应用程序及数据。硬盘的最大特点就是存储容量大，比软盘的存取速度快，不易受到污染。现在有普通硬盘、移动硬盘、固态硬盘。

- 机械硬盘,是早期大多数微机安装的硬盘,由于都采用温切斯特(Winchester)技术而被称之为"温切斯特硬盘",简称"温盘"。所谓温切斯特磁盘实际上是一种技术,这种技术是由 IBM 公司位于美国加州坎贝尔市温切斯特大街的研究所研制的,它于1973 年首先应用于 IBM3340 硬磁盘存储器中,因此将这种技术称作温切斯特技术。

1956 年,IBM 公司的 IBM 350 RAMAC 是现代硬盘的雏形,它相当于两个冰箱的体积,不过其存储容量只有 5 MB。1973 年 IBM 3340 问世,它拥有"温彻斯特"这个绰号,来源于其两个 30 MB 的存储单元,恰是当时出名的"温彻斯特来复枪"的口径和填弹量。至此,硬盘的基本架构被确立。

- 移动硬盘(Mobile Hard disk),顾名思义,是以硬盘为存储介质,计算机之间交换大容量数据,强调便携性的存储产品。

具有容量大、体积小、速度高、便携性、使用方便等特点。随着技术的发展,移动硬盘的容量越来越大,体积越来越小。

- 固态驱动器(Solid State Disk 或 Solid State Drive, SSD),俗称固态硬盘,如图 2.1.6 所示。

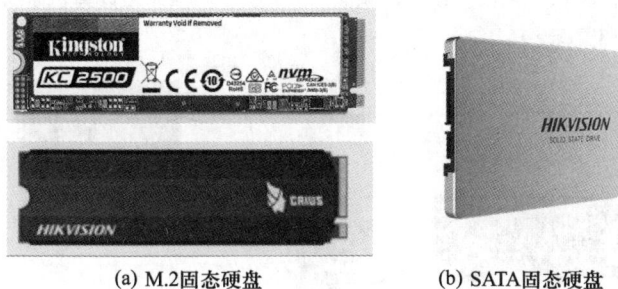

(a) M.2固态硬盘   (b) SATA固态硬盘

图 2.1.6
常用固态硬盘

固态硬盘在接口的规范和定义、功能及使用方法上与普通硬盘完全相同,在产品外形和尺寸上基本与普通硬盘一致。新兴的 M.2 等形式的固态硬盘尺寸和外形与 SATA 机械硬盘完全不同。

目前固态硬盘分 3 种接口,分别是 U.2、M.2 和 SATA。支持 NVMe 协议的 U.2 速度是 32 Gbit/s,M.2 的固态硬盘带宽速度为 10 Gbit/s,而支持 NVMe 协议的 M.2 固态硬盘带宽速度能达到 32 Gbit/s,SATA 固态硬盘的带宽速度最大能达到 6 Gbit/s。

② 光盘。

CD-ROM(Compact Disc Read-Only Memory)即高密度光盘只读存储器,简称只读光盘,如图 2.1.7 所示。

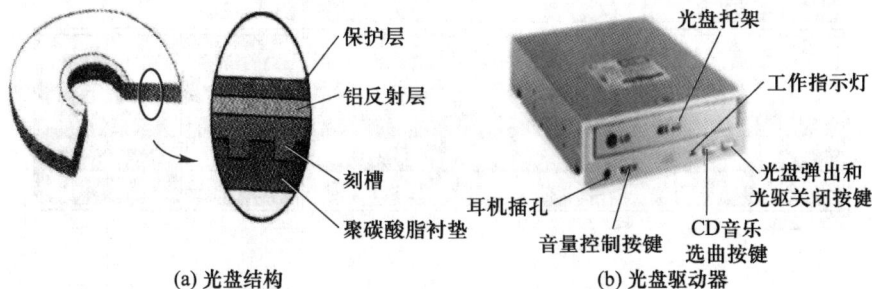

(a) 光盘结构   (b) 光盘驱动器

保护层
铝反射层
刻槽
聚碳酸脂衬垫
耳机插孔
音量控制按键
光盘托架
工作指示灯
光盘弹出和光驱关闭按键
CD音乐选曲按键

图 2.1.7
光盘和光盘驱动器

使用光盘时，计算机是通过光盘驱动器来读取光盘上的数据的，只能读出上面的信息，而不能向里面写入信息。要向 CD-ROM 存入信息，是通过在计算机上安装兼具光盘驱动器功能的刻录机（CD-RW）来实现的。一张普通光盘的存储容量为 700 MB 左右。因为 CD-ROM 不仅存储容量大，而且还具有使用寿命长、携带方便等特点，CD-ROM 被广泛用于电子出版、信息检索、教育与娱乐等方面。

光盘重要的一个技术指标是读取速度，光盘读取数据的基本倍速 150 KB/s，即每秒读取 150 KB 数据。

光盘是用极薄的铝质或金质音膜加上聚氯乙烯塑料保护层制作而成的。与软盘和硬盘一样，光盘也能以二进制数据（由"0"和"1"组成的数据模式）的形式存储信息。要在光盘上存储数据，首先必须借助计算机将数据转换成二进制，然后用激光将数据模式灼刻在扁平的、具有反射能力的盘片上，激光在盘片上刻出的小坑代表"1"，空白处代表"0"。

4. 输入输出设备

（1）输入设备

输入设备是将外部数据和信息输入到计算机的设备。常用的输入设备有键盘、鼠标器、光笔、扫描仪和数字化仪等设备，如图 2.1.8 所示。在微型计算机系统中，最常用的输入设备是键盘和鼠标。

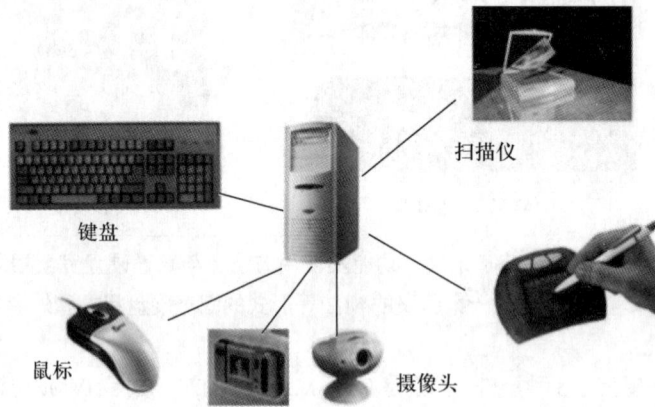

图 2.1.8
计算机输入设备

① 键盘，是计算机中最常用的输入设备。在使用计算机时，用户主要通过键盘向计算机输入命令、程序以及数据等信息。图 2.1.9 所示键盘分区。

图 2.1.9
键盘分区

② 鼠标，常用的鼠标有左右两键和中间一个滚轮，是一种用来移动光标和做选择操作的输入设备。鼠标使用的重要规则——单击左键是定位，拨中间的滚轮是移位，右击是弹出功能菜单。

常见的鼠标有光电式、光机式和机械式 3 种。

（2）输出设备

输出设备的功能是将内存中的信息以某种形式输出。常用的输出设备有磁盘、显示器和打印机等。图 2.1.10 所示为显示器。在微机中，磁盘驱动器是输出设备，也是输入设备。

(a) CRT   (b) LED

图 2.1.10
显示器

① 显示器又称监视器，是计算机最常用的输出设备之一，用于显示文字和图表等各种信息。计算机的显示系统主要由显示器和显示卡（又称显示适配器）构成。显示卡用于控制字符与图形在显示器屏幕上的输出，而显示器只是将显示卡输出的信号表现出来。显示器的显示内容和显示质量（如分辨率）的高低主要由显示卡的性能决定的。目前，液晶显示器成了显示器的主流产品。

传统的显示卡标准有 MDA、CGA、EGA、VGA 等。

高端的显示器，一般会提供四大主流显示器接口，如 VGA、DVI、HDMI、DP，如图 2.1.11 所示。

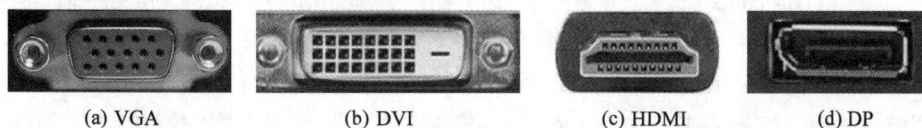

(a) VGA   (b) DVI   (c) HDMI   (d) DP

图 2.1.11
主流显示器接口

目前，最好的显示接口是 DP，最差的是 VGA。VGA 是模拟信号，其他 3 个接口属于数字信号。如果使用老式的显示器不支持新的接口，可以使用专用的转接口转接。

DVI（Digital Visual Interface），只支持视频。接口有 25 针和 29 针两个标准。DVI 接口传输的是数字信号，可以传输大分辨率的视频信号。DVI 连接计算机显卡和显示器时不用发生转换，所以信号没有损失。

HDMI（High Definition Multimedia Interface），是一种数字化视频/音频接口技术，是适合影像传输的专用型数字化接口，其可同时传送音频和影像信号。可支持 4K（3840×2160 pixel）、2K（2048×1024 pixel）、1080P 等全高清格式视频输出，是目前最为流行的高清接口，这是普通的 VGA 显示接口所无法比拟的。在目前主流笔记本计算机、液晶电视、显卡、主板中都比较常见。

DP（Display Port），是一种高清数字显示接口标准，可以连接计算机和显示器，也可以连接计算机和家庭影院。

② 打印机，是计算机系统的主要输出设备，如图 2.1.12 所示。按照工作原理，可分为击打式打印机和非击打式打印机两类。

(a) 针式打印机

(b) 喷墨打印机

(c) 激光打印机

(d) 3D打印机

图 2.1.12
常见的几种打印机

击打式打印机，包括点阵式打印机和行式打印机。现在只有针式打印机了。其是靠打印机上面的"针"击打色带到纸张上面。例如银行、票据打印机，多使用这种打印机。这类打印无法打印图片，或者打印的图片很不清晰。

非击打式打印机，是不用机械击打方式完成印字工作的打印机。激光打印机、喷墨打印机、静电打印机以及热敏打印机等都称为非击打式打印机。

激光打印机是靠激光将文字或图形"印"到纸张上面，喷墨打印机是靠喷头将墨水喷射到纸张上面。非击打式打印机是通过静电感应、激光扫描或喷墨等方法来印出文字和图形。

3D 打印机（3D Printers），是以一种数字模型文件为基础，运用粉末状金属或塑料等可粘合材料，通过逐层打印的方式来构造物体的技术。该技术过去常在模具制造、工业设计等领域被用于制造模型，现在正逐渐被用于一些产品的直接制造，意味着这项技术正在普及。打印原理是把数据和原料放进 3D 打印机中，机器会按照程序把产品一层一层"造"出来。打印出的产品，可以即时使用。

2.2　微型计算机软件系统

计算机软件通常包括系统软件和应用软件，如图 2.2.1 所示。

2.2.1　软件的概念

1. 程序

计算机程序是以某些程序设计语言编写的一组计算机能识别和执行的指令，运行于电子计算机上，满足人们某种需求的信息化工具。

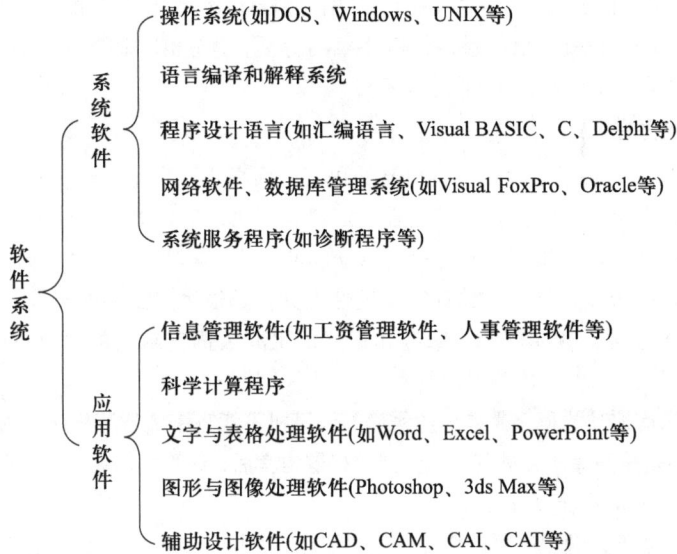

```
                    ┌ 操作系统(如DOS、Windows、UNIX等)
                    │
                    │ 语言编译和解释系统
              系     │
              统     │ 程序设计语言(如汇编语言、Visual BASIC、C、Delphi等)
              软     │
              件     │ 网络软件、数据库管理系统(如Visual FoxPro、Oracle等)
                    │
        软           └ 系统服务程序(如诊断程序等)
        件
        系           ┌ 信息管理软件(如工资管理软件、人事管理软件等)
        统           │
                    │ 科学计算程序
              应     │
              用     │ 文字与表格处理软件(如Word、Excel、PowerPoint等)
              软     │
              件     │ 图形与图像处理软件(Photoshop、3ds Max等)
                    │
                    └ 辅助设计软件(如CAD、CAM、CAI、CAT等)
```

图 2.2.1
软件系统组成

2．程序设计语言

编写程序所采用的语言就是程序设计语言。

到目前为止，计算机语言大致可分为五代。第一代是机器语言，由 0 和 1 组成的二进制代码序列，计算机可直接执行。第二代是汇编语言，将二进制形式的机器指令代码序列用符号(助记符)表示。第三代是面向过程程序设计语言，如 BASIC、Pascal、FORTRAN、C。第四代是面向对象程序设计语言，如 C++、Visual Basic、C#。第五代是基于 Web 的语言，如 Java、ASP.NET、HTML、XML。

（1）机器语言

机器语言（ Machine Language ）是指机器（ 计算机硬件 ）能直接识别执行的语言，它是由 "1" 和 "0" 组成的一组代码指令。机器语言是最底层的面向机器硬件的计算机语言，用机器语言编写的程序不需要任何翻译和解释就能被计算机直接执行。机器语言程序执行的速度快，效率高。机器语言的缺点是：二进制形式的指令代码记忆困难，编写和阅读程序的难度大；机器语言的通用性和可移植性较差。每一种计算机都有自己的机器语言。也就是说，针对一种计算机提供的机器语言程序不能在另一种计算机上运行。

（2）汇编语言

汇编语言（ Assemble Language ）是由一组与机器语言指令一对一的符号指令和简单语法组成的。汇编语言事实上也是一种面向具体机器的语言，它依赖于具体计算机型号的指令组。通俗而言，汇编语言是用人们容易阅读和理解记忆的助记符号去替换机器指令。例如加法，假设在某种计算机中其机器指令代码是 10000，而其相对应的汇编语言则用 ADD 来代表加法。显然，用类似 ADD 这样的汇编指令编写程序，就比用类似于 10000 这样的机器指令编写程序简单、易懂。

不同的计算机 CPU 芯片，其指令集是不一样的，其相应的汇编语言也不一样。这说明同一个汇编语言程序在不同类型的计算机中不能通用。

将二进制形式的机器指令代码序列用符号（或称助记符）来表示的计算机语言称为汇编语言。用汇编语言编写的程序（称汇编语言源程序）计算机不能直接执行，必须由机器中配置的汇编程序将其翻译成机器语言目标程序后，计算机才能执行。将汇编语言源程序翻译成机器语言目标程序的过程称为汇编。

（3）高级语言

机器语言和汇编语言都是面向机器的语言，而高级语言（High Level Language）则是面向问题（用户）的语言。其比较接近日常用语，对机器依赖性低，即通用于各种机器的计算机语言，如 BASIC 语言、Visual Basic 语言、FORTRAN 语言、C 语言、Java 语言等。高级语言与具体的计算机硬件无关，其表达方式接近于人们对求解过程或问题的描述方法，容易理解、掌握和记忆。用高级语言编写的程序的通用性和可移植性好。

用高级语言编写的程序通称为源程序。计算机不能直接执行源程序。用高级语言编写的源程序必须被翻译成二进制代码组成的机器语言后，计算机才能执行。高级语言源程序有编译和解释两种执行方式。

在解释方式下，源程序由解释程序边"解释"边执行，不生成目标程序，如图 2.2.2 所示。解释方式执行程序速度较慢。

图 2.2.2
解释程序

源程序 → 解释程序 → 运行结果

在编译方式下，源程序必须经过编译程序的编译处理来产生相应的目标程序，然后再通过连接和装配生成可执行程序。因此，把用高级语言编写的源程序变为目标程序，必须经过编译程序的编译。编译过程如图 2.2.3 所示。

图 2.2.3
编译程序

编辑程序 → 源程序 → 编译程序 → 目标程序 → 连接程序 → 可执行程序 → 运行结果

（4）Web 语言

Java、ASP.NET 是一种 Web（World Wide Web，万维网）类语言开发工具。Java 包含面向对象的编程思想，其程序通俗易懂。C#提供给程序员的工具要求 Windows 系统的支持，它只能运行于 Windows 操作系统的计算机上。而 Java 是一种独立于平台的语言，它不但能够在微机上运行，而且可运行于 Macintosh 和 UNIX 机上。

超文本置标语言（HTML）是目前主要的 Web 语言。

3．进程与线程

进程（Process）和线程（Thread）是操作系统的基本概念。进程是分配资源的基本单位，线程是独立运行和调度的基本单位。

进程是一块包含了某些资源的内存区域，操作系统会利用进程把工作划分为一些功能单元。当一个程序正在执行时，进程会把该程序加载到内存空间，系统就会创建一个进程，程序执行结束后，该进程就会消失。一个程序可以对应多个进程，而一个进程只能对应一个程序。

为了并发处理和共享资源，提高 CPU 的利用率，操作系统把进程又细分为线程。线程是进程的一个实体，是 CPU 调度和分派的基本单位。

2.2.2 系统软件

系统软件（System Software）是控制和协调计算机外部设备，支持应用软件开发和运行的软件，主要负责管理、监控和维护计算机系统中各种独立硬件之间可以协调工作。系统软件主要包括操作系统、语言处理系统、数据库管理程序和系统辅助处理程序等。

1．操作系统

操作系统（Operation System，OS）是直接运行在"裸机"上的最基本的系统软件，其他软件都必须在操作系统的支持下才能运行。

2．语言处理系统

语言处理系统是对软件语言进行处理的程序子系统，其主要功能是把用户用程序设计语言编写的各种源程序转换为计算机能识别和运行的目标程序。

3．数据库管理程序

数据库管理程序是建立、存储、修改和存取数据库信息的技术。

4．系统辅助处理程序

系统辅助处理程序主要为计算机系统提供一些服务的工具软件和支撑软件，用于辅助保障计算机系统的正常运行，方便用户在软件开发中的应用。

2.2.3 计算机应用软件

应用软件（Application Software）是为满足用户不同应用需求而提供的软件。应用软件可以拓展计算机系统的应用领域，常用的应用软件包括办公软件、多媒体处理软件、Internet 工具软件等。

2.3 系统总线和接口

计算机的硬件在使用时需要相互连接，以传输数据，计算机的结构包括各部件之间的连接方式。

2.3.1 总线结构

总线结构，如图 2.3.1 所示。

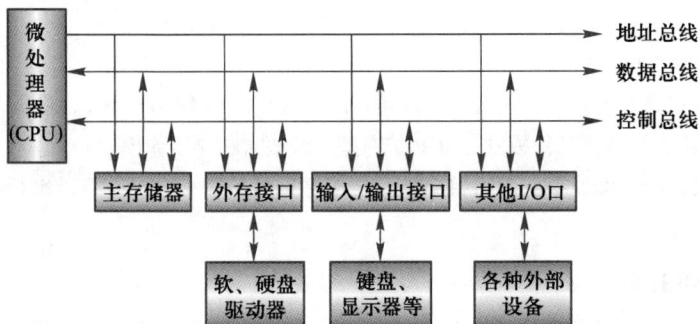

图 2.3.1
微型计算机的系统总线结构

47

总线（Bus）是指连接微机系统中各部件的一簇公共信号线。CPU 与外设、外设与外设之间的数据交换都是通过总线来进行的。

- 数据总线（Data Bus，DB），用于传送数据信息。
- 地址总线（Address Bus，AB），用于传送地址信号。
- 控制总线（Control Bus，CB），用于传送控制信号和时序信号。

2.3.2　微型计算机的接口与标准

微型计算机 CPU 与外部设备及存储器的连接和数据交换都需要通过接口设备来实现，前者被称为 I/O（Input/Output）接口，后者被称为存储器接口。存储器通常在 CPU 的同步控制下工作，接口电路比较简单；而 I/O 设备品种繁多，其相应的接口电路也各不相同。人们平时所说的接口即指 I/O 接口，如图 2.3.2 所示。

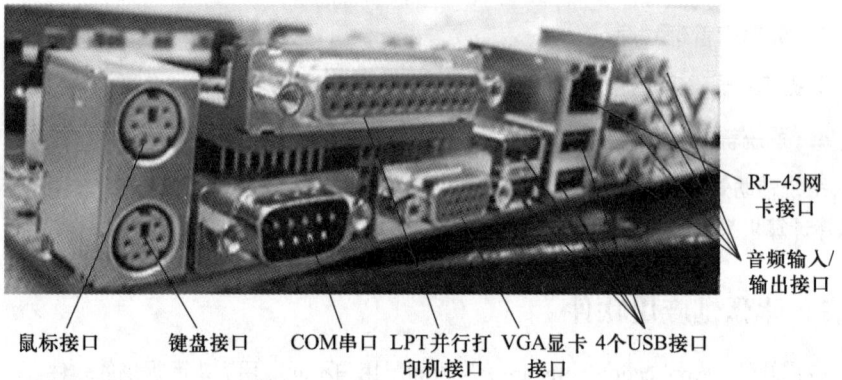

图 2.3.2
I/O 接口

鼠标接口　　键盘接口　　COM串口　LPT并行打　VGA显卡　4个USB接口
　　　　　　　　　　　　　　　　印机接口　接口

RJ-45网
卡接口

音频输入/
输出接口

各种外部设备只有与计算机连接上才能发挥作用，连接是通过接口完成的。目前微型计算机的接口主要有以下 7 种。

1．COM 接口

大多数主板提供两个 COM 接口，它是串行接口，分别是 COM1 和 COM2，作用是连接串行鼠标器、键盘、外置调制解调器等输入设备。但随着 PS/2 和 USB 接口的流行，使用 COM 接口的外部设备越来越少了。

2．PS/2 接口

功能比较单一，仅用于连接键盘和鼠标器，一般情况下，鼠标器的接口为绿色，键盘的接口为紫色。PS/2 的传输速率比 COM 接口稍快一些，是目前应用最为广泛的接口之一。

3．LPT 接口

LPT 接口是并行接口，一般用于连接打印机或扫描仪等输出设备。它具有 SPP 标准工作模式、EPP 增强型工作模式、ECP 扩充型工作模式 3 个工作模式。

并行接口的传输速率比串行接口快，一般并行接口连接输出设备，串行接口连接输入设备。

4．USB 接口

USB 接口是现在最通用的接口，设备都是即插即用，无须安装驱动程序。一个 USB

接口最多可以支持 127 个外设，并且可以独立供电，应用非常广泛，USB 2.0 分为 3 种，分别是 USB 2.0 低速版（Low-Speed）是 1.5 Mbit/s（192 KB/s）、USB 2.0 全速版（Full-Speed）是 12 Mbit/s（1.5 MB/s）和 USB 2.0 高速版（High-Speed）是 480 Mbit/s（60 MB/s），最新的 USB 3.0 版本的速度可达到 10 Gbit/s。

5. IEEE 1394 接口

IEEE 1394 接口的传输速率最高可达 400 Mbit/s，IEEE 1394B 的标准速度达到 800 Mbit/s，甚至 1.6 Gbit/s，是外设接口中最快的速度，一般高档的数码影音设备都配有该接口，它有 6 针和 4 针两种类型。

6. MIDI 接口

声卡的 MIDI 接口和游戏杆接口是共用的，也可连接电子键盘等。

7. SCSI 接口

SCSI 接口的速度、性能和稳定性都非常好，它是一种连接主机和外设的接口，支持硬盘、光驱、扫描仪等多种设备，SCSI 控制器相当于一块小型 CPU，有自己的命令集和缓存，能够完成大部分工作，从而减轻了 CPU 的负担。

常用的总线标准有 ISA（工业标准总线）、EISA（扩展工业标准总线）、MCA（微通道结构总线）、PCI（外设部件互连总线）。目前微机上采用的 SCSI（Small Computer System Interface）接口又称为小型计算机系统接口。ISA 为 16 位总线，数据传输速率为 5 MB/s。EISA 和 MCA 均为 32 位总线，EISA 的数据传输速率可达 33 MB/s。PCI 为 32/64 位总线。

2.4 习题

选择题

1. 源程序不能直接运行，需要翻译成_____程序后才能运行。
   A. PL/1 语言　　　　B. C 语言　　　C. 机器语言　　　　D. 汇编语言
2. _____不是微机的主要性能指标。
   A. 显示器分辨率　　B. 主频　　　　C. CPU 型号　　　　D. 内存容量
3. _____是对裸机的首次扩充。
   A. 字处理软件　　　B. 操作系统　　C. 高级语言　　　　D. 应用软件
4. _____是系统软件的一种，若缺少它，则计算机系统难以工作。
   A. 翻译程序　　　　B. 公用程序　　C. 编译程序　　　　D. 操作系统
5. _____属于应用软件。
   A. 操作系统　　　　B. 编译程序　　C. 连接程序　　　　D. 统计软件包
6. _____不是低级语言的特点。
   A. 与硬件有关　　　B. 易阅读　　　C. 较难懂　　　　　D. 面向机器
7. _____不是输出装置。
   A. 磁盘驱动器　　　B. 绘图机　　　C. 打印机　　　　　D. 扫描器
8. _____不是微机显示系统使用的显示标准。
   A. API　　　　　　　B. CGA　　　　C. EGA　　　　　　D. VGA

9. _____不是应用软件。

    A. QQ　　　　　　　　B. 游戏软件　　C. 语言处理程序　　D. Word

10. 16 位机的字长是_____位。

    A. 16　　　　　　　　B. 32　　　　　C. 64　　　　　　　D. 8

11. CPU 不能直接访问的存储器是_____。

    A. Cache　　　　　　B. 外存储器　　C. RAM　　　　　　D. ROM

12. CPU 每执行一个_____，就完成一步基本运算或判断操作。

    A. 硬件　　　　　　　B. 指令　　　　C. 程序　　　　　　D. 软件

13. RAM 中存储的数据在断电后_____丢失。

    A. 不会　　　　　　　B. 完全　　　　C. 部分　　　　　　D. 不一定

14. 操作系统和编译程序属于_____。

    A. 应用软件　　　　　B. 汇编程序　　C. 系统软件　　　　D. 高级语言

15. 程序计数器中存放当前要执行的_____。

    A. 指令的地址　　　　B. 指令　　　　C. 数据　　　　　　D. 地址

16. 高速缓存的英文为_____。

    A. Cache　　　　　　B. VRAM　　　C. ROM　　　　　　D. RAM

17. 在软件方面，第一代计算机主要使用_____。

    A. 机器语言　　　　　　　　　　　　B. 高级程序设计语言

    C. 数据库管理系统　　　　　　　　　D. BASIC 和 FORTRAN

18. 一个完整的计算机系统通常应包括_____。

    A. 系统软件和应用软件　　　　　　　B. 计算机及其外部设备

    C. 硬件系统和软件系统　　　　　　　D. 系统硬件和系统软件

19. 计算机中运算器又称为_____。

    A. CAD　　　　　　　B. ALU　　　　C. RAM　　　　　　D. ROM

20. 计算机的存储系统通常包括_____。

    A. 内存储器和外存储器　　　　　　　B. U 盘和硬盘

    C. ROM 和 RAM　　　　　　　　　D. 内存和硬盘

21. 在计算机内部，计算机能够直接执行的程序语言是_____。

    A. 汇编语言　　　　　B. C++语言　　C. 机器语言　　　　D. 高级语言

22. 下列叙述中，正确的是_____。

    A. 操作系统是一种重要的应用软件

    B. 外存中的信息可直接被 CPU 处理

    C. 用机器语言编写的程序可以由计算机直接执行

    D. 电源关闭后，ROM 中的信息立即丢失

23. 应用软件，指的是_____。

    A. 所有能够使用的工具软件

    B. 能被各应用单位共同使用的某种特殊软件

    C. 专门为某一应用目的而编制的软件

    D. 所有微机上都应使用的基本软件

24. 微型计算机的发展是以_____技术为特征标志。

A. 存储器　　　　　　B. 操作系统

C. 微处理器　　　　　D. 显示器和键盘

25. 微型计算机的总线一般由_____组成。

A. 数据总线、地址总线、通信总线

B. 数据总线、控制总线、逻辑总线

C. 数据总线、地址总线、控制总线

D. 通信总线、地址总线、逻辑总线、控制总线

第 3 章　操作系统基础

3.1 操作系统概述

操作系统承担着管理计算机的全部系统资源以及为用户提供友好的工作界面这两项重要的工作，让用户无须对计算机的硬件和软件的相关知识有深入的了解便能方便高效地使用计算机。

3.1.1 操作系统的概念

操作系统（Operating System，OS）是管理和控制计算机硬件与软件资源的一组庞大的计算机程序的集合。用户对计算机的任何操作，都是通过正确的使用操作系统提供的各种命令，由操作系统来调度各种资源进而有条不紊地完成的。操作系统在整个计算系统运行中所处的位置如图 3.1.1 所示。

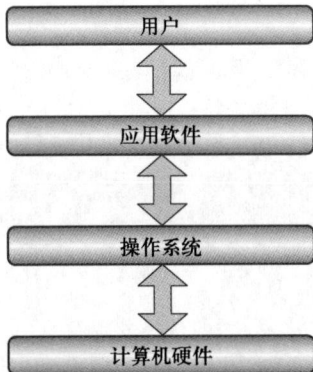

操作系统的另一个重要作用是为用户操作计算机提供友好的工作界面。现在的操作系统基本都使用了图形用户界面（GUI），并附加如鼠标或触控面板等有别于键盘的输入设备。这些都极大地方便了用户对计算机操控。正是由于操作系统的出现和不断发展，极大地促进了计算机在公众中的普及和使用。

图 3.1.1
操作系统的位置

3.1.2 操作系统的功能

操作系统作为计算机资源的管理者，主要具备以下 5 方面的功能。

（1）处理器管理（进程管理）

CPU 是计算机最为核心的部件，处理器的性能和效率是衡量一台计算机水平的重要指标。操作系统通过管理进程实现了对处理器的管理。当一个程序运行时，操作系统会为它分配一个进程，多道程序同时运行时，操作系统会合理地调度各进程，按分时处理的概念为每个程序分配占用 CPU 和系统资源的时间，这样就能极大地提高处理器的使用效率，同时实现多用户、多任务的操作。因此，处理器管理也称为进程管理。

（2）存储器管理

存储器是计算机系统的另一个最重要的系统资源。存储器管理的主要作用是搜索、分配和再分配存储资源，它的主要功能包括虚拟内存及其调整、存储器分配、地址的转换和信息的保护 4 方面。

（3）作业管理

用户要求计算机处理的一个工作称为一个作业。作业管理包含两方面的内容：一是记录用户的登录，对用户要求计算机完成的任务进行登记和安排；二是向用户提供操作计算机的界面和对应的提示信息，接受用户输入的程序、数据及要求，同时将计算机运行的结果反馈给用户。通过作业管理既为用户提供了良好的操作环境，同时还完成用户提交的任务请求。

（4）文件管理

计算机中的信息是以文件的形式存放在外存储器上的。操作系统中的文件系统负担起了管理文件的工作。文件管理的功能是为用户提供一种简便、统一的存储和管理文件的方法，解决文件的共享、保密和保护问题，使用户能够快捷、安全地访问文件。

（5）设备管理

设备管理负责管理计算机中除处理器和内存之外的其他所有硬件资源，它主要提供两方面的管理功能：一是提供用户与外部设备的接口，通过响应用户的请求完成对外部设备的分配、启动、回收和故障处理等；二是采用缓冲技术等，让慢速的外设和高速的 CPU 尽可能并行工作，以提高设备的效率和利用率。

3.2 Windows 10 的基础知识

微软公司的 Windows 操作系统虽然不断地更新换代，但许多关键的内容和操作还是保留和传承下来，人们现在使用 Windows 10，同样需要对这些基础知识有所了解。

3.2.1 Windows 10 的桌面

启动 Windows 后的整个屏幕称为"桌面"，桌面是人机交互的图形界面。Windows 10 的桌面秉承了 Windows 界面的一贯风格，但又融入了许多新的亮点，桌面包括桌面背景、桌面图标、开始菜单、任务栏等组成元素，如图 3.2.1 所示。

图 3.2.1
Windows 10 的
桌面

1. 桌面快捷菜单

在桌面的空白处右击，可弹出桌面快捷菜单，如图 3.2.2 所示。

通过快捷菜单的"查看""排序方式"命令可以对桌面图标进行设置和调整。

通过"新建"命令可以在桌面新建文件夹和不同类型的文件。

通过"显示设置"命令可以对显示分辨率、显示方向、显示比例等进行设置。

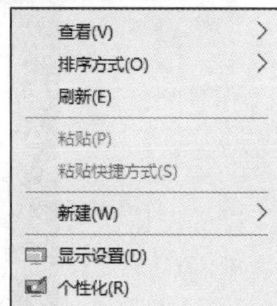

图 3.2.2
桌面快捷菜单

55

通过"个性化"命令可以设置屏幕的背景、主题、字体、开始菜单和任务栏等。

2. 任务栏

Windows 10 的任务栏默认位于桌面底部。任务栏的左侧包括"开始"按钮、"搜索"按钮、"任务视图"、"快速启动区";中间是"活动任务区";右侧是系统通知区域和"显示桌面"按钮。在任务栏空白处右击,通过快捷菜单可以调整任务栏上按钮的设置。

窗口最小化后显示在任务栏的"活动任务区",并且采用层叠的方式进行了分组,这样在任务栏上可以清晰地显示更多的内容。而且当鼠标移动到各层叠按钮上,还可以预览各窗口内容并进行窗口切换,如图 3.2.3 所示。

图 3.2.3
任务栏层叠按钮的
预览及切换功能

任务栏右侧的通知区域,增加了一个三角形的"显示隐藏的图标"按钮,通过使用这个按钮可提高通知区域的利用率。单击三角形可将隐藏的图标显示出来。

任务栏最右边有一个"显示桌面"按钮,在任何时刻单击它可以回到开机桌面,特别在打开比较多的应用和窗口时,可以起到一键最小化所有窗口的作用,如图 3.2.4 所示。

图 3.2.4
任务栏右侧区域

3. "开始"菜单

单击桌面左下角的 Windows 图标▦或者在键盘上按 Windows 图标键,就可以打开或者关闭"开始"菜单,打开后的"开始"菜单如图 3.2.5 所示。

微课 3-1
"开始"菜单

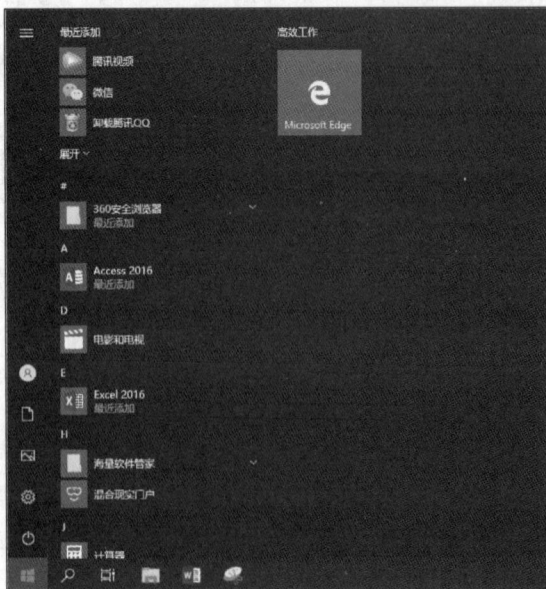

图 3.2.5
"开始"菜单

Windows 10 的"开始"菜单分为左、中、右三部分，左侧一般有"用户""文档""图片""设置"和"电源"5 个按钮，单击这些按钮分别可以对用户账户进行设置和切换、快速查看文档和图片、打开系统"设置"窗口对系统进行设置和调整、重启或关闭计算机。

中间区域排列了本机所有应用和程序的快捷图标，并且是按首字母的顺序排列的，这样查找起来更快捷。

右侧区域提供了磁贴功能，可以将使用频率高的程序图标贴在这里方便用户快速使用。操作方法是先找到使用频率高的程序图标上右击，然后在弹出的快捷菜单中选择"固定到'开始'屏幕"命令即可。

3.2.2　Windows 10 的窗口

窗口是 Windows 操作系统最显著的特征。用户运行程序、查看文档、设置参数等几乎所有的操作都是在窗口中完成的。窗口大多如图 3.2.6 所示。

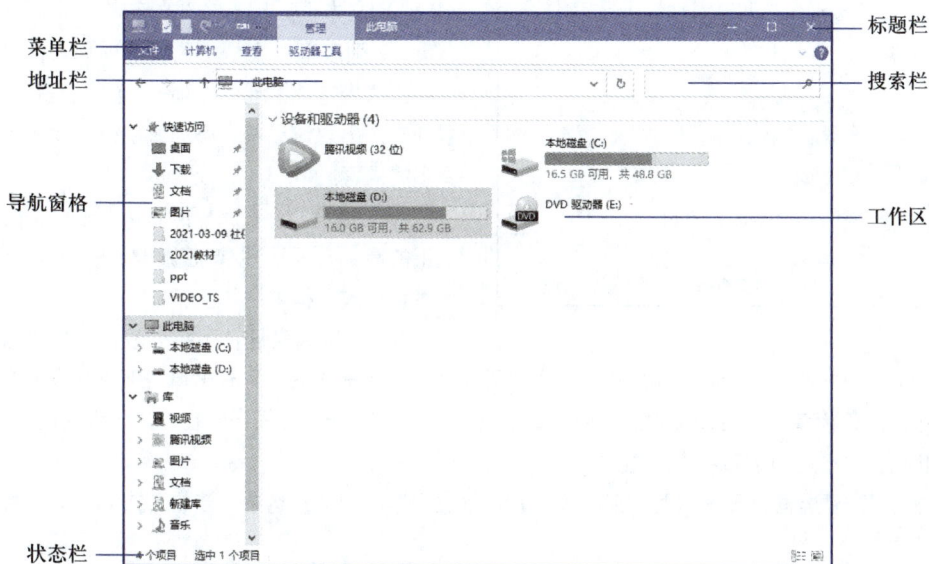

图 3.2.6
"资源管理器"窗口

窗口一般由以下几个主要部分组成。

① **标题栏**：窗口顶部的长条用于显示窗口的标题，在标题栏处按住鼠标左键拖动可以改变窗口位置。标题栏的左侧是"快速访问工具栏"，可以在此设置最常用的命令图标方便快速操作。标题栏的右侧是最大化、最小化、关闭窗口的控制按钮。

② **菜单栏**：显示当前窗口进行操作的所有菜单项。单击每个菜单选项可以打开对应的下拉指令组，其中的指令是以图标的方式显示的，从中可以选择需要的操作命令。

③ **地址栏**：在地址栏中可以看到当前打开窗口在计算机或网络上的位置。在地址栏中输入文件路径后，单击 ▶ 按钮或按 Enter 键，即可打开相应的文件。

④ **搜索栏**：在当前位置快速搜索文件或文件夹。

⑤ **导航窗格**：列出了系统整体存储结果以及显示所选对象中包含可展开的文件夹列表以及收藏夹链接和保存的搜索。通过导航窗格，可以快速访问系统的所有文件夹和文件。

⑥ **工作区**：窗口的主要工作区域，显示当前窗口包含的文件夹和文件，或者应用程序操作的内容。

⑦ **状态栏**：用于显示与所选对象关联的提示信息。

3.2.3 Windows 10 的对话框

对话框是用户与操作系统进行信息交互的界面，它在 Windows 回应请求或提供信息时出现。对话框是一类特殊的窗口，其大小不可改变。如图 3.2.7 所示，其主要构成如下。

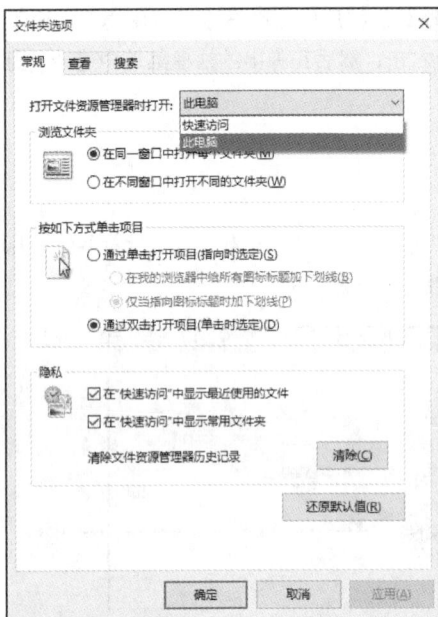

图 3.2.7
"文件夹选项"
对话框

① **选项卡**：或称为标签，如图中的"常规""查看"和"搜索"3 个选项卡。采用选项卡的方式对操作内容进行分组以便于操作。

② **数值框**：用于输入数值信息，也可以单击数值框右边的向上或向下箭头按钮来调整数值框中数值。

③ **文本框**：用于输入文字内容。

④ **列表框**：在框中列出选项列表，可以在列表中选择需要的选项。当选项较多时，会在右边出现滚动条，移动滚动条可以显示更多的内容。

⑤ **微调框**：在此框的右边有一个指向上下的箭头，按下可以调整微调框中的数字，也可直接改写框中的数字。

⑥ **下拉列表框**：下拉列表框的作用与列表框基本相同，但它更省地方，平时它并不显示出列表内容，只有当单击下拉列表框右边的向下箭头按钮后才会弹出相应的选项列表。当选项较多时，同样会在右边出现滚动条，移动滚动条可以显示更多的内容。

⑦ **复选框**：复选框为方形。单击复选框进行选中或取消选中。当框中出现"√"标记为选中状态。

⑧ **单选按钮**：单选按钮为圆形，它通常是由多个按钮组成一组，单击某个按钮进行选中或取消选中操作，圆圈中出现"黑点"为选中状态。注意：同一组中的单选按钮中只能有一个被选中。

⑨ **命令按钮**：单击命令按钮可执行相应命令，当按钮呈灰色时表示不可用。若命令按钮上有"…"，则单击此按钮将打开一对话框。

⑩ **信息框**：在对话框中有一种特殊的对话框，称它为信息框。信息框的作用通常只是用于输出一段文字信息，以提醒用户。信息框上一般只有一个"确定"按钮，当用户看完信息后，单击"确定"按钮，即关闭信息框。

3.2.4 Windows 10 的任务视图和虚拟桌面

微课 3-2
任务视图和虚拟桌面

当用户在使用中同时启动了多个任务、打开多个窗口时，为了方便用户操作，Windows 10 新增了"任务视图"和"虚拟桌面"的功能。单击任务栏左侧的"任务视图"按钮，可以打开任务视图界面，如图 3.2.8 所示（如果没有该按钮，则在任务栏空白处右击，在弹出的快捷菜单中选择"显示'任务视图'按钮"命令，该按钮就会出现在任务栏中）。

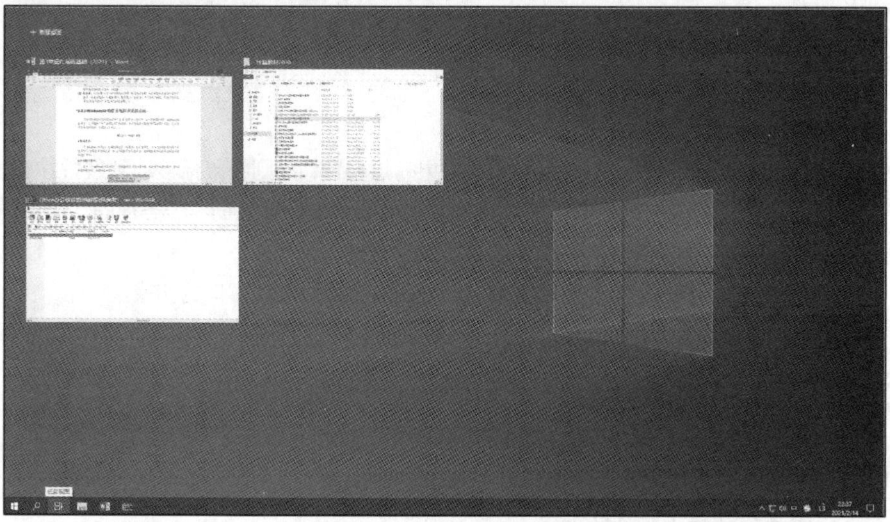

图 3.2.8
"任务视图"界面

　　任务视图界面会以缩略图的方式把当前打开的所有任务窗口全部显示出来，方便用户直接激活或关闭某个窗口，使用户在多任务窗口间的切换操作更迅速。

　　如果打开的任务种类太多，还可以使用 Windows 10 提供的虚拟桌面（多桌面）功能来进一步提高工作效率。在"任务视图"界面，单击左上角的"新建桌面"按钮，可以创建更多的桌面，找到要分类的窗口右击，在弹出的快捷菜单中选择"转移到"命令，在级联菜单选择要移到的桌面名称，反复操作就可以把所有任务放入不同的桌面中，通过分类之后，用户操作起来更方便快捷，如图 3.2.9 所示。

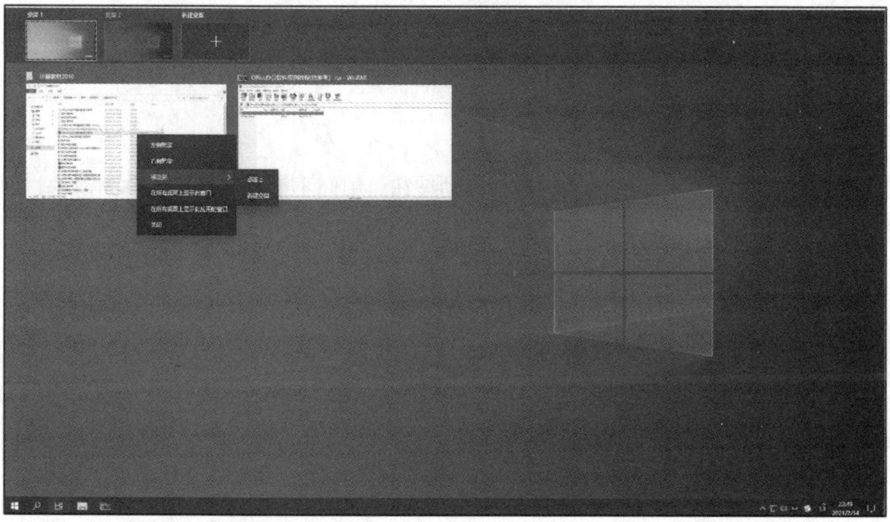

图 3.2.9
"虚拟桌面"界面

3.3　Windows 10 的基本操作

　　窗口是 Windows 操作系统最显著的特征。用户运行程序、查看文档、设置参数等几乎所有的操作都是在窗口中完成的。因此熟练掌握对窗口的各种操作是使用 Windows 10 的基础。

3.3.1　窗口的基本操作

1．窗口的切换

① 鼠标操作：单击任务栏对应窗口，如果有层叠窗口，则将鼠标移动到层叠按钮上，在预览界面单击要切换的窗口即可完成切换。也可以单击任务栏的"任务视图"按钮，在"任务视图"界面中可以快速地完成窗口的切换操作。

② 键盘操作：按 Alt+Tab 组合键或 Alt+Esc 组合键可实现窗口的切换。

2．窗口的最大化、最小化、还原和关闭

① 鼠标操作：可通过单击窗口右上角的对应控制按钮实现。

② 键盘操作：按 Alt+Space 组合键，在弹出的控制菜单中选择对应的命令实现。按 Alt+F4 组合键可结束程序并关闭窗口。

3．窗口移动和大小的改变

① 将鼠标指针指向标题栏，按住左键并拖动，可将窗口移动到桌面任意位置。

② 将鼠标指针指向窗口的边框或 4 个角处，光标会变成双箭头式样，此时按住左键移动，可改变窗口的大小。

4．窗口的排列

在任务栏空白处右击，在弹出的快捷菜单中可以选择"层叠窗口"、"堆叠显示窗口"（纵向排列）、"并排显示窗口"（水平排列）等命令。

【提示】

当需要比较多个窗口中的内容时，使用后 2 种排列方式就显得非常方便了。

5．滚动窗口的内容

滚动条的两端带有箭头的按钮称为滚动按钮，中间不带箭头的按钮称为滑块，两个滚动按钮之间的长条称为滑道。滚动条的操作主要有以下几种。

① 单击滚动按钮，可以滚动窗口内容一行（或列）。

② 用鼠标左键按住滑块拖动，可实现长距离滚动。

③ 单击滑道空白处，可一次滚动一个窗口的内容。

④ 如果鼠标是带滚轮的，当鼠标指向垂直滚动条滑块时，转动滚轮可以上下滚动。

3.3.2　文件管理

计算机内部的数据和信息是以文件的形式存储和使用的，文件管理功能对于计算机来说是非常重要的功能，因此对文件的一些基础知识应该有所了解。

文件名是为了区分不同的文件由用户给文件取的名字，文件必须有一个名字作为标识以方便文件的使用。文件名的格式规定如下：

文件名.扩展名

例如文件"简历.docx"，其文件名是"简历"，扩展名是"docx"，扩展名通常表示文件的类型。常用扩展名及含义见表 3.3.1。

表 3.3.1 常用扩展名及其含义

扩展名	文 件 类 型	扩展名	文 件 类 型
COM	程序命令文件	BAS	BASIC 源程序文件
EXE	可执行的二进制文件	C	C 语言源程序文件
BAT	批处理文件	CPP	C++语言源程序文件
SYS	系统配置或设备驱动	$$$	暂存或不正确存储文件
BAK	备份文件	DOCX	Word 文档文件
TMP	暂存文件	XLSX	Excel 电子表格文件
TXT	文本文件	PPTX	PowerPoint 演讲文稿
HLP	帮助文件	BMP	位图文件
DBF	数据库文件	HTML	网页文件

命名规则：给文件取名字要遵循一定的规则，文件的命名规则如下。

① 在文件或文件夹名字中，最多可以使用 255 个字符。

② 文件名中可以使用任何大小写字母、数字和一些其他符号，但不能使用如下符号，如? 、\、/、*、>、<、|、"、：等。

③ 在文件名中除去开头以外的任何地方都可以有空格符。

④ 可以使用多间隔符的扩展名（如"word.doc.docx"是合法的文件名）。

⑤ Windows 保留用户指定的名字的大小写字母格式,但不利用大小写来区分文件名。

【提示】

　　用户在保存文件时要注意，在"保存"对话框中，只需要输入文件名"简历"，其扩展名"docx"是在"保存类型"下拉列表框中选择的，不是用户自己输入的。

文件夹是 Windows 组织和管理文件的一种便捷方法，它类似于人们日常办公中使用的存放文件的夹子，有了它用户可以把文件按需要进行分类存放，这样大大地方便人们对文件的使用。

文件路径是指用户在磁盘中查找文件时走过的文件夹线路，完整描述文件存储位置的称为绝对路径，它的结构为"盘符\文件夹\子文件夹\文件名"。

【提示】

　　在"文件资源管理器"窗口的地址栏中单击，此时显示的就是文件的绝对路径。

"库"可以理解为 Windows 中一个特殊的文件夹，可以向其中添加硬盘上任意的文件夹，但是这些文件夹及其中的文件实际还是保存在原来的位置，并没有被移动到"库"中，只是在"库"中添加一个指向目标的"快捷方式"。通过"库"可以方便地对存储在硬盘中各个位置的文档、图片、视频、音频等资源进行统一的分类管理，提高工作效率。

用户可以通过新建"库"来定制自己的分类管理。在"文件资源管理器"窗口左侧的导航窗格中找到"库"并右击，在弹出的快捷菜单中选择"新建"→"库"命令，在工作区便会出现一个"新建库"的图标，双击打开"新建库"，会弹出如图 3.3.1 所示界面。此时单击"包括一个文件夹"按钮，就可以把文件进行分类组织了。

图 3.3.1
向"库"中添加文件夹

🖊️【提示】

如果打开"文件资源管理器"窗口找不到"库",此时选择"查看"选项卡,单击功能区左侧的"导航窗格",选中"显示库"复选框,在导航窗格中就会出现"库"。

Windows 10 的文件管理功能对文件和文件夹的操作提供了非常好的支持,这些操作主要包括文件和文件夹的建立、复制、移动、删除和恢复、更名、查找、设置属性等。

1. 文件或文件夹的建立

双击桌面的"此电脑"图标或者右击"开始"按钮,在快捷菜单中选择"文件资源管理器"命令,在打开的"文件资源管理器"窗口中找到需要新建文件或文件夹的目录。

在窗口工作区的空白处右击,将鼠标移动到弹出的快捷菜单的"新建"命令,在展开的子菜单中选择"文件夹"或需要新建的文件类型,此时会在工作区中出现一个新建的文件夹或文件的图标。操作如图 3.3.2 所示。

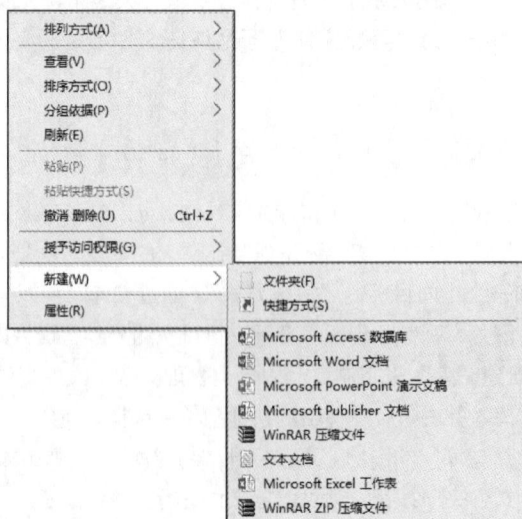

图 3.3.2
新建文件或文件夹

【提示】

在新建文件时，用户只能输入或修改文件名，文件的扩展名由选择的文件类型决定，用户不需要输入也不能随意更改。

2．文件或文件夹选定

双击打开"此电脑"，找到需要选定的文件或文件夹，单击即可选定对象。对于需要同时选定多个文件或文件夹，分 3 种情况进行操作。

① 选择连续的对象，此时在第 1 个对象处单击，按着 Shift 键单击需要选定的最后一个对象，或者按住鼠标左键进行框选，都可以将这些操作对象全部选中。

② 选择不连续的对象，此时按住 Ctrl 键，再用鼠标单击每个对象即可选中。

③ 如果要选中工作区的全部对象，直接按 Ctrl+A 快捷键即可。

3．为文件或文件夹创建快捷方式

先选中需要创建快捷方式的文件或文件夹并右击，在弹出的快捷菜单中选择"创建快捷方式"命令，这样就在当前位置创建了一个同名的快捷方式图标，快捷方式图标的区别是图标左下角相比多了一个弯曲的箭头符号，如图 3.3.3 所示。

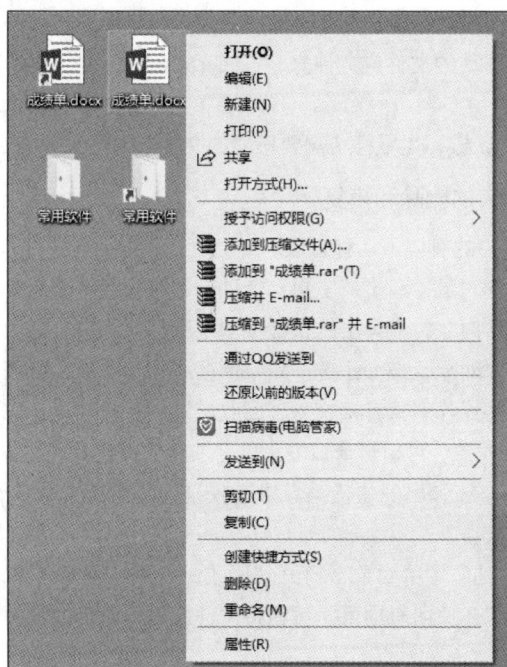

图 3.3.3
创建快捷方式

4．文件或文件夹的更名

文件或文件夹的更名有以下 3 种方法。

方法 1：选中要更名的文件或文件夹，单击"主页"选项卡"组织"选项组中的"重命名"按钮。

方法 2：右击选中的文件或文件夹，在弹出的快捷菜单中选择"重命名"命令。

方法 3：单击选中文件或文件夹的名称，此时文件名变为可改写状态，输入新的名称即可。

5．文件或文件夹的复制

文件或文件夹的复制有以下 4 种方法。

方法 1：选中要复制的文件或文件夹，单击"主页"选项卡"组织"选项组中的"复制到"按钮，选择目标位置完成复制操作。

方法 2：右击选中的文件或文件夹，在弹出的快捷菜单中选择"复制"命令，找到需要复制到的位置，在空白处右击，在弹出的快捷菜单中选择"粘贴"命令。

方法 3：选中要复制的文件或文件夹，按 Ctrl+C 组合键，找到需复制到的位置，按 Ctrl+V 组合键。

方法 4：按住 Ctrl 键，用鼠标将需要复制的文件或文件夹拖到目标位置即可完成。

6．文件或文件夹的移动

文件或文件夹的移动有以下 4 种方法。

方法 1：选中要移动的文件或文件夹，单击"主页"选项卡"组织"选项组中的"移动到"按钮，选择目标位置完成移动操作。

方法 2：右击选中的文件或文件夹，在弹出的快捷菜单中选择"剪切"命令，找到需要移动到的位置，在空白处右击，在弹出的快捷菜单中选择"粘贴"命令。

方法 3：选中要移动的文件或文件夹，按 Ctrl+X 组合键，找到需移动到的位置，按 Ctrl+V 组合键。

方法 4：按住 Shift 键，用鼠标将需要移动的文件或文件夹拖到目标位置即可完成。

7．文件或文件夹的删除和恢复

删除文件或文件夹的有以下 4 种方法。

方法 1：选中操作对象，单击"主页"选项卡"组织"选项组中的"删除"按钮。

方法 2：右击操作对象，在弹出的快捷菜单中选择"删除"命令。

方法 3：选中操作对象，按 Del 键，如果要彻底删除对象，可按 Shift+Del 组合键。

方法 4：用鼠标将操作对象直接拖入"回收站"中。

对于刚刚删除的对象，可单击窗口左上方"快速访问工具栏"中的"撤销"按钮 进行恢复，也可以右击，在弹出的快捷菜单中选择"撤销删除"命令进行恢复，还可以按 Ctrl+Z 组合键进行恢复。

对于放在"回收站"中的对象，打开"回收站"后，可单击"清空回收站"按钮将文件彻底删除或单击"还原所有项目"按钮将文件恢复到原来的位置。

【提示】

"回收站"是硬盘中一片区域，用于临时存放删除的文件。对硬盘上的对象执行删除操作后会被放在"回收站"中；对 U 盘或网络驱动器中删除的对象会被彻底删除，无法恢复。

8．文件或文件夹的搜索

在"文件资源管理器"中搜索需要的磁盘或者文件夹，在右侧的"搜索栏"中输入要搜索的对象名，会得到搜索结果。如图 3.3.4 所示搜索的是 C 盘"用户"文件夹中所有 F 开头的文件。

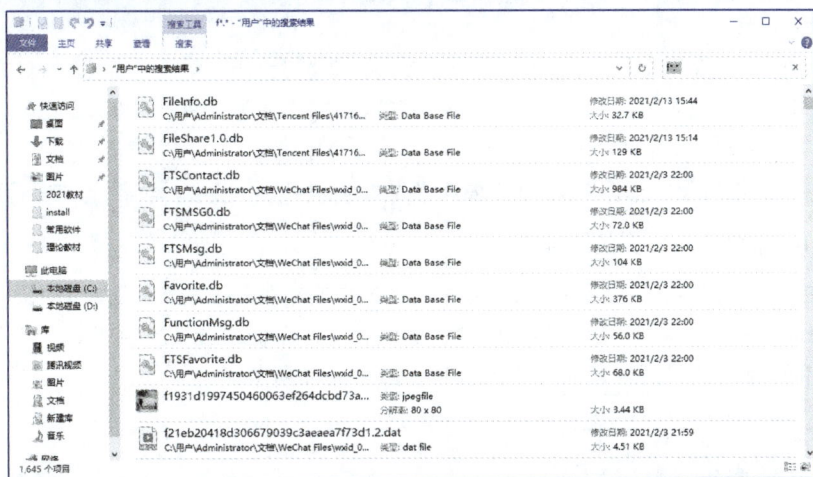

微课 3-3
文件搜索和属性
设置

图 3.3.4
在"文件资源管理器"
中搜索文件

也可以单击"任务栏"左侧的"搜索"按钮，在弹出窗口的底部输入要搜索的对象名，会得到如图 3.3.5 所示的搜索结果。

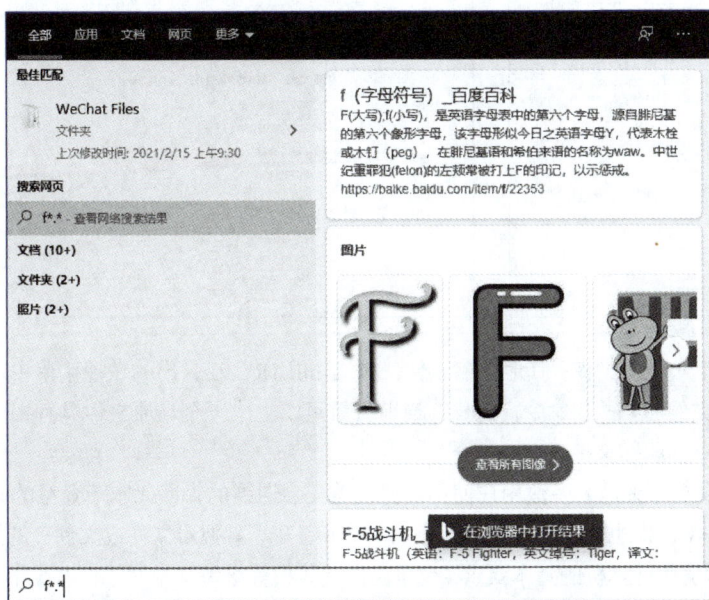

图 3.3.5
通过"任务栏"中
"搜索"按钮搜索文件

通过"搜索"按钮进行搜索，不但对搜索结果进行分类，而且还支持查看网络端搜索结果，如图 3.3.5 所示，单击左侧的"文档""文件夹"等选项，可以查看分类的搜索结果。

📖【提示】

在进行搜索时，不清楚对象名的可以使用通配符"*"和"？"代替，其中"*"可代替多个字符，"？"可代替一个字符。

9. 文件或文件夹的属性设置

对文件或文件夹的一些特殊信息，可以通过查看对象的"属性"来了解或修改，选中要查看的文件或文件夹并右击，在弹出的快捷菜单中选择"属性"命令，打开如图 3.3.6

所示的对话框。

其中，"常规"选项卡中包含了名称、类型、位置、大小、创建时间以及存储方式等信息。可以选中其中的"只读"或"隐藏"复选框将文件设置为只读或隐藏状态。

在"安全"选项卡中，可设置每个访问者的访问权限。

在"详细信息"选项卡中，可查看和修改文件的标题、主题、类别、作者等信息。

10．文件或文件夹的压缩

在"文件资源管理器"中找到需要压缩的文件或文件夹并右击，在弹出的快捷菜单中选择"发送到"→"压缩（zipped）文件夹"命令，即可在当前位置生成一个与原文件具有相同文件名但扩展名为 zip 的压缩文件，如图 3.3.7 所示。

图 3.3.6
文件属性对话框

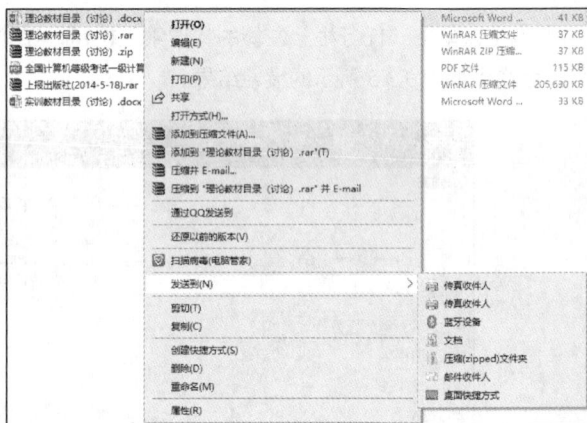

图 3.3.7
压缩

如果计算机中安装了其他压缩软件，如 WinRAR，在弹出的快捷菜单中也可以选择"添加到'文件名.rar'"命令，这样在当前位置可以生成一个与原文件具有相同文件名但扩展名为 rar 的压缩文件。

文件或文件夹是大多数用户使用计算机首先会遇到的，因此本节介绍的关于文件或文件夹的各类操作也是用户使用计算机的前提和基础，掌握对文件或文件夹的操作，不但是用户灵活使用计算机的基本要求，也是全国计算机等级考试中对"基本操作"部分考核的重点，因此对本节内容一定要多学多练，做到游刃有余。

3.4　Windows 10 的系统管理

微课 3-4
任务管理器

3.4.1　任务管理器

Windows 通过"任务管理器"向用户提供了当前计算机的相关工作信息，主要包括程序和进程的运行情况、系统服务的启用情况、计算机 CPU、内存、硬盘和网络等的使用情况、登录用户的情况等。通过查看"任务管理器"，用户可以很方便地了解计算机的工作状态。

打开"任务管理器"的方法有两种：一是按 Ctrl+Alt+Del 组合键；二是右击任务栏的

空白处，在弹出的快捷菜单中选择"任务管理器"命令，即可打开"任务管理器"窗口，如图 3.4.1 所示。

窗口中显示的是用户运行的应用程序名，选中程序后单击右下角的"结束任务"按钮可以关闭该程序。

单击左下角的"详细信息"按钮，会切换至如图 3.4.2 所示的界面，其中包含 7 个选项卡，以下介绍其中常用的 5 个选项卡。

图 3.4.1
"任务管理器"
窗口

1. "进程"选项卡

本选项卡列出了当前正在运行的进程名，可单击"结束进程"按钮终止异常程序的运行。Windows 10 在此进行了改进，将进程分为"应用""后台进程"和"系统进程"3 类。对于"系统进程"，不要随意结束，否则可能导致系统的崩溃，如图 3.4.2 所示为"进程"选项卡。

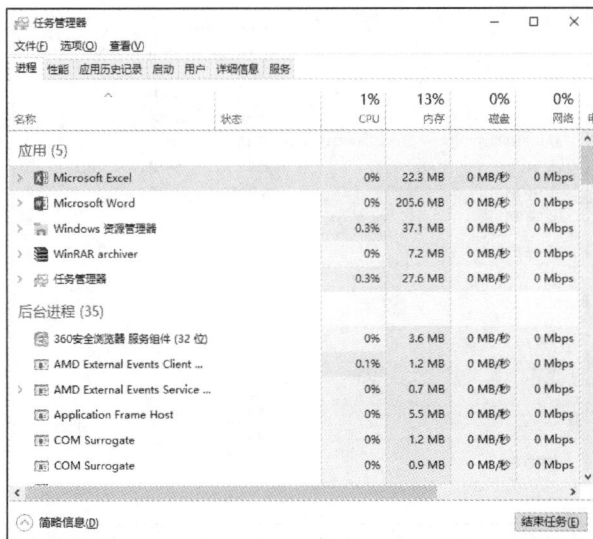

图 3.4.2
"进程"选项卡

2. "性能"选项卡

如图 3.4.3 所示为"性能"选项卡，显示计算机中 CPU、内存、硬盘、网络的使用情况，其中显示的是总使用率，如果用户想查看详细的使用信息，可以单击下方的"打开资源监视器"按钮查看。

3. "启动"选项卡

本选项卡主要显示系统开机时启动的程序的信息，如图 3.4.4 所示。在这里，用户可以单击右下角的"禁用"按钮禁止程序开机自启动。

4. "服务"选项卡

本选项卡显示系统提供的各种"服务"的启用情况，在此可以查看和修改各种"服务"的状态，可以启用或停止某些"服务"。如图 3.4.5 所示为"服务"选项卡。

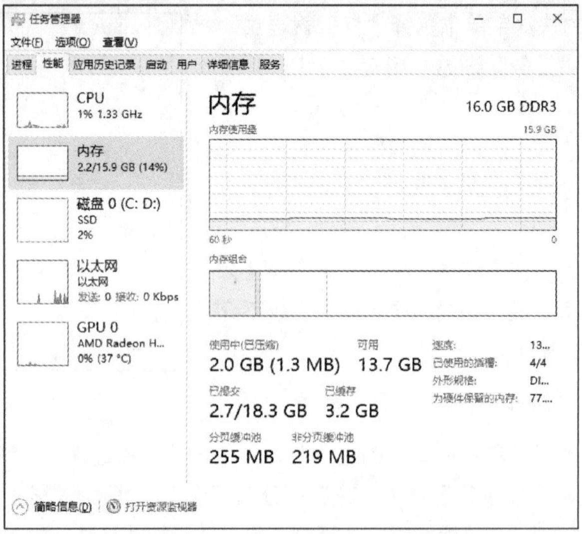

图 3.4.3
"性能"选项卡

图 3.4.4
"启动"选项卡

图 3.4.5
"服务"选项卡

5.“用户”选项卡

本选项卡列出了当前登录系统的用户名称，可以单击右下角的"断开链接"按钮使登录的用户退出登录。

3.4.2 Windows 管理工具

Windows 提供了一组非常实用的工具，以帮助用户优化系统性能和解决系统资源不足等问题。在"开始"菜单中选择"Windows 管理工具"菜单项，会展开管理工具列表，用户即可选择需要的工具进行操作。

1. 磁盘清理

计算机在使用一段时间后，硬盘上会存留许多临时文件等占用系统的存储资源。用户可以使用"磁盘清理"工具释放这些存储空间。

运行"磁盘清理"会打开如图 3.4.6 所示的对话框，选择要清理的盘符后单击"确定"按钮，程序会自动查找该磁盘上的可删除文件并显示，用户可选择将这些文件删除或保留。

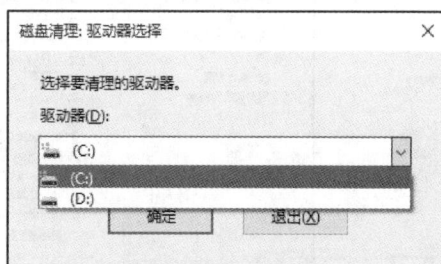

图 3.4.6
磁盘清理对话框

2. 磁盘碎片整理

计算机在使用一段时间后，由于反复进行文件的删除和复制操作，复制的文件会填充到删除文件留下的不连续存储空间中，从而产生文件"碎片"。由于对文件"碎片"的访问会出现多次寻址，故大大降低了访问硬盘的速度。使用"磁盘碎片整理"工具可以有效地解决这个问题。

运行"碎片整理和优化驱动器"工具软件，会出现如图 3.4.7 所示的窗口，在此选择要整理的磁盘后单击"优化"按钮，程序会对磁盘上的碎片进行整理，将原来分散放置的文件连续地放在一起进而消除"碎片"，这样就大大提高了访问硬盘的速度。还可以单击"更改设置"按钮，设置定期对磁盘进行自动清理"碎片"。

图 3.4.7
优化驱动器窗口

3. 计算机管理

运行"计算机管理"程序，在左侧选择"系统工具"→"设备管理器"选项，会出现如图 3.4.8 所示的界面。在此用户可以查看计算机上安装的硬件设备的状态。双击每个项目可以查看其下一级信息，如图 3.4.8 所示表明计算机上的硬件设备都工作正常。当在某个项目上出现黄色的"？"标识时，表示此硬件没有正常工作，用户可以根据提示对硬件进行维护，以保证其能正常工作。

图 3.4.8
"设备管理器"界面

选择"存储"→"磁盘管理"选项，会出现如图 3.4.9 所示的界面。在此用户可以选定要操作的磁盘并右击，在弹出的快捷菜单中选择相应命令对磁盘进行格式化、扩展卷、压缩卷、删除卷等操作。

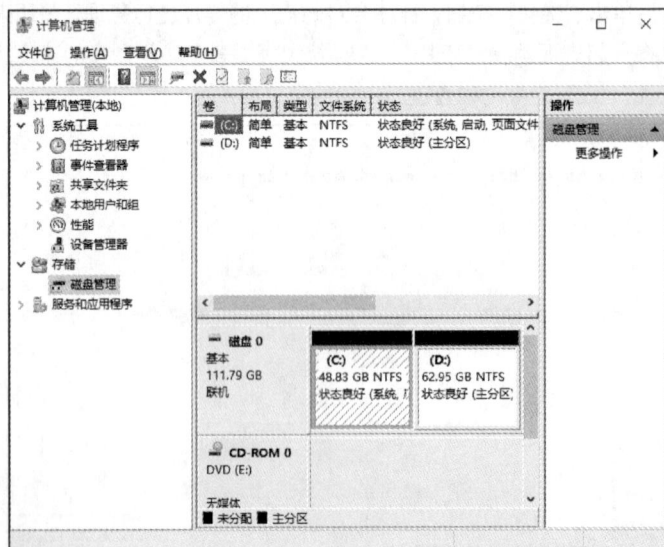

图 3.4.9
"磁盘管理"界面

4. 资源监视器

运行"资源监视器"程序，会出现如图 3.4.10 所示界面，在界面中选择"CPU""内存""磁盘"和"网络"等选项卡，会分别显示是哪些程序占用了 CPU、内存、磁盘和网络资源以及每个程序占用资源的具体数值。通过查看这些信息可以帮助用户了解计算机当前的工作状况。

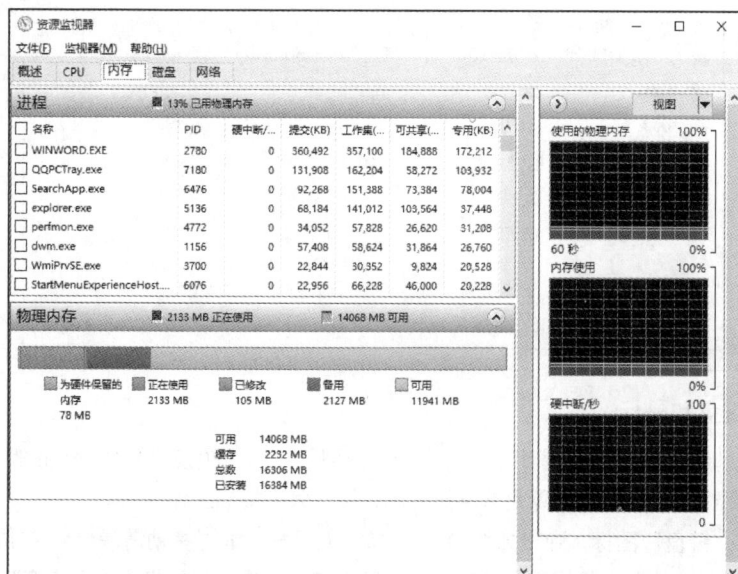

图 3.4.10
"资源监视器"界面

3.4.3 Windows 10 的控制面板

"控制面板"包含了一系列进行系统管理和环境设置的程序。用户可以通过"控制面板"提供的工具对系统进行管理，并设置自己的工作界面。

选择"开始"→"Windows 系统"命令，展开指令列表，在列表中选择"控制面板"命令，打开如图 3.4.11 所示的界面。

微课 3-5
控制面板

图 3.4.11
Windows 10 默认的
"控制面板"界面

在默认情况下，Windows 10 把"控制面板"中的程序进行了分类，共有 8 个类别，每个类别下又包含多个程序。如果用户要查看"控制面板"中的所有程序，可单击地址栏右侧的下三角按钮，在下拉列表中选择"所有控制面板项"即可看到其中的所有程序，如图 3.4.12 所示。

图 3.4.12
"所有控制面板项"界面

1．键盘和鼠标

键盘和鼠标是用户使用计算机时必须要用到且使用最频繁的两个外部设备，因此将它们调整到个人最习惯的设置是非常重要的，可以大大提高工作效率。

单击"键盘"图标，弹出如图 3.4.13 所示对话框。通过拖动滑块可对"重复速度"和"光标闪烁速度"进行调整，如老人或小孩击键速度慢，就要将"重复速度"调慢，避免出现点击一次键出现 2 个字符的情况。

单击"鼠标"图标，弹出如图 3.4.14 所示的对话框，共包括"鼠标键""指针""指针选项"等 5 个选项卡。

图 3.4.13
"键盘 属性"
对话框

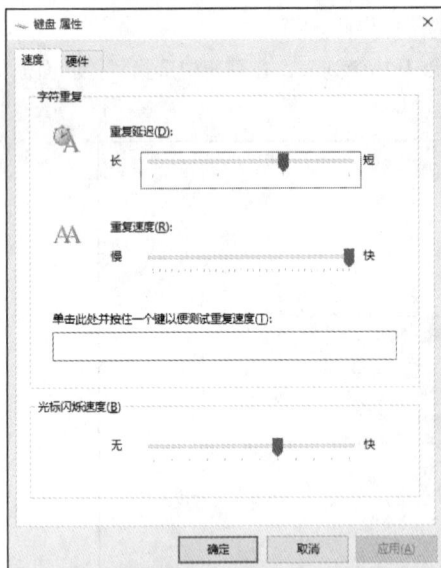

图 3.4.14
"鼠标 属性"
对话框

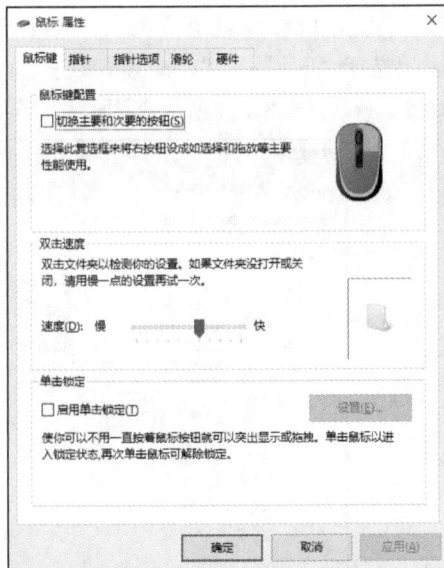

①"鼠标键"选项卡：对于左手使用鼠标的用户，可勾选"切换主要和次要的按钮"将鼠标右键调整为主控键。调整"双击速度"可以让不同的用户正确地完成双击操作。

②"指针"选项卡：可以定义计算机在不同状态下鼠标指针的显示形式。

③"指针选项"选项卡：可以调整指针的移动速度。在"可见性"组中，通过选中"显示指针轨迹"和"当按 CTRL 键时显示指针的位置"复选框实现在复杂环境中快速地找到鼠标。

④ "滚轮"选项卡：可调整鼠标滚轮滚动时显示内容的多少。

⑤ "硬件"选项卡：可调整相关硬件的设置。

2. 区域

单击"区域"图标，弹出如图 3.4.15 所示的对话框，可以设置日期和时间的显示格式。单击"其他设置"按钮，打开"其他设置"对话框，可以设置其他度量单位（如数字、货币等）的显示格式。设置方法都是找到对象设置项，单击其右侧下三角按钮展开下拉列表，在其中进行选择即可。

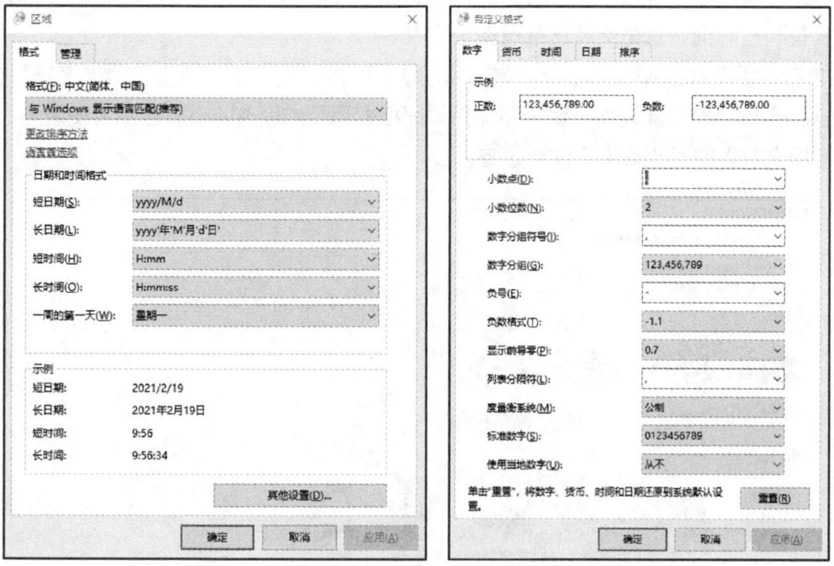

(a)　　　　(b)

图 3.4.15
"区域"对话框和
"自定义格式"对话框

3. 程序和功能

单击"程序和功能"图标，出现如图 3.4.16 所示的界面。在此用户可以查看计算机上已经安装的所有程序和所有更新。如果某些程序需要卸载，正确卸载程序的方法应该是进入本界面，选中需要卸载的程序后，单击上方的"卸载/更改"按钮完成卸载。

图 3.4.16
"程序和功能"界面

【提示】

Windows 系统在安装程序的过程中，会将程序的相关信息写入"注册表"，如果直接删除程序文件，并不会改变写入"注册表"的相关信息，容易导致异常情况的出现。

4. 设备和打印机

安装或连接到计算机上的硬件设备，除了正确连接外，还需要安装相应的驱动程序才能正常工作。Windows 10 自带了大部分硬件设备的信息和驱动程序，可以自动检测和安装这些设备，即"即插即用"功能。对于少量不支持"即插即用"的设备，"控制面板"的"设备和打印机"就是安装这些设备的工具。

单击"设备和打印机"图标，弹出如图 3.4.17 所示的界面。单击"添加设备"按钮，Windows 会自动搜索新设备。对于不支持"即插即用"的设备，一般都带有安装盘，按照提示使用安装盘即可正确地安装新设备。

图 3.4.17
"设备和打印机"界面

删除硬件或打印机的操作按如图 3.4.17 所示，选中需要删除的设备，单击"删除设备"按钮即可正确地把硬件设备删除。

5. 用户账户

办公环境中可能出现多个用户使用同一台计算机的情况，此时最好通过控制面板的"用户账户"工具为每个用户创建一个账户，这样可以大大提高安全性。

在"所有控制面板项"中单击"用户账户"→"管理其他账户"→"在电脑设置中添加新用户"→"将其他人添加到这台电脑"按钮，此时会弹出"本地用户和组（本地）"界面，选择"用户"可以查看本机已有的账户，右击，在弹出的快捷菜单中选择"新用户"命令，在打开的对话框中输入用户名和密码，然后单击"创建"按钮就完成了新账户的创建，如图 3.4.18 所示。

回到控制面板"管理账户"界面，如图 3.4.19 所示，会出现新创建账户的名称和图标。单击新账户图标，进入"更改账户"界面。在此，用户可以进行"更改账户名称""更改密码""更改账户类型"和"删除账户"的操作。

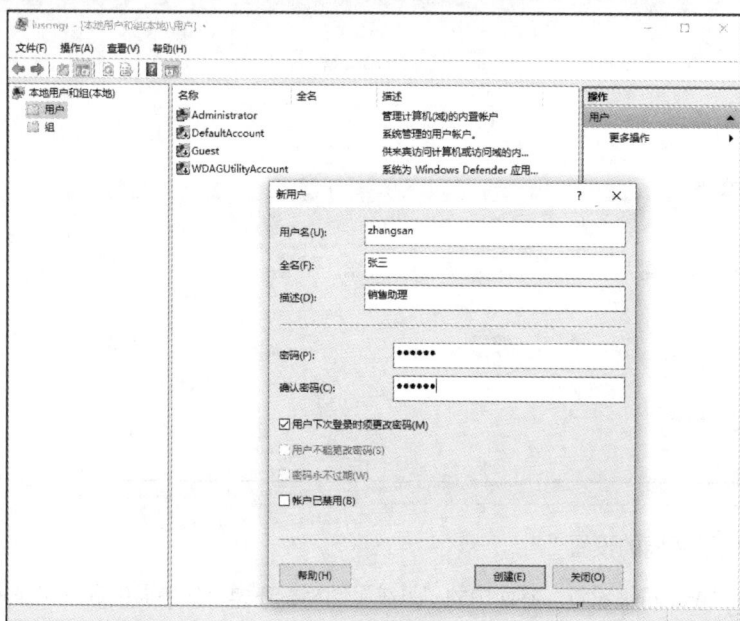

图 3.4.18
新建账户操作界面

图 3.4.19
"管理账户"界面

　　总之，控制面板是用户管理和配置计算机的重要工具之一，用户应该对控制面板有充分的了解并能正确使用它的强大功能。

3.4.4　Windows 设置

　　在"开始"菜单中单击"设置"按钮，会弹出如图 3.4.20 所示的"Windows 设置"界面。该界面中的很多功能和"控制面板"中的功能是重复的，因此"Windows 设置"更像是为了迎合手机用户的使用习惯而增加的，同时也方便了平板电脑用户的使用。

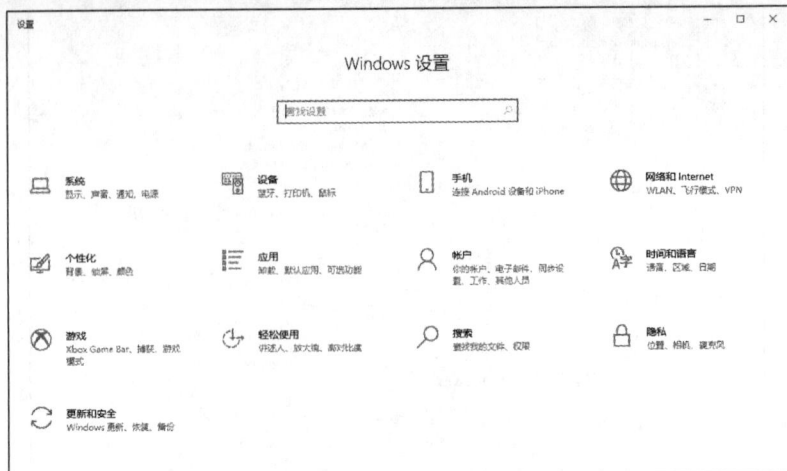

图 3.4.20
"Windows 设置"界面

1. 显示环境的设置

单击"Windows 设置"界面中的"系统"图标，在弹出的界面中选择"显示"选项，或者在桌面上右击，在弹出的快捷菜单中选择"显示设置"命令，都可以打开如图 3.4.21 所示的显示设置界面。

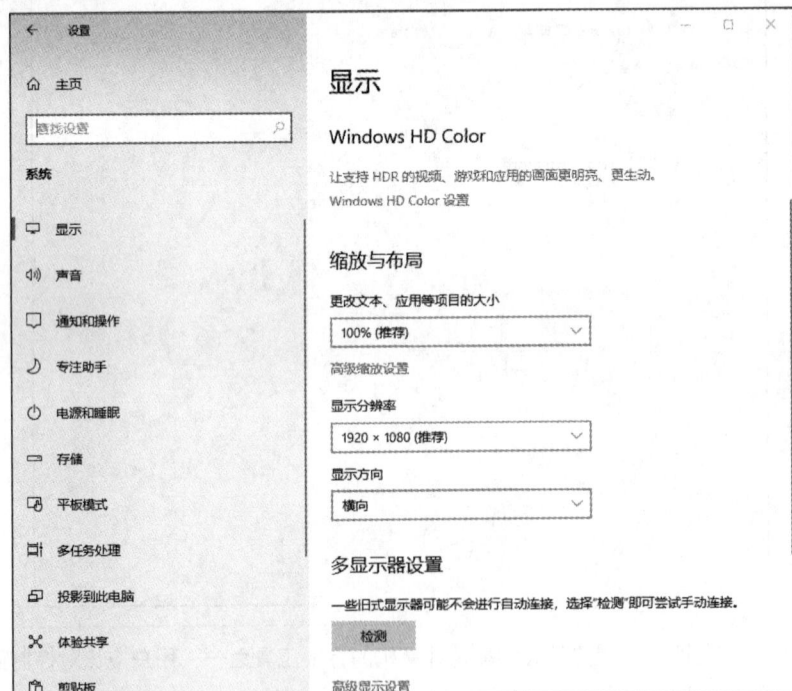

图 3.4.21
显示设置界面

通过单击每个项目右侧的下拉按钮，在展开的下拉列表框中可以对显示文本和程序图标的大小、显示器分辨率、显示方向进行调整。

2. 个性化设置

单击"Windows 设置"界面中的"个性化"图标，或者在桌面上右击，在弹出的快捷菜单中选择"个性化"命令，都可以打开如图 3.4.22 所示的图标。

微课 3-6
个性化设置

个性化设置界面主要用于设置显示桌面的背景图案、窗口颜色和锁屏界面。操作方法基本上也是在下拉列表框中选择，或者通过单击"浏览"按钮添加新的内容。

"主题"是 Windows 自带的对上述内容设置好的一个工作环境。用户可以很方便地选择一种主题作为自己的工作环境，也可以按喜好分别对背景图案、窗口颜色和锁屏界面进行设置。

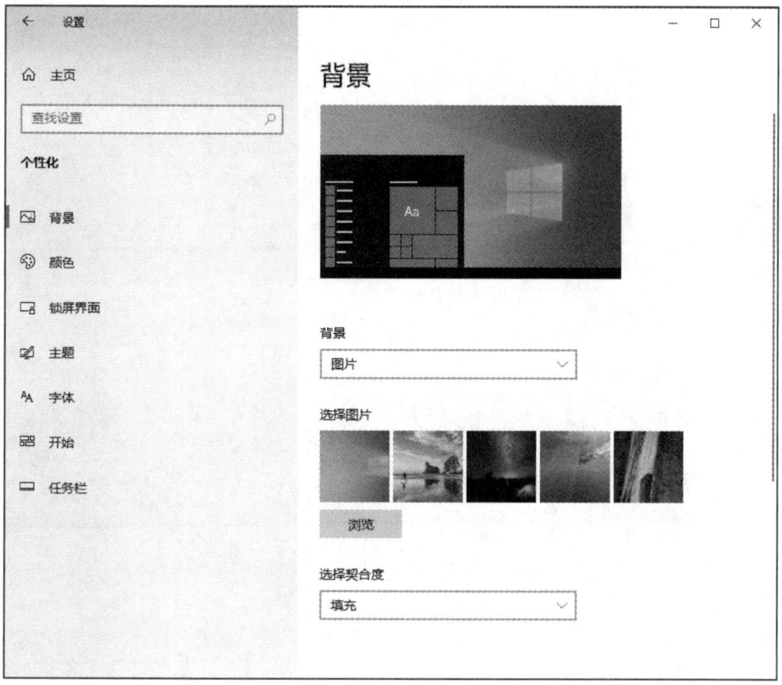

图 3.4.22
个性化设置界面

在"Windows 设置"界面中，还可以对"系统""设备""账户""网络"等进行设置，它和"控制面板"一起为用户更好、更顺手地使用计算机提供了保障，是用户学习操作系统应该重点掌握的内容。

3.5 习题

1. 在本题中的"素材文件夹"下完成相应操作，不限制操作方式。

① 将素材文件夹下 ABNQ 文件夹中的 XUESHI.C 文件复制到素材文件夹，文件命名为 USER.C。

② 将素材文件夹下 LIANG 文件夹中的 TDENGE 文件夹删除。

③ 为素材文件夹下 GAQU 文件夹中的 XIAO.BB 文件建立名为 KXIAO 的快捷方式，并存放在素材文件夹下。

④ 在素材文件夹下 TERCHER 文件夹中创建名为 ABSP.TXT 的文件，并设置属性为隐藏。

⑤ 将素材文件夹下 WWH 文件夹中的 WORD.BAK 文件移动到素材文件夹中，并重命名为 MICROSO.BAK。

2. 在本题中的"素材文件夹"下完成相应操作，不限制操作方式。

① 在素材文件夹下新建 YU 和 YU2 文件夹。

② 将素材文件夹下 EXCEL 文件夹中的 DA 文件夹移动到素材文件夹下 KANG 文件夹中，并将该文件夹重命名为 ZUO。

③ 搜索素材文件夹下的 HAP.TXT 文件，然后将其删除。

④ 将素材文件夹下的 MEI 文件夹复制到素材文件夹下 COM\GUE 文件夹中。

⑤ 为素材文件夹下 JPG 文件夹中的 DUBA.TXT 文件建立名为 RDUBA 的快捷方式，存放在素材文件夹下。

第 4 章　文字处理软件 Word 2016

Microsoft Office 是微软公司开发的一套基于 Windows 操作系统的办公软件套装。除了包含 Word、Excel、PowerPoint、Outlook、Access 等常用组件外，还包含有如绘图软件 Visio、项目管理软件 Project、出版软件 Publisher 以及其他程序和服务器产品，这些组件在通用的办公事务中发挥着不同的作用。

字处理软件 Word 2016 是办公自动化套件 Office 2016 的重要组成部分，是文字处理功能最强大的应用软件。该软件易学易用、图文结合，适合于企事业单位职员、家庭用户及专业排版人员编写、编辑和打印文稿，具有强大的编辑排版功能和图文混排功能，实现"所见即所得"的效果。

4.1　Word 基础

4.1.1　Word 2016 的启动

在 Windows 10 环境下，启动 Word 的方法有多种，以下是常见的 3 种方法。

1. 利用"开始"菜单启动

单击桌面左下角的"开始"按钮▉，在弹出的"开始"菜单中，选择"Word"命令。

2. 通过任务栏图标启动

若任务栏有 Word 图标，单击任务栏中的 Word 图标，即可启动程序。

【说明】

在"开始"菜单中的"Word"命令上右击，在弹出的快捷菜单中选择"固定到任务栏"命令，即可完成任务栏 Word 图标的添加。

3. 文档启动

如果已经有编辑好的 Word 文档，双击该 Word 文档图标，系统就会启动 Word 2016 应用程序，并在 Word 应用程序中打开该文档。

4.1.2　Word 2016 的编辑窗口

启动 Word 2016 后，在打开的界面中将显示最近使用的文档信息并提示用户创建一个新文档，选择要创建的文档类型后，进入 Word 2016 的操作界面，其中主要包括标题栏、快速访问工具栏、选项卡区、文本编辑区和状态栏几个部分，如图 4.1.1 所示。

微课 4-1
Word 2016 窗口

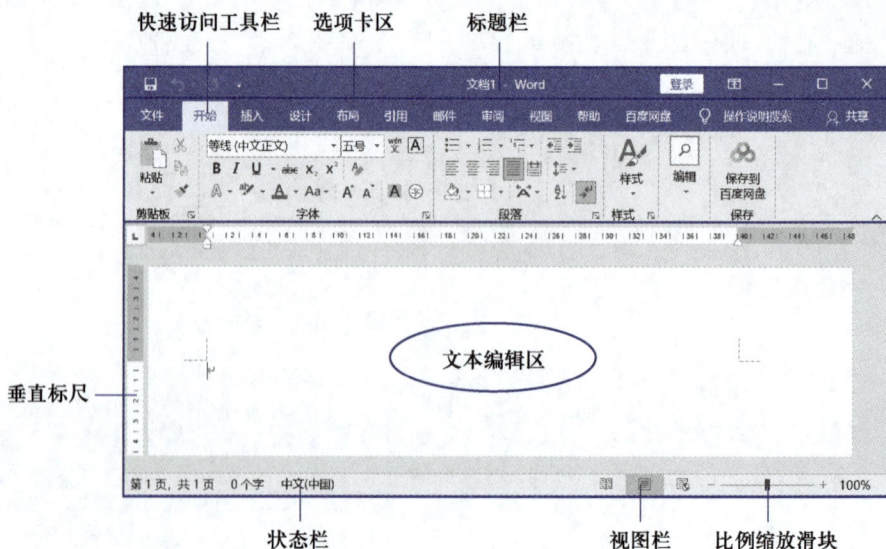

图 4.1.1
Word 窗口界面

1. 标题栏

标题栏显示当前编辑文档的名称，标题栏右侧是窗口控制按钮，其中包括"最小化""最大化""关闭"等按钮。

2. 快速访问工具栏

快速访问工具栏位于标题栏左侧，包含一些用户最常用的命令，如新建、保存、撤销、打开等。用户可以增减、删除快速访问工具栏中的命令项。单击快速访问工具栏右侧的下拉箭头，用户可以在弹出的列表中选择所需的命令，选择后该命令所对应的按钮将添加到快速访问工具栏中，也可以在列表中选择"其他命令"命令，自定义快速访问工具栏，如图 4.1.2 所示。

3. 选项卡区

选项卡区以选项卡的方式对命令进行分组和

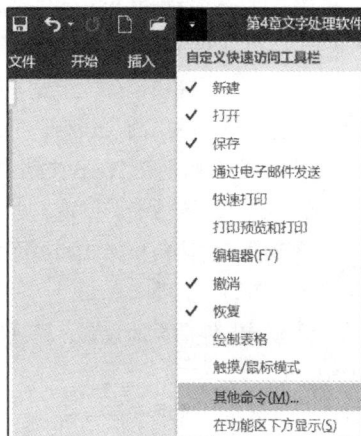

图 4.1.2
自定义快速访问
工具栏

显示。每个选项卡由名称和功能区两部分组成。除"文件"选项卡外，其余选项卡的名称均位于功能区上方。选项卡有 3 种类型，即"文件"选项卡、主选项卡和"工具"选项卡。

（1）"文件"选项卡

"文件"选项卡为用户提供了一组文件操作命令，如"信息""新建""打开""保存""另存为""打印""选项"等。"文件"选项卡一般由 3 个显示区域组成。

① 左侧区域：列出了"文件"选项卡中所有的一级命令项。

② 中间区域：列出了一级命令下的二级命令项或命令按钮。

③ 右侧区域：提供了与操作有关的文档信息，如文档名、文档属性信息、打印预览效果、模板预览效果等。有时该区域也会列出二级命令的下级命令项或命令按钮。如图 4.1.3 所示为"文件"选项卡的"信息"命令窗口。

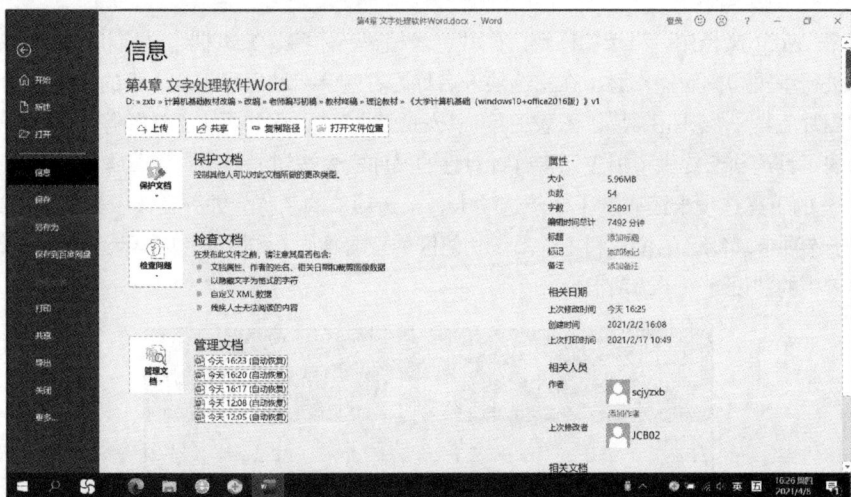

图 4.1.3
"文件"选项卡的
"信息"命令窗口

（2）主选项卡

Word 2016 的主选项卡主要包括"开始""插入""设计""布局""引用""邮件""审

阅""视图"等，每个选项卡根据操作对象的不同又分为多个组，每个组集成功能相近的命令。

①"开始"选项卡。

该选项卡包括剪贴板、字体、段落、样式和编辑 5 组，主要用于帮助用户对 Word 文档进行文字编辑和格式设置，是用户最常用的选项卡。

②"插入"选项卡。

该选项卡包括页面、表格、插图、加载项、媒体、链接、批注、页眉和页脚、文本、符号等组，主要用于在 Word 文档中插入各种元素。

③"设计"选项卡。

该选项卡包括文档格式和页面背景两个组，主要用于文档的格式以及背景设置。

④"布局"选项卡。

该选项卡包括页面设置、稿纸、段落和排列 4 组，主要用于帮助用户设置 Word 文档页面样式。

⑤"引用"选项卡。

该选项卡包括目录、脚注、引文与书目、题注、索引、引文目录等组，主要用于在文档中插入目录、引文、题注等索引功能。

⑥"邮件"选项卡。

该选项卡包括创建、开始邮件合并、编写和插入域、预览结果、完成等组，该选项卡的作用比较专一，专门用于在文档中进行邮件合并方面的操作。

⑦"审阅"选项卡。

该选项卡包括校对、语言、中文简繁转换、批注、修订、更改、比较、保护等组，主要用于对 Word 文档进行校对和修订等操作，适用于多人协作处理长文档。

⑧"视图"选项卡。

该选项卡包括视图、显示、窗口和宏等组，主要用于帮助用户设置操作窗口的查看方式和操作对象的显示比例等。

（3）工具选项卡

在 Word 文档中，当选中图形、图片、表格、艺术字、文本框、页眉和页脚等 Word 元素进行编辑和排版操作时，在主选项卡名称区右侧会自动出现相应元素的工具选项卡，如"图片工具""绘图工具""图表工具""公式工具""页眉和页脚工具"等工具选项卡，不同的工具选项卡提供了相应元素有针对性的操作命令按钮。

有的工具选项卡还有若干个子选项卡，子选项卡的名称会并列在该工具选项卡的下方，子选项卡功能区的位置和主选项卡功能区的位置相同，如图 4.1.4 所示为"表格工具"选项卡中的"设计"子选项卡。

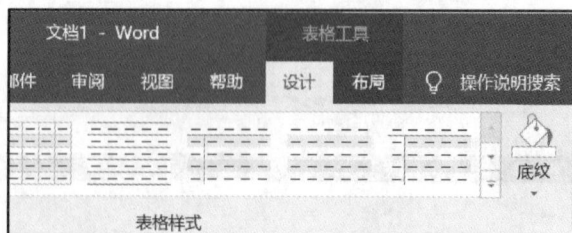

图 4.1.4
"表格工具"选项卡中的
"设计"子选项卡

4. 操作说明搜索框

Office 2016 每个组件选项卡右侧均有一个"操作说明搜索"框,当窗口缩小时会变回"告诉我"。单击该搜索框,下拉列表中将显示最近使用过的操作以及针对当前对象推荐的有可能使用的命令。例如,需在文档中插入目录时,便可以直接在搜索框中输入"目录",此时会显示一些关于目录的信息,将鼠标指针定位至"目录"选项上,在打开的子列表中即可快速选择自己想要插入目录的形式,如图 4.1.5 所示。

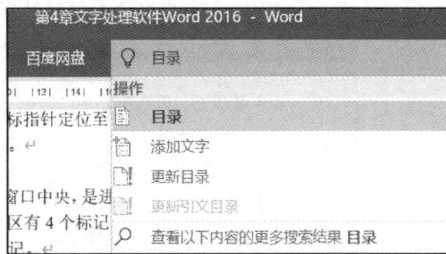

图 4.1.5
Word 中的搜索框

5. 文本编辑区

文本编辑区位于窗口中央,是进行文字输入,编辑文本及图片的工作区域。

6. 标尺

标尺上有数字、刻度和各种标记,单位通常是厘米(cm),标尺在排版和制表、定位上起着重要的作用。

7. 滚动条

在编辑区的右侧和下方,分别为垂直滚动条和水平滚动条。单击滚动条中的滚动箭头,可以使屏幕向上、下、左、右滚动一行或一列;单击滚动条的空白处,可以使屏幕上下、左右滚动一屏;拖动滚动条中的滚动块,可迅速到达显示的位置。

8. 状态栏

状态栏位于操作界面的底端,主要用于显示当前文档的工作状态,包括当前页数、字数、输入状态等。

9. 比例缩放滑块

比例缩放滑块可用于更改正在编辑的文档的显示比例。

10. 视图栏

视图栏可用于更改正在编辑的文档的视图显示模式。

4.1.3 Word 2016 的视图模式

Word 2016 中提供了多种视图模式供用户选择,这些视图模式包括"页面视图""阅读视图""Web 版式视图""大纲视图"和"草稿视图"5 种。用户可以在"视图"功能区中选择需要的文档视图模式,也可以在 Word 2016 文档窗口的右下方单击视图按钮切换至相应视图模式。

微课 4-2
视图模式

1. 页面视图

页面视图是默认的视图模式,文档显示的方式与打印效果一致。页面视图可用于编辑页眉和页脚、调整页边距和处理分栏和图形对象。在页面视图中,可以通过隐藏页面顶部和底部的空白空间来节省屏幕空间。方法是,将插入点移动到页面的顶部和底部,然后单击"双击可显示空白"按钮或"双击可隐藏空白"按钮。

2．阅读视图

文档内容根据屏幕大小，以适合阅读的方式进行显示。在阅读视图中，用户还可以单击"工具"按钮选择各种阅读工具，如图 4.1.6 所示。

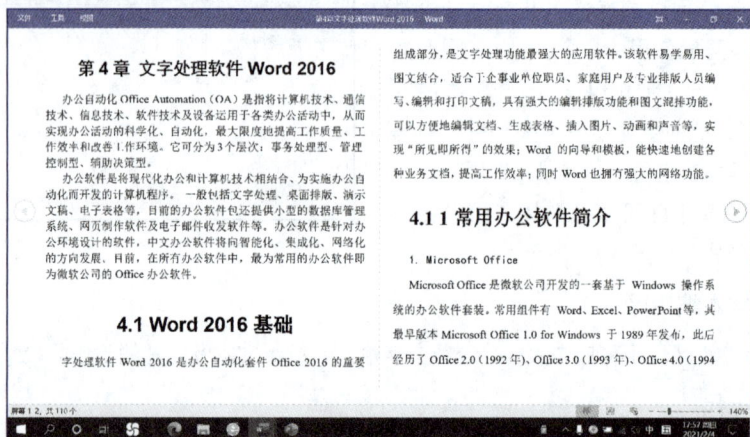

图 4.1.6
"阅读视图"显示

3．Web 版式视图

Web 版式视图中文本与图形的显示与在 Web 浏览器中的显示一致。Web 版式视图适用于发送电子邮件和创建网页。

4．大纲视图

大纲视图主要用于设置 Word 文档标题的层级结构，并可以方便地折叠和展开各种层级的文档。大纲视图广泛用于长文档的快速浏览和设置。

5．草稿视图

草稿视图简化了页面的布局，主要显示文本及其格式，适合对文档进行输入和编辑操作。草稿视图取消了页面边距、分栏、页眉页脚和图片等元素，仅显示标题和正文，是最节省计算机系统硬件资源的视图方式。

4.2　建立文档

微课 4-3
建立文档

4.2.1　建立空白文档

用户可以通过下列方法建立空白文档。

方法 1：启动 Word 后，系统会自动新建一个名为"文档 1.docx"的空白文档。

方法 2：选择"文件"→"新建"命令，单击右侧区域中的"空白文档"图标，如图 4.2.1 所示。

方法 3：单击快速启动工具栏中的"新建"按钮来创建。

4.2.2　文本录入

创建一个空白文档后，即可输入文档。文档编辑区插入点处的"I"状光标是当前文本的输入位置，输入时由 Word 自动进行换行。要开始新的一段时，按 Enter 键。在输入过程中一般按 Ctrl+Shift 组合键进行不同输入法的切换，或按 Ctrl+Space 组合键在中/英文状态间切换。对录入过程中的错误可通过 Backspace 键或 Delete 键来删除。

图 4.2.1
"空白文档" 图标

4.2.3　符号的输入

如果键盘上有需输入的符号，那么可直接通过键盘输入。如果要输入键盘上没有的符号，可以单击 "插入" 选项卡 "符号" 选项组中的 "符号" 按钮，在弹出的 "符号" 下拉列表中，选择特殊符号插入到文档中，如图 4.2.2 所示。

4.2.4　录入日期和时间

单击 "插入" 选项卡 "文本" 选项组中的 "日期和时间" 按钮，打开 "日期和时间" 对话框，选择相应的有效格式即可，如图 4.2.3 所示。

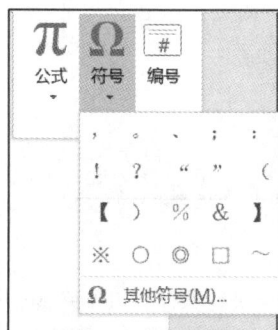

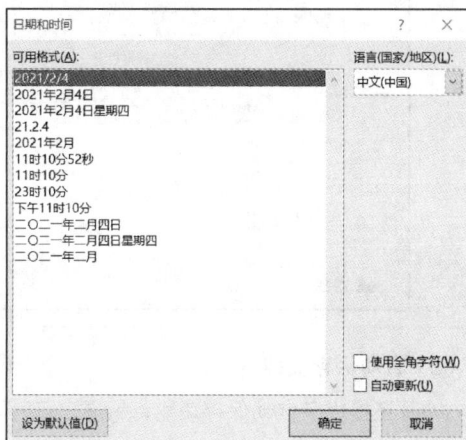

图 4.2.2
"符号" 下拉列表

图 4.2.3
"日期和时间" 对话框

4.2.5　保存文档

文档创建好以后，应及时将其保存，否则容易造成数据丢失。

（1）常规保存文档

保存文件的常用方法有以下 3 种。

方法 1：单击快速访问工具栏上的"保存"按钮，如图 4.2.4 所示。

方法 2：按 Ctrl+S 组合键。

方法 3：在当前窗口中，选择"文件"选项卡，选择"保存"命令，如图 4.2.5 所示。

图 4.2.4
快速访问工具栏上的"保存"按钮

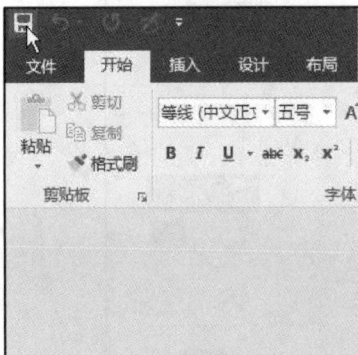

图 4.2.5
"文件"选项卡中的"保存"命令

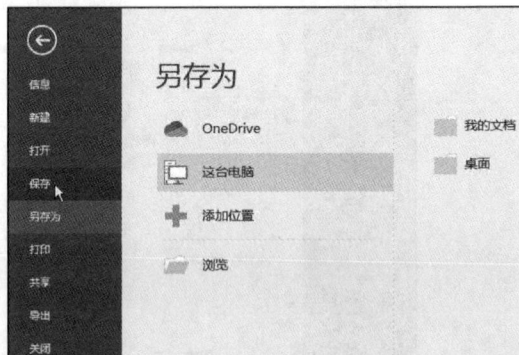

如果是打开已有文档，修改后再次保存，Word 将自动覆盖修改前的文件，不再打开"另存为"对话框提示用户输入文件名。如果要重命名保存，可以选择"文件"→"另存为"命令，打开"另存为"对话框，如图 4.2.6 所示，输入文件名并指定存放位置。

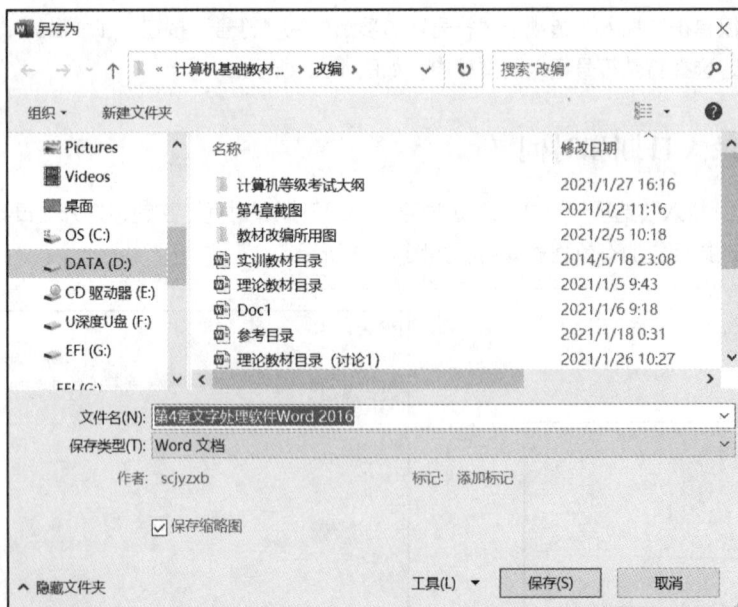

图 4.2.6
"另存为"对话框

（2）自动保存文档

Word 还提供了自动保存功能，每隔一段时间自动对文档进行保存。如果突然断电、计算机死机等意外情况发生，在重启 Word 后，将打开先前创建的恢复文档，以便用户能及时保存这些文件，这在一定程度上避免了数据信息丢失。

　　自动保存功能可以随意设置保存的时间间隔，其操作如下。

　　步骤 1：打开"另存为"对话框，单击"工具"按钮，弹出下拉列表。

　　步骤 2：选择"保存选项"命令，打开"Word 选项"对话框，如图 4.2.7 所示。

微课 4-4
保护文档

图 4.2.7
"Word 选项"对话框

　　步骤 3：选中"保存自动恢复信息时间间隔"复选框，在其右侧的微调框中输入一个时间间隔。例如，输入 10，即表示每隔 10 分钟 Word 就自动创建恢复文档。

　　步骤 4：设定完毕，单击"确定"按钮。

　　另外，在保存文档的同时，可以设置文档的打开权限和修改权限密码。打开"另存为"对话框，单击"工具"按钮，在弹出的下拉列表中选择"常规选项"命令，打开"常规选项"对话框进行设置，如图 4.2.8 所示。

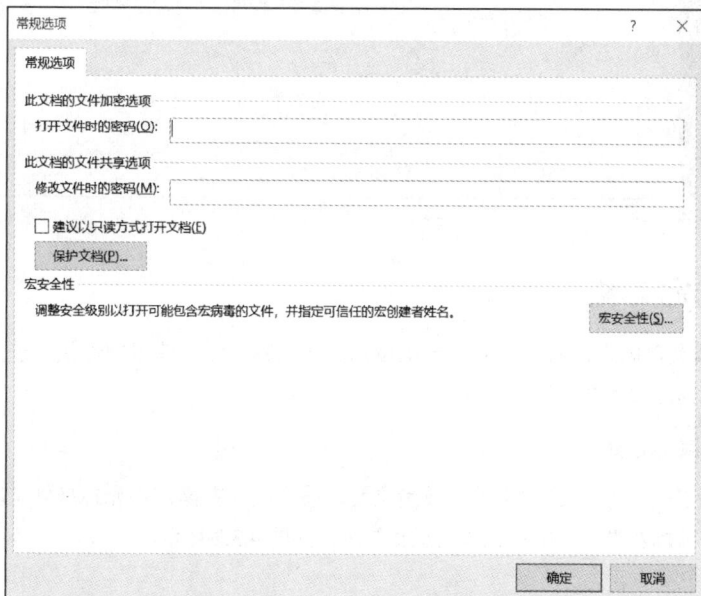

图 4.2.8
"常规选项"对话框

4.2.6　关闭文档

可在当前程序窗口中，选择"文件"选项卡中的"关闭"命令，或单击该 Word 窗口右上角的"关闭"按钮，即可关闭文档。

4.3　编辑文档

文档的编辑是指对文档内容进行插入、修改、删除等操作。

4.3.1　打开文档

以下方法均可执行打开命令操作。

步骤 1：选择"文件"选项卡中的"打开"命令。

步骤 2：单击快速访问工具栏中的"打开"按钮。

步骤 3：按 Ctrl+O 组合键。

Word 显示最近打开的文件列表和常用文件存储位置的链接，单击要打开的文档名即可打开文档，如图 4.3.1 所示。

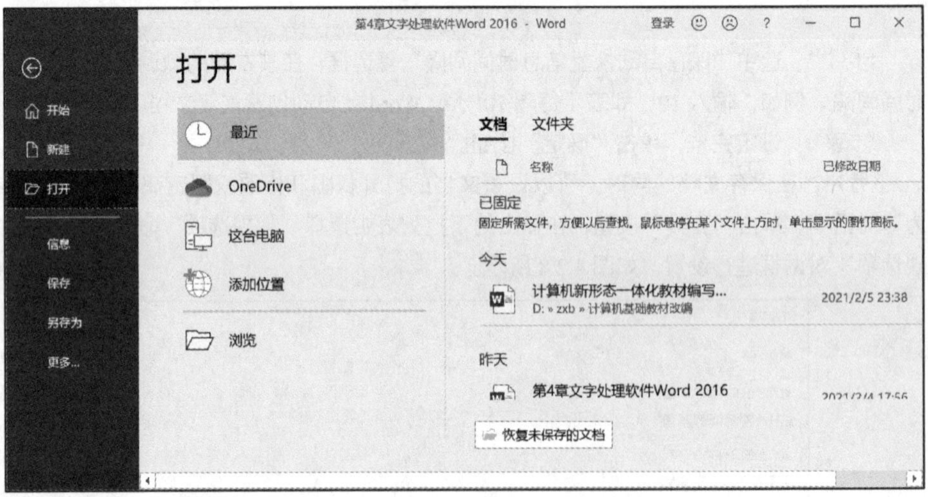

图 4.3.1
执行"打开"
文档命令

4.3.2　选定文本

要编辑文档内容，必须首先选定编辑的文本内容，此后编辑操作仅对选定的文本有效。常用的选定文本方法如下。

1. 用鼠标选定

将鼠标指针定位到选定文本的开始位置，按住鼠标左键，将光标拖到文本的结束位置，再松开鼠标左键，选中的文本呈反相显示，如图 4.3.2 所示。

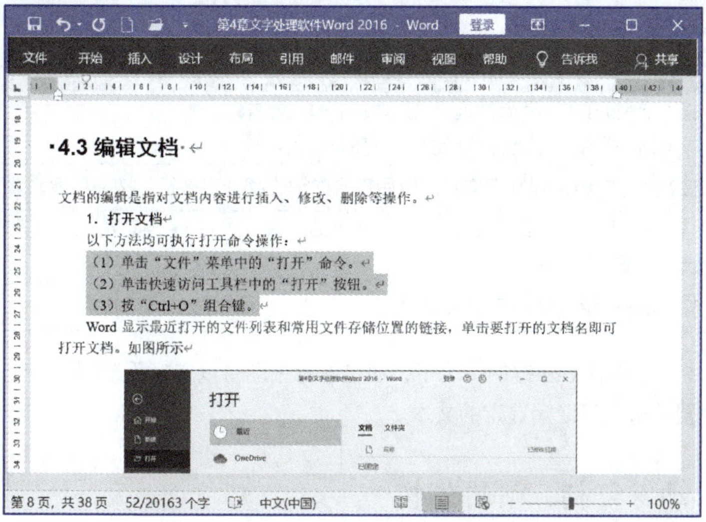

图 4.3.2
用鼠标选定

2. 其他操作方法（见表 4.3.1）

表 4.3.1 鼠标选定文档的方法

操作对象	鼠标操作方法
一个词	双击要选定的词
一句话	双击两个分隔符（标点符号或回车符等）之间的句子
一整句话	按住 Ctrl 键的同时单击要选定的句号、感叹号或尾部为回车符的句子
一行文本	将鼠标指针移到要选定行的左侧空白处，当指针变成指向右侧的空心箭头时，单击
多行文本	将鼠标指针移到要选定行的左侧空白处，当指针变成指向右侧的空心箭头时，上下拖动指针
一个段落	将鼠标指针移到要选定段的左侧空白处，当指针变成指向右侧的空心箭头时，双击；也可以三击段落内任意位置
几个段落	将鼠标指针移到要选定行的左侧空白处，当指针变成指向右侧的空心箭头时，双击的同时上下拖动
一块文本（行块）	单击行块的开始位置，再将鼠标指针移到行块的尾部，按住 Shift 键的同时单击
一块文本（列块）	按住 Alt 键的同时，从列块的开始处拖动鼠标指针到列块的尾部
全部文本	将鼠标指针移到文档中任意文本的左侧，当指针变成指向右侧的空心箭头时，三击

3. 利用键盘选定文本（见表 4.3.2）

表 4.3.2 键盘选定文本

操作对象	键盘操作
一个字符	按 Shift+→组合键选定光标右侧一个字符，按 Shift+←组合键选定光标左侧一个字符
一个词	将光标定位到句子开始位置按 Ctrl+Shift+→组合键，将光标定位到句结尾处按 Ctrl+Shift+←组合键
一行文本	按 Shift+End 组合键选定从光标所在处开始到行尾的一行文本，按 Shift+Home 组合键选定从行首到光标所在处的文本

操作对象	键盘操作
一个段落	按 Ctrl+Shift+↓组合键选定光标后的一段文本， 按 Ctrl+Shift+↑组合键选定光标前的一段文本
一块文本（行块）	按 F8+方向组合键选定文本，以后按方向键连续选定多行，按 Esc 键取消此选定状态
一块文本（列块）	按 Ctrl+Shift+F8 组合键进入选定状态后，使用方向键选定列文本，按 Esc 键取消此选定状态
全部文本	按 Ctrl+A 组合键选定全部文本

Word 中，在按住 Ctrl 键的情况下，通过鼠标拖动可以选择不连续的多个区域，在文档的任意位置单击，可取消选定的文本。

4.3.3　移动、复制、粘贴文本

在编辑时，经常需要将某些文本从一个位置移动或复制到另一个位置，以调整文档的结构。移动文本的方法有以下几种。

1. 利用剪贴板移动、复制文本

Office 剪贴板是系统在内存中专门开辟的一块区域，可以在应用程序间交换数据。剪贴板不仅可以存放文字，还可以存放表格、图形等对象。

步骤 1：选定所要复制或移动的文本内容。

步骤 2：单击"开始"选项卡"剪贴板"选项组中的"复制"或"剪切"按钮，所选定的文本被临时保存在剪贴板中。

步骤 3：将鼠标指针移动到目标位置，单击"剪贴板"选项组中的"粘贴"按钮，在粘贴选项中执行相应的粘贴选项命令即可实现相应的复制或剪切操作，如图 4.3.3 和图 4.3.4 所示。

图 4.3.3
粘贴内容来自另一文档的
粘贴选项

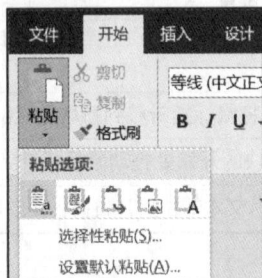

图 4.3.4
粘贴内容来自 Excel 的
粘贴选项

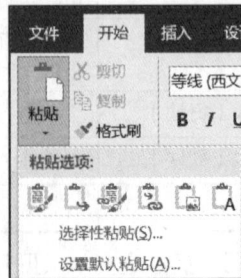

粘贴选项一般有以下几种方式的命令。

微课 4-5
粘贴选项

- "使用目标主题"命令：用于不同文档间的复制，被粘贴内容将使用目标文档的主题格式，并不会保留原文档的格式，也不会与目标文档的格式合并。
- "保留源格式"命令：被粘贴内容保留原文档内容的格式。
- "使用目标样式"命令：将原文档中的内容复制粘贴，然后应用当前文档的文本样式。
- "合并格式"命令：被粘贴内容保留原文档内容的格式（如原格式中的加粗、倾斜，下画线等将保留），并且合并应用目标位置的格式（如字体、大小等）。

- "只保留文本"命令 ![icon]：被粘贴内容清除原始内容和目标位置的所有格式，仅保留文本。
- "图片"命令 ![icon]：在不同文档间粘贴时，被粘贴内容将以图片形式粘贴。
- "链接与保留源格式"命令 ![icon]：粘贴内容来自 Excel 工作表中数据时会出现此命令，当 Excel 工作表中数据发生更新时，会同步更新目标位置处的数据。粘贴数据的格式与源格式相同。
- "链接与合并格式"命令 ![icon]：粘贴内容来自 Excel 工作表中数据时会出现此命令，当 Excel 工作表中数据发生更新时，会同步更新目标位置处的数据。粘贴数据的格式与"合并格式"命令相同。

2．利用快捷菜单移动、复制文本

使用快捷菜单移动文本的操作实际上还是利用剪贴板实现移动，其操作步骤与上述方法类似，不同之处在于它使用快捷菜单中的剪切和粘贴命令，具体步骤如下。

步骤 1：选定所要移动的文本。将 I 形鼠标指针移到所要选定的文本区，当指针变成向左上角倾斜的箭头时右击，弹出的快捷菜单如图 4.3.5 所示。

步骤 2：选择"复制"或"剪切"命令。

步骤 3：将 I 形鼠标指针定位到文本需要移动的新位置上并右击，在弹出的快捷菜单中选择"粘贴选项"命令中的一种格式完成相应操作。

图 4.3.5
右键快捷菜单

3．利用鼠标拖动移动、复制文本

如果需要移动的文本比较短小，那么用鼠标拖动更为简单快捷，其具体步骤如下。

步骤 1：选定所要移动或复制的文本。将 I 形鼠标指针移动到所选定文本区，使其变成向左上角倾斜的箭头。

步骤 2：按住鼠标左键，此时鼠标指针下方增加一个灰色矩形，并在其前方出现一粗黑的竖线段（即插入点），用来指向文本要插入的新位置。

步骤 3：拖动鼠标指针使插入点移动到新位置上并松开鼠标左键，这样就完成了文本的移动，如果在拖动时按住 Ctrl 键，则执行复制操作。

4．快捷组合键完成

复制的快捷键为 Ctrl+C，剪切的快捷键为 Ctrl+X，粘贴的快捷键为 Ctrl+V。

4.3.4 删除文本

删除文本时，首先将光标定位在需要删除的文本处，按 Del 键删除光标后面的字符，按 Backspace 键删除光标前面的字符；也可以使用选定文本的方法，将需要删除的文本全部选定后，按 Del 键删除。

4.3.5 撤销、恢复或重复操作

在编辑中出现错误操作，用户可以按 Alt+Backspace 组合键执行撤销操作，也可以单

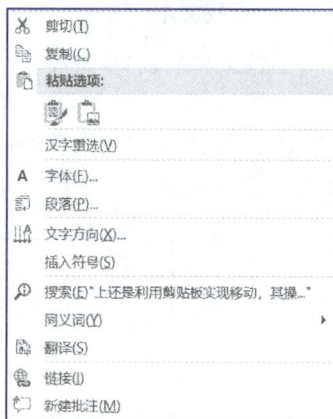

击快速访问工具栏中的"撤销"按钮 ↶ 来撤销刚才的操作,若要同时撤销多个操作,单击"**撤销**"按钮 ↶ 旁的箭头,在下拉列表中选择要撤销的操作。

图 4.3.6
"撤销"和"恢复"
按钮

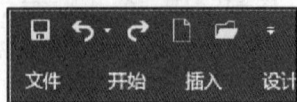

"恢复"按钮 ↷ 用来将撤销的命令重新执行("恢复"按钮仅在撤销操作后出现),如图 4.3.6 所示。

要重复一些简单操作(如粘贴),可单击快速访问工具栏中的"**重复**"按钮 ↻。

撤销的快捷键为 Ctrl+Z,恢复和重复粘贴的快捷键为 Ctrl+Y。

微课 4-6
查找与替换

4.3.6 查找和替换

文本中的查找和替换是 Word 常用的操作,方法如下。

1. 查找文本

查找文本的操作步骤如下。

步骤 1:将插入点移到要查找的起始位置,单击"开始"选项卡"编辑"选项组中的"查找"下拉按钮,在下拉列表中选择"高级查找"命令,打开"查找和替换"对话框,如图 4.3.7 所示。

图 4.3.7
"查找和替换"对话框

步骤 2:在"查找内容"文本框中输入要查找的字符串,单击"更多"按钮,可设置搜索的范围、查找对象的格式、查找的特殊字符等。

步骤 3:单击"查找下一处"按钮,即可查找指定的文本,Word 找到该文本后会将其反向显示。若要继续查找,可以再次单击"查找下一处"按钮。单击"取消"按钮,结束查找工作。

2. 替换文本

替换文本就是查找文本并将其替换成另外的内容,适用于替换多处相同的内容。方法如下。

步骤 1:选择"查找和替换"对话框中的"替换"选项卡,在"替换为"文本框中输入需要替换的内容,如图 4.3.8 所示。

步骤 2:单击"查找下一处"按钮,当查找到指定内容后,单击"替换"按钮即可将"查找内容"文本框

图 4.3.8
"替换"选项卡

中的内容替换成"替换"文本框中的内容。若单击"全部替换"按钮，Word 将一次性完成所有的替换。

4.4　文档的排版

为了使文档更加美观、清晰、便于阅读，需要进行版面设置及格式化。

4.4.1　字体格式

字体格式决定字符在屏幕上和打印时的显示形式。用户可以使用字体、字号、加粗、倾斜或其他指定特性来调整文本的外观。

1．在"字体"对话框中进行设置

步骤 1：选中要设置格式的文字，选择"开始"选项卡，单击"字体"选项组右下角的对话框启动器按钮，打开如图 4.4.1 所示的"字体"对话框。

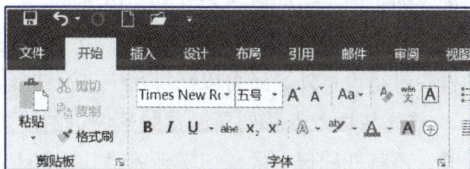

步骤 2：在对话框中设置各选项，完成后单击"确定"按钮。

2．在"字体"选项组中进行设置

选择"开始"选项卡，单击"字体"选项组中的相应按钮也能进行字体常用格式的设置。"字体"选项组如图 4.4.2 所示。

图 4.4.1
"字体"对话框

图 4.4.2
"字体"选项组

4.4.2　段落格式

段落是 Word 进行文档排版的基本单位，每个段落结尾都有一个段落标记。构成段落的内容可以是一个字、一句话、一行文本或一个图形，也可以是一段文本，甚至可以是按 Enter 键产生的空行。

在设置段落格式时，首先应选定段落（如果只设置一个段落的格式，无须选中，只需将光标移到该段落中）。

选择"开始"选项卡，单击"段落"选项组右下角的对话框启动器按钮，打开如图 4.4.3 所示的"段落"对话框，其中包含"缩进和间距""换行和分页""中文版式"3 个选项卡。在该对话框中进行段落格式的排版。

图 4.4.3
"段落"对话框

（1）段落对齐方式

段落对齐方式是指段落中每一行文本的横向对齐方式，主要有以下几种方式。

- 左对齐：段落全部内容左边对齐，右边不限。
- 右对齐：段落全部内容右边对齐，左边不限。
- 居中：段落全部内容居中，距页面左、右边界的距离相等。
- 两端对齐：文字段落左右两端的边缘都对齐，但未输满的行保持左对齐。
- 分散对齐：段落全部内容按左右两端的边缘对齐，未输满的行调整字符间距，也保持左右两端的边缘对齐。

（2）行间距和段间距

在"缩进和间距"选项卡的"间距"选项组的"行距"下拉列表框中选择行距，如单倍行距、1.5 倍行距、2 倍行距、最小值、固定值、多倍行距，且在"设置值"微调框中输入具体的值，单位有"行"（即行距）和"磅"两种。

🔔**【说明】**

n 倍行距指的是该行文字最大字高的 n 倍。

（3）段落缩进

段落缩进是指设置段落中的文本与页边距的距离。页边距是文档与页面边界之间的距离，即页面上打印区域之外的空白空间。

段落的缩进主要有左缩进、右缩进、悬挂缩进和首行缩进 4 种，除了在"段落"对话框中进行设置外，还可以在标尺中进行快捷设置。方法如下。

首先将插入点移到要设置段落缩进的段落中，或者选定需要设置缩进的一个或多个段落，再移动标尺上的标记实现缩进。标尺上的缩进标记如图 4.4.4 所示。

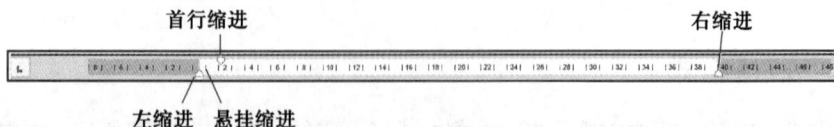

图 4.4.4
标尺上的缩进标记

- 首行缩进标记▽：控制段落第一行的文字相对左边距的缩进量，单击该标记并拖动鼠标向右或向左移动，即可实现段落首行缩进。
- 悬挂缩进标记△：控制除段落的第一行外，其余各行相对左边距的缩进量。
- 左缩进标记▢：控制整个段落左侧相对左边距的缩进量。将鼠标指针移到左缩进标记上单击并拖动，即可获得左缩进的效果。

- 右缩进标记◿：控制整个段落右侧相对右边距的缩进量，单击并拖动即可得到右缩进的效果。

🖌【说明】

　　如果当前工作窗口中没有标尺，选择"视图"选项卡，单击"显示"选项组的"标尺"按钮，即显示标尺。如果在拖动段落标记的同时，按住 Alt 键，标尺上将显示缩进的准确数字。

4.4.3　样式与模板

　　样式是字体、字号和缩进等格式设置的组合。每个样式都有一个唯一确定的名称，应用格式时将同时应用该样式中所有的格式设置指令。使用样式将会减少对同类文本进行重复性编辑，简化排版操作，节省排版时间。

微课 4-9
样式

　　Word 系统定义的样式称为内置样式，当内置样式不能满足要求时，用户可以自定义样式。

1. 使用 Word 的内置样式

　　在使用样式进行排版时，无论使用 Word 预定义的样式还是用户创建的样式，首先都要选定要排版的对象，或将光标移到需要排版的段落内，然后再使用下面任意一种方法。

　　方法 1：选择"开始"选项卡，在"样式"选项组上的样式列表中选择要应用的样式，如图 4.4.5 所示。

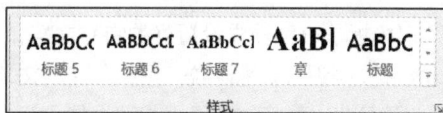

图 4.4.5
"样式"选项组

　　方法 2：利用"样式"对话框。排版的具体操作如下。

　　步骤 1：选定要更改的单词、段落、列表或表格。

　　步骤 2：选择"开始"选项卡，单击"样式"选项组右下角的对话框启动器按钮，弹出"样式"任务窗格。

　　步骤 3：单击"样式"任务窗格中的所需样式。

2. 自定义样式

　　操作步骤如下。

　　步骤 1：打开 Word 文档窗口，选择"开始"选项卡，单击"样式"选项组右下角的对话框启动器按钮，弹出"样式"任务窗格。

　　步骤 2：在"样式"任务窗格中单击"新建样式"按钮，如图 4.4.6 所示，打开"根据格式化创建新样式"对话框，如图 4.4.7 所示。

　　步骤 3：在该对话框中设置新建样式的名称、样式类型、样式基准，在"格式"选项区域，根据实际需要设置字体、字号、颜色、段落间距、对齐方式等段落格式和字符格式。如果希望该样式应用于所有文档，可以选中"基于该模板的新文档"单选按钮。

　　步骤 4：设置完毕单击"确定"按钮返回文档窗口，创建的样式出现在"样式"任务窗格中。

　　当样式创建完成后，可以将该样式应用到文档的不同位置。选择要应用样式的文本，在"样式"任务窗格中选择样式名称，选中的文字则应用该样式。

图 4.4.6
"新建样式"按钮

图 4.4.7
"根据格式化创建新样式"对话框

如果要修改样式，可以在"样式"任务窗格中选择样式后右击，在弹出的快捷菜单中选择"修改"命令，在打开的"修改样式"对话框中完成样式的修改。

3. 使用及创建模板

模板是一种预先设置好的特殊文档，为生成的文档提供样板。模板决定文档的基本结构和文档设置，基于统一模板创建的文档具有如字体、页面设置、样式、自动图文集词条、工具栏、快捷键等设置相同的特点。

微课 4-10
模板

除了通用型的空白文档模板之外，Word 中还提供书法字帖模板等内置模板和各种联机搜索模板，借助这些模板，用户可以创建比较专业的 Word 文档。

（1）使用 Word 提供的模板创建文档

操作步骤如下。

步骤 1：选择"文件"选项卡中的"新建"命令，出现"新建"文档面板，如图 4.4.8 所示。

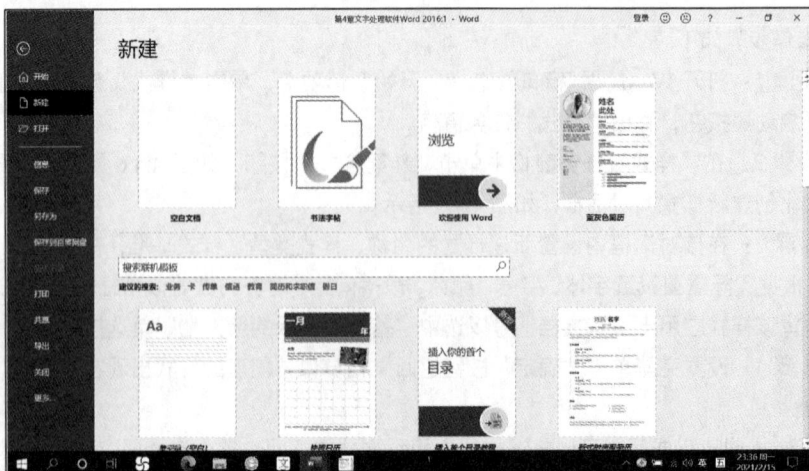

图 4.4.8
"新建"面板

步骤2：在"新建"面板中，用户可双击打开已有的模板来创建文档或在**"搜索联机模板"**框中，输入搜索字词（如**"信函""简历"**或**"发票"**等）搜索网上的资源模板。

步骤3：单击合适的模板后，会出现用该模板来创建文档的"创建"按钮，如图4.4.9所示。

图 4.4.9
"创建"按钮

步骤4：单击"创建"按钮，打开使用选中模板创建的文档，用户即可在该文档中进行编辑。

用户可以根据自己的需要创建合适的模板，也可以在一个现有模板或文档的基础上创建一个新模板，也可以将一个文档作为模板保存。

（2）创建新模板

操作步骤如下。

步骤1：打开Word文档窗口，在当前文档中设计自定义模板所需的元素，如文本、图片、样式等。

步骤2：完成模板设计后，在"文件"选项卡中选择"另存为"命令，确定好存放位置后打开"另存为"对话框。

步骤3：在该对话框的"保存类型"下拉列表框中选择"Word模板（*.dotx）"选项，设置模板保存的位置和文件名后，单击"保存"按钮完成新模板的创建，如图4.4.10所示。

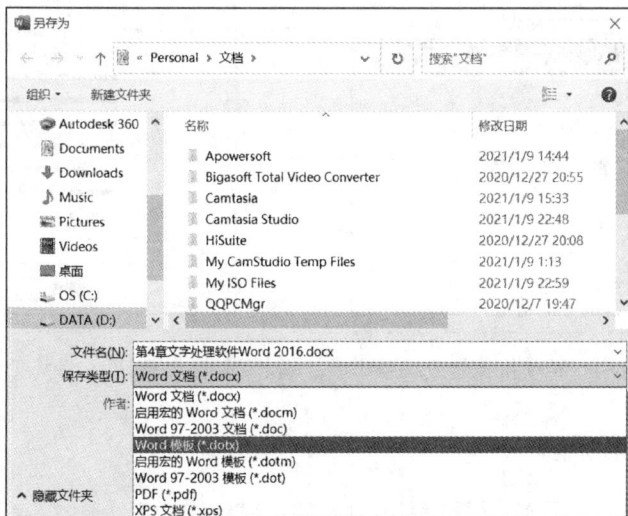

图 4.4.10
保存模板

4.4.4　格式刷的使用

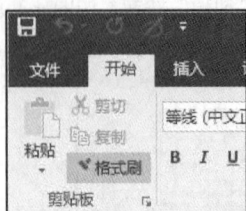

可以使用格式刷来复制文本格式和一些基本图形格式。

复制格式的步骤如下。

步骤 1：选择要复制格式的文本或图形。

步骤 2：单击"开始"选项卡"剪贴板"选项组中的"格式刷"按钮，如图 4.4.11 所示，这时鼠标指针变成小刷子状。

步骤 3：拖动鼠标指针选择要进行设置格式的文本或图形。

图 4.4.11
"格式刷"按钮

【说明】

双击"格式刷"按钮可多次进行格式复制。

4.4.5　项目符号和编号

微课 4-11
项目符号和编号

项目符号和编号是放在文本前的点或其他符号。借助于项目符号和编号，可使文档层次更加清晰。添加项目符号和编号的操作如下。

步骤 1：选定要添加项目符号或编号的列表项。

步骤 2：选择"开始"选项卡，单击"段落"选项组中的"项目符号"或"编号"按钮，打开"项目符号"和"编号"下拉列表，如图 4.4.12 所示，可在其中进行选择。

步骤 3：若没有需要的，可以选择"定义新项目符号"命令，打开"定义新项目符号"对话框，如图 4.4.13 所示。或选择"定义新编号格式"命令，打开"定义新编号格式"对话框进行设置。

图 4.4.12
"项目符号"下拉列表

图 4.4.13
"定义新项目符号"
对话框

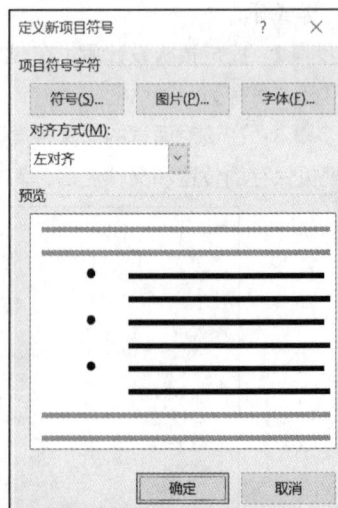

步骤 4：选中一种项目符号或编号样式，单击"确定"按钮。

4.4.6　边框和底纹

给文档中的文本添加边框和底纹，可以突出文档中的内容，美化文档。

Word 允许为文字、段落和整个页面添加边框或底纹，操作步骤如下。

步骤 1：首先选定需要添加边框或底纹的文字。

步骤 2：选择"设计"选项卡，单击"页面背景"选项组中的"页面边框"按钮，打开"边框和底纹"对话框，如图 4.4.14 所示。

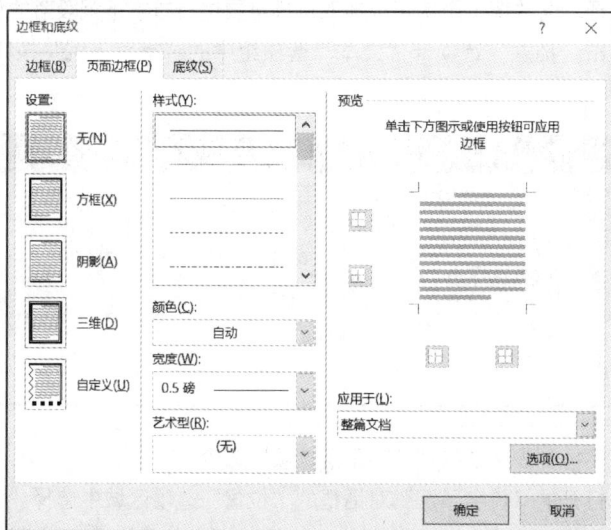

图 4.4.14
"边框和底纹"对话框

步骤 3：选择"边框"选项卡或"底纹"选项卡，在其中进行设置。

步骤 4：单击"确定"按钮，完成给选定对象添加边框或底纹的操作。

🖐【说明】

用户也可通过单击"开始"选项卡"段落"选项组中的"边框"按钮，在下拉列表中选择"边框和底纹"命令来实现（如图 4.4.15 和图 4.4.16 所示）。

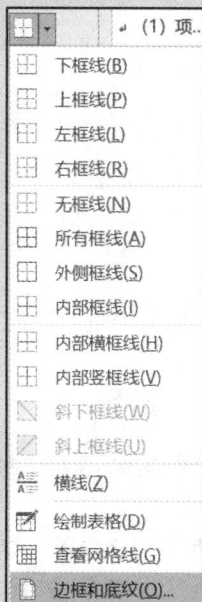

图 4.4.15
"段落"选项组中的
"边框"按钮

图 4.4.16
"边框和底纹"命令

4.4.7　首字下沉

首字下沉是把段落第 1 个字放大，并且向下一定的距离，段落的其他部分保持不变。具体操作步骤如下。

步骤 1：选择段落的第 1 个字符或插入点移至要进行首字下沉段落的任一位置。

步骤 2：单击"插入"选项卡"文本"选项组中的"首字下沉"按钮，如图 4.4.17 所示。

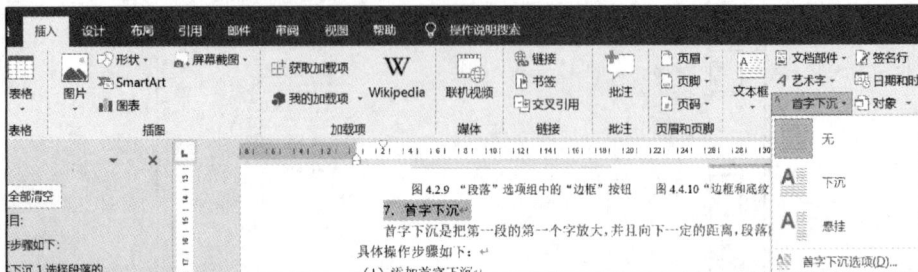

图 4.4.17
"首字下沉"按钮

步骤 3：在下拉列表中选择"首字下沉选项"命令。

步骤 4：在打开的"首字下沉"对话框的"位置"选项区域中选择"下沉"选项，在"选项"选项区域中设置首字下沉的字体、行数以及它与正文之间的距离，如图 4.4.18 所示。

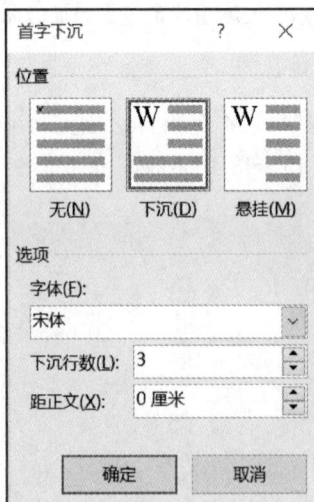

图 4.4.18
"首字下沉"对话框

步骤 5：单击"确定"按钮完成设置。

4.4.8　分栏

分栏是指将文档中的文本分成两栏或多栏，常用于论文、报纸和杂志的排版。具体操作步骤如下。

步骤 1：选中所有文字或要分栏的段落。

步骤 2：选择"布局"选项卡，单击"页面设置"选项组中的"栏"按钮，在下拉列表中选择"更多栏"命令，打开"栏"对话框，如图 4.4.19 所示。

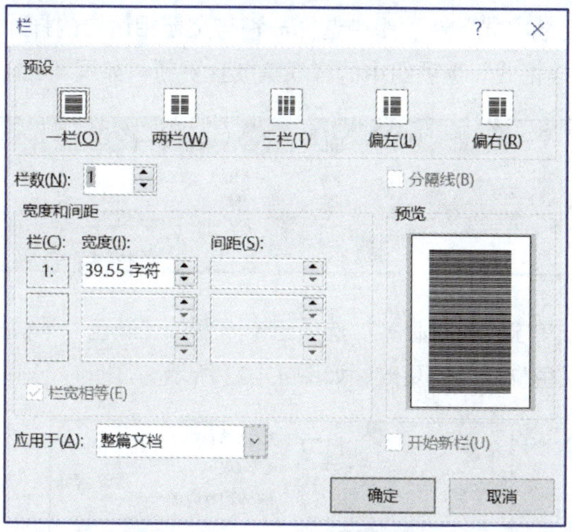

图 4.4.19
"栏"对话框

步骤 3：在对话框中设置分栏参数后，单击"确定"按钮完成设置。

【注意】

如果想要在分栏时加上分隔线，可以在"栏"对话框中选中"分隔线"复选框。

4.4.9　主题

主题是一套统一的设计元素和颜色方案，是字体、样式、颜色等格式设置的组合。利用主题，可以非常容易地创建具有专业水准、设计精美的文档。如果在文档中应用了主题，Word 将对文档中的以下元素进行自定义：链接栏、背景颜色或图形、正文和标题样式、列表、横线、超链接的颜色和表格边框的颜色等。

使用主题操作步骤如下。

步骤 1：选择"设计"选项卡，单击"文档格式"选项组中的"主题"按钮，在下拉列表中选择一种 office "主题"以确定当前的文档主题，如图 4.4.20 所示。

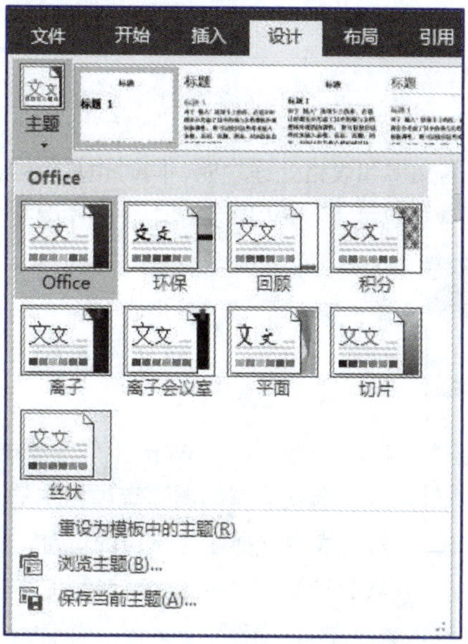

图 4.4.20
"主题"列表中的主题项

步骤 2：在"文档格式"选项组中选择一种与文档相适应的样式集。主题被设定后，"设计"选项卡"文档格式"选项组中的样式集就会更新，如图 4.4.21 所示。

图 4.4.21
"文档格式"选项组
中的样式集

步骤 3：还可以单击"文档格式"选项组中右侧的"颜色"下拉按钮，对已经设定的主题和样式集进行颜色样式集的更改，如图 4.4.22 所示。

图 4.4.22
"颜色"下拉列表

4.5　图文混排

Word 不仅具有强大的文字和表格处理功能，同时也具有强大的图形处理功能。Word 可以将其他软件的图形、数据等插入到 Word 文档中，制作图文并茂的文档。

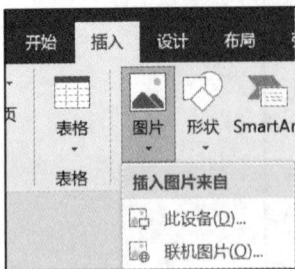

4.5.1　插入图形

1. 插入图片

步骤 1：在 Word 中确定要插入图片的位置，单击"插入"选项卡"插图"选项组中的"图片"下拉按钮，在下拉列表中选择图片来自的位置，如图 4.5.1 所示。用户可以从此计算机中或这台计算机联机的其他计算机中插入图片，也可以从各种联机来源中查找和插入图片。

图 4.5.1
图片位置的选择

步骤 2：在"插入图片"对话框中选择图片所在的驱动器及文件夹，选择要插入的图片文件名，如图 4.5.2 所示。

微课 4-12
插入图片

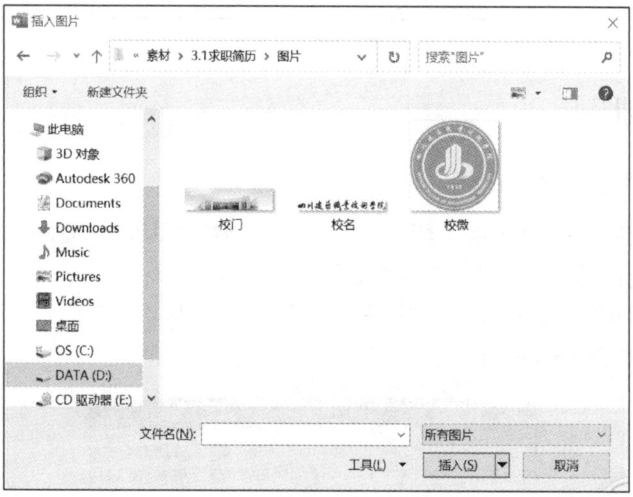

图 4.5.2
"插入图片"对话框

步骤 3：在"联机图片"对话框中输入要搜索图片的关键字，然后选择要插入的图片，如图 4.5.3 所示。

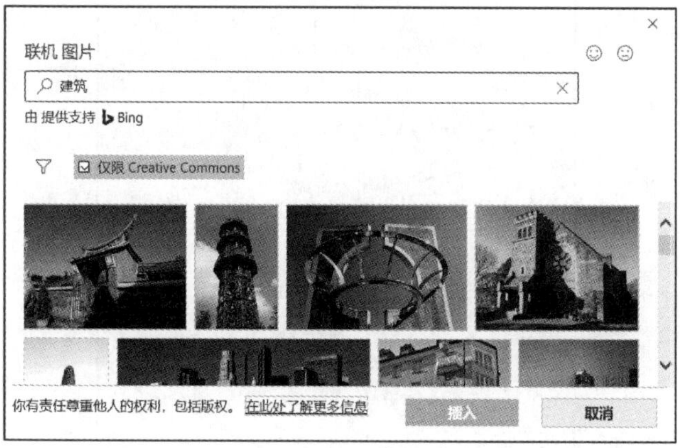

图 4.5.3
"联机图片"对话框

2. 调整图片大小、位置和角度

步骤 1：调整大小：将鼠标指针移动到图片边框上出现的 8 个控制点之一，当其变为双向箭头时，按住鼠标左键并拖动即可调整图片大小。

步骤 2：调整位置：选择图片后，将鼠标指针定位到图片上，按住鼠标左键并拖动到文档中的其他位置，释放鼠标即可调整图片位置。

步骤 3：调整角度：调整角度即旋转图片，选择图片后将鼠标指针定位到图片上方出现的控制点上，当其变为形状时，按住鼠标左键并拖动即可旋转图片。

3. 编辑和美化图片

插入图片后，选中该图片，其四周将出现 8 个控制点，表示图片被选中。同时在选项卡中会自动显示"图片工具｜格式"选项卡，如图 4.5.4 所示。单击"格式"功能区中的按钮，可以完成图片的编辑和美化工作。

图 4.5.4
"图片工具｜
格式"选项卡

4.5.2 绘制图形

1. 自选图形绘制工具

在 Word 中，可以使用自选图形绘制工具来绘制各种图形，如基本形状、箭头总汇、标注、流程图等类型，用户可以选择相应图标绘制所需图形。

微课 4-13
插入图形

选择"插入"选项卡，单击"插图"选项组中的"形状"按钮，在下拉列表中有各种自选图形，如图 4.5.5 所示。

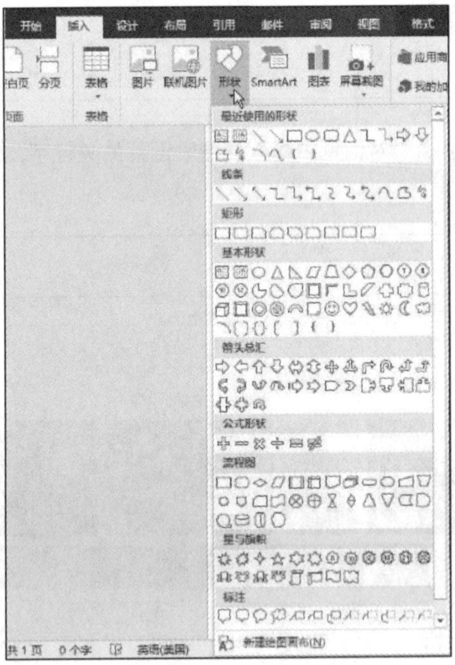

图 4.5.5
"形状"下拉列表

2. 设置自选图形的格式

在文档中绘制自选图形后，可以设置自选图形的相关格式。

选择已插入的自选图形，这时会自动显示"绘图工具｜格式"选项卡，如图 4.5.6 所示，单击其中的按钮，可以完成自选图形的格式设置。

图 4.5.6
"绘图工具｜
格式"选项卡

4.5.3 插入艺术字

艺术字是具有特殊效果的文字，常用于各种演示文稿、海报、文档的标题等。艺术字作为图形对象放置在页面上，并可进行弯曲、旋转、扭曲、阴影、多彩、移动和调整大小等操作。

在 Word 中插入艺术字的步骤如下。

步骤 1：选择"插入"选项卡，单击"文本"选项组中的"艺术字"按钮，如图 4.5.7 所示。

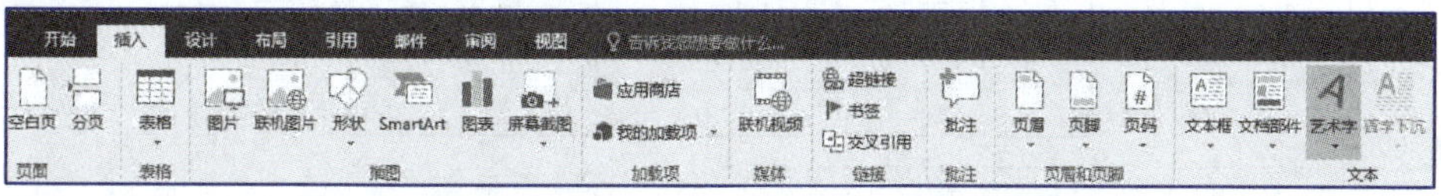

图 4.5.7
"文本"选项组中
的"艺术字"按钮

步骤 2：在下拉列表中选择合适的艺术字样式，如图 4.5.8 所示。

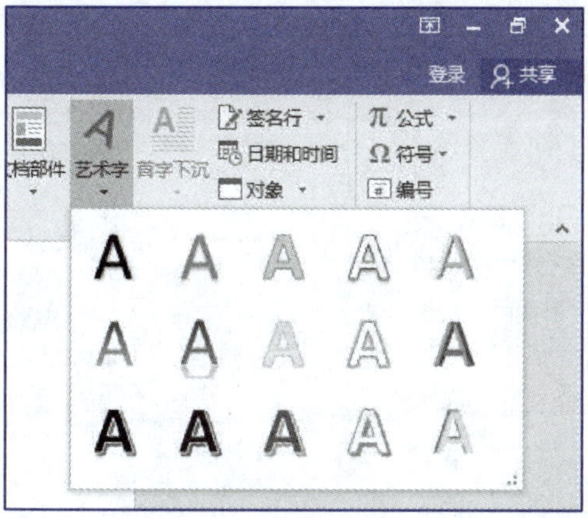

图 4.5.8
艺术字样式

步骤 3：然后在文档窗口中出现"请在此放置您的文字"文本框，如图 4.5.9 所示，输入相应的文字即可。

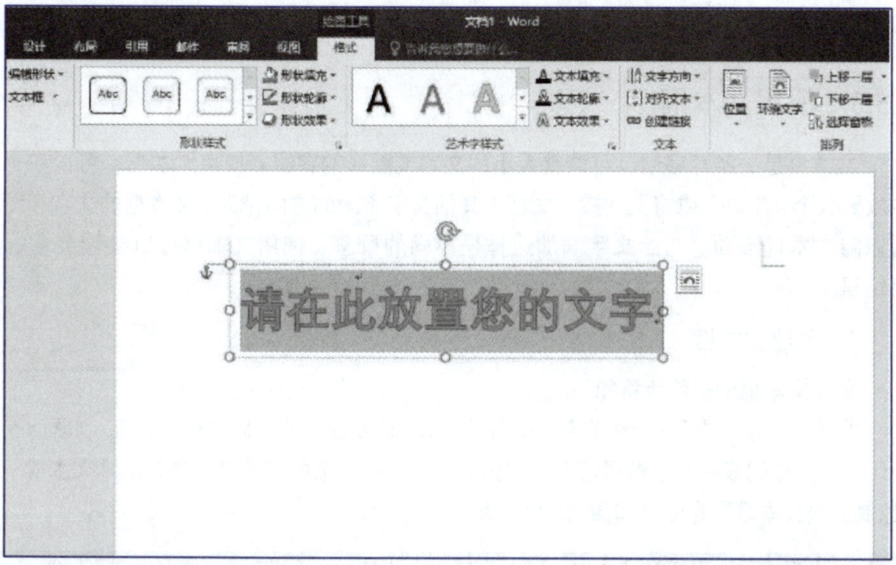

图 4.5.9
"请在此放置您的
文字"文本框

4.5.4　插入 SmartArt 图形

借助 Word 提供的 SmartArt 功能，用户可以在 Word 文档中插入丰富多彩、表现力丰富的 SmartArt。操作步骤如下。

步骤 1：打开 Word 文档窗口，选择"插入"选项卡，单击"插图"选项组中的 SmartArt 按钮，如图 4.5.10 所示。

图 4.5.10
SmartArt 按钮

步骤 2：打开"选择 SmartArt 图形"对话框，在左侧选择合适的类别，然后在右侧选择需要的 SmartArt 图形，单击"确定"按钮，如图 4.5.11 所示。

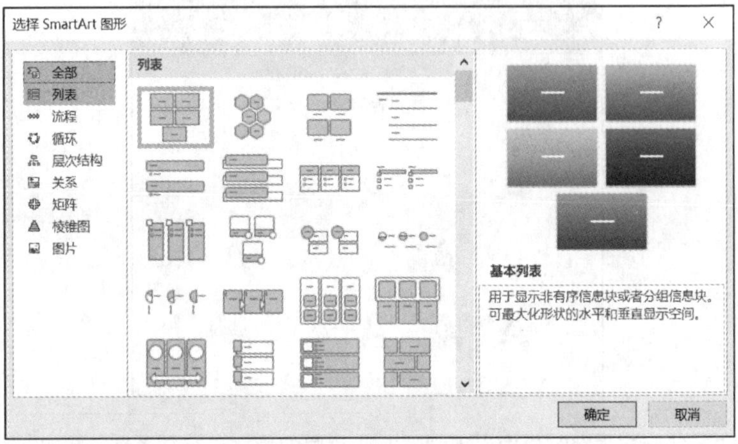

图 4.5.11
"选择 SmartArt 图形"
对话框

步骤 3：返回 Word 文档窗口，在插入的 SmartArt 图形中单击文本占位符，输入合适的文字即可。

4.5.5 使用文本框

文本框是一种可移动、可调整大小的文字或图形的容器。使用文本框，可以在一页中放置数个文字块，或将文字按与文档中其他文字不同的方向排列。文本框的文字和图片可以随文本框移动，与给文字添加边框是不同的概念。使用文本框可以实现灵活的版面编辑。

1. 创建文本框

创建文本框的操作步骤如下。

步骤 1：选择"插入"选项卡，单击"文本"选项组中的"文本框"按钮，如图 4.5.12 所示。在下拉列表中可以选择已有的"内置"文本框，也可以选择"绘制横排文本框"或"绘制竖排文本框"命令，如图 4.5.13 所示。

图 4.5.12
"文本框"按钮

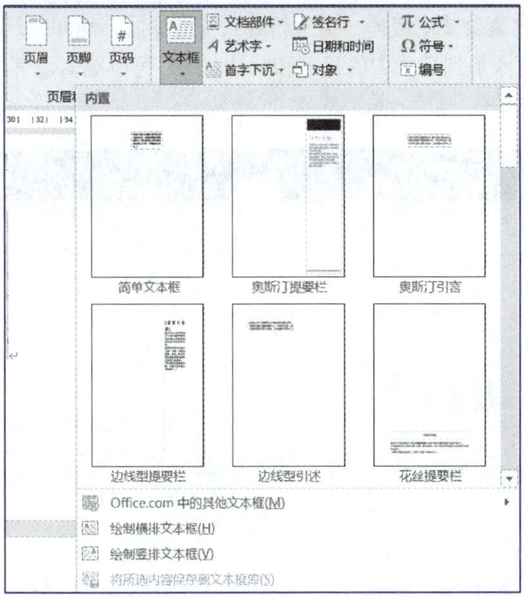

图 4.5.13
"文本框"下拉列表

步骤 2：选择"绘制横排文本框"命令，这时鼠标指针变成十字形，按住鼠标左键并拖动，在文档中绘制一个文本框（文本框的位置、大小可随时调整）。

步骤 3：此时插入点在文本框中，在文本框中输入文本或插入图片即可。

2．文本框的格式设置

选中文本框后，会自动显示"绘图工具 | 格式"选项卡，单击其中的按钮，可以完成文本框的格式设置。

4.5.6　插入公式

Word 2016 提供了多种常用的内置公式供用户直接插入到 Word 文档中，若内置公式不能满足需要，可编辑、更改现有公式，或重新编写自己的公式。操作步骤如下。

步骤 1：打开 Word 文档窗口，选择"插入"选项卡。

步骤 2：在"符号"选项组中单击"公式"下拉按钮，在下拉列表中选择内置公式或"插入新公式"命令进行公式插入，如图 4.5.14 所示。

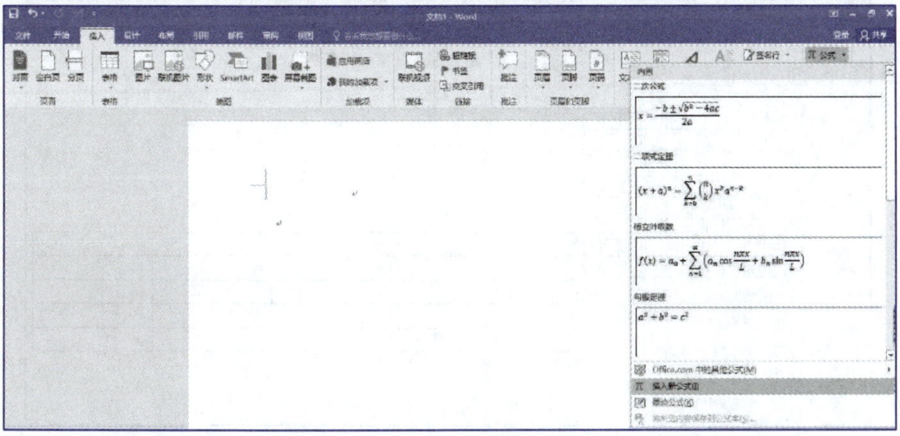

微课 4-14
插入公式

图 4.5.14
"符号"选项组中的
"公式"下拉列表

步骤 3：插入内置公式或选择"插入新公式"命令后，随即打开"公式工具 | 设计"选项卡，其中包含可添加到公式中的符号和结构。用户可以编辑现有的公式或编写自己的公式，如图 4.5.15 所示。

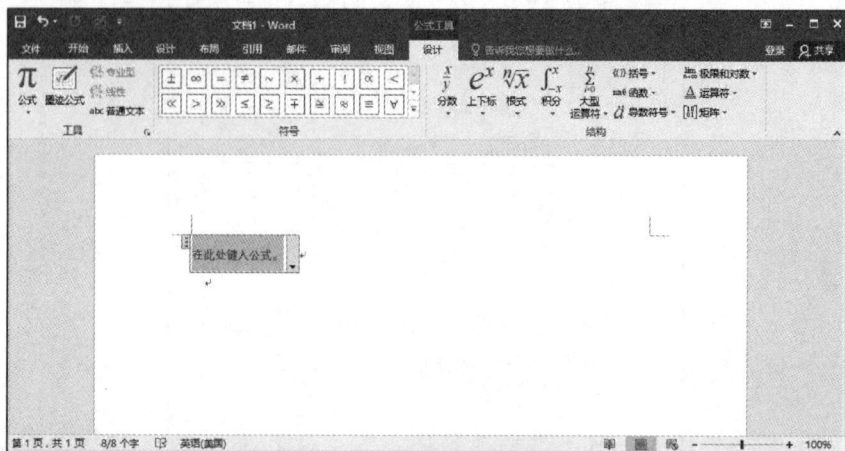

图 4.5.15
"公式工具 | 设计"
选项卡

4.6　表格

表格是文档的重要组成部分，具有直观、简明、信息量大的特点。Word 2016 提供了强大、便捷的表格制作和编辑功能。

4.6.1　表格的创建

1. 表格模板创建表格

将插入点移动到要创建表格的位置后，选择"插入"选项卡，单击"表格"选项组中的"表格"按钮，在下拉列表中出现表格模板，将鼠标指针指向左上角第 1 个单元格并拖动至需要的行、列数位置后单击，此时可以在插入点位置插入通过快速模板创建的表格，如图 4.6.1 所示。

微课 4-15
创建表格

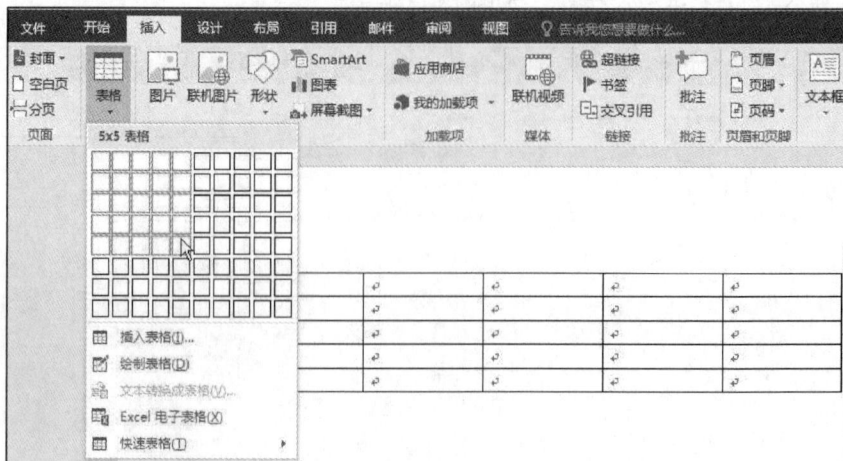

图 4.6.1
表格模板创建表格

2. 对话框创建表格

在 Word 2016 文档中，用户可以使用"插入表格"对话框插入指定行、列的表格，并可以设置所插入表格的列宽，操作步骤如下。

步骤 1：选择"插入"选项卡，在"表格"选项组中单击"表格"按钮，在弹出的下拉列表中选择"插入表格"命令，如图 4.6.2 所示。

步骤 2：打开"插入表格"对话框，在"表格尺寸"选项区域分别设置表格的列数和行数。在"自动调整操作"选项区域中如果选中"固定列宽"单选按钮，可以设置表格的固定列宽尺寸；如果选中"根据内容调整表格"单选按钮，单元格宽度会根据输入的内容自动调整；如果选中"根据窗口调整表格"单选按钮，所插入的表格将充满当前页面的宽度。选中"为新表格记忆此尺寸"复选框，再次创建表格时将使用当前尺寸。设置完毕后单击"确定"按钮即可，如图 4.6.3 所示。

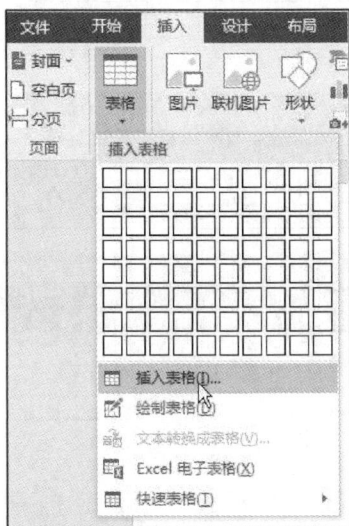

图 4.6.2
"插入表格"命令

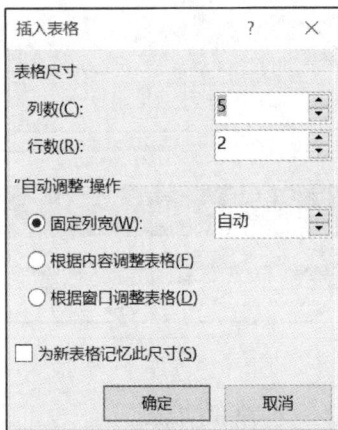

图 4.6.3
"插入表格"对话框

3. "绘制表格"命令

对于不规则的表格，还可以通过"绘制表格"命令创建，操作步骤如下。

步骤 1：选择"插入"选项卡，在"表格"选项组中单击"表格"按钮，在弹出的下拉列表中选择"绘制表格"命令，如图 4.6.4 所示。

步骤 2：这时鼠标指针呈现铅笔形状，在 Word 文档中拖动鼠标绘制表格边框，然后在适当位置绘制行和列，如图 4.6.5 所示。

步骤 3：完成表格的绘制后，在功能区中出现"表格工具"工具选项卡，其中"设计"和"布局"子选项卡提供了制作、编辑、格式化表格中的常用按钮，如图 4.6.6 和图 4.6.7 所示。

【提示】

如果在绘制或设置表格的过程中需要删除某行或某列，可以在"表格工具 | 布局"选项卡中单击"绘图"选项组中的"橡皮擦"按钮，这时鼠标指针呈现橡皮擦形状，在指定的行或列线条上拖动鼠标即可删除该行或该列。按 Esc 键或再次单击"橡皮擦"按钮，则取消擦除状态。

图 4.6.4
"绘制表格"命令

图 4.6.5
绘制表格

图 4.6.6
"表格工具｜设计"
选项卡

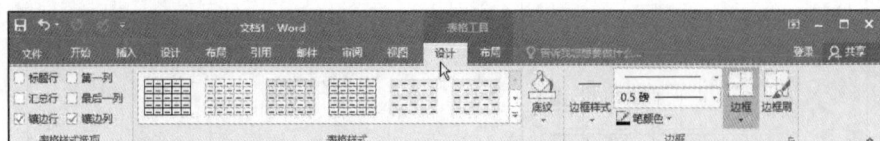

图 4.6.7
"表格工具｜布局"
选项卡

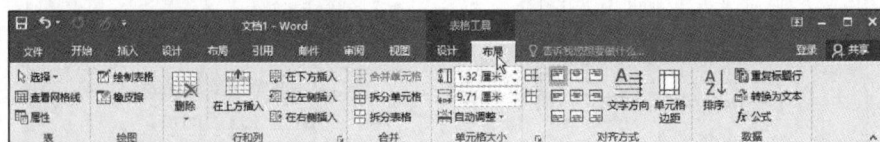

4.6.2 表格的编辑

1. 插入行、列或单元格

方法 1：

步骤 1：选择要插入的行、列或单元格的相邻任意单元格。

步骤 2：右击，在弹出的快捷菜单中选择"插入"→ "在左侧插入列""在右侧插入列""在上方插入行""在下方插入行"或"插入单元格"命令即可，如图 4.6.8 所示。

图 4.6.8
"插入"级联菜单

方法2：

步骤1：选择要插入的行、列或单元格的相邻任意单元格。

步骤2：选择"表格工具丨布局"选项卡，在"行和列"选项组中单击"在上方插入""在下方插入""在左侧插入"或"在右侧插入"按钮，即可在相应位置插入整行或整列，如图4.6.9所示。

图 4.6.9
"行和列"选项组

步骤3：选择"表格工具丨布局"选项卡，单击"行和列"选项组右下角的对话框启动器按钮，打开对话框，可插入单元格。

2．删除操作

如果要进行删除操作，可以选定要删除的表格、行、列或单元格。选择"表格工具丨布局"选项卡，单击"行和列"选项组中的"删除"按钮，在弹出的下拉列表中进行指定表格、行、列或单元格的删除，如图4.6.10所示。

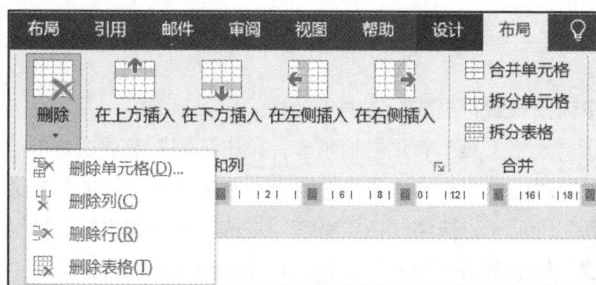

图 4.6.10
"行和列"选项组中的
"删除"按钮

3．合并或拆分单元格

（1）合并单元格

选中要合并的单元格，在"表格工具丨布局"选项卡中单击"合并"选项组中的"合并单元格"按钮，可将选中的两个或多个单元格合并为一个单元格，如图4.6.11所示。

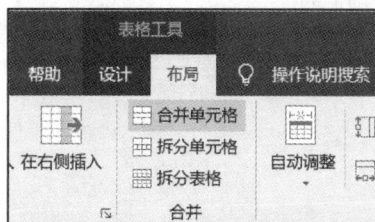

图 4.6.11
"合并"选项组中的
"合并单元格"按钮

（2）拆分单元格

选中要拆分的单元格，在"表格工具丨布局"选项卡中单击"合并"选项组中的"拆分单元格"按钮，打开"拆分单元格"对话框，输入要拆分的行数和列数，可将选中的单元格拆分成多个单元格。

4.6.3　格式化表格

1．表格文本的格式化

表格中文字的字体、字号可以通过"开始"选项卡中的按钮来设置，文字的对齐方式可通过在"表格工具｜布局"选项卡中单击"对齐方式"选项组中的相关按钮来完成，如图 4.6.12 所示。

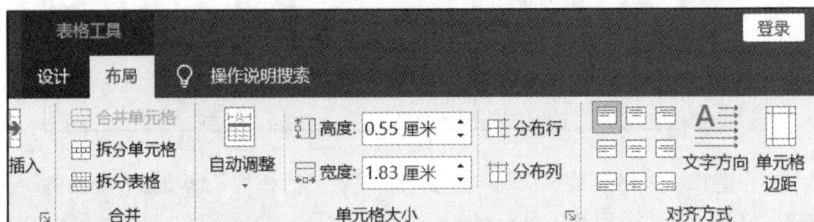

图 4.6.12
"对齐方式"选项组

2．调整表格的行高和列宽

方法 1 如下。

步骤 1：在表格中选中特定的行或列。

步骤 2：选择"表格工具｜布局"选项卡，在"单元格大小"选项组中设置"高度"和"宽度"。

方法 2 如下。

步骤 1：选中需要设置行高或列宽的单元格。

步骤 2：选择"表格工具｜布局"选项卡，单击"表"选项组中的"属性"按钮，在打开的"表格属性"对话框中选择"行"选项卡，选中"指定高度"复选框并设置当前行高数值。选择"列"选项卡，选中"指定宽度"复选框并设置当前列宽数值。

步骤 3：完成设置后单击"确定"按钮即可，如图 4.6.13 所示。

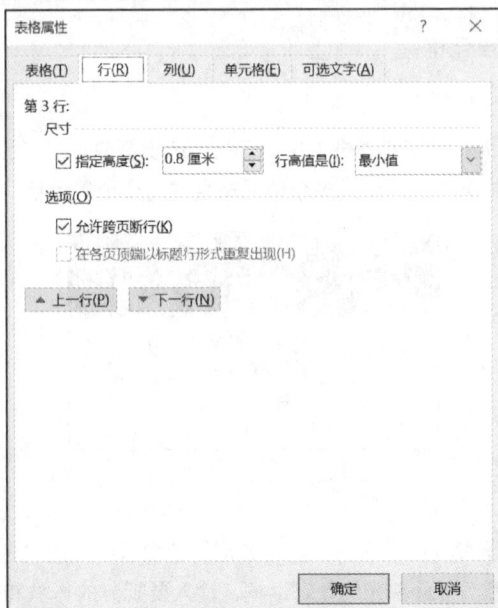

图 4.6.13
"表格属性"对话框

3．边框和底纹

在 Word 文档的表格中设置边框和底纹的步骤如下。

步骤 1：在表格中选中需要设置边框和底纹的单元格或整个表格，在"表格工具 | 设计"选项卡"边框"选项组中单击"边框"下拉按钮，并在弹出的下拉列表中选择"边框和底纹"命令，如图 4.6.14 所示。

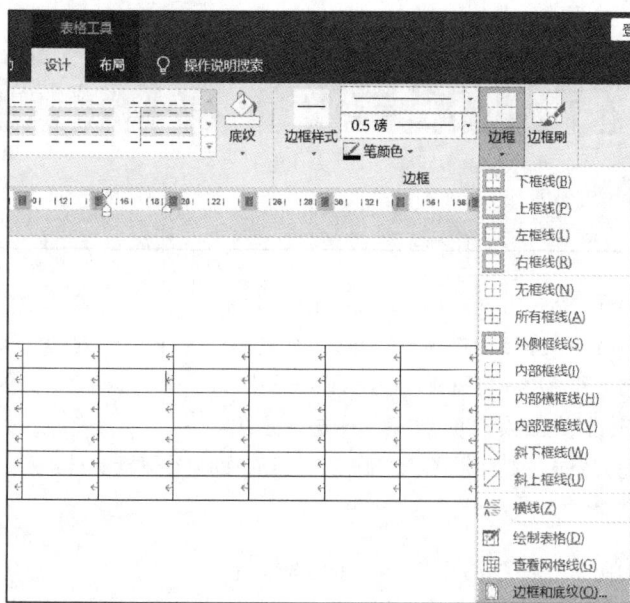

图 4.6.14
"边框和底纹"命令

步骤 2：在打开的"边框和底纹"对话框中进行相应参数的设置，如图 4.6.15 所示。

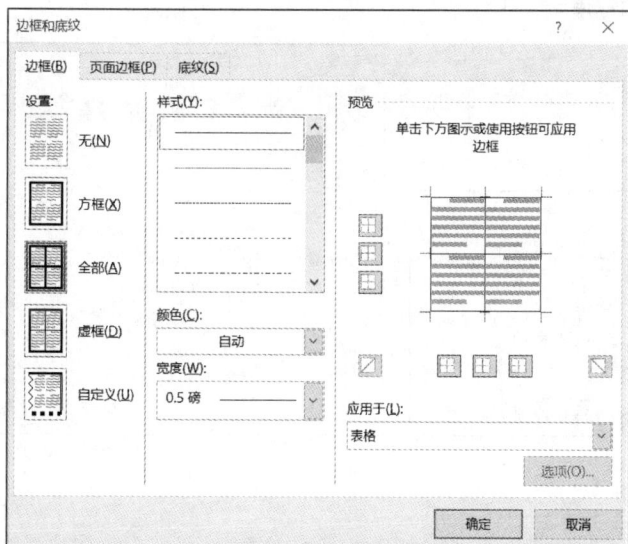

图 4.6.15
"边框和底纹"对话框

4.6.4 处理表格数据

在 Word 中还能对表格中的数据进行计算和排序。

1．计算

在 Word 2016 文档中，用户可以借助 Word 2016 提供的数学公式运算功能对表格中的数据进行包括加、减、乘、除以及求和、求平均值等常见的运算，操作步骤如下。

步骤 1：在准备参与数据计算的表格中单击要放计算结果的单元格。

步骤 2：在"表格工具 | 布局"选项卡中，单击"数据"选项组中的"公式"按钮，如图 4.6.16 所示。

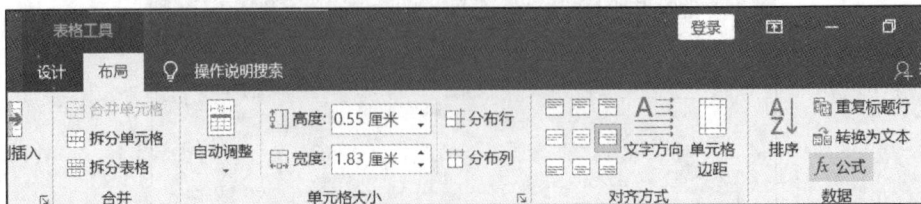

图 4.6.16
"数据"选项组中的"公式"按钮

步骤 3：打开"公式"对话框，如图 4.6.17 所示，"公式"文本框会根据表格中的数据和当前单元格所在位置自动推荐一个公式，如"=SUM(LEFT)"是指计算当前单元格左侧单元格的数据之和。用户可以在"粘贴函数"下拉列表框中选择合适的函数（如平均数函数 AVERAGE、计数函数 COUNT 等）来进行计算。

步骤 4：完成公式的编辑后单击"确定"按钮，即可得到计算结果。

2．排序

在 Word 2016 文档中对表格数据排序的步骤如下。

步骤 1：选择"表格工具 | 布局"选项卡，单击"数据"选项组中的"排序"按钮。

步骤 2：在打开的"排序"对话框中进行相应设置，如图 4.6.18 所示，然后单击"确定"按钮对表格数据进行排序。

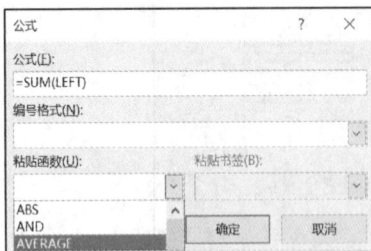

图 4.6.17
"公式"对话框

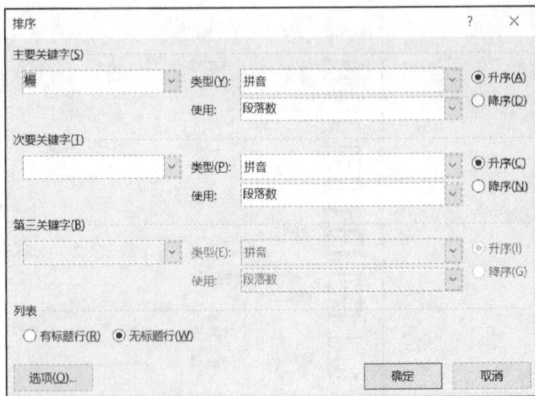

图 4.6.18
"排序"对话框

【说明】

- 如果在"排序"对话框中选中"无标题行"单选按钮，Word 表格中的标题也会参与排序。
- 在"主要关键字"选项区域，单击"主要关键字"下拉按钮，在弹出的下拉列表框中选择排序依据的主要关键字。单击"类型"下拉按钮，在"类型"下拉列表框中可选择"笔画""数字""日期"或"拼音"选项作为排序的不同方式。
- 选中"升序"或"降序"单选按钮，可设置排序的顺序类型。

微课 4-16
表格中数据的处理

4.7 Word 其他应用

4.7.1 多窗口编辑

Word 中可同时打开多个文档并在多个文档之间进行操作。

1. 打开多个文档

一次打开多个文档的方法如下。

方法 1：选择"文件"选项卡，选择"打开"命令，如图 4.7.1 所示，在右侧选择要打开文件夹的位置后弹出"打开"对话框，如图 4.7.2 所示。

图 4.7.1
"打开"命令

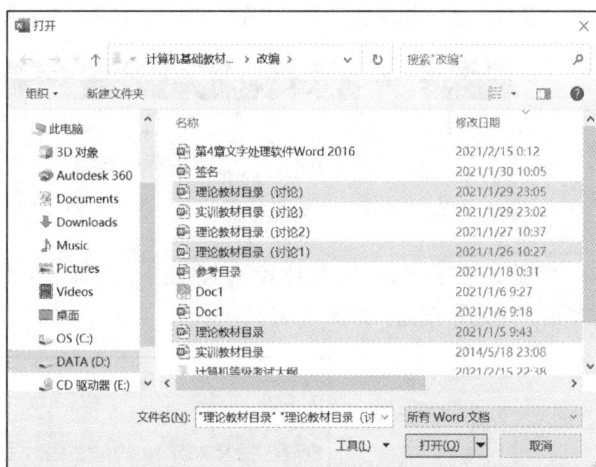

图 4.7.2
"打开"对话框

方法 2：使用 Ctrl 键或 Shift 键选择多个需打开的文档。

方法 3：单击"打开"按钮，即可打开多个选中的文档。

2. 新建窗口

用户可把同一个文档在不同的窗口中打开，以便用户对文档进行编辑。

方法为：在要打开编辑的文档中，选择"视图"选项卡，单击"窗口"选项组中的"新建窗口"按钮。Word 以在文件名后加后缀"*：1""*：2""*：3"…的方式来区别不同的新建窗口。单击"窗口"选项组中的"切换窗口"按钮，在弹出的下拉列表中选择相应选项，可查看不同窗口中已打开的文档，如图 4.7.3 所示。

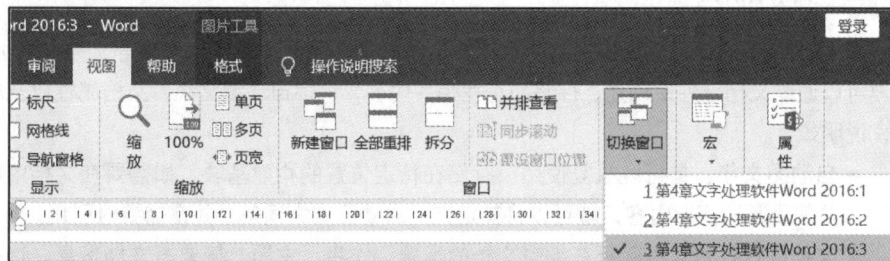

图 4.7.3
"切换窗口"下拉
列表

115

【说明】

新建窗口只是对同一个文档建立多个观察点，对其中一个窗口中的修改操作会反映到其他窗口中。

3．将窗口一分为二

拆分窗口将文档一分为二变为两个窗口，两个窗口中显示的是同一个文档内容。与新建窗口一样，对其中一个窗口中的修改操作会反映到另一个窗口中。方法为：在要打开编辑的文档中，选择"视图"选项卡，单击"窗口"选项组中的"拆分"按钮。

4．并排查看

多窗口并排查看，可以对不同窗口中的内容进行比较。

步骤如下。

步骤 1：打开两个或两个以上的文档窗口，在当前文档窗口中选择"视图"选项卡，单击"窗口"选项组中的"并排查看"按钮，如图 4.7.4 所示。

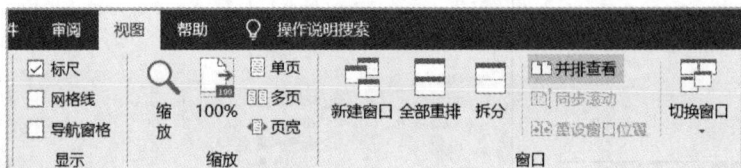

图 4.7.4
"并排查看"按钮

步骤 2：在打开的"并排比较"对话框中，选择一个准备进行并排比较的 Word 文档，并单击"确定"按钮，如图 4.7.5 所示。

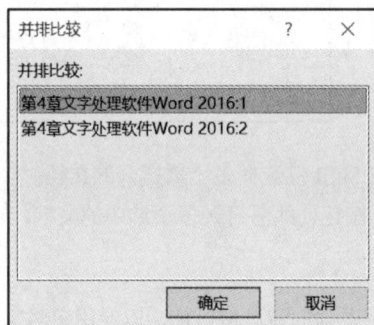

图 4.7.5
"并排比较"对话框

步骤 3：在其中一个文档的"窗口"选项组中单击"同步滚动"按钮，即可实现在滚动当前文档时另一个文档同步滚动。

4.7.2　文档部件

文档部件指的是可重复使用的内容片段（如文本、图片、表格、段落等文档对象）。用户可以通过文档部件库创建、存储和查找相关内容，包括自动图文集、文档属性以及域等，说明如下。

- **自动图文集**：是可以重复使用、存储在特定位置的构建基块。如需要在文档中反复使用某些固定内容，就可以将其定义为自动图文集词条，并在需要时引用。
- **文档属性**：包含当前正在编辑文档的标题、作者、主题、摘要等文档信息。这些信息可以在"文件"选项卡的"信息"选项中设置，如图 4.7.6 所示。

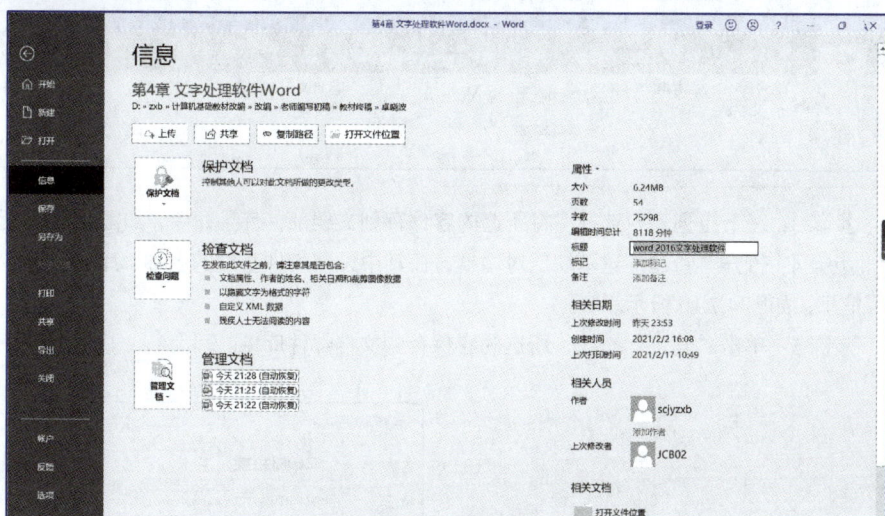

图 4.7.6
编辑修改文档的属性

● **域**：是指能够嵌入 Word 文档中的文字、图形、页码和其他资料的一组特殊指令代码，其特点是内容会随着引用对象的变化而变化。文档部件中的"域"对话框，如图 4.7.7 所示。

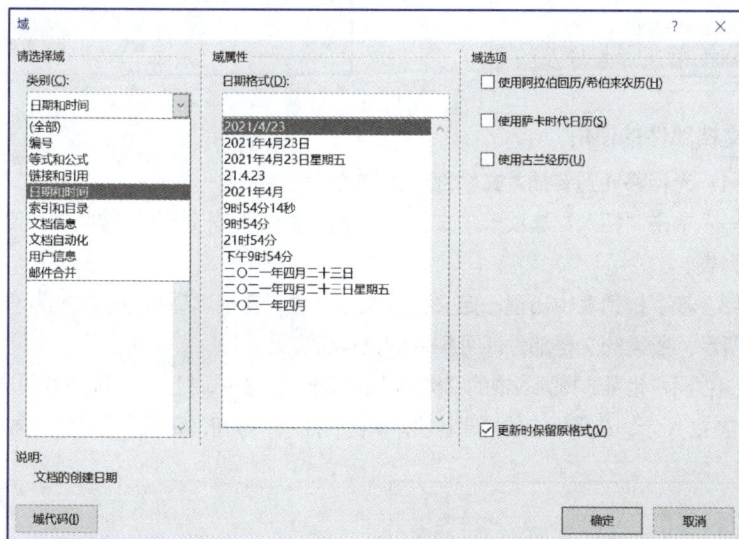

图 4.7.7
"域"对话框

🖊 【提示】

　　在插入的域上右击，利用弹出的快捷菜单可以实现切换域代码、更新域、编辑域等操作。有关域操作的快捷键：F9 键可以更新域，Alt+F9 组合键可以切换域代码，Ctrl+Shift+F9 组合键可以将域转换成普通文本。

1. 文档部件的构建

步骤 1：选择文档中要保存为文档部件的内容。

步骤 2：单击"插入"选项卡"文本"选项组中的"文档部件"按钮，如图 4.7.8 所示，弹出"文档部件"下拉列表。

117

图 4.7.8
"文本"选项组中的
"文档部件"按钮

步骤 3：在下拉列表中选择"将所选内容保存到文档部件库"命令，如图 4.7.9 所示。

步骤 4：打开"新建构建基块"对话框，在其中设置构件基块的名称、库、类别、说明等信息，如图 4.7.10 所示。

步骤 5：单击"确定"按钮，所选内容保存到文档部件库中。

图 4.7.9
"文档部件"下拉列表
中的"将所选内容保存
到文档部件库"命令

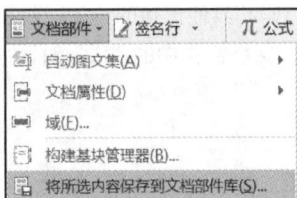

图 4.7.10
"新建构建基块"对话框

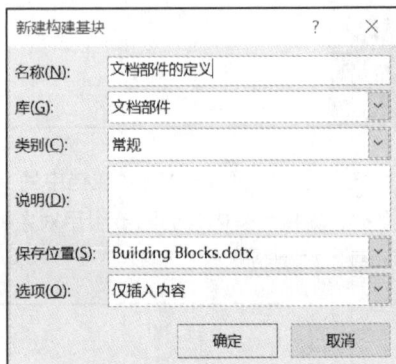

2．文档部件的使用

步骤 1：光标移动到要插入文档部件的位置

步骤 2：单击"插入"选项卡"文本"选项组中的"文档部件"按钮，弹出"文档部件"下拉列表。

步骤 3：若下拉列表中出现已定义好的文档部件，直接选择相应的文档部件选项，如图 4.7.11 所示，所需的文档部件即可插入到光标位置处。

步骤 4：用户也可选择列表中的"构建基块管理器"命令，打开"构建基块管理器"对话框，如图 4.7.12 所示，选择相应的构建基块，单击"插入"按钮，完成文档部件的插入操作。

图 4.7.11
常规已定义的文档
部件项

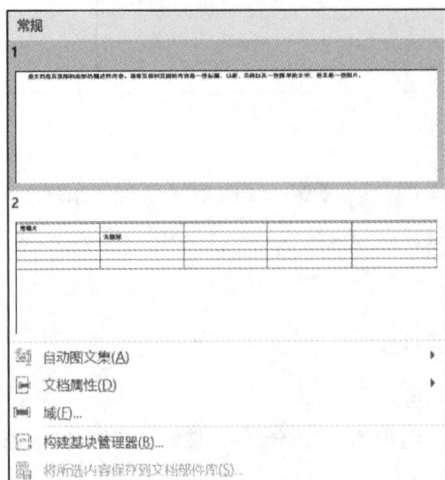

图 4.7.12
"构建基块管理器"
对话框

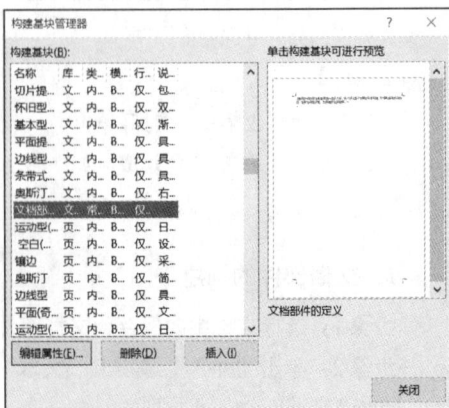

4.7.3 页眉与页脚

页眉和页脚是文档每页顶部和底部的描述性内容。通常页眉和页脚的内容是一些标题、日期、页码以及一些简单的文字，甚至是一些图片。

只有在页面视图方式或打印预览中才能看到添加的页眉和页脚。页眉和页脚与文档的正文处于不同的层次，故编辑页眉和页脚时不能编辑文档正文。同样，在编辑文档正文时也不能编辑页眉和页脚。

创建页眉和页脚的方法如下。

步骤 1：打开一个 Word 文档。

步骤 2：选择"插入"选项卡，单击"页眉和页脚"选项组中的"页眉"或"页脚"按钮，在弹出的下拉列表中选择内置的页眉或页脚样式。

步骤 3：按样式建立页眉或页脚内容。

步骤 4：编辑完成后，双击底部，或选择"页眉和页脚工具 | 设计"选项卡，单击"关闭"选项组中的"关闭页眉页脚"按钮，如图 4.7.13 所示。

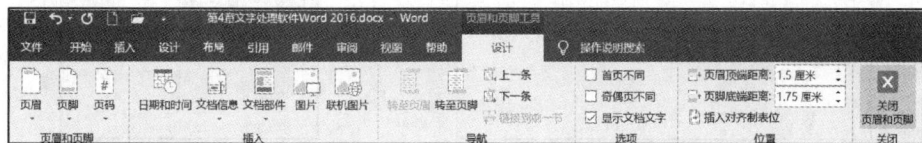

图 4.7.13 "页眉和页脚工具 | 设计"选项卡

【说明】

在页面上部空白处或页面底部空白处双击，也可进行页眉或页脚内容的编辑工作。

4.7.4 分节与分页

1. 设置分节符

通过在 Word 文档中插入分节符，可以将 Word 文档分成多个部分。每个部分可以有不同的页边距、页眉页脚、纸张大小、分栏等不同的页面设置。在 Word 文档中插入分节符的步骤如下。

步骤 1：打开 Word 文档窗口，将光标定位到准备插入分节符的位置，选择"布局"选项卡，单击"页面设置"选项组中的"分隔符"按钮，如图 4.7.14 所示，弹出下拉列表。

步骤 2：根据需要选择合适的分隔符即可。

2. 设置分页符

分页符主要用于在 Word 文档的任意位置强制分页，使分页符后面的内容转到新的一页。使用分页符分页不同于 Word 文档自动分页。分页符前后文档始终处于两个不同的页面中，不会随着字体、版式的改变合并为一页。用户可以通过以下 3 种方式在 Word 文档中插入分页符。

方式 1：打开 Word 文档窗口，将插入点定位到需要分页的位置，选择"布局"选项卡，在"页面设置"组中单击"分隔符"按钮，在弹出的下拉列表中选择"分页符"选项。

方式 2：打开 Word 文档窗口，将插入点定位到需要分页的位置，选择"插入"选项卡。在"页面"选项组中单击"分页"按钮即可，如图 4.7.15 所示。

方式 3：打开 Word 文档窗口，将插入点定位到需要分页的位置，按 Ctrl+Enter 组合键可插入分页。

图 4.7.14
"分隔符"下拉列表

图 4.7.15
"页面"选项组中的
"分页"按钮

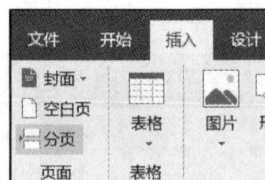

4.7.5　脚注与尾注

脚注和尾注是对文本的补充说明。脚注一般位于页面底部，可以作为文档某处内容的注释，尾注一般位于文档末尾，列出引文的出处等。

脚注和尾注由两个关联的部分组成，包括注释引用标记和其对应的注释文本，如图 4.7.16 所示。

1: 脚注和尾注引用标记
2: 分隔符线
3: 脚注文本
4: 尾注文本

图 4.7.16
脚注和尾注示意图

插入脚注或尾注的方法如下。

步骤 1：在页面视图中，在要插入注释引用标记的位置单击。

步骤 2：选择"引用"选项卡，单击"脚注"选项组中右下角的对话框启动器按钮，打开"脚注和尾注"对话框，如图 4.7.17 所示。

步骤 3：在其中选中"脚注"或"尾注"单选按钮，设置相应的位置、编号格式、起始编号等选项，单击"插入"按钮。

步骤 4：在出现的编辑区输入注释文本。

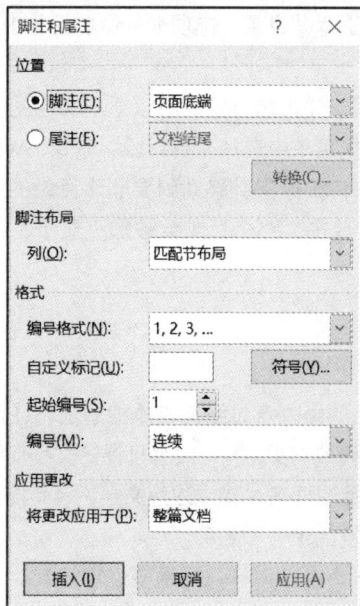

图 4.7.17
"脚注和尾注"对话框

4.7.6 自动生成目录

在 Word 中，如果使用了内置的标题样式或创建了基于内置标题样式的文档，则可以自动生成目录。操作步骤如下。

步骤 1：在编辑文档时，把需要显示在目录中的标题用标题样式设置为相应的级别。

步骤 2：将光标定位到文档中需要插入目录的位置，一般在文档开头处。

步骤 3：选择"引用"选项卡，单击"目录"选项组中的"目录"按钮，在弹出的下拉列表中选择"自定义目录"命令，打开"目录"对话框，如图 4.7.18 所示。

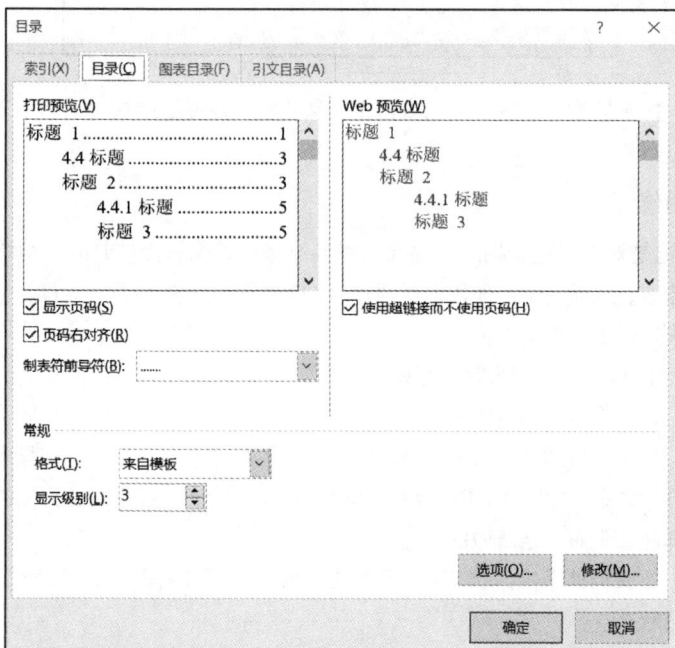

图 4.7.18
"目录"对话框

121

步骤 4：在该对话框中选择"目录"选项卡，设置后单击"确定"按钮，即可将目录插入到文档中。

在文档内容发生变化后，如果想更新目录以适应文档的变化，可以在目录中的任意位置右击，然后在弹出的快捷菜单中选择"更新域"命令，Word 就会更新目录。

如果要删除目录，首先将鼠标指针移动到要删除目录的第 1 行左侧页面空白处，待指针变为向右上方的箭头后单击，整个目录会被加亮显示，按 Del 键，这时目录就会被删除。

4.7.7　批注与修订

批注是审阅者根据自己的修改意见给文档添加的注释或注解。通过查看批注，可以更加详细地了解某些文字的修改意见。当审阅者只评论文档而不是直接修改文档时就可以使用批注。批注使用独立的批注框来注释或注解文档，因而批注并不影响文档内容。Word会为每个批注自动赋予不重复的编号和名称。

微课 4-17
批注和修订

修订则是直接修改文档。修订用标记反映多位审阅者对文档所做的修改，这样，原作者可以复审这些修改并确定接受或拒绝所做的修订。

1. 插入批注

在文档中插入批注可按如下步骤进行。

步骤 1：将光标定位到要插入批注的位置，或者选定要插入批注引用的文本。

步骤 2：选择"审阅"选项卡，单击"批注"选项组中的"新建批注"按钮，如图 4.7.19 所示，在弹出的"批注"文本框中输入批注信息。

图 4.7.19
"新建批注"按钮

步骤 3：如果要删除批注，可以右击批注文本框，在弹出的快捷菜单中选择"删除批注"命令即可。

2. 使用修订

修订标记是对文档进行插入、删除、替换及移动等编辑操作时的一种特殊标记，以记录所做的修改，从而便于其他用户或原作者知道文档所做的修改，这样，作者还可以根据实际情况决定是否接受这些修订。

修订状态的打开与关闭可以按照如下步骤进行。

步骤 1：打开要做修订的文档。

步骤 2：单击"审阅"选项卡"修订"选项组中的"修订"按钮，在弹出的下拉列表中选择"修订"命令，如图 4.7.20 所示，文档进入修订状态，所有对该文档的操作将被记录下来，这样能查看对文档所做的修订。

步骤 3：在文档处于修订状态时，再次在"修订"下拉列表中选择"修订"命令，文档便关闭修订状态。

图 4.7.20
"修订"下拉列表

步骤 4：若选择"锁定修订"命令，打开"锁定修订"对话框，如图 4.7.21 所示，可通过密码方式来防止其他作者关闭修订功能。

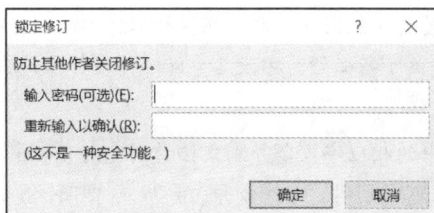

图 4.7.21
"锁定修订"对话框

3. 接受或者拒绝修订

文档进行修订后，可以决定是否接受这些修改，方法为：将光标置于修订内容处，选择"审阅"选项卡，单击"更改"选项组中的"接受"或"拒绝"按钮，如图 4.7.22 所示。也可在修订内容处右击，在弹出的快捷菜单中选择"接受修订"或"拒绝修订"命令。

图 4.7.22
"审阅"选项卡
"更改"选项组

4.7.8 邮件合并

在日常办公过程中，常常需要批量打印信封、请柬、录取通知书、准考证、荣誉证书、公函、成绩单、职工工资条等。这些文档的共同特点是：形式和基本内容相同，只是某些项目下的具体内容不同，如姓名、邮政编码、电话号码、成绩、照片等。如果一份一份地编辑打印或者打印好后用手工填写，不仅劳神费力，而且容易出错。Word 的邮件合并功能可轻松帮用户解决问题。邮件合并功能并不是一定要用户发邮件，而是在 Word 文档（主文档）的固定内容中，根据数据源（Word 表格、Excel 表、Access 数据表等），插入一组变化的数据域，从而批量生成需要的邮件合并文档。合并后的文档可以保存为 Word 文档，可以打印出来，也可以以邮件形式发送，这样可以极大地提高办公效率。

微课 4–18
邮件合并

邮件合并通常包含下列 4 个步骤。

① 创建主文档，输入内容不变的共有文本内容。

② 创建或打开数据源，存放可变的数据。

③ 在主文档中所需的位置插入合并域名称。

④ 执行合并操作，将数据源中的可变数据和主文档的共有文本进行合并，生成一个合并文档或打印输出。

🖌 【说明】

（1）主文档的创建

在邮件合并中，主文档所含文档的内容是固定不变的，如信封上的寄信人地址和邮件编码、邀请信函中的内容、会议通知等。通常在使用邮件合并之前建立主文档，这样不仅可以考查该项工作是否适合使用邮件合并，而且主文档的建议也为数据源文档的制作提供依据。

（2）数据源的创建

数据源文件中包含要合并到主文档中的信息，即前面提到的变化的内容，如收信人的地址、邮编、被邀请人的姓名、称呼、通知参加会议人的姓名等。数据源可以是 Word 表格、Excel 表、Access 数据表或 Outlook 中的联系人记录表，还可以是其他数据库文件。在实际工作中，数据源通常是事先存在的，此时可以直接使用。注意：数据源文档的第 1 行必须为字段名，即邮件合并中的域名。

（3）合并数据源到主文档

合并数据源到主文档，即将数据源中的相应字段合并到文档的固定内容之中。数据源中的记录行数决定着主文档生成的份数。合并操作过程可以利用"邮件合并向导"或"邮件合并"工具完成。

在 Word 2016 中，要进行邮件合并功能可以按以下步骤操作：

步骤 1：选择"邮件"选项卡，单击"开始邮件合并"选项组中的"开始邮件合并"按钮，弹出下拉列表，如图 4.7.23 所示。

步骤 2：在下拉列表中选择"邮件合并分步向导"命令，弹出"邮件合并"任务窗格，根据提示进行设置，完成邮件合并功能，如图 4.7.24 所示。

图 4.7.23
"开始邮件合并"
下拉列表

图 4.7.24
"邮件合并"任务窗格

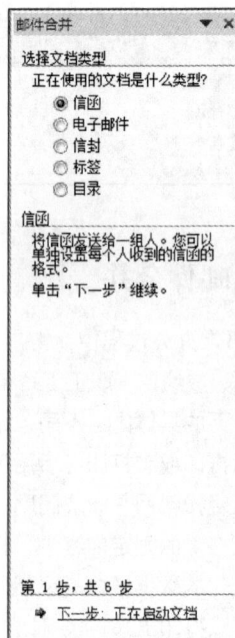

4.7.9　控件和宏

1. 控件

控件是用户可与之交互以输入或操作数据的对象，是对数据和方法的封装。控件有自己的属性和方法，属性是控件数据的简单访问者，方法则是控件的一些简单而可见的功能。在 Word 中，可用"开发工具"中的控件来创建所需要的用户交互式界面设计和数据格式的规范管理等。打开控件的具体步骤如下。

步骤 1：选择"文件"选项卡选择"选项"命令，如图 4.7.25 所示。

步骤 2：打开"Word 选项"对话框，如图 4.7.26 所示，在左侧选择"自定义功能区"选项，在"主选项卡"自定义功能区的列表框中选中"开发工具"复选框，然后单击"确定"按钮。

图 4.7.25
"选项"命令

图 4.7.26
"Word 选项"
对话框

步骤 3：在功能区中显示"开发工具"选项卡，如图 4.7.27 所示。

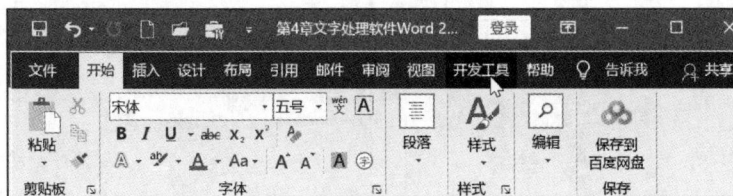

图 4.7.27
"开发工具"选项卡

步骤 4：选择"开发工具"选项卡，显示"控件"选项组，其中有常用的控件工具，如图 4.7.28 所示。

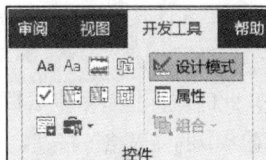

图 4.7.28
"开发工具"选项卡中
的"控件"选项组

步骤 5：用户可用"控件"选项组中提供的各种控件来进行交互界面设计，如"纯文本内容控件" Aa 可进行提示文字设置的制作，"复选框控件" ☑ 可进行多选题的制作，"下拉列表内容控件" 🔽 可制作下拉列表等。

2. 宏

宏是将一系列的 Word 命令和指令组合在一起，形成一个命令，以实现任务执行的自动化。用户可创建并执行一个宏，以替代人工进行的一系列费时而重复的 Word 操作。

Word 提供了两种创建宏的方法：宏录制器和 Visual Basic 编辑器。在默认情况下，Word 将宏存储在 Normal 模板中，以便所有的 Word 文档均能使用。

（1）使用宏录制器创建宏

录制一个在 Word 文档中插入一个 4 行 3 列表格的宏，具体操作方法如下。

步骤 1：单击"开发工具"选项卡"代码"选项组中的"录制宏"按钮，如图 4.7.29 所示，打开"录制宏"对话框。

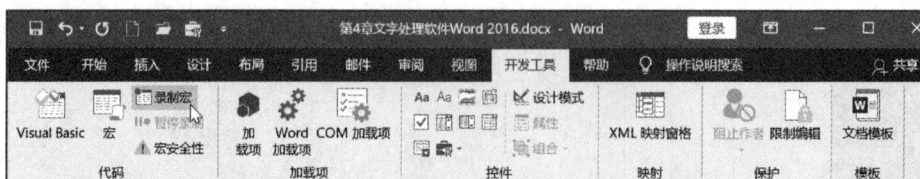

图 4.7.29
"代码"选项组中的"录制宏"按钮

步骤 2：在该对话框的"宏名"文本框中输入要录制的宏名，这里输入"插入表格"，在"将宏保存在"下拉列表框中默认选择"所有文档（Normal.dotm）"选项，在"说明"文本框中输入"插入一个 4 行 3 列的表格"，如图 4.7.30 所示。

步骤 3：单击"键盘"按钮，打开"自定义键盘"对话框，将光标定位在"请按新快捷键"文本框中，按 Ctrl+N 组合键，单击"指定"按钮，如图 4.7.31 所示，这样以后按该快捷键即可运行该宏。

图 4.7.30
"录制宏"对话框

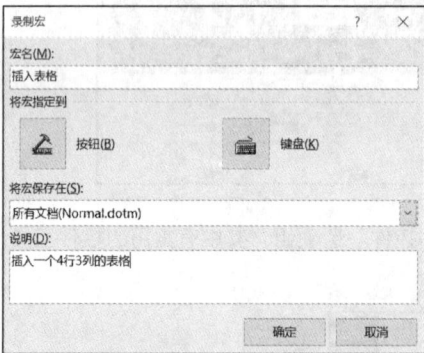

图 4.7.31
"自定义键盘"对话框

步骤 4：单击"关闭"按钮，此时鼠标指针呈盒式磁带图标形状，表示正在录制宏，单击"插入"选项卡"表格"选项组中的"表格"按钮，从弹出的下拉列表中选择要插入表格的行和列（这里选择 4 行 3 列），如图 4.7.32 所示。

【注意】

录制宏时，使用键盘选择文本。宏不会录制使用鼠标所做的选择。

步骤 5：在文档中添加一个 4 行 3 列的表格，对表格进行内容和格式设置，如图 4.7.33 所示。

图 4.7.32
录制中建立表格

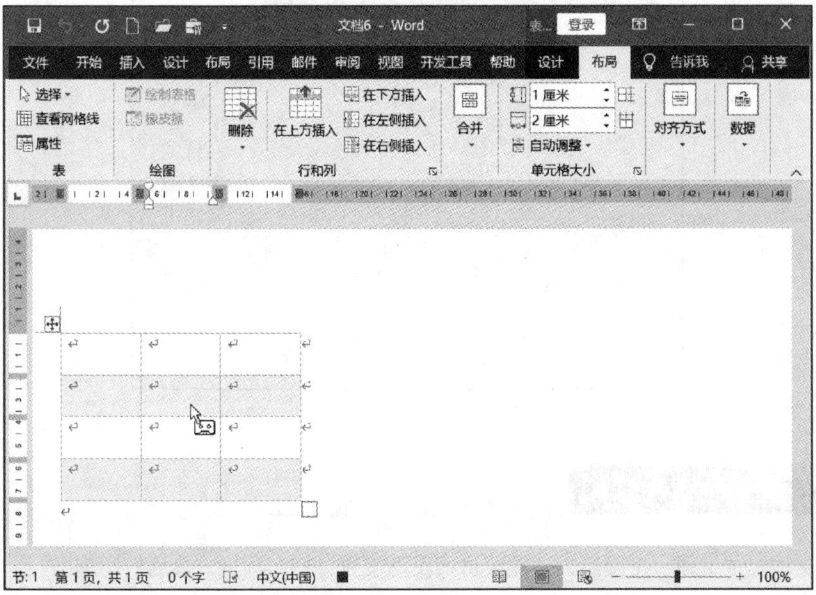

图 4.7.33
表格内容和格式设置

步骤6：录制完成后，单击"开发工具"选项卡"代码"选项组中的"停止录制"按钮，如图 4.7.34 所示，Word 退出录制状态。

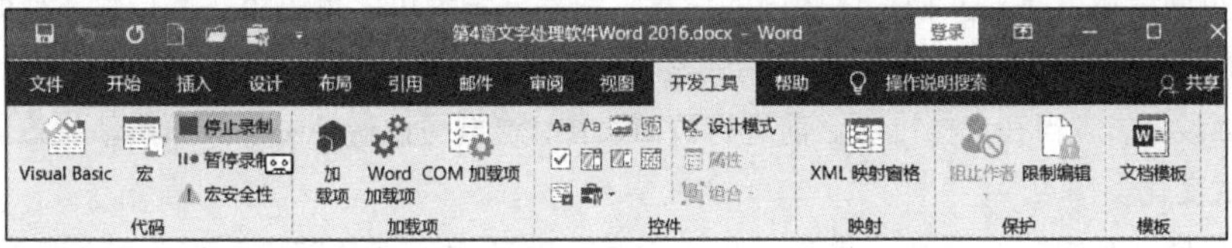

图 4.7.34
"停止录制"按钮

步骤7：此后若需要在 Word 文档中插入一个 4 行 3 列的表格时，只需按已经定义的宏快捷键 Ctrl+N 即可。

（2）运行宏

宏录制完成后，用户可以运行宏的方法有很多种，包括使用宏快捷键（如上面插入表格设置的 Ctrl+N 组合键）、通过宏的"运行"按钮和使用 Visual Basic 编辑器等。下面通过单击宏的"运行"按钮来运行宏，具体操作方法如下。

步骤 1：光标移到要运行宏的位置，单击"开发工具"选项卡"代码"选项组中的"宏"
按钮，如图 4.7.35 所示。

图 4.7.35
"代码"选项组中的
"宏"按钮

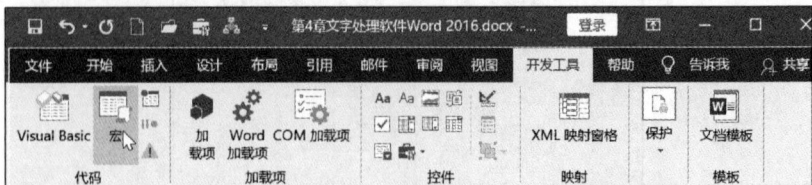

步骤 2：打开"宏"对话框，在"宏名"列表框中选择要运行的宏，如选择"插入表
格"选项，单击"运行"按钮，如图 4.7.36 所示，即可在 Word 文档中运行该宏。

图 4.7.36
"宏"对话框

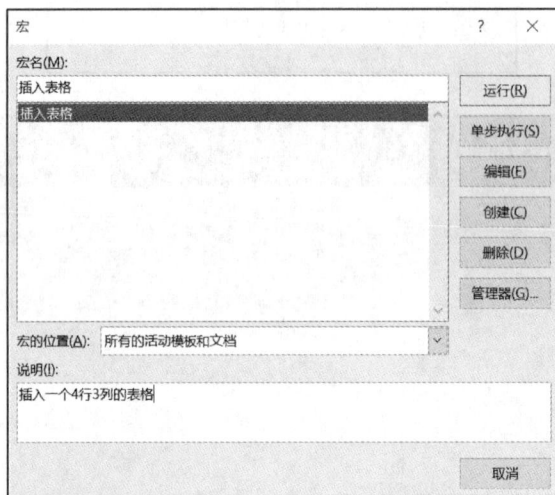

4.8　页面设置和打印

文档经过编辑、排版后，还需要进行页面设置、打印预览，最后打印输出。

4.8.1　页面设置

页面设置就是对文档总体版面的设置，包括纸张大小、页边距、字符数及行数、纸
张来源等。在文档编辑过程中，使用的是 Word 默认的页面设置，如果不使用 Word 默认
的页面设置，应当在文档排版之前进行页面设置，这样可以避免由于页面重新设置而产生
的版式变化。

选择"布局"选项卡，单击"页面设置"选项组右下角的对话框启动器按钮，如
图 4.8.1 所示，打开"页面设置"对话框，如图 4.8.2 所示，在其中进行纸张大小、页边距、
字符数及行数、纸张来源等设置。

4.8.2　页面背景

Word 默认的页面背景为白色背景，可为其设置水印、页面颜色和页面边框来增加文
档的修饰效果。

图 4.8.1
"页面设置"对话框
启动器按钮

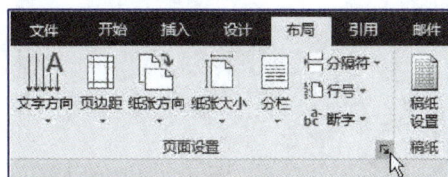

图 4.8.1
"页面设置"对话框
启动器按钮

图 4.8.2
"页面设置"对话框

1. 水印

步骤 1：单击"设计"选项卡"页面背景"选项组中的"水印"按钮，如图 4.8.3 所示，弹出下拉列表，如图 4.8.4 所示。

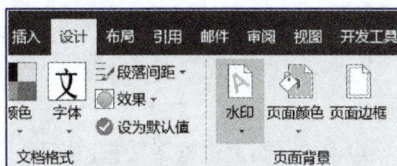

图 4.8.3
"页面背景"选项组

步骤 2：在下拉列表中选择"自定义水印"命令。

步骤 3：在打开的"水印"对话框中可进行图片水印和文字水印的设置，如图 4.8.5 所示。

图 4.8.4
"水印"下拉列表

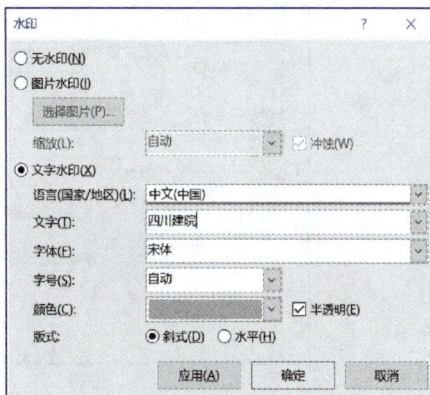

图 4.8.5
"水印"对话框

129

步骤 4：单击"确定"按钮完成。

2．页面颜色

步骤 1：单击"页面背景"选项组中的"页面颜色"按钮，在弹出下拉列表的"主题颜色"和"标准色"区域中选择要设置的背景颜色，如图 4.8.6 所示。

步骤 2：在下拉列表中选择"填充效果"命令，在打开的"填充效果"对话框中可进行渐变、纹理、图案、图片等背景效果的设置，如图 4.8.7 所示。

图 4.8.6
"页面颜色"下拉列表中的颜色选项

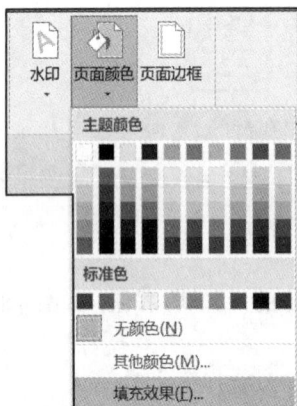

图 4.8.7
"填充效果"对话框

3．页面边框

单击"页面背景"选项组中的"页面边框"按钮，打开"边框和底纹"对话框，在"页面边框"选项卡中可进行页面边框的设置，如图 4.8.8 所示。

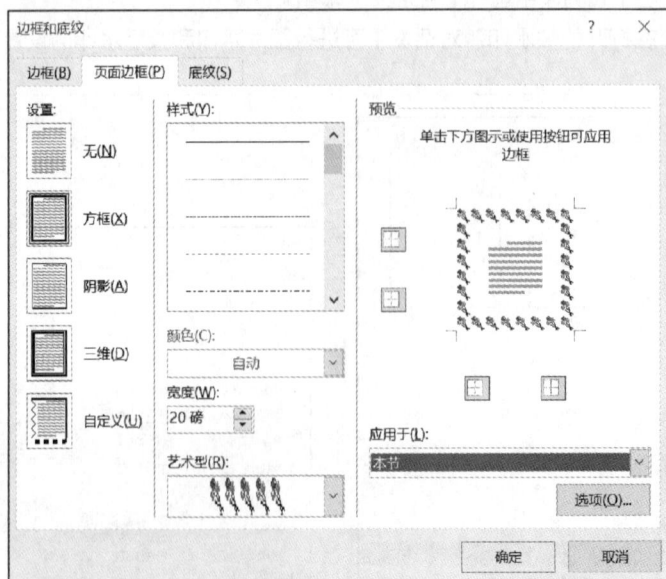

图 4.8.8
"页面边框"选项卡

4.8.3 打印

1. 打印预览

使用 Word 编写的文档无论长短，在打印前最好进行预览，查看实际打印的效果。如果不满意，可以进行修改。选择"文件"选项卡中的"打印"命令，在窗口右侧预览区可以查看文档的打印预览效果，如图 4.8.9 所示。用户还可通过调整预览区下方的滑块改变预览视图的大小。

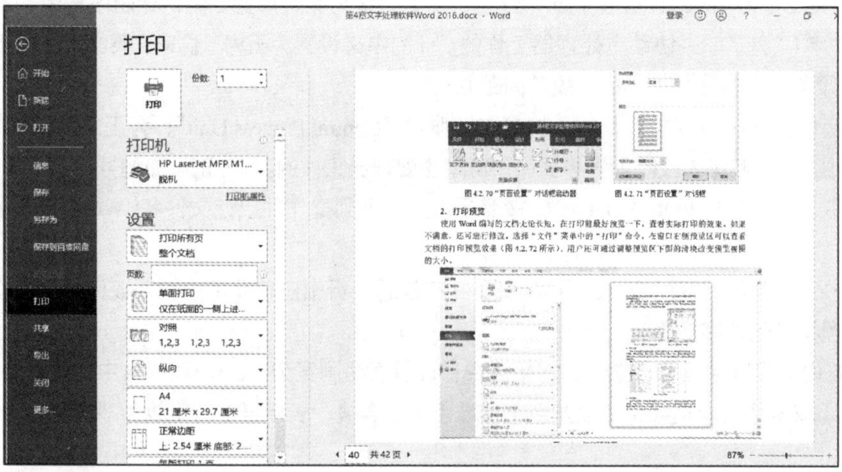

图 4.8.9
打印预览区

2. 打印输出

当对"打印预览"效果满意后，就可以进行打印，在打印前必须将打印机准备就绪。选择"文件"选项卡中的"打印"命令，显示打印机设置选项，如图 4.8.10 所示，在其中进行打印机名称、打印份数、打印范围、打印方向、纸型、边距等内容的设置。最后，单击"打印"按钮，即可打印文档。

微课 4-19
打印文档

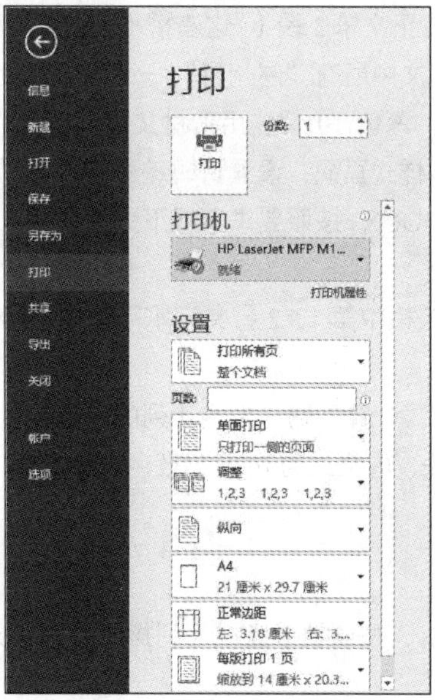

图 4.8.10
打印机设置选项

4.9　习题

习题 1

1. 在素材文件夹下，打开文档 WORD1.DOCX，按照要求完成下列操作并以该文件名（WORD1.DOCX）保存文档。

（1）将文中所有错词"漠视"替换为"模式"；将标题段（"8086/8088 CPU 的最大模式和最小模式"）的中文设置为黑体，英文设置为 Times New Roman、红色、四号，字符间距加宽 2 磅，标题段居中。

（2）将正文各段文字（"为了……协助主处理器工作的。"）的中文设置为五号、仿宋，英文设置为五号、Times New Roman；各段落左右各缩进 1 字符、段前间距 0.5 行。

（3）为正文第 1 段（"为了……模式。"）中的 CPU 加一脚注"Central Process Unit"；为正文第 2 段（"所谓最小模式……名称的由来。"）和第 3 段（"最大模式……协助主处理器工作的。"）分别添加编号"（1）""（2）"。

2. 在素材文件夹下，打开文档 WORD2.DOCX，按照要求完成下列操作并以该文件名（WORD2.DOCX）保存文档。

（1）在表格最后一行的"学号"列中输入"平均分"，并在最后一行相应单元格中输入该门课的平均分，将表格中第 2～6 行按照学号的升序排序。

（2）将表格中所有内容设置为五号、宋体、水平居中；设置表格列宽为 3 cm、表格居中；设置外框线为 1.5 磅蓝色（标准色）双窄线、内框线为 1 磅蓝色（标准色）单实线、表格第 1 行底纹为"橙色，个性色 2，淡色 60%"。

习题 2

1. 在素材文件夹下，打开文档 WORD1.DOCX，按照要求完成下列操作并以该文件名（WORD1.DOCX）保存文档。

（1）将标题段文字（"赵州桥"）设置为二号、红色、黑体、加粗、居中、字符间距加宽 4 磅、并添加黄色底纹，底纹图案样式为 20%、颜色为"自动"。

（2）将正文各段文字（"在河北省赵县……宝贵的历史遗产。"）设置为五号、仿宋；各段落左右各缩进 2 字符、首行缩进 2 字符、行距为 1.25 倍；将正文第 3 段（"这座桥不但……真像活的一样。"）分为等宽的两栏、栏间距为 1.5 字符；栏间加分隔线。正文中所有"赵州桥"一词添加波浪下画线。

（3）设置页面颜色为"浅灰色，背景 2，深色 10%"，用素材文件夹下的"赵州桥.jpg"图片为页面设置图片水印。在页面底端插入"普通数字 3"样式页码，设置页码编号格式为"Ⅰ、Ⅱ、Ⅲ……"。

2. 在素材文件夹下，打开文档 WORD2.DOCX，按照要求完成下列操作并以该文件名（WORD2.DOCX）保存文档。

（1）设置表格居中，表格行高 0.6 cm；表格中第 1、2 行文字水平居中，其余各行文字中，第 1 列文字中部两端对齐、其余各列文字中部右对齐。

（2）在"合计/万台"列的相应单元格中，计算并输入左侧 4 列的合计数量，将表格后 4 行内容按第 6 列降序排序；设置外框线为 1.5 磅红色单实线、内框线为 0.75 磅蓝色（标准色）单实线、第 2 行和第 3 行间的内框线为 0.75 磅蓝色（标准色）双窄线。

习题 3

在素材文件夹下打开文档 WORD.DOCX，按照要求完成下列操作并以该文件名（WORD.DOCX）保存文档。

【背景素材】

为召开云计算技术交流大会，小王需制作一批邀请函，要邀请的人员名单见"Word 人员名单.xlsx"，邀请函的样式参见"邀请函参考样式.docx"，大会定于 2021 年 3 月 26 日—28 日在武汉举行。请根据上述活动的描述，利用 Microsoft Word 制作一批邀请函，要求如下。

（1）修改标题"邀请函"文字的字体、字号，并设置为加粗、红色、黄色阴影、居中。

（2）设置正文各段落为 1.25 倍行距，段后间距 0.5 行，正文首行缩进 2 字符。

（3）落款和日期位置为右对齐右侧缩进字符。

（4）将文档中"×××大会"替换为"云计算技术交流大会"。

（5）设置页面高度为 27 cm，页面宽度为 27 cm，页边距（上、下）为 3 cm，页边距（左、右）为 3 cm。

（6）将电子表格"Word 人员名单.xlsx"中的姓名信息自动输入"邀请函"中"尊敬的"3 字后面，并根据性别信息，在姓名后添加"先生"（性别为男）和"女士"（性别为女）。

（7）设置页面边框为红"★"。

（8）在正文第 2 段的第 1 句话"……进行深入而广泛的交流"后插入脚注"参见 http://www.cloudcomputing.cn 网站"。

（9）将设计的主文档以文件名 WORD.DOCX 保存，并生成最终文档，以文件名"邀请函.DOCX"保存。

第 5 章　表格处理软件 Excel 2016

Excel 2016 是微软公司（Microsoft）出品的 Office 系列办公套装软件包中的一款电子表格软件。Excel 可以制作电子表格、完成许多复杂的数据运算，进行数据分析和预测，并且具有强大的图表制作功能。

Excel 包含了以下五大功能。

① 记录数据：提供规范的表格和各种数据类型录入数据。

② 整理数据：提供格式设置、排序和筛选、数据验证等操作，更明确呈现数据的排列与关系。

③ 计算数据：提供丰富的函数完成数据的计算处理。

④ 分析数据：提供条件格式、数据透视表以及多种数据分析工具完成数据分析。

⑤ 图表制作：提供多种类型的图表来直观地展现数据。

Excel 的版本不断更新，变得更简单、更协作、更强大。这款应用程序具有强大的简洁性与和谐性，跨越不同的平台，跨越不同的设备，广泛应用于自动化办公、管理、统计财经、金融等众多领域。相比早期版本，Excel 2016 主要新增了以下功能。

① 新增的 TellMe 功能，即"操作说明搜索"框，可以快速检索 Excel 功能按钮，用户不用再到选项卡中寻找某个命令的具体位置，只需在输入框中输入任何关键字，Tell Me 都能提供相应的操作选项。例如，要进行文本朗读，选择单元格后直接在搜索框中输入"朗读"后按 Enter 键即可进行朗读。

② 新增了 6 款全新的图表，包括树状图、旭日图、直方图、排列图、箱形图与瀑布图。

③ 内置了 PowerQuery，新增了预测功能及预测函数。

④ 改进透视表的功能，新增了透视表的字段列搜索功能。

5.1　Excel 基础知识

Excel 2016 的工作界面主要包括标题栏、快速访问工具栏、选项卡功能区、编辑栏、工作表编辑区、状态栏等。

微课 5–1
工作窗口

5.1.1　Excel 工作窗口

在 Windows 桌面的任务栏左端，选择"开始"→"所有程序"→Excel 命令，启动 Excel 2016 后的工作界面，如图 5.1.1 所示。

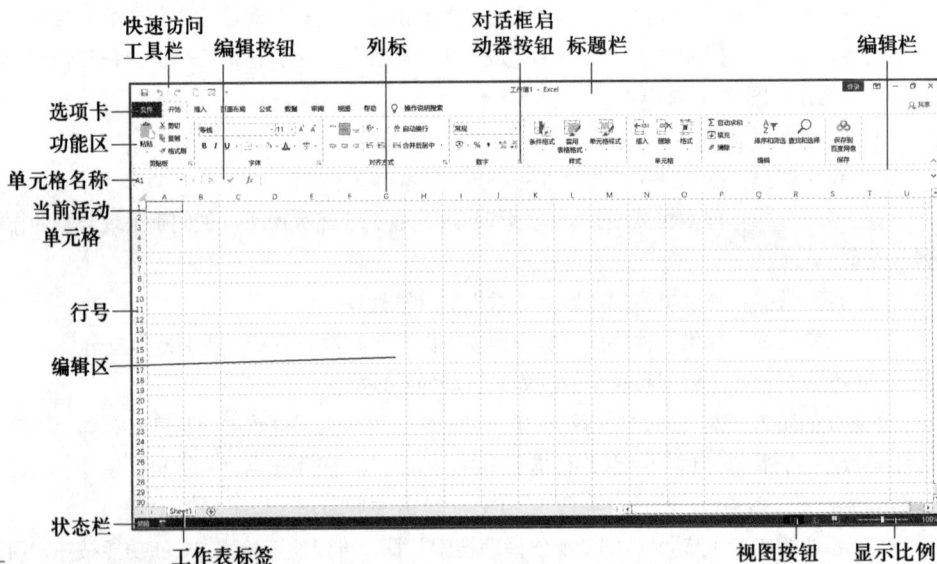

图 5.1.1
Excel 的工作界面

① 标题栏：显示当前工作簿的名称。

② 快速访问工具栏：集合了多个常用命令按钮，用户可以通过单击右侧的下三角按钮自定义。

③ 选项卡功能区：由选项卡标签和功能区组成。相比 Word，增加了"公式""数据"等选项卡标签，功能区包含了 Excel 中的很多功能按钮。

④ 编辑栏：功能区下方的编辑栏包括名称框、编辑按钮、编辑框。

- 名称框：显示当前正在操作的单元格或单元格区域地址。在名称框中输入单元格名称，可快速定位到该单元格。

- 编辑按钮：包括"取消"按钮 ✕、"输入"按钮 ✓、"插入函数"按钮 *f*ₓ。其功能是在编辑框中输入或编辑数据时，单击"取消"按钮会取消刚刚输入或修改过的内容；单击"确认"按钮表示确认输入单元格中的数据。

- 编辑框：用于对当前活动单元格的内容进行显示、编辑或输入公式等，在单元格中输入或编辑数据的同时也会在编辑框中显示相同的内容。

⑤ 编辑区：制作工作表时编辑数据的区域，包括列标、行号、"全选"按钮、滚动条、多个单元格和工作表标签等。

⑥ 状态栏：包括状态信息、视图按钮和显示比例。视图按钮主要包括普通、页面布

136

局和分页预览 3 种视图。显示比例用于放大和缩小工作表中的内容。

5.1.2 基本术语

（1）工作簿

工作簿是 Excel 存储和处理数据的文件，它包括工作表、图表等。启动 Excel 软件后，将自动建立一个新的工作簿，默认的文件名是"工作簿 1"（或 Book1），其扩展名为 xlsx。

（2）工作表

工作表是由行和列组成的二维表，通常称为电子表格。一个工作簿中至少包含一张可视工作表，可以进行增加、删除工作表操作。

（3）工作表标签

工作表通过工作表标签来标识，显示在工作表标签栏中，工作表标签栏包括工作表"标签滚动"按钮 ◀ ▶、默认的工作表标签按钮 Sheet1 和"新工作表"按钮 ⊕ 3 组按钮。

（4）单元格与活动单元格

单元格是工作表的行和列交叉的小方格。行是以阿拉伯数字编号，表示为 1，2…1048576；列是以英文字母编号，表示为 A，B……Z，AA……XFD（即 16384 列）。按 Ctrl+→组合键即可到达工作表的右端，按 Ctrl+↓组合键即可到达工作表的底部。

单元格地址由列标和行号组成，如 A1、B3、C12、D26 等。单元格是 Excel 中的最小单位，可以向单元格中输入内容，也可以进行格式设置。

当 Excel 的标准鼠标指针为 ✛ 形状时，单击某个单元格，该单元格将高亮显示，四周出现黑色边框，该单元格就是当前活动单元格，在所选区域外单击将取消选定。

5.1.3 工作簿的基本操作

工作簿文件的操作包括新建、保存、打开、保护和关闭等。

1. 新建工作簿

（1）创建空白工作簿

方法 1：在 Excel 工作窗口中，选择"文件"选项卡，选择"新建"命令，在"新建"界面中单击"空白工作簿"，将建立一个名为"工作簿 1"的工作簿，当前活动单元格定位在第 1 张工作表 Sheet1 的 A1 单元格。

方法 2：在 Excel 工作窗口中，选择"文件"选项卡，选择"开始"命令，单击"空白工作簿"。

方法 3：在 Excel 工作窗口中，单击快速访问工具栏中的"新建"按钮 ▯。

方法 4：在 Excel 工作窗口中，使用 Ctrl+N 组合键。

（2）基于模板新建新工作簿

选择"文件"选项卡中的"新建"命令，在"新建"界面中选择一种模板，在弹出的窗口中单击"创建"按钮。

2. 保存工作簿

保存工作簿时，可以选用以下一种方法完成。

方法 1：对于新建的工作簿，选择"文件"选项卡，选择"保存"命令，在打开的"另存为"对话框中选择保存的路径,选择保存文件类型。

　　方法 2:对于已创建并保存过的工作簿,选择"文件"选项卡,选择"另存为"命令,在打开的"另存为"对话框中选择保存的路径,输入文件名,选择保存文件类型。

　　方法 3:使用 Ctrl+S 组合键。

　　方法 4:如果要加密保存工作簿,则在"另存为"对话框中单击"工具"按钮右侧的▼按钮,在下拉菜单中选择"常规选项"命令,在打开的"常规选项"对话框中输入密码。

　　方法 5:自动保存。选择"文件"选项卡,选择"选项"命令,在打开的"Excel 选项"对话框左侧选择"保存"选项,在右侧设置"保存自动恢复信息时间间隔"的自动保存间隔时间。

【提示】

　　默认情况下,Excel 2016 文件保存类型是"Excel 工作簿(*.xlsx)",而工作中不少用户在使用早期版本的 Excel 软件时,为了让资源更好地共享,需要将文件类型保存为"Excel 97-2003 工作簿(*.xls)",此时可将 Excel 2016 默认保存文件的类型设置为"Excel 97-2003 工作簿(*.xls)",具体操作如下。

　　步骤 1:启动 Excel 2016,选择"文件"选项卡,选择"选项"命令,打开"Excel 选项"对话框。

　　步骤 2:在左侧选择"保存"选项,然后在右侧"将文件保存为此格式"下拉列表框中选择"Excel 97-2003 工作簿(*.xls)"选项,单击"确定"按钮,完成设置。以后保存文件时,"文件类型"下拉列表框中将默认显示为"Excel 97-2003 工作簿(*.xls)"选项。这里也可以选择 Excel 支持的其他文件类型保存。

3.打开工作簿

在 Excel 中打开工作簿可以选用以下方法。

　　① 双击文件图标打开:打开计算机中文件保存的位置,直接双击文件图标,系统会默认以 Excel 打开。

　　② 拖动到工作窗口打开:如果是先启动了 Excel 2016,打开保存工作簿的位置,用鼠标将工作簿文件拖动到 Excel 2016 工作界面将其打开。

　　③ 通过"打开"对话框打开:在 Excel 2016 中选择"文件"选项卡中的"打开"命令,在打开的"打开"对话框中双击工作簿文件,或选择工作簿文件,然后单击"打开"按钮。

　　④ 通过"最近所用文件"列表打开:在 Excel 2016 中,选择"文件"选项卡,在"最近所用文件"→"最近使用的工作簿"中单击相应的文件名。

【提示】

　　在"最近所用文件"列表中可查看最近使用的包含工作簿的文件。常规情况下显示 25 个文件名,最多显示 50 个文件名。也可以在"Excel 选项"对话框"高级"选项卡中进行显示文件个数的设置。

　　⑤ 在 Excel 工作界面中,单击快速访问工具栏中的"打开"按钮。

　　⑥ 在 Excel 工作界面中,使用快捷键 Ctrl+O。

4.隐藏与取消隐藏工作簿

(1)隐藏工作簿

打开一个 Excel 文件,在"视图"选项卡"窗口"组中单击"隐藏"按钮,当前工作簿窗口即从屏上消失。

（2）取消隐藏工作簿

单击"窗口"组中的"取消隐藏"按钮，在打开的"取消隐藏"对话框中，选择想要恢复显示的工作簿名，单击"确定"按钮。

5．工作簿的保护

为了防止一些存放有重要数据的工作簿在未经授权的情况下被修改或读取，可利用 Excel 2016 提供的保护功能来保护重要的工作簿。

（1）保护工作簿结构

使用"保护工作簿"功能对工作簿进行设置，可防止对工作簿结构的修改，如复制、删除以及插入工作表等操作。打开一个工作簿并对其进行保护设置，其具体操作如下。

步骤 1：打开需要保护的工作簿，在"审阅"选项卡"保护"组中单击"保护工作簿"按钮，打开"保护结构和窗口"对话框。

步骤 2：在"密码（可选）"文本框中输入密码，单击"确定"按钮后，会弹出"确认密码"对话框，在"重新输入密码"文本框中输入相同的密码，单击"确定"按钮，完成设置。

（2）加密保护工作簿

设置保护工作簿可以防止对工作簿结构的改变，但是仍可打开工作簿，查看其中的数据内容。为了保证重要的数据不被轻易泄露，可以利用 Excel 2016 的加密功能为工作簿设置打开的密码。

具体操作如下。

步骤 1：打开工作簿，选择"文件"选项卡中的"信息"命令，在打开的界面中单击"保护工作簿"按钮，然后在弹出的下拉列表中选择"用密码进行加密"命令。

步骤 2：打开"加密文档"对话框，在"密码"文本框中输入密码"1234567"，单击"确定"按钮后，弹出"确认密码"对话框，在"重新输入密码"文本框中输入相同的密码，单击"确定"按钮完成设置，最后保存工作簿文件。

设置加密后，下次再打开工作簿时，将首先弹出"密码"对话框，需要在"密码"文本框中输入该工作簿已经设置好的加密密码，才能打开工作簿。如果不能输入正确的密码，工作簿文件会拒绝打开，用户将无法看到其中的数据内容。

6．取消工作簿的保护

打开要取消保护的工作簿，在"审阅"选项卡"保护"选项组中单击"保护工作簿"按钮，在弹出的对话框中输入设置的密码即可。

7．自动修复损坏的 Excel 文件

在打开 Excel 文件时，系统有时会弹出不能打开文件、文件已损坏的提示信息，部分用户觉得束手无策，认为数据肯定丢失了，其实不然，通常利用 Excel 自带的修复功能就能自动修复受损的文件。其方法是：在 Excel 工作界面中选择"文件"选项卡中的"打开"命令，在打开的"打开"对话框中选择需要修复的文件，然后单击"工具"按钮右侧的下三角按钮，再在弹出的下拉列表中选择"打开并修复"选项。

8．关闭

关闭当前工作簿文件，可以使用以下任何一种方法。

方法 1：在"文件"选项卡中，选择"关闭"命令。

方法 2：单击工作界面标题栏右侧的"关闭"按钮。

方法 3：按住 Shift 键单击"关闭"按钮，可同时关闭所有打开的工作簿并退出 Excel 程序。

5.1.4　工作表的基本操作

对工作表的基本操作包括选定、插入、重命名、移动或复制、保护、隐藏、删除和查看等。

1. 选定工作表

（1）选定一张工作表

单击该工作表的标签即可。如果看不到所需标签，可以单击"标签滚动"按钮以显示所需标签，再单击该标签。

（2）选择两张或多张相邻的工作表

单击第 1 张工作表的标签，然后按住 Shift 键单击要选择的最后一张工作表的标签。

（3）选定多张不相邻的工作表

单击第 1 张工作表的标签，然后按住 Ctrl 键单击要选择的其他工作表的标签。

（4）选择工作簿中的所有工作表

右击一个工作表的标签，在弹出的快捷菜单中选择"选定全部工作表"命令。

【提示】

在选定多张工作表时，将在工作表顶部的标题栏中显示"[工作组]"字样。要取消工作簿中选定的多张工作表，单击任意未选定的工作表即可。如果看不到未选定的工作表，可以右击选定工作表的标签，在弹出的快捷菜单中选择"取消组合工作表"命令。

2. 插入工作表

（1）在当前工作表末尾插入新工作表

单击工作表标签右侧的"新工作表"按钮 ⊕，新工作表将在当前工作表的末尾插入。

（2）在当前工作表之前插入新工作表

在"开始"选项卡"单元格"组中，单击"插入"下拉按钮，在弹出的下拉列表中选择"插入工作表"命令，即可在当前工作表之前插入新工作表。

（3）一次性插入多张工作表

按住 Shift 键，在打开的工作簿中选择与要插入的工作表数目相同的工作表标签。例如，如果要添加 3 张新工作表，则选择 3 个现有工作表的工作表标签。在"开始"选项卡"单元格"选项组中，单击"插入"下拉按钮，在弹出的下拉列表中选择"插入工作表"命令。

3. 重命名工作表

（1）在工作表标签上直接重命名

双击要重命名的工作表标签，该标签会高亮显示进入可编辑状态，直接输入新的工作表标签名，按 Enter 键确认操作。

（2）使用快捷菜单重命名

在重命名的工作表标签上右击，在弹出的快捷菜单中选择"重命名"命令，该标签会高亮显示进入可编辑状态，直接输入新的工作表标签名，按 Enter 键确认操作。

4. 移动或复制工作表

（1）移动工作表

可以在一个或多个工作簿中移动工作表，首先打开这些工作簿，用鼠标拖动需移动工作表的标签到想要的位置。

1）鼠标拖动方法

- 选择工作表标签后，按住鼠标左键并拖动到工作表的新位置。
- 随着鼠标指针而移动的黑色倒三角形到达目标位置时，释放鼠标，工作表即移到目标位置。

2）对话框方法

- 单击工作表标签，选定待移动的工作表，在"开始"选项卡"单元格"选项组中单击"格式"按钮，在下拉列表中选择"移动或复制工作表"命令，打开"移动或复制工作表"对话框。
- 在打开对话框的"下列选定工作表之前"下拉列表框中选择一个工作表标签，如 Sheet1，即可将当前工作表移动到 Sheet1 之前。

（2）复制工作表

1）鼠标拖动方法

选择工作表标签后，按住 Ctrl 键，拖动鼠标到工作表的新位置。

2）对话框方法

选择工作表标签并右击，在弹出的快捷菜单中选择"移动或复制工作表"命令，在打开的"移动或复制工作表"对话框中选中"建立副本"复选框，单击"确定"按钮完成复制工作表的操作。

5. 保护和撤销保护工作表

默认情况下，保护工作表时，该工作表中的所有单元格都会被锁定，用户不能对锁定的单元格进行任何更改。例如，用户不能在锁定的单元格中插入、修改、删除数据或者设置数据格式。但是，可以在保护工作表时指定用户可以更改的元素。

隐藏、锁定和保护工作簿和工作表元素并不是要帮助保护工作簿中保存的任何机密信息。它只能帮助隐藏其他用户可能会混淆的数据或公式，以及防止他们查看或更改这些数据。

要防止用户意外或故意更改、移动或删除重要数据，可以保护某些工作表元素，可以使用密码，它仅用于允许特定用户进行访问，并同时帮助禁止其他用户进行更改。这一级别的密码保护不能保证工作簿中所有敏感数据的安全。为了提高安全性，应使用密码来保护工作簿免受未授权的访问。

步骤 1：选择要保护工作表。

步骤 2：在"审阅"选项卡"保护"选项组中，单击"保护工作表"按钮。打开"保护工作表"对话框。

步骤 3：在"允许此工作表的所有用户进行"列表框中选中用户编辑对象的复选框。在"取消工作表保护时使用的密码"文本框中，为工作表输入密码，单击"确定"按钮，然后重新输入密码以确认。

【提示】

此密码是可选的。如果不提供密码，任何用户都可以取消对工作表的保护并更改受保护的元素。确保所选密码易于记忆，因为如果丢失密码，将无法访问工作表上受保护的元素。在进行工作表单元格保护前，对于表中可以编辑的单元格，需要取消选中"选定锁定单元格"复选框。

6. 隐藏或取消隐藏工作表

可以隐藏工作簿中的任意工作表，使之不可见。隐藏的工作表中的数据是不可见的，但是仍然可以在其他工作表和工作簿中引用这些数据。

（1）隐藏工作表

步骤 1：选定要隐藏的工作表。

步骤 2：在"开始"选项卡"单元格"选项组中，单击"格式"下拉按钮。

步骤 3：在弹出的下拉列表"可见性"组中选择"隐藏和取消隐藏"→"隐藏工作表"命令。

【提示】

可以一次隐藏多张工作表。

（2）显示隐藏工作表

步骤 1：在"开始"选项卡"单元格"选项组中，单击"格式"下拉按钮。

步骤 2：在弹出的下拉列表"可见性"组中选择"隐藏和取消隐藏"→"取消隐藏工作表"命令。

步骤 3：在打开的"取消隐藏"对话框中，双击要显示的已隐藏工作表的名称。

【提示】

每次只能取消隐藏一张工作表。也可以在任意一个可见工作表标签上右击，在弹出的快捷菜单中选择"取消隐藏"命令，在打开的对话框中选择要取消隐藏的工作表名称，单击"确定"按钮完成操作。

7. 删除工作表

① 在要删除工作表的标签上右击（如果要删除一张工作表，在该工作表标签上右击；如果要删除多张工作表，在选定的多张工作表中任何一个工作表标签上右击），在弹出的快捷菜单中选择"删除工作表"命令。

② 选定要删除的一张或多张工作表，在"开始"选项卡"单元格"选项组中，单击"删除"下拉按钮，在弹出的下拉列表中选择"删除工作表"命令。

8. 查看工作表

在 Excel 中，如果工作表很大，一个窗口很难显示全部的行或列时，可以将工作表划分为多个临时窗口。

（1）多窗口显示与切换

- **定义窗口**：在一个工作表中选择区域，在"视图"选项卡的"窗口"选项组中，单击"新建窗口"按钮，被选定区域就会显示在一个新窗口中，划分出的窗口以"工作簿名：序号"命名。
- **切换窗口**：在"视图"选项卡的"窗口"选项组中，单击"切换窗口"按钮，在弹出的下拉列表中选择名称，即可切换到相应的窗口。
- **并排查看**：在"视图"选项卡的"窗口"选项组中，单击"并排查看"按钮，在打开的"并排比较"对话框中，选择一个用于比较的窗口，单击"确定"按钮。

（2）拆分窗格

在"视图"选项卡的"窗口"组中，单击"拆分"按钮，以当前活动单元格为坐标，将窗口拆分为 4 个，每个窗口中均可进行编辑，再次单击"拆分"按钮可以取消窗口拆分效果。

（3）冻结窗格

当滚动工作表时，希望锁定当前活动单元格上方的行和左侧的列，那么可使用冻结窗格功能。在"视图"选项卡的"窗口"选项组中，单击"冻结窗格"下拉按钮，在弹出的下拉列表中选择"冻结窗格"命令。

- 若要锁定一行，选择"冻结首行"命令。
- 若要锁定一列，选择"冻结首列"命令。
- 若要锁定多行或多列，或同时锁定行和列，则选择"冻结窗格"命令。

取消冻结窗格：在"视图"选项卡的"窗口"选项组中，单击"取消冻结窗格"按钮即可。

（4）同时显示多张工作表或工作簿

有时为了方便编辑或比较，需要在工作区中同时显示多张工作表或工作簿。操作方法如下。

步骤 1：打开需要同时显示的工作簿或工作表。

步骤 2：在"视图"选项卡的"窗口"选项组中，单击"全部重排"按钮。

步骤 3：在打开的"重排窗口"对话框中，选择排列方法。

步骤 4：单击"确定"按钮，多个窗口就在工作区中同时显示。

（5）窗口缩放显示

在"视图"选项卡的"显示比例"选项组中，单击"显示比例"按钮，在打开的"显示比例"对话框中，选择合适的缩放比例。

- 显示比例：可以指定一个显示比例。
- 100%：可以恢复正常大小的显示比例。
- 缩放到选定区域：窗口中会显示选定的区域。

【提示】

缩放操作不会影响打印效果。

9. 设置工作表标签颜色

在工作表标签上右击，在弹出的快捷菜单中选择"工作表标签颜色"命令。或者选定工作表后，在"开始"选项卡的"单元格"选项组中单击"格式"下拉按钮，在弹出的下拉列表中选择"组织工作表"→"工作表标签颜色"命令，在显示的"颜色"下拉列表中选择颜色。

5.1.5　工作表的编辑

工作表是一张表格，表格是由行和列构成，行或列是由单元格构成。工作表的编辑主要是行、列、单元格的编辑。

工作表的编辑如下。

- 行或列的选定、插入、移动、删除。
- 单元格的选定、移动、插入、删除。

编辑过程中，可以随时使用"撤销"按钮 ↻ 和"恢复"按钮 ↻ 来撤销误操作。选定操作是后期的数据输入、管理、分析和图表等操作的基础工作。

1．选定行和列

（1）选定一行或一列

单击某个行号或列标，即可选定该行或该列。

（2）选定连续的多行或多列

单击第一个行号，然后按住 Shift 键单击最后一个行号，即可选定从第一个行号到最后一个行号之间的所有行；单击第一个列标，然后按住 Shift 键单击最后一个列标，即可选定从第一个列标到最后一个列标之间的所有列。

（3）选定不连续的多行或多列

单击第一个行号，然后按住 Ctrl 键单击其他行号，即可选定单击的所有行；单击第一个列标，然后按住 Ctrl 键单击其他列标，即可选定单击的所有列。

2．插入行列

选定行、列后，单击"开始"选项卡"单元格"选项组中的"插入"按钮，就在当前选定的行、列或单元格前插入行、列或单元格。这里也可在选定的行或列区域中右击，在弹出的快捷菜单中选择"插入"命令完成操作。

3．删除行列

选定单元格后，单击"开始"选项卡"单元格"选项组中的"删除"按钮，即可删除选定的行、列。这里也可在选定的行或列区域中右击，在弹出的快捷菜单中选择"删除"命令完成操作。

若要取消选定，单击其他任何一个单元格即可。

4．选定一个单元格

单击某个单元格或将方向键移至某个单元格上，即可选定该单元格，这个单元格称为当前单元格。当前单元格为一个黑色的方框，名称框中会显示选定单元格的名称，这时输入的数据会被保存在当前单元格中。

5．选定单元格区域

① 单击第一个单元格，按住 Shift 键单击单元格区域右下角的最后一个单元格。

② 选定单元格区域中，第一个单元格为活动单元格，为白色状态，其他选择区域为反黑高亮状态，名称框中显示的是活动单元格名称。

6. 选定不连续的单元格或单元格区域

选定第一个单元格或单元格区域，然后按住 Ctrl 键选择其他单元格或区域。

例如，选定 A1:A3 单元格区域，然后按住 Ctrl 键，选定 B4:B6、C1:C3 单元格区域，即可选定 3 个不连续区域。

7. 选定工作表的所有单元格

单击工作表 A1 单元格左上角的"全选"按钮 ◢，或者按 Ctrl+A 组合键，即可选择当前工作表中的全部单元格。

8. 单元格的剪切、复制和粘贴

选定单元格后，使用"开始"选项卡"剪贴板"选项组中的"剪切""复制"和"粘贴"等按钮，可以对单元格进行复制、剪切、粘贴等操作。

9. 删除单元格

选定单元格后，在"开始"选项卡的"单元格"选项组中，单击"删除"下拉按钮在弹出的下拉列表中选择"删除单元格"命令，打开"删除"对话框，根据需要进行选择，最后单击"确定"按钮。这里也可以在选定的单元格区域上右击，在弹出的快捷菜单中选择"删除"命令完成操作。

5.2 数据的输入与编辑

Excel 的数据输入是以单元格为单位。输入数据是存储在当前活动单元格中的，所以输入数据前，首先要选定单元格，再向其中输入数据。

5.2.1 输入数据

输入数据可以使用以下 3 种方法。

- 单击单元格，输入数据，按 Enter 键确认。
- 选定单元格后，在编辑栏的编辑框中输入数据，再单击"输入"按钮✓确认或"取消"按钮✕取消输入。
- 双击单元格，单元格中出现书写的竖线光标，主要用于编辑修改单元格中的内容。

1. 数据类型

Excel 从单元格格式大类上实际分文本和数字格式两种。对齐方式为文本左对齐，数字右对齐。

当向单元格中输入数据时，如果没有指明输入数据的格式类型，Excel 会按约定自动识别数据类型，大部分默认为常规类型。

2. 设置单元格数据格式

用户可以在输入数据前确定单元格存储的数据类型。

操作方法：选定单元格后，单击"开始"选项卡"数字"选项组中右下角的对话框启动器按钮，打开"设置单元格格式"对话框，如图 5.2.1 所示，在"数字"选项卡的"分类"列表框中选择所需要的数据类型。

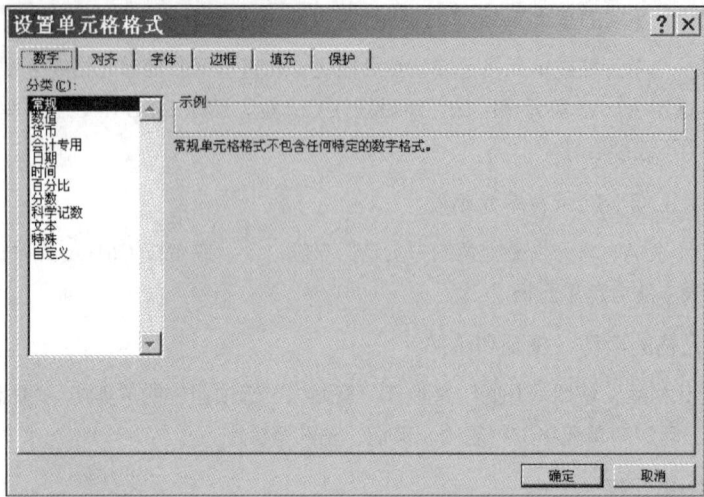

图 5.2.1
"设置单元格格式"对话框

【注意】

"常规"是最原始的数字格式，"数值""货币""日期"等可以理解为特定的数字格式。

3. 输入文本数据

单元格格式中的文本数据是首字符为字母、汉字或其他符号组成的字符串。文本型数据分字符文本和数值文本，如单位的部门名称、姓名、地址、个人爱好等属于字符文本，身份证号、学号、工号、邮编等属于数值文本。

为避免系统把数字串误作为数字处理，在输入这些数字串时，可以在前面添加英文单引号"'"，如"'8846150"。

文本型数据在单元格中默认对齐方式为左对齐。文本型数字不能参与函数计算，但可以参与加、减、乘、除等公式计算。

如果输入的字符数目超过了该单元格的默认宽度，仍可以继续输入，如果右侧单元格为空时，则覆盖右侧单元格中的数据，输入的数据照原样显示，如果右侧单元格为非空时，只显示当前单元格宽度的内容，其他将隐藏。

4. 输入数字数据

单元格格式中的数字数据格式可以为常规、数值、货币、会计专用、日期、时间、百分比、分数、科学记数等。

（1）输入数值型数据

数字型数据除了数字 0~9 外，还包括+（正号）、−（负号）、(、)、,（千分位号）、（小数点）、/、$、%、E、e 等特殊字符。

Excel 中一个单元格默认数值型数据长度为 11 位，如果超过 11 位，自动转换为科学记数表示，超过 15 位后显示为 0。

数值型数据默认右对齐，数字与非数字的组合均作为文本型数据处理。例如，+25.6、−345、6.13E−6 等数据，称为数值型数据。对数值型数据的输入要注意以下几点。

- 在输入正数时，前面的加号可以省略，输入负数时，应在负数前输入负号，或将其置于括号中，如-8 可以输入 "-8" 或 "(8)"。
- 纯小数可以省略小数前面的 0，如 0.8 可输入为.8。
- 允许添加千分符，如 12345 可输入 12,345。
- 数的前面若加了￥或$符号就具有货币含义，计算时大小不受影响。
- 若在数尾加%符号，表示该数除以 100。例如 12.34%，在单元格中虽然显示为 12.34%，但实际值是 0.1234。
- 分数的输入，一个纯分数输入时必须以 0 开头，然后按 Space 键，再输入分数，例如，输入 "1/2" 的过程是：先在单元格中输入 0，然后按 Space 键，再输入 1/2。输入分数时，先输入整数部分，按 Space 键，再输入分数部分。

（2）输入日期与时间型数据

输入日期的格式为：年/月/日或月/日，如 2004/3/30 或 3/30；输入时间的格式为 "时：分：秒"，如 10：35。

使用 Ctrl+分号，输入当前系统日期；使用 Ctrl+冒号，输入当前系统时间。

输入的日期与时间在单元格中对齐方式默认为右对齐。

5. 输入逻辑值

可以直接输入逻辑值真 True（1）或逻辑假 False（0），一般是在单元格中进行数据之间比较运算时，Excel 判断后自动产生结果，居中显示。

6. 错误值

当单元格中的内容输入有误或者计算出现错误时，就会显示错误值，不同的错误有不同的错误值，表 5.2.1 列出了 8 种错误类型。

表 5.2.1 错误信息的显示及含义

显示的错误信息	含　义
#DIV/0!	被 0 除
#VALUE!	使用了不正确的参数或运算符
#####	列宽不足以显示所有内容，或者在单元格中使用了负日期或时间
#NAME?	使用了不可识别的单元格名称
#NUM!	数据类型不正确
#REF!	引用了无效单元格
#N/A	引用了当前无法使用的数值
#NULL!	指定了两个不相交区域的交集，所以无效

7. 插入批注信息

在一个单元格中插入批注信息的操作方法是：选定单元格，在 "审阅" 选项卡的 "批注" 选项组中，单击 "新建批注" 按钮，弹出 "批注文本框"，在其中输入备注信息。单元格中输入批注信息后，在单元格右上角会出现一个红色的三角标记，当鼠标指针指向该单元格时就会显示备注信息。利用批注文本框也可以添加、删除这些批注信息。

8. 单元格中数据类型转换

这里的转换是数字转换为文本或者文本转换为数字。如图 5.2.2 所示，将 A 列的文本数据转换为数字数据用于计算。在"设置单元格格式"对话框中设置 A 列为数值类型是无效的，该列中的数据依然不能完成计算，这里类型的转换应该使用"分列"功能。

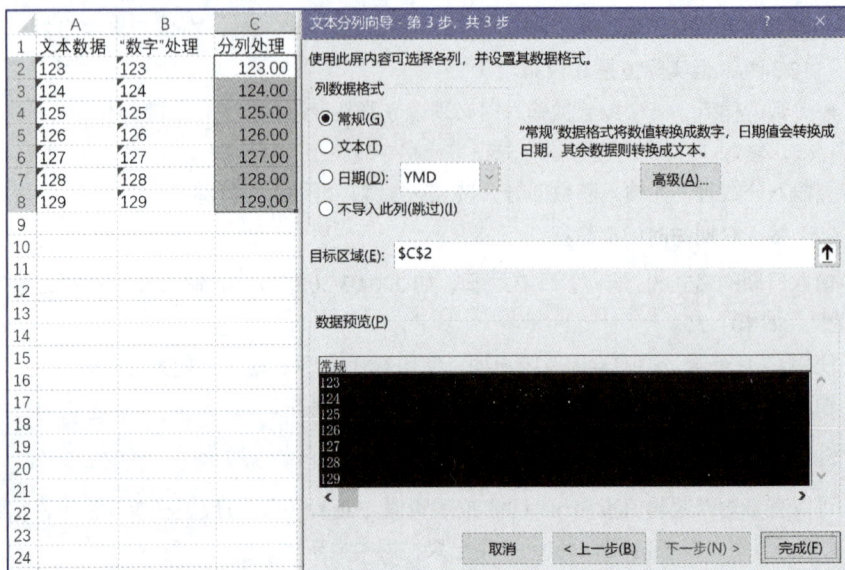

图 5.2.2
文本分列

操作步骤如下。

步骤 1：选定要转换的单元格区域。

步骤 2：单击"数据"选项卡"数据工具"选项组中的"分列"按钮，在打开的对话框中，前两步直接单击"下一步"按钮，在第 3 步的"列数据格式"选项区域中选中"常规"单选按钮，单击"确定"按钮完成文本转换为数字的格式转换。

【注意】

"常规"是最原始的数字格式，日期也属于数字格式。

5.2.2　快速输入数据

1. 在连续区域内输入数据

操作方法：首先选定要输入数据的区域，在所选定区域内，如果要沿着行的方向输入数据，则在每个单元格输入完后按 Tab 键；如果要沿着列的方向输入数据，则在每个单元格输入完后按 Enter 键。当输入的数据到达区域边界时，光标会自动移动到所选区域的下一行或下一列的开始处。

2. 在不连续的单元格中输入相同内容

操作方法：按住 Ctrl 键，选定要输入的相同内容的单元格，输入数据后，按 Ctrl+ Enter 组合键，则刚才所选的单元格都录入了同样的数据。与此同时，新数据将覆盖单元格中的已有数据。

3．填充

（1）填充柄

Excel 中每个选定单元格或矩形区域都有一个填充柄，把鼠标指针移到选定区域的右下角，指针变成**＋**形，其被称为填充柄。利用鼠标拖动填充柄可以快速地输入大批量数据。

- 输入相同数据：在第 1 个单元格中输入第 1 个数据，如 1，用鼠标拖动填充柄可以快速地在连续单元格中依次输入数据 1，1，1，1…。
- 输入等比数据：在第 1 个单元格中输入第 1 个数据，如 1，在第 2 个单元格中输入第 2 个数据，如 2，选中两个单元格，用鼠标拖动填充柄可以快速地在连续单元格中依次输入数据 1，2，3，4…。也可以在第 1 个单元格中输入第 1 个数据，如 1，用鼠标右键拖动填充柄，在弹出的快捷菜单中选择"填充序列"命令。

（2）填充

使用"序列"对话框。在第 1 个单元格中，输入起始值，单击"开始"选项卡"编辑"选项组中的"填充"按钮，在弹出的下拉列表中选择"序列"命令，在打开的如图 5.2.3 所示的对话框中，设置步长值和终止值。

4．快速输入重复的数据

在 Excel 中输入数据时，有时会发现有部分数字是相同的，如身份证号的前面部分都相同，某地区的身份证号前 6 位是"110104"，这时可以通过自定义 Excel 的单元格来实现快速输入有重复部分数字的数据。

操作方法为：在 Excel 单元格中右击，在弹出的快捷菜单中选择"设置单元格格式"命令，在打开的对话框中选择"数字"选项卡，在"分类"框中选择自定义项目。选择一种格式，在类型中输入重复的部分，如北京市海淀区的身份证号前 6 位是"110108"，这里输入 110108000000000000，即用数字 0 将其补全，确定后，再使用"填充柄"填充其他单元格，后面只需要在每个单元格中输入 110108 之后的数字即可。

5．用下拉列表快速输入数据

为了减少手工录入的工作量并保证录入数据的正确性，可以设置下拉列表实现选择性输入。

操作方法为：选取需要设置下拉列表的单元格区域，单击"数据"选项卡"数据工具"选项组中的"数据验证"按钮，打开"数据验证"对话框，选择"设置"选项卡，在"允许"下拉列表框中选择"序列"，在"来源"文本框中输入设置下拉列表所需的数据序列，如"小学，初中，高中，中专，大专，本科，硕士，博士"，并选中"提供下拉箭头"复选框，单击"确定"按钮即可，如图 5.2.4 所示。

按上述方法建立好自定义序列后，就可以单击单元格右下角的下三角按钮进行序列选定录入数据。

6．在多张工作表的相同单元格输入相同内容

在选择多张工作表时，标题栏中会出现"工作组"字样。这表明以后在其中任一工作表中的操作，都将同时在所有选定工作表中"并联"进行。例如，同时选择 Sheet1、Sheet2、Sheet3，当在 Sheet1 工作表中向 C3 单元格输入内容 111，则其他两张工作表中的 C3 单元格也会出现相同的内容。

图 5.2.3
"序列"对话框

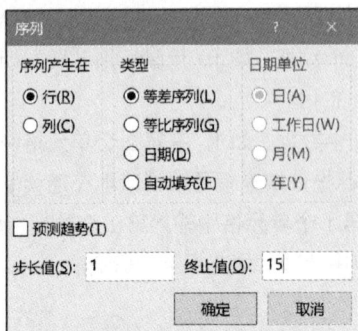

图 5.2.4
"数据验证"对话框

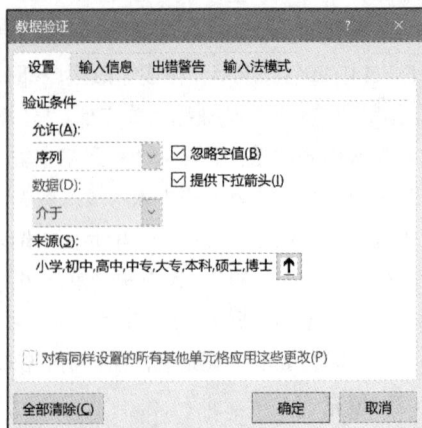

如果想取消对多张工作表的选择，只需单击任一个工作表标签，或在所选工作表的任一标签上右击，在弹出的快捷菜单中选择"取消组合工作表"命令。

5.3 格式化表格

5.3.1 行高与列宽的调整

工作表中的行高自动以行中最高的字符为准，列宽预设 10 个字符宽度。根据需要，可以调整行高与列宽值。在 Excel 中调整行高与列宽可以使用自动调整和手动调整方法完成。

1. 使用鼠标拖曳框线调整

① 把鼠标指针移动到行号（列标）的下框线（右框线）上，指针变成双箭头 ✚（ ➕ ）时，表明该行（列）的高度（宽度）可以用鼠标拖曳的方法自由地调整。

图 5.3.1
使用鼠标调整行高
或列宽

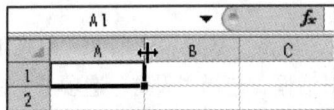

② 按住鼠标左键，拖曳鼠标上下（左右）移动，移动时有一条横向（纵向）虚线，直到调整到合适的高度（宽度）时，释放鼠标，这条虚线就成为该行调整后的下框线，如图 5.3.1 所示。

2. 使用命令调整

按钮调整： 在工作表中选定单元格，单击"开始"选项卡"单元格"选项组中的"格式"按钮，在下拉列表中选择"自动调整行高"选项，选定的单元格将会自动调整所在行的行高，标准是自动匹配行中最高的单元格，选择"自动调整列宽"选项将自动调整列宽。

对话框调整： 可以精确设置行高或列宽。单击"单元格"选项组中的"格式"按钮，在下拉列表中选择"行高"或"列宽"命令，打开"行高"或"列宽"对话框，在其中输入行高或列宽的精确量化数值即可。"行高"和"列宽"对话框如图 5.3.2 所示。

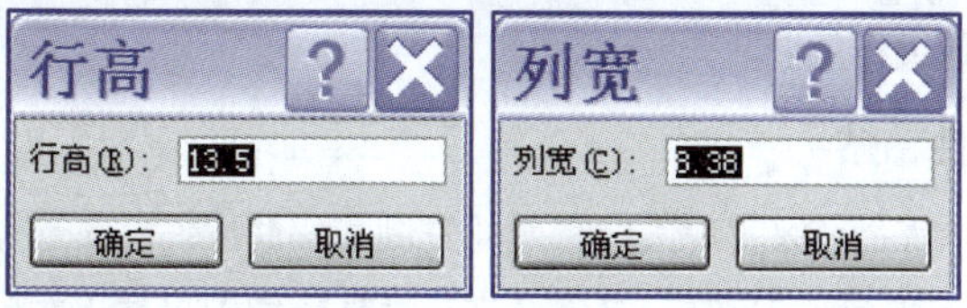

图 5.3.2
"行高"和"列宽"对话框

【注意】

若要更改多行（列）的高度（宽度），先选定要更改的多行（列），然后按上述步骤进行调整，所有选定多行（列）的行高（列宽）将调整为同一行高（列宽）。

5.3.2 单元格的基本操作

单元格的操作包括单元格和单元格中文本的选定、复制、剪切、粘贴等操作。

1. 单元格的操作

单元格的基本操作包括对单元格的复制、剪切、粘贴等操作。

单元格的选定，可以参照 Word 的选定，具体如下。

- 选定一个单元格：单击一个单元格即选定该单元格。
- 连续单元格选定：单击选定第一个单元格，按住 Shift 键，再单击最后一个单元格。
- 不连续单元格选定：单击选定第一个单元格，按住 Ctrl 键，依次单击其他单元格。
- 选定工作表所有单元格：单击工作表 A1 单元格左上方的"全选"按钮 ◢。

选定单元格后，使用"开始"选项卡"剪贴板"选项组中的"剪切""复制"和"粘贴"按钮对单元格进行复制、剪切、粘贴操作。

2. 单元格文本的编辑操作

单元格文本的基本操作包括文本的选定、复制、剪切、粘贴等操作。

单元格内容的复制与移动可在"开始"选项卡"剪贴板"选项组中单击"复制""剪切"和"粘贴"按钮来完成，或按 Ctrl+C、Ctrl+X 和 Ctrl+V 组合键来完成。

进行复制与剪切操作时，所选定单元格会出现一个可移动的虚线框，称为活动选定框。按 Esc 键可取消选择区域，单击任一非选择单元格，也可取消选择区域。

选择所要删除内容的单元格，在"开始"选项卡"编辑"选项组中单击"清除"按钮，在下拉列表中分别选择"全部""内容""格式"或"批注"选项，即可分别删除相应内容。

【提示】

选定单元格后，按 Del 键仅删除单元格中的内容。

3. 单元格的移动操作

选定要移动的单元格，当单元格边框处的光标变为四向箭头时，按住鼠标直接拖动单元格到新位置即可。如果目标位置已有数据，则系统弹出询问"是否替换目标单元格内容？"对话框，单击"确定"或"取消"按钮。

移动时，按住 Ctrl 键拖动单元格到新位置，如出现✚字时，按住鼠标，只能直接拖动单元格到相邻位置进行复制。

4．使用选择性粘贴

"选择性粘贴"命令可以实现某些特殊的复制和移动操作。先选择要复制、移动的源单元格，并执行"复制"或"剪切"命令。再将光标移动到目标单元格处并右击，在弹出的快捷菜单中选择"选择性粘贴"命令，打开"选择性粘贴"对话框。

在该对话框中，如果选择"数值"，则将源单元格中公式计算的结果数值，粘贴到目标单元格中；选择"格式"，则将源单元格中的格式粘贴到目标单元格中；选择"转置"，则将源列向单元格的数据，沿目标单元格行的方向粘贴，或将源行向单元格的数据沿目标单元格列的方向粘贴。单击"确定"按钮，完成操作。

5.3.3　设置单元格格式

设置单元格格式包括数字、对齐、字体、边框及填充等。

对选定的单元格，进行单元格格式设置，可以使用"开始"选项卡中的命令按钮，或者使用"设置单元格格式"对话框来完成。

用以下方法打开"设置单元格格式"对话框，如图 5.3.3 所示。

● 在选定单元格上右击，在弹出的快捷菜单中选择"设置单元格格式"命令。

● 单击"开始"选项卡"字体"选项组中右下角的对话框启动器按钮。

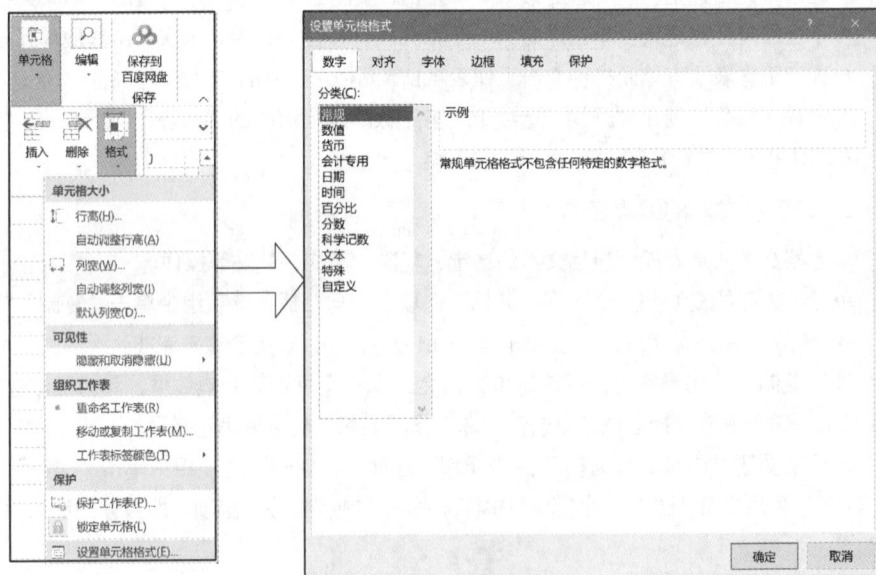

图 5.3.3
设置单元格格式

1．设置数字格式

Excel 提供常规、数值、货币、会计专用、日期、时间、百分比、分数、科学记数、文本、特殊等数据类型，默认数字类型为常规，用户也可以自定义数据类型。数字格式化可以设置单元格中数据的小数位数、百分号、货币符号等显示格式。工作表中单元格显示的是格式化后的数字，而编辑栏中显示的是系统实际存储的数据。

（1）命令方法

选定单元格后，单击"开始"选项卡"数字"选项组中的相应按钮进行设置。例如，

"会计数字格式"按钮 ![icon] 用于设置格式为美元、欧元或其他货币，还有"百分比样式"按钮 **%** 、"千位分隔样式"按钮 ，、"增加小数位数"按钮 ，"减少小数位数"按钮 。

（2）对话框方法

选定单元格后，在"设置单元格格式"对话框中选择"数字"选项卡，在"分类"列表中选择分类格式，在右侧区域再进一步设置，可从"示例"栏中查看效果。

（3）自定义数字格式

Excel 预设了大量数据格式供用户选择使用，但对于一些特殊场合的要求，则需要用户对数据格式进行自定义。在 Excel 中，可以通过使用内置代码组成的规则实现显示任意格式数字。

在"开始"选项卡的"数字"选项组中单击"数字格式"按钮，打开"设置单元格格式"对话框，在"分类"列表中选择"自定义"选项。例如，在右侧的"类型"文本框中的格式代码后面添加单位"元"字，在前面添加人民币符号"￥"和颜色代码"[蓝色]"，设置完成后单击"确定"按钮。类型设置为：[蓝色]￥[DBNum2][\$-804]G/通用格式元，显示如图 5.3.4所示。

	A	B
1	价格	自定义格式
2	￥100.00	￥壹佰元

图 5.3.4
自定义格式显示
结果

Excel 以代码定义数值类型，常用数字代码中的含义如下。

- G/通用格式，以常规格式显示数。
- #为数字占位符，表示只显示有效数字。
- 0 为数字占位符，当数字比代码数量少时显示无意义的 0。
- _表示留出与下一个字符等宽的空格。
- *表示重复下一个字符来填充列宽。
- @为文本占位符，表示引用输入的字符。
- ?为数字占位符，表示在小数点两侧增加空格。
- "[蓝色]"为颜色代码，用于更改数字的颜色。

2. 设置文本对齐方式

单元格对齐格式设置包括文本对齐方法和文本控制。

① 命令方法：选定单元格后，单击"开始"选项卡"对齐方法"选项组中的相应按钮进行对齐设置。例如，"居中"按钮 ![icon] 将文本居中对齐，"右对齐"按钮 ![icon] 将文本靠右对齐，"方向"按钮 ![icon] 用于沿对角或垂直方向旋转文字，"减少缩进量"按钮 ![icon] 用于靠近单元格边框移动内容。

【注意】

如果选定的多个单元格中有数据，对所选单元格再进行合并时，系统将弹出信息提示对话框，仅保留左上角的值，而放弃其他值。

默认情况下，输入单元格的数据为文本左对齐、数值右对齐、逻辑值居中对齐的方法。

② 对话框方法：在"设置单元格格式"对话框中选择"对齐"选项卡。

- 在"文本对齐方法"选项区域中分别设置水平和垂直对齐方法。"水平对齐"的格式有常规（系统默认的对齐方法）、靠左（缩进）、居中、靠右（缩进）、填充、两端对齐、跨列居中、分散对齐（缩进）。"垂直对齐"的格式有靠上、居中、靠下、两端对齐、分散对齐。

- 在"文本控制"选项区域中，选中"自动换行"复选框，单元格中的内容宽度大于列宽时，将自动换行。如果要在单元格中手动换行，可直接按 Alt+Enter 组合键。选中"合并单元格"复选框进行单元格的合并（如果要取消合并的单元格，则取消选中即可），选中"缩小字体填充"等复选框进行选定单元格中文本的控制。
- 在"方向"选项区域中，拖动红色小方块◆或直接在旋转角度微调器中输入数值即可。

3．字体格式化

对单元格中的文本进行字体设置，包括字体、字形、字号和颜色等，可以通过对话框和选项组中的按钮，对选定单元格中的字体进行相关格式化操作。

① 命令方法：在"开始"选项卡的"字体"选项组中，单击相关的字体格式按钮可以对选定单元格中的数据进行相应格式化操作。

② 对话框方法：使用"设置单元格格式"对话框，如图 5.2.1 所示，在其中选择"字体"选项卡，设置字体、字号、字形、字体颜色等格式。

4．边框与底纹的设置

打开 Excel 时，工作表中显示的网格线是为方便输入、编辑而预设的，默认打印时是没有框线的，在打印或显示时，可以通过对单元格设置边框线或底纹颜色，便于强调工作表的某些部分。

（1）设置单元格边框

① 命令方法：在"开始"选项卡的"字体"选项组中，单击"下框线"下拉按钮▦ ▾在下拉列表中选择相应的框线。

② 对话框方法：在"设置单元格格式"对话框中，选择"边框"选项卡，如图 5.3.5 所示，在"预置"选项区域中选择一种边框形式，如无、外边框和内部。在"线条"选项区域的"样式"列表框中选取线条样式后，可以为边框设置不同的线型；在"颜色"下拉列表框中选择设置边框线的颜色。

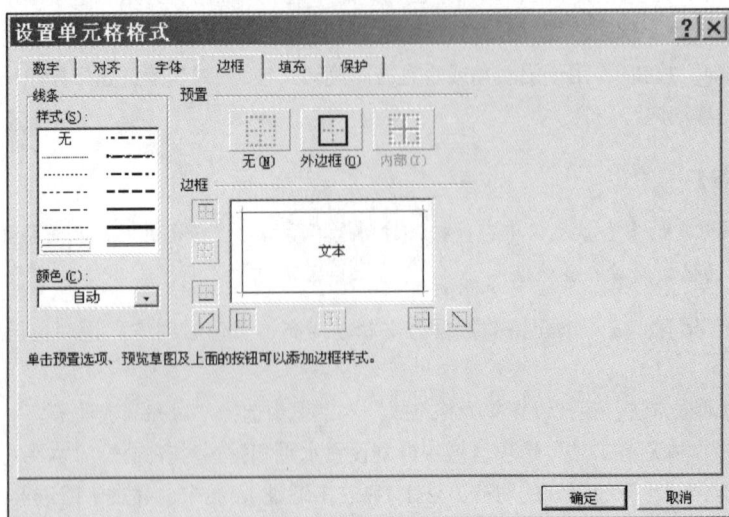

图 5.3.5
"边框"设置

在"边框"选项区域中单击"边框线"按钮，可以分别设置单元格的 4 条边框线或内部的横线、竖线、斜线等。

（2）设置单元格底纹

① 命令方法：在"开始"选项卡的"字体"选项组中，单击"填充颜色"下拉按钮，在下拉列表中从中选择需要的颜色即可。

② 对话框方法：在"设置单元格格式"对话框中，选择"填充"选项卡，在背景色中选择所需要的颜色，单击"填充效果"按钮可以设置渐变颜色和底纹样式。

5. 设置主题与使用主题

（1）使用主题

在"页面布局"选项卡的"主题"选项组中单击"主题"下拉按钮，在弹出的下拉列表中选择所需要的主题即可。

（2）自定义主题

在"页面布局"选项卡的"主题"选项组中单击"颜色"下拉按钮，在弹出的下拉列表中选择"自定义颜色"命令，可以设置颜色组合。单击"字体"下拉按钮可以设置字体组合，单击"效果"按钮可以选择一组主题效果。最后在"主题"下拉列表中选择"保存当前主题"命令，在打开的对话框中输入主题名称，单击"保存"按钮，即完成保存主题的操作。

5.3.4　样式和格式的复制

当格式化单元格时，某些格式化设置可能需要重复执行，这时可以使用 Excel 提供的复制格式功能，对单元格快速实现格式化的设置。

（1）使用格式刷

选择所要复制格式的单元格，单击"剪贴板"选项组中的"格式刷"按钮，这时所选单元格出现可移动的虚线框。用带有格式刷的光标选择目标单元格，完成操作。单击"格式刷"按钮，只能格式化一次，若双击"格式刷"按钮则可多次使用；要取消"格式刷"的多次使用功能，可再次单击"格式刷"按钮或按 Esc 键。

（2）使用快捷菜单

选择所要复制格式的单元格，单击"剪贴板"选项组中的"复制"按钮，这时所选单元格出现可移动的虚线框，选择要格式化的单元格并右击，在弹出的快捷菜单中选择"选择性粘贴"命令，在打开的对话框中选择粘贴格式，单击"确定"按钮，完成对单元格格式的复制操作。

（3）指定"单元格样式"

选择要进行格式化的单元格，单击"开始"选项卡"样式"选项组中的"单元格样式"按钮，在弹出的下拉列表中选择某一个预定样式，选择的样式将应用于当前选定的单元格中。也可以通过选择"新建单元格样式"命令自定义单元格样式。

5.3.5　设置条件格式

当工作表中的数据很多时，需要快速辨识出数据高低，找出特定条件的数据，对工作表中的某些数据进行特殊标识来强调，如成绩达到 90 分以上者、销售额未达标准者……，这时可以利用设置条件格式化的功能，自动将数据套上特殊格式以方便辨识。使用条件格式用户可以突出显示单元格规则，并且可以使用数据条、色阶和图标集来区别显示不同的数据。

（1）条件格式的设置

例如，要求突出显示"成绩表"中单科成绩大于 80 分的成绩。操作方法如下。

选定要设置条件格式的单元格区域，在"开始"选项卡的"样式"选项组中，单击"条件格式"下拉按钮，在弹出的下拉列表中选择"突出显示单元格规则"→"大于"命令，在打开的"大于"对话框中输入"80"，设置显示格式。

（2）新建格式规则

用户可以使用"新建格式规则"自定义条件格式的设置。在"开始"选项卡的"样式"选项组中，单击"条件格式"下拉按钮，在弹出的下拉列表中选择"新建格式规则"命令，在打开的"新建格式规则"对话框中选择规则类型，并进行相关设置。

（3）取消条件格式

在"开始"选项卡的"样式"选项组中，单击"条件格式"下拉按钮，在弹出的下拉列表中选择"清除规则"→"清除所选单元格的规则"或"清除整个工作表的规则"命令。

5.4 公式与函数

公式是工作表中用于计算的表达式，函数是使用特定参数接收数据完成计算。

5.4.1 公式

公式主要由数据和运算符构成，数据可以是常量或单元格引用。

1. 常量

常量不是通过计算得出的值，它始终保持相同。例如，日期 10/9/2008、数字 210 以及文本"季度收入"都是常量。

2. 运算符

运算符用于指定要对公式中的元素执行的计算类型。计算时有一个默认的次序（遵循一般的数学规则），但可以使用括号更改该计算次序。

计算运算符分为算术、比较、文本连接和引用 4 种不同类型。

（1）算术运算符

若要进行基本的数学运算（如加法、减法、乘法或除法）、合并数字以及生成数值结果，可以使用表 5.4.1 中的算术运算符。

表 5.4.1 算术运算符示例

算术运算符	含 义	示 例
＋（加号）	加法	3+3
－（减号）	减法 负数	3－1 －1

算术运算符	含　义	示　例
*（星号）	乘法	3*3
/（正斜杠）	除法	3/3
%（百分号）	百分比	20%
^（脱字号）	乘方	3^2

（2）比较运算符

可以使用表 5.4.2 中的运算符比较两个值。当使用这些运算符比较两个值时，结果为逻辑值 TRUE 或 FALSE。

表 5.4.2　比较运算符示例

比较运算符	含　义	示　例
=（等号）	等于	A1=B1
>（大于号）	大于	A1>B1
<（小于号）	小于	A1<B1
>=（大于等于号）	大于或等于	A1>=B1
<=（小于等于号）	小于或等于	A1<=B1
<>（不等号）	不等于	A1<>B1

（3）文本连接运算符

可以使用与号（&）连接一个或多个文本字符串，以生成一段文本，见表 5.4.3。

表 5.4.3　文本运算符示例

文本运算符	含　义	示　例
&（与号）	将两个值连接（或串联）起来产生一个连续的文本值	"North"&"wind" 的结果为"Northwind"

（4）引用运算符

可以使用表 5.4.4 中的运算符对单元格区域进行合并计算。

表 5.4.4　引用运算符示例

引用运算符	含　义	示　例
:（冒号）	区域运算符，生成一个对两个引用之间所有单元格的引用（包括这两个引用）。	B5:B15
,（逗号）	联合运算符，将多个引用合并为一个引用	SUM(B5:B15,D5:D15)
（空格）	交集运算符，生成一个对两个引用中共有单元格的引用	B7:D7 C6:C8

如果一个公式中有多个运算符，Excel 将按表 5.4.5 中的顺序进行计算。如果一个公式中的若干个运算符具有相同的优先顺序（如一个公式中既有乘号又有除号），则 Excel 将以从左到右的顺序计算各个运算符。

表 5.4.5　运算符优先级

运算符	说　　明
:（冒号） （单个空格） ,（逗号）	引用运算符
–	负数（如 –1）
%	百分比
^	乘方
* 和 /	乘和除
+ 和 –	加和减
&	连接两个文本字符串（串连）
= <　> <= >= <>	比较运算符

3. 单元格及单元格区域命名

在公式或函数计算中会大量使用单元格或单元格区域引用，特别是对区域命名，可以代替跨表引用。

① 选定要命名的单元格或单元格区域，在工作表左上角的单元格名称框中，删除默认名称，直接输入新名称，中英文都可以，再按 Enter 键确认即可。

【注意】

一定要按 Enter 键，否则输入完成后，该名称实际上是没有命名成功的。

② 使用"公式"选项卡"定义的名称"选项组中的"定义名称"按钮。

4. 公式输入

在选定的单元格中输入公式，应先输入"="。

如果公式中要使用单元格中的数据，单击要引用的单元格（也可直接输入所引用单元格的名称）。如果输入错误，在未输入新运算符之前，按 Esc 键或单击编辑栏中的"取消"按钮撤销。

公式输入完后，按 Enter 键或单击编辑栏中的"确认"按钮完成确定输入，Excel 自动计算并将计算结果显示在单元格中，公式内容显示在编辑栏中。

5.4.2　单元格引用

单元格引用包括绝对引用、相对引用和混合引用。这 3 种类型间的切换，可以使用功能键 F4。

（1）相对引用

相对引用的单元格地址在单元格的位置发生改变时，引用也随之改变。

格式：列号行号

例如，A3、B3 等。

（2）绝对引用

绝对引用的单元格地址在单元格的位置发生改变时，引用不变。

格式：$列号$行号

例如，单元格 C3 中有公式"=$A$3+$B$3"，当将此公式复制到单元格 C4 和 D3 时，单元格 C4 中的公式还是"=$A$3+$B$3"；单元格 D3 中的公式也还是"=$A$3+$B$3"。

（3）混合引用

混合引用的单元格地址在单元格的位置发生改变时，没加$的引用改变，而加了$的引用不改变。

格式：$列号行号 或者列号$行号

例如，单元格 C3 中有公式"=$A3+B$3"，当将此公式复制到单元格 C4 和 D3 时，单元格 C4 中的公式变化为"= $A4+B$3"；单元格 D3 中的公式变化为"= $A3+C$3"。

（4）复杂引用

● 引用同一个工作簿其他工作表中的数据。

格式：被引用的工作表！被引用的单元格地址

例如，引用 Sheet3 工作表中的 F18 单元格，表达式为"=Sheet3!F18"。

● 引用其他工作簿的工作表中的数据。

格式：[被引用的工作簿名称]被引用的工作表！被引用的单元格地址

例如，当前工作簿是 Book1，当前工作表是 Sheet3，当前单元格是 E8，现在需要在当前单元格中引用 Book2 工作簿 Sheet2 工作表中的 F9 单元格，可在当前单元格中直接手动输入表达式为"=[Book2]Sheet2!$F$9"。

5.4.3　函数

函数是通过参数的特定数值来按照特定的顺序或结构执行计算。

1．函数的结构

函数的基本结构：函数名（参数 1，参数 2……参数 n），如图 5.4.1 所示。

① 函数名：指函数的含义，由一个字符串组成，每个函数都有唯一的函数名，如 Round。

② 参数：可以是数字、文本、TRUE 或 FALSE 等逻辑值、数组、错误值（如 #N/A）或是常量、公式或其他函数。指定的参数都必须为有效参数值，如 number、num_digits。

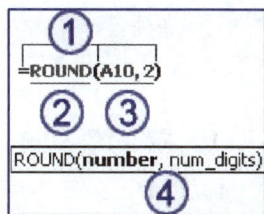

图 5.4.1
函数结构

2．输入函数

（1）手动输入

先输入等号（=），再输入函数名称和左括号，然后以逗号分隔参数，最后是右括号。

（2）对话框

① 选定要输入函数的单元格，再通过单击编辑栏中的"插入函数"按钮 f_x（或者单击"公式"选项卡"函数库"选项组中的相应按钮）。

② 打开"插入函数"对话框，如图 5.4.2 所示。

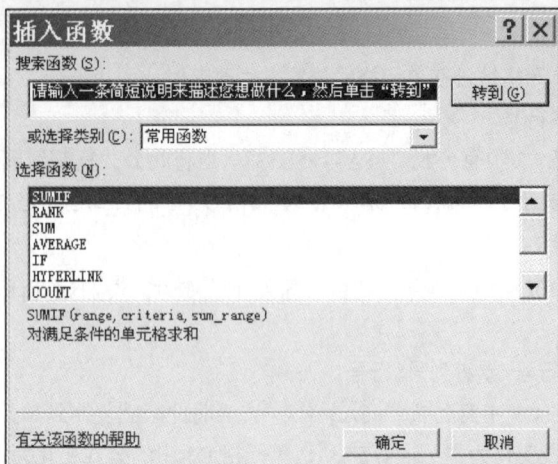

图 5.4.2
"插入函数"对话框

③ 在"搜索函数"文本框中，输入函数名，单击"转到"按钮（或者按 Enter 键），在"选择函数"列表框中选择相应的函数，单击"确定"按钮。

④ 在弹出的"函数参数"对话框中，进行相应的参数设置，单击"确定"按钮。

📝【提示】

可以在"搜索函数"文本框中输入前 3 个字符，就会与函数名中任意位置的字符串进行匹配。该功能对只记得某个函数部分内容的用户十分有用。

5.4.4　常用函数

Excel 中的常用函数有求和函数、条件求和函数等。

🔍【注意】

在函数中，任何文本条件或任何含有逻辑或数学符号的条件都必须使用双引号括起来，若条件为数字，则不需要。

微课 5-2
常用函数使用

1. 求和函数 SUM

【功能】

将指定为参数的所有数字相加，每个参数都可以是区域、单元格引用、数组、常量、公式或另一个函数的结果。

例如，SUM(A1:A5) 将单元格 A1～A5 中的所有数字相加，再如，SUM(A1, A3, A5) 将单元格 A1、A3 和 A5 中的数字相加。

【语法】

SUM（Number1,[Number2],…)）

其中：Number1, Number2…为 1～255 个需要求和的参数。

Sum 函数语法具有下列参数。

● number1 是必需参数，想要相加的第 1 个数值参数。

● number2 ,…是可选参数，想要相加的 2～255 个数值参数。

【说明】

- 如果参数是一个数组或引用，则只计算其中的数字、数组或引用中的空白单元格，逻辑值或文本将被忽略。
- 如果任意参数为错误值或为不能转换为数字的文本，Excel 将会显示错误。

【例 5.4.1】

SUM（6, 2）等于 8。

SUM（"6", 2, TRUE）等于 9，因为文本值 6 被转换为数字，逻辑值 TRUE 被转换为数字 1。

2. 条件求和函数 SUMIF

【功能】

对区域中符合指定条件的值求和。

例如，对 B2:B10 区域中大于 8 的数值求和，使用"=SUMIF(B2:B10,">8")"。

【语法】

SUMIF（Range, Criteria, [Sum_Range]）

- Range 是必需的参数，用于计算的单元格区域，区域中每个单元格都必须是数字、数组、包含数字的引用，空值和文本值将被忽略。
- Criteria 是必需的参数，用于确定对哪些单元格将被相加的求和条件，其形式可以为数字、表达式、文本、函数或单元格引用。条件可以表示为 32、"32" ">32" "apples" 等，任何文本条件或任何含有逻辑或数学符号的条件都必须使用双引号括起来。如果条件为数字，则无需使用双引号。
- Sum_Range 为可选参数，确定函数中要求和的实际单元格。如果省略 Sum_Range 参数，则直接对 Range 中的单元格求和。

【例 5.4.2】

使用公式"=SUMIF(B2:B5, "John", C2:C5)"时，该函数仅对单元格区域 C2:C5 中与单元格区域 B2:B5 中等于"John"的单元格对应的单元格中的值求和。

使用公式"=SUMIF(B13:C19,"<5")"时，该函数仅对单元格区域 B13:C19 中小于 5 的单元格对应的单元格中的值求和。

3. 最大值（最小值）函数 MAX（MIN）

【功能】

返回一组值中的最大（或最小）值。

【语法】

MAX（Number1,[Number2],…）

MIN（Number1,[Number2],…）

- Number1,[Number2],… 其中 Number1 是必需的参数，后续是可选的。这些是要从中找出最大（或最小）值的 1~255 个数字参数。

【说明】

- 参数可以是数字或包含数字的名称、数组或引用。
- 如果参数为错误值或为不能转换成数字的文本，将会导致错误。

- 如果参数为数组或引用，则只使用该数组或引用中的数字。数组或引用中的空白单元格、逻辑值或文本将被忽略。
- 如果参数不包含数字，函数 MAX 返回 0。

【例 5.4.3】

如果 A2:A5 包含数字 10、7、9、27，则：

MAX（A2:A5,28）等于 28。在 4 个单元格和一个 28，共 5 个数据中，最大的数是 28。

MIN（A2:A5,28）等于 7。在 4 个单元格和一个 28，共 5 个数据中，最小的数是 7。

4. 四舍五入函数 ROUND

【功能】

将某个数字、四舍五入为指定的位数。

【语法】

ROUND（Number,Num_digits）

- Number 是必需的参数，指定要四舍五入的数字。
- Num_Digits 是必需的参数，说明位数，按此位数对 Numbe 进行四舍五入。

【说明】

- 如果 Num_Digits 大于 0，则四舍五入到指定的小数位
- 如果 Num_Digits 等于 0，则四舍五入到最接近的整数
- 如果 Num_Digits 小于 0，则在小数点左侧进行四舍五入。
- 若要始终进行向上舍入（远离 0），可以使用 ROUNDUP 函数。
- 若要始终进行向下舍入（朝向 0），可以使用 ROUNDDOWN 函数。
- 若要将某个数字四舍五入为指定的倍数（如四舍五入为最接近的 0.5 倍），请使用 MROUND 函数。

【例 5.4.4】　具体见表 5.4.6。

表 5.4.6　ROUND 函数举例

公　　式	说　　明	结果
=ROUND(2.15, 1)	将 2.15 四舍五入到一个小数位	2.2
=ROUND(2.149, 1)	将 2.149 四舍五入到一个小数位	2.1
=ROUND(-1.475, 2)	将 -1.475 四舍五入到两个小数位	-1.48
=ROUND(21.5, -1)	将 21.5 四舍五入到小数点左侧一位	20

5. 计数函数 COUNT

【功能】

计算包含数字的单元格以及参数列表中数字的个数。使用函数 COUNT 可以获取区域或数字数组中数字字段输入项的个数。

【语法】

COUNT（Value1,[Value2],…）

- Value1 是必需的参数，要计算数字个数的第 1 个参数，但只有数字类型的数据才计数。
- Value2 是可选参数，要计算数字个数的其他项，最多可包含 255 个。

🖐️【说明】

- 函数 COUNT 在计数时，将把数字、日期或代表数字的文本的数计算进去，但是错误值或其他无法转化成数字的文字则被忽略。
- 如果参数是一个数组或引用，那么只统计数组或引用中的数字，数组中或引用的空单元格、逻辑值、文字或错误值都将被忽略。
- 若要计算逻辑值、文本值或错误值的个数，可使用 COUNTA 函数。
- 若只计算符合某一条件的数字的个数，可使用 COUNTIF 函数或 COUNTIFS 函数。

【例 5.4.5】

A2:A8 单元格区域中的数据分别是数量，2008-12-8，空白单元格，19，22.24，TRUE，#DIV。

COUNT 函数计算结果见表 5.4.7。

表 5.4.7　COUNT 函数举例

公　　式	说　　明	结果
=COUNT(A2:A8)	计算单元格区域 A2～A8 中包含数字的单元格个数	3
=COUNT(A5:A8)	计算单元格区域 A5～A8 中包含数字的单元格个数	2
=COUNT(A2:A8,2)	计算单元格区域 A2～A8 中包含数字和值 2 的单元格个数	4

6. 条件计数函数 COUNTIF

【功能】

计算区域内满足单个指定条件的单元格进行计数。

【语法】

COUNTIF（Range,Criteria）

- Range 是必需的参数，指定需要计数的单元格区域。
- Criteria 是必需的参数，为确定哪些单元格将被计数，其形式可以为数字、表达式或文本。条件可以表示为 32、"32" ">32" "apples"。

【例 5.4.6】

假设 A3:A6 中的内容分别为"apples" "oranges" "peaches""apples"，则：

COUNTIF（A3:A6，"apples"）等于 2。

假设 B3:B6 中的内容分别为 32、54、75、86，则：

COUNTIF（B3:B6，">55"）等于 2。

7. 平均值函数 AVERAGE

【功能】

返回参数平均值（算术平均值）。

【语法】

AVERAGE（Number1,[Number2],…）

- Number1 是必需的参数，要计算平均值的第 1 个数字、单元格或单元格区域。
- Number2 ,…是可选的参数，是要计算平均值其他参数。参数最多可以包含 255 个。

【说明】

- 参数可以是数字，或者是包含数字的名称、数组或引用。
- 如果数组或单元格引用参数中有文本、逻辑值或空单元格，则忽略其值。但是，如果单元格包含 0 值则将被计算在内。
- 如果参数为错误值或为不能转换为数字的文本，将会导致错误。
- 若要在计算中包含引用中的逻辑值和代表数字的文本，可使用 AVERAGEA 函数。
- 若只需要对符合某些条件的值计算平均值，可使用 AVERAGEIF 函数或 AVERAGEIFS 函数。
- 当对单元格中的数值求平均值时，应牢记空单元格与含 0 值单元格的区别，尤其是在 "Excel 选项" 对话框中取消选中 "在具有零值的单元格中显示零" 复选框时，空单元格将不计算在内，但 0 值会计算在内。

【例 5.4.7】

如果 A1:A5 命名为 Scores，其中的数值分别为 10、7、9、27 和 2，那么：

AVERAGE（A1:A5）等于 11，AVERAGE（Scores）等于 11，AVERAGE（A1:A5,5）等于 10。

如果 C1:C3 命名为 OtherScore，其中的数值为 4、18 和 7，那么：

AVERAGE（Scores,OtherScores）等于 10.5。

8. 逻辑判断函数 IF

【功能】

执行真假值判断，根据逻辑测试的真假值返回不同的结果。如果指定条件的计算结果为 TRUE，IF 函数将返回某个值；如果该条件的计算结果为 FALSE，则返回另一个值。例如，如果 A1 大于 10，公式 "=IF(A1>10,"大于 10","不大于 10")" 将返回 "大于 10"，如果 A1 小于等于 10，则返回 "不大于 10"。

【语法】

IF（Logical_test,[Value_if_true],[Value_if_false]）

- Logical_test 是必需的参数，表示计算结果为 TRUE 或 FALSE 的任意值或表达式。
- Value_if_true 是可选参数，Logical_test 为 TRUE 时返回的值。
- Value_if_false 是可选参数，Logical_test 为 FALSE 时返回的值。

【说明】

- 函数 IF 可以嵌套 7 层，用 Value_if_false 及 Value_if_true 参数可以构造复杂的检测条件。
- 在计算参数 Value_if_true 和 Value_if_false 后，函数 IF 返回相应语句执行后的返回值。
- 若函数 IF 的参数包含数组，则在执行 IF 语句时，数组中的每一个元素都将被计算。

【例 5.4.8】

单元格 A2，B2 中的数据分别是 50,23。

IF 函数计算结果见表 5.4.8。

表 5.4.8　IF 函数举例

公　　式	说　　明	结果
=IF(A2<=100,"预算内","超出预算")	如果单元格 A2 中的数字小于等于 100，公式将返回 "预算内"；否则，公式返回 "超出预算"	预算内
=IF(A2=100,A2+B2,"")	如果单元格 A2 中的数字为 100，则计算并返回 A2 与 B2 的和；否则，返回空文本 ("")	空文本 ("")

9. 排位函数 RANK

【功能】

返回一个数字在数字列表中的排位。数字的排位是其大小与列表中的其他值的比值。

【语法】

RANK（Number，Ref，[Order]）

- Number 是必需参数，指需要找到排位的数字。
- Ref 是必需参数，数字列表数组或对数字列表的引用。Ref 中的非数值型值将被忽略。
- Order 是可选参数，是一个数字，指明排位的方法。如果 Order 为 0 或省略，Excel 将 Ref 按降序排列。如果 Order 不为 0，Excel 将 Ref 按升序排列。

【说明】

　　函数 RANK 对重复数的排位相同，但重复数的存在将影响后续数值的排位。例如，在一列整数中，如果整数 10 出现两次，其排位为 5，则 11 的排位为 7（没有排位为 6 的数值）。

【例 5.4.9】

如果 A2:A6 中分别含有数字 7，3.5，3.5，1 和 2，则：

RANK（A2,A2:A6,1）等于 5。7 在 A2:A6 区域中按升序排列序号为 5。

RANK（A3,A2:A6,1）等于 3。3.5 在 A2:A6 区域中按升序排列序号为 3。

10. 垂直查询函数 VLOOKUP

微课 5-3
VLOOKUP

【功能】

　　搜索数据表格区域（选定单元格区域）中的首列，返回该区域相同行上指定单元格中的值。默认情况下，数据表是以升序排序的。

【语法】

VLOOKUP(lookup_value,table_array,col_index_num,range_lookup)

【说明】

- Lookup_value 是要查找的值，也被称为查阅值，即需要在选定单元格区域首列进行搜索的值（索引条件），可以是数值、引用或字符串。
- Table_array 要在其中搜索数据的文字、数字或逻辑值的数据表，即要查找数据所在的单元格区域，可以是对区域或区域名称的引用。注意查找的值应该始终位于所选定单元格区域的第 1 列，这样 VLOOKUP 才能正常工作。例如，如果查阅值位于单元格 C2 中，那么选定区域的第一列一定是 C 列开头。也就是要保证所选定区域内的首列信息一定是要查找的索引条件。
- Col_index_num 是在区域中返回匹配值的列标。选定数据表格区域中首个值列的序号为 1。例如，如果指定 B2:D11 作为区域，则应该将 B 列作为第一列，将 C 列作为第二列，以此类推。
- Range_lookup（可选）如果需要返回值的近似匹配，可以使用 TRUE 或 1；如果需要返回值的精确匹配，则使用 FALSE 或 0。如果没有指定任何内容，默认值将始终为 TRUE 或近似匹配。

【例 5.4.10】 精确匹配。

　　如图 5.4.3 所示，如果需要根据 D 列的姓名，在左侧 A2:B8 区域中查找 D 列对应的姓名，匹配后，取对应 B 列的值，填充到右侧 E 列对应的单元格中。

可以在 E2 单元格中输入公式 "=VLOOKUP(D2,$A$2:$B$8,2,FALSE)" 实现，对其他单元格 E3:E4，可使用填充方法实现。

图 5.4.3
查找函数

【例 5.4.11】　近似匹配。

如图 5.4.4 所示，近似匹配是索引条件向上查询比自己小的最近的值的结果。

图 5.4.4
查找函数近似匹配

【注意】

在使用 VLOOKUP 函数时，数据表格区域尽量使用绝对引用，或者锁定这个区域，或者提前给这个区域命名。

使用 VLOOKUP 函数出现#N/A 的 5 种情况如下。

- 真的没有找到值。
- 选定的单元区域没有锁定。解决方法是要提前锁定区域或者提前给区域命名。
- 在选定数据表格区域时，没有将索引条件，即要查找的列放在首列选取。
- 查询结果在索引条件左侧。解决方法是将查询结果的更换位置，放到索引条件的左侧。
- 格式不匹配，索引条件的格式与选定单元格区域中的格式不一致，如一个是文本型，一个是数字型。解决方法是进行格式修改，使用"数据"选项卡"数据工具"选项组中的"分列"按钮。

5.4.5　嵌套函数

一个函数中使用另一个函数，这种组合函数称为嵌套函数，如图 5.4.5 所示，是使用了 IF 函数嵌套 AVERAGE 和 SUM 函数。

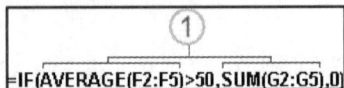

图 5.4.5
使用了嵌套函数的公式

嵌套函数的输入方法如下。

① 直接输入：选定待插入函数的单元格，输入"="号，依次输入第 1 层函数，再输入嵌套的第 2 个函数及参数。

② 插入函数：选定待插入函数的单元格后，单击"插入函数"按钮，在弹出的对话框需要嵌套函数的位置中，在名称框中选择需要的函数名称，再设置相关的参数。

5.5 数据管理与分析

Excel 除了使用基本的公式和函数对数据进行分析，也可以使用排序、筛选、分类汇总、数据透视表、图表等工具对数据进行管理和分析，还可以使用数据合并，导入外部数据进行建模分析、运算与预测等。

Excel 提供各种有助于轻松管理和分析数据的功能。若要充分利用这些功能，需要在工作表中整理数据和设置数据格式。

5.5.1 数据整理和格式设置

1. 数据整理

① 在同一列中放入类似的项目：设计数据，工作表中所有行在同一列中具有类似的项。

② 将数据区域分开：在工作表上的相关数据区域和其他数据之间保留至少一个空白列和一个空白行。在排序、筛选或插入自动分类汇总时，Excel 可以更轻松地检测和选择区域。

③ 将关键数据放置于区域上方或下方：避免将关键数据放在区域左侧或右侧，因为筛选区域时，筛选数据可能会隐藏。

④ 避免区域为空行和空列：避免在数据范围内放置空白行和空列，这样做可确保 Excel 能更轻松地检测和选择相关的数据区域。

⑤ 显示区域内的所有行和列：在更改数据区域之前，确保显示任何隐藏的行和列。当未显示某个范围的行和列时，可能会无意地删除数据。

2. 数据格式设置

① 使用列标签标识数据：通过向数据应用不同的格式，在数据区域的第 1 行创建列标签。Excel 可以使用这些标签创建报表以及查找和组织数据。对不同区域的列标签使用字体、对齐方法、格式、图案、边框或大写样式。在输入列标签之前，将单元格的格式设置为文本。

② 使用单元格边框区分数据：若要将标签与数据分开，可使用单元格边框（而不是空白行或虚线）在标签下方插入线条。

③ 避免前导空格或尾随空格以避免错误：避免在单元格的开头或末尾插入空格来缩进数据。这些额外的空格可能会影响单元格的排序、搜索和格式。可以在单元格中使用"增加缩进量"命令，而不是输入空格来缩进数据。

④ 扩展数据格式和公式：向数据区域末尾添加新数据行时，Excel 会扩展一致的格式和公式。

⑤ 使用 Excel 表格格式处理相关的数据：将工作表中的连续单元格区域转换为 Excel 表格。可以独立于表外部的数据操作表定义的数据，并且可以使用特定表功能对表中的数据进行快速排序、筛选或计算。

3．创建表格

在 Excel 中，要轻松管理和分析一组相关的数据，可以将单元格数据区域转换为表格（简称表），可以在工作表中创建多个表格。

在 Excel 中快速创建表格，操作步骤如下：

步骤 1：选择工作表中包含数据的单元格或区域。

步骤 2：选择"开始"选项卡，在"样式"选项组中单击"套用表格格式"按钮。

步骤 3：在下拉列表中选择需要的样式名称。

步骤 4：在"格式为表格"对话框中，如果区域的第 1 行为标题行，如果所选的区域含有要显示为表标题的数据，需要选中"套用表格式"对话框中的"表包含标题"复选框，最后单击"确定"按钮。

创建表格后，光标定位到表格区域中，Excel 中将增加"表格工具"选项卡，方便用于表中数据的管理、分析及格式的设置。

5.5.2　记录单

记录单可以方便地在一个小窗口中对表格中的数据进行新建、删除、修改、查询。在包含大型数据的工作表中，使用记录单操作数据，将会非常方便、快捷。

- 字段：也称数据项名称，工作表中的列数据，一般用字母或汉字表示，且在表的第 1 行输入，如"学号""姓名"等。一个字段中必须包含同一类型的数据。
- 记录：工作表中的行数据，一个记录占据一行，记录间不允许有空行。第 1 条记录与字段名称行之间不能留空行。

1．添加"记录单"选项组

默认情况下，"记录单"选项组没有显示在选项卡上，要添加到"数据"选项卡中，可以使用以下步骤完成。

步骤 1：选择"文件"选项卡，选择"选项"命令，打开"Excel 选项"对话框，选择"自定义功能区"选项卡。

步骤 2：在"自定义功能区"列表框中选择"记录单"选项，单击"添加"按钮，并单击右侧"新建选项卡"按钮，命名为"记录单"。

步骤 3："记录单"选项组将添加在"数据"选项卡最右侧。

2．记录单操作

记录单中显示的是一条完整的记录信息，可以利用记录单添加、删除、修改和查询一条记录信息。

操作方法为：定位当前活动单元格在数据区域后，在"数据"选项卡中，单击"记录单"选项组中的"记录单"按钮，打开记录单，如图 5.5.1 所示，在记录单中以字段形式，显示一条记录（一行信息），包括当前的记录位置、工作表中各字段的名称及对应的值等信息。

图 5.5.1
记录单

5.5.3 数据排序

在 Excel 中，可以根据一列或多列内容按升序或降序对表中的数据进行排序。Excel 默认的排序方式是根据单元格中的数据进行排序。

1．简单排序

在"数据"选项卡的"排序和筛选"选项组中，提供了两个与排序相关的按钮，分别是"升序"按钮 ↓ 和"降序"按钮 ↓ 。

- 升序：按字母表顺序、数据由小到大，日期从前向后排序。
- 降序：按反向字母表顺序、数据由大到小，日期从后向前排序。

2．复杂排序

多条件复杂排序操作步骤如下。

步骤 1：在"数据"选项卡的"排序和筛选"选项组中，单击"排序"按钮，打开"排序"对话框，如图 5.5.2 所示。

图 5.5.2
"排序"对话框

步骤 2：在"列"选项区域的"主要关键字"下拉列表框中选择排序的列，Excel 允许使用多个关键字（排序依据）进行排序，单击"添加条件"按钮，在"列"选项区域中设置"次要关键字"。

在排序时，Excel 还提供了一些特殊的排序功能，如按行排序、按笔画排序、按自定义序列排序等，需要进行这些设置时，可以在"排序"对话框中，单击"选项"按钮，打开"排序选项"对话框进行相应的操作。

如果要"自定义排序",可在"排序"对话框的"次序"下拉列表框中选择"自定义序列"选项,根据需要添加新序列,再选择定义的新序列重新进行排序。

5.5.4 数据筛选

筛选就是指从表中找出符合某些条件特征的一条或多条记录。Excel 提供自动筛选和高级筛选。

微课 5-5
筛选

1. 自动筛选

(1)单条件筛选

单条件筛选是将符合一种条件的数据筛选出来。使用自动筛选可以创建按值列表、按格式或按条件 3 种筛选类型。对于每个单元格区域或列表来说,这 3 种筛选类型是互斥的。

操作方法为:在"数据"选项卡"排序和筛选"选项组中单击"筛选"按钮,这时每个字段单元格的右侧出现灰色下拉箭头▼,此箭头称为筛选器箭头按钮。单击对应的筛选器箭头按钮,在下拉列表中直接选择符合筛选条件的选项。

【提示】

要取消自动筛选,可以在"数据"选项卡"排序和筛选"选项组中,再次单击"筛选"按钮。

(2)多条件筛选

多条件筛选是将符合多个条件的数据筛选出来。

操作方法为:在"数据"选项卡"排序和筛选"选项组中单击"筛选"按钮,进入"自动筛选"状态。单击对应的筛选器箭头按钮,在下拉列表中选择"数字筛选"选项,进行相应的设置。

2. 高级筛选

使用"高级筛选",可以设置复杂的筛选条件。

操作方法如下。

步骤 1:设置筛选条件区域。条件区域和数据区域中间必须要有一行以上的空行隔开。

在表格与数据区域空两行的位置处输入高级筛选的条件。高级筛选的条件是由标题和值组成,第一行是标题(标题要和数据表中的标题一致,最好是采用复制粘贴方法),如果值在同一行表示"且"的关系,值不在同一行表示"或"的关系。

图 5.5.3
"高级筛选"
对话框

步骤 2:在"数据"选项卡"排序和筛选"选项组中单击"高级"按钮,打开"高级筛选"对话框,如图 5.5.3 所示。

确定筛选的"方式",在"列表区域"中确定筛选的数据区域,可以通过单击 按钮选定单元格区域,在"条件区域"选定筛选的条件区域。

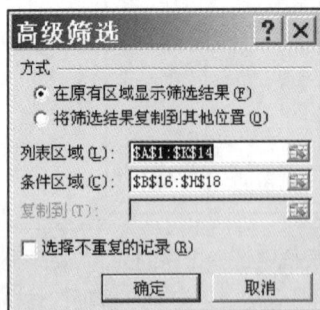

3．自定义筛选

在"数据"选项卡"排序和筛选"选项组中单击"筛选"按钮，单击筛选器箭头按钮，在下拉列表中选择"数字筛选"→"自定义筛选"选项。

📣【注意】

将筛选后的数据复制到其他工作表或其他区域，可以进行保存或打印。若取消筛选操作，可以单击"排序和筛选"选项组中的"消除"按钮。

5.5.5 分类汇总

分类汇总使用数据区域中每一列数据的列标题来创建数据组和计算。

微课 5-6
分类汇总

1．创建分类汇总

创建分类汇总的方法如下。

① 对分类字段进行排序：选择分类的字段，进行"升序"或"降序"都可以，只是需要将同类的字段值排在一起。

② 在"数据"选项卡"分级显示"选项组中，单击"分类汇总"按钮，打开"分类汇总"对话框，如图 5.5.4 所示，在其中依次设置"分类字段""汇总方法""选定汇总项"等。

2．分级显示

分类汇总的结果是分级显示，单击默认的分组显示符号 1、2、3，将显示不同的级别，使用+、-按钮将显示或隐藏该组的明细数据。

3．清除分类汇总

在"数据"选项卡"分级显示"选项组中，单击"分类汇总"按钮，打开"分类汇总"对话框，在其中单击"全部删除"按钮。

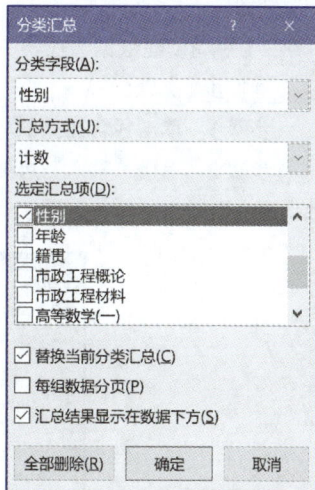

图 5.5.4
"分类汇总"
对话框

5.5.6 数据透视表与数据透视图

数据透视表是 Excel 中交互数据分析工具。筛选可以隐藏不想看到的信息，分类汇总实现汇总数据但无法隐藏信息。数据透视表既能实现筛选功能，又可以实现筛选功能下的分类汇总功能，并形成报表。

数据透视表集合了排序、筛选、分类汇总等数据分析常用功能，可以很方便地调整分类汇总的方法，以多种形式展示数据的特征，功能十分强大，操作极其简单。使用数据透视表可以深入分析数值数据，数据透视表对于汇总、分析、浏览和呈现汇总数据都非常有用，可以创建嵌入式和独立式数据透视表。

Excel 中存储数据的表分两种，一种是只含有列标题的数据表，另一种是有行标题和列标题的报表。使用数据透视表可以快速地创建报表。

1. 数据透视表

数据透视表是 Excel 中一个强大、灵活的数据分析工具。使用数据透视表帮助用户了解数据中的对比情况、模式和趋势。数据透视表使用交互式方法汇总大量数据，快速生成动态汇总报表。数据透视表可以汇总、分析、浏览和呈现汇总数据，深入分析数值数据，并且可以解决一些复杂的数据问题。

【注意】

创建数据透视表的源数据中不应有任何空行或列，它必须只有一行标题。

微课 5-7
数据透视表

数据透视表可以使用自动和手动两种方法创建。

（1）创建数据透视表

1）自动创建数据透视表

操作步骤如下。

步骤 1：单击"插入"选项卡"表格"选项组中的"推荐的数据透视表"按钮。

步骤 2：在打开的"推荐的数据透视表"对话框中，选择一种数据透视表，单击"确定"按钮。

2）手动创建数据透视表

操作步骤如下。

步骤 1：单击包含数据的单元格区域内的一个单元格。

步骤 2：单击"插入"选项卡"表格"选项组中的"数据透视表"按钮，打开"创建数据透视表"对话框，如图 5.5.5 所示。

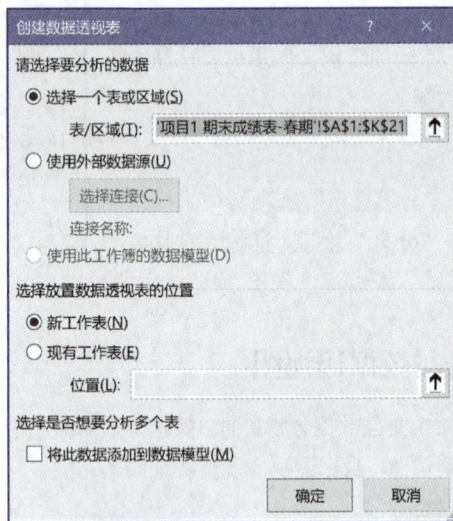

图 5.5.5
"创建数据透视表"对话框

步骤 3：在该对话框的"请选择要分析的数据"选项区域中选中"选择一个表或区域"单选按钮，确定数据区域。

步骤 4：在"选择放置数据透视表的位置"选项区域中选中"现有工作表"单选按钮；如果选中"新工作表"单选按钮，则将放置在一张新工作表中。

步骤 5：单击"确定"按钮，在窗口右侧出现"数据透视表字段"任务窗格，如图 5.5.6 所示。

计数项:籍贯	列标签 ▾			
行标签 ▾	建工2001	建工2002	建工2003	总计
男	3	5	4	12
女	2	3	3	8
总计	5	8	7	20

数据透视表字段 ▾ ✕

选择要添加到报表的字段： ✿ ▾

搜索 🔍

☑ **班级**
☐ 民族
☑ **性别**

在以下区域间拖动字段：

▼ 筛选　　　　　　　Ⅲ 列

　　　　　　　　　　| 班级 ▾ |

☰ 行　　　　　　　　Σ 值

| 性别 ▾ |　　　　| 计数项:籍贯 ▾ |

☐ 延迟布局更新　　　　　　　　更新

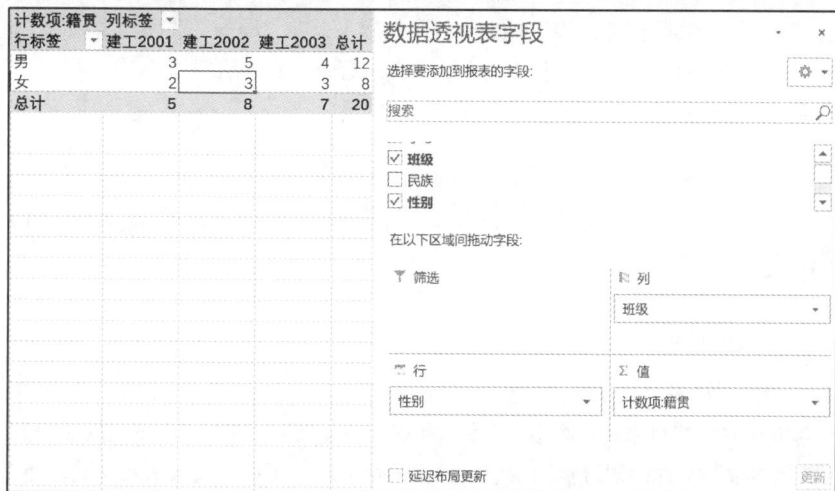

图 5.5 6
"数据透视表字段"
任务窗格

步骤 6：确定构建数据透视表的字段。在"数据透视表字段"任务窗格中，用鼠标直接拖动字段名到窗格下方相应的"列""行"和"值"区域，即可创建好数据透视表。

【注意】

● 所选字段默认添加的区域：非数字字段添加到"行"，日期和时间层次结构添加到"列"，数值字段添加到"值"。

● Excel 会将空的数据透视表添加至指定位置并显示数据透视表字段列表，以便可以添加字段、创建布局以及自定义数据透视表。

● 如何判断字段所放区域：筛选、列、行、值。做数据透视表时需要做的是：一是分类，二是汇总。其中"筛选""列""行"这 3 个区域用来放分类项，对于需求中唯一项就放在"筛选"区域，如果没有，为空；"值"区域段用来放汇总项。

【提示】

● 创建数据透视表，除了基于当前工作表创建外，数据源还可以选择外部数据，只需要在"创建数据透视表"对话框的"请选择要分析的数据"选项区域选中"使用外部数据源"单选按钮。

● 可以基于现有的数据透视表创建数据透视图，也可以将数据透视图转换为标准图表，还可以基于数据透视表的部分或全部数据创建标准图表。

（2）设置数据透视表格式

步骤 1：单击数据透视表。

步骤 2：在"数据透视表 | 设计"选项卡"数据透视表样式选项"选项组中根据需要进行选择。

（3）数据的更新

如果数据源中的数据发生了变化，用户可以选中数据透视表中任意项目，在"数据透视表工具 | 分析"选项卡"数据"选项组中单击"刷新"下拉按钮，在下拉列表中选择"全部刷新"命令。

（4）删除数据透视表

步骤 1：在要删除的数据透视表的任意位置单击后，将显示"数据透视表工具"工具选项卡，其中包括"分析"和"设计"两个子选项卡。

步骤 2：选择"数据透视表工具 | 分析"选项卡，在"操作"选项组中单击"选择"下拉按钮，在下拉列表中选择"整个数据透视表"命令。

步骤 3：按 Del 键。

【注意】

当更改源数据时，数据透视表不会自动更新，所以更新源数据后，要单击"刷新"按钮，即可强制数据透视表更新使用最新的数据。

2. 数据透视图

数据透视图提供交互式数据分析的图表，与数据透视表类似。可以更改数据的视图，查看不同级别的明细数据，或通过拖动字段和显示或隐藏字段中的选项来重新组织图表的布局。数据透视图是通过对数据透视表中的汇总数据添加可视化效果来对其进行补充，以便用户轻松查看比较、模式和趋势。

借助数据透视表和数据透视图，用户可对企业中的关键数据做出明智决策。

（1）创建数据透视图

操作步骤如下。

步骤 1：在"插入"选项卡"图表"选项组中，单击"数据透视图"按钮，打开"创建数据透视图"对话框。

步骤 2：使用数据透视表转成数据透视图，将当前活动单元格定位到创建好的数据透视表中（单击数据透视表中的任意单元格），在"数据透视表工具 | 分析"选项卡"工具"选项组中，单击"数据透视图"按钮，打开"插入图表"对话框，如图 5.5.5 所示。

步骤 3：根据需求选择图表类型，然后单击"确定"按钮，即创建好数据透视图，如图 5.5.7 所示。

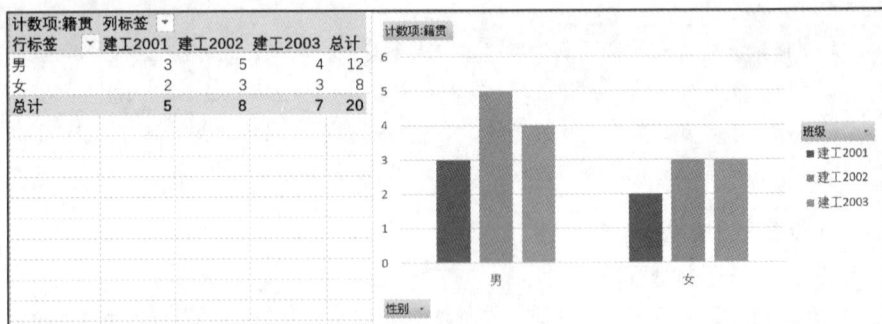

图 5.5.7
数据透视图

（2）修改数据透视图

后期可以在"数据透视图工具"选项卡中进行数据透视图相关信息的修改。

① **选择性显示分类变量。** 对于创建成功后的数据透视图，使用"数据透视图筛选窗口"浮动工具栏来实现数据透视图的实时更改。

② **更改图表类型。** 在"数据透视图工具 | 设计"选项卡"类型"选项组中单击"更改图表类型"按钮，在打开的对话框中进行设置。

③ **删除数据透视图。** 选定待删除的数据透视图，按 Del 键。

5.5.7 合并计算

合并计算是将多个分散的相关联的数据源区域的数据合并到一张主工作表中的数据区域。这里的数据源区域包括不同工作簿、同一工作簿、不同工作表或同一工作表中的数据区域。

可以使用以下方法对数据进行合并计算。

① 按位置进行合并计算：适用于当多个源区域中的数据是按照相同的顺序排列并使用相同的行和列标签时。

② 按分类进行合并计算：适用于当多个源区域中的数据以不同的方法排列，但使用相同的行和列标签时。

③ 使用公式或数据透视表对数据进行合并计算。

操作步骤如下。

步骤 1：打开所有需要合并计算的工作簿。

步骤 2：切换到作为主工作表的工作表中，选择合并计算结果存放的单元格。

步骤 3：在"数据"选项卡的"数据工具"选项组中，单击"合并计算"按钮。

步骤 4：在打开的"合并计算"对话框中，依次在"函数"列表框中选择汇总方式，在"引用位置"中选择数据源区域，单击"添加"按钮，将选定的合并计算区域添加到"所有引用位置"列表框中。

步骤 5：单击"确定"按钮，完成数据合并计算。

微课 5-8
合并计算

5.5.8 模拟分析和预测

模拟分析是使用方案管理器、单变量求解和模拟运算表，对工作表中的公式使用不同的几组值来分析不同的结果。

模拟运算表是一个单元格区域，可以用列表形式显示计算模型中某些参数的变化对公式计算结果的影响。这个区域中，生成值所需的若干个相同公式被简化成一个公式，从而简化了公式的输入。根据模拟运算行、列的个数，分为单变量模拟运算表和双变量模拟运算表两种类型。

Excel 模拟分析可以让用户在影响最终结果的诸多因素中进行测算和分析。例如，一个人向银行贷款，模拟分析不同贷款年限，对于还款金额的变化。

微课 5-9
模拟分析和预测
工作表

1. 模拟运算表

（1）单变量模拟运算

单变量模拟运算表用于分析公式中的一个变量以不同值替换时，可同时查看多个输入对公式结果产生的影响。

操作步骤如下。

步骤 1：选择要创建模拟运算表的单元格区域，其中第 1 行包含变量和公式的单元格。

步骤 2：在"数据"选项卡的"预测"选项组中单击"模拟分析"按钮，在弹出的下拉列表中选择"模拟运算表"命令。

步骤 3：单击"确定"按钮，自动生成模拟运算表。

（2）双变量模拟运算表

操作步骤如下。

步骤 1：在工作表中输入基础数据与公式，公式至少需要包括两个单元格引用，输入相关的变量值。

步骤 2：选择要创建表的单元格区域，第 1 行和第 1 列需要包含公式和变量值的单元格，目的是可以测算出不同单价、不同利润值的变化情况。

步骤 3：在"数据"选项卡的"预测"选项组中单击"模拟分析"按钮，在弹出的下拉列表中选择"模拟运算表"命令。

步骤 4：打开"模拟运算表"对话框，对"输入引用列的单元格"和"输入引用行的单元格"进行设置，单击"确定"按钮，自动生成模拟运算表。

2．预测工作表

预测工作表是根据历史数据预测未来一段时期的发展趋势数据，并根据预测数据创建图表。

操作步骤如下。

步骤 1：在工作表中选择相互对应的两列数据。

步骤 2：在"数据"选项卡的"预测"选项组中，单击"预测工作表"按钮。

步骤 3：在打开的"创建预测工作表"对话框中，选择右上角的图表类型，在"预测结束"中指定结束日期。

步骤 4：单击"创建"按钮。

5.5.9　宏的简单应用

宏（Macro）是自动执行任务的一个或多个操作的组合，是存储在 Visual Basic 模块中的一系列命令和函数。在 Excel 中有需要重复执行的任务时，可以用 VBA（Visual Basic for Application）编程语言设置鼠标或键盘操作的命令，以及事先设置好的表格样式和快捷键等，如在 Excel 里自动设置单元格的格式、填充设置等。

【注意】

添加"开发工具"选项卡。录制宏的操作在"开发工具"选项卡中，由于该选项卡默认为隐藏，因此需要先添加。选择"文件"选项卡中的"选项"命令，打开"Excel 选项"对话框，选择"自定义功能区"选项卡，在右侧"主选项卡"中，选中"开发工具"复选框，然后单击"确定"按钮。

微课 5-10
宏的简单应用

1．录制宏

步骤 1：在"开发工具"选项卡的"代码"选项组中，单击"录制宏"按钮，打开"录制宏"对话框。

步骤 2：在"宏名"文本框中输入宏的名称，在"快捷键"文本框中输入快捷键，并在"说明"文本框中输入描述，单击"确定"按钮，进入宏录制过程。

步骤 3：执行希望自动化的操作，这里选定数据区域，设置条件格式。

步骤 4：录制完成后，在"开发工具"选项卡的"代码"选项组中单击"停止录制"按钮。

步骤 5：将工作簿文件保存为可以运行宏的格式，然后单击"保存"按钮，即可完成宏的录制过程。

2．调用宏

① 使用快捷键：打开录制宏的工作簿，系统功能区中将出现"安全警告"选项组，单击"启用内容"按钮，然后按录制宏时设置的快捷键，即调用宏中相同的操作。

② 使用对话框：在"开发工具"选项卡的"代码"选项组中，单击"宏"按钮，打开"宏"对话框，在"宏名"框中，选择要运行的宏名，单击"执行"按钮。

5.5.10　控件的简单应用

Excel 中可以插入表单控件和 ActiveX 控件，一般常用的是表单控件。

微课 5-11
控件的简单应用

1．添加表单控件

步骤 1：在"开发工具"选项卡的"控件"选项组中，单击**"插入"按钮**。

步骤 2：**在弹出的列表框中**，选择要添加的控件按钮、复选框、标签等控件，这时鼠标指针会变为十字形。

步骤 3：单击要添加控件的单元格，该控件即可添加到该单元格中。

2．控件设置

① 设置控件属性：选定控件，单击"控件"选项组中的"属性"按钮，打开"属性"对话框（也可以右击该控件，在弹出的快捷菜单中选择"属性"命令），在该对话框中，根据需要修改属性。

② 编写控件代码：选定控件，单击"控件"选项组中的"查看代码"按钮，在弹出的窗口中编写代码。

③ 删除控件：右击该控件，然后按 Del 键。

5.5.11　数据分析工具

使用 Excel 提供的数据分析工具，无论是小型数据集还是多达数百万行的大型数据集，都可以更快地连接、清理、分析和共享数据。Excel 2016 中的三大数据分析工具为：Power Query、Power Pivot、Power View。

微课 5-12
Power Query

1．Power Query 获取和转换数据

Power Query 是 Excel 的一个（查询）编辑器，是通过"获取和转换"功能来获取当前工作表或外部数据源的数据，并进行指定的转换。

Power Query 可以获取多种外部数据源的数据，包括关系型数据库、Excel 工作簿、文本文件、XML 文件、网站数据等。

使用 Power Query（查询）编辑器，将获取的数据进行指定的转换，如删除列、更改数据类型或合并表格。

操作步骤如下。

步骤 1：获取数据。

① 从当前工作表。

● 打开工作簿，选择工作表。

● 在"插入"选项卡的"表格"选项组中，单击"表格"按钮。

● 打开"创建表"对话框，在"表数据的源"中选择数据区域。

● 在"数据"选项卡的"获取和转换"选项组中，单击"从表格"按钮。

● 在弹出的"Power Query 编辑器"窗口中，可以对导入的数据进行转换和整理，此处的改变不会影响源数据。

② 从外部数据源。

● 打开要存放查询结果的工作簿。

● 在"数据"选项卡的"获取和转换"选项组中，单击"新建查询"按钮，从下拉列表中选择数据来源。

● 在打开的"导入数据"对话框中，选择要使用的数据表，单击"导入"按钮。

● 在弹出的导航窗口中，单击"转换数据"按钮。

● 弹出"Power Query 编辑器"窗口。

步骤 2：整理数据。

① 在弹出的"Power Query 编辑器"窗口中，可以对导入的数据进行转换和整理。如查询、管理列、减少行、排序、转换、组合、新建查询等操作。

② 整理完数据后，在"主页"选项卡"关闭"选项组中单击"关闭并上载"按钮。

2．Power Pivot 数据建模和管理

微课 5-13
Power Pivot

Power Pivot 是 Excel 的一种数据建模技术，可用于创建复杂的数据模型、建立数据关系和计算。借助 Power Pivot，可以汇总来自各种数据源的大量数据，快速执行信息分析并轻松共享分析结果。在 Power Pivot 窗口中可以通过对数据模型的操作来创建较复杂的数据模型，可以查看和管理数据模型、添加计算、建立关系，以及查看数据模型的元素。

数据模型是一个可以存储大量数据的复杂列式数据库，是表或其他数据的集合，它通过在多表之间创建"关系"，使一组表格成为一个数据模型，数据模型就是指存在关系的一组表格。在 Excel 工作簿中看到的数据模型与在 Power Pivot 窗口中看到的数据模型相同。

关系可以理解为表和表之间的联系，它包含了源表、外键列、相关表和相关列等元素，关系一旦建立，用户便可以很方便地检索相关表中的数据。

Power Pivot 是一个 Excel 加载项，首次使用时需要启用该加载项。

（1）启动 Power Pivot 加载项

步骤 1：选择"文件"选项卡，选择"选项"命令，打开"Excel 选项"对话框，选择"加载项"选项卡。

步骤 2：在"管理"列表框中，选择"COM 加载项"选项，单击"转到"按钮。

步骤 3：在打开的对话框中选中 Microsoft Office Power Pivot for Excel 复选框，然后单击"确定"按钮。在 Excel 窗口中，即添加了一个 Power Pivot 选项卡。

（2）导入数据模型

步骤 1：在 Power Pivot 选项卡的"数据模型"选项组中，单击"管理"按钮。

步骤 2：弹出 Power Pivot for Excel 窗口。

步骤 3：在 Power Pivot for Excel 窗口的"获取外部数据"组中，单击"从其他源"按钮。

步骤 4：在弹出的"表导入向导"窗口中，选择"Excel 文件"选项作为导入文件，单击"下一步"按钮。

步骤 5：单击"浏览"按钮选择对应的文件，选中"使用第一行作为列标题"复选框，单击"下一步"按钮。

步骤 6：选择对应的数据表，单击"完成"按钮，开始导入数据。

步骤 7：单击"关闭"按钮，数据模型导入到 Power Pivot 窗口。

步骤 8：数据分析：回到 Excel 工作表，将学生信息表的"班级"字段添加到数据透视表的"行"区域，学生成绩表的"科目"字段添加到"列"区域，"得分"字段添加到"值"区域，并设置汇总依据为平均值、数字格式为数值、小数位数 2 位。

（3）建立表间关系

步骤 1：在 Power Pivot 窗口的"查看"组中，单击"关系图视图"按钮。

步骤 2：在一个数据模型中选定关键字段，将其拖动到另一张表中相关的关键字段上，两张表间出现关联标识线，即建立表间关系。

步骤 3：在表间的标识线上右击，在弹出的快捷菜单选择相应命令可以编辑和删除关系。

（4）数据透视表分析数据

步骤 1：创建数据透视表：在 Power Pivot for Excel 窗口的"主页"选项卡中，单击"数据透视表"按钮，在打开的"创建数据透视表"对话框中，选定"位置"信息，单击"确定"按钮。

步骤 2：在弹出的"数据透视表字段"任务窗格中，将学生信息表的"班级"字段拖到"行"区域，将学生成绩表中相应科目的字段拖到"值"区域。

步骤 3：右击"值"区域的字段，在弹出的快捷菜单中选择"值字段设置"命令。

步骤 4：在打开的"值字段设置"对话框中，设置相应的名称、汇总方式和显示方式。

【注意】

> 表间关系一旦正确建立，用户便可以检索相关表的任意列数据，例如，查看每个人的平均分，只需要将学生信息表的"姓名"字段拖入透视表的"行"区域，学生成绩表的"得分"字段拖入"值"区域即可。

3．Power View

Power View 是一种数据可视化技术，用于创建交互式图表、图形和其他视觉效果，以便直观呈现数据。

Power View 以 Excel 加载项的形式提供。需要启用加载项，才能在 Excel 中使用。启用步骤如下：

选择"文件"选项卡，选择"选项"命令，打开"Excel 选项"对话框，选择"加载项"选项卡，在"管理"列表框中选择"COM 加载项"选项，单击"转到"按钮，在打开的"COM 加载项"对话框中选中 Microsoft Power View for Excel 复选框，然后单击"确定"按钮。

启用 Power View 后，可以通过选择"文件"选项卡中的"选项"命令，在打开的"Excel 选项"对话框中将 Power View 选项卡添加到主选项卡中，方便使用。

5.6　图表

使用 Excel 图表，将数据图形化，可以更加直观、生动地展现数据的分析结果，使数据的比较或趋势变得一目了然。Excel 中的图表按照插入位置，可以分为工作表图表和嵌入式图表，可以创建二维和三维图表。

5.6.1　图表的组成

图表元素包括图表标题、图例、绘图区、数据系列、数据标签、坐标轴、网格线等，如图 5.6.1 所示。

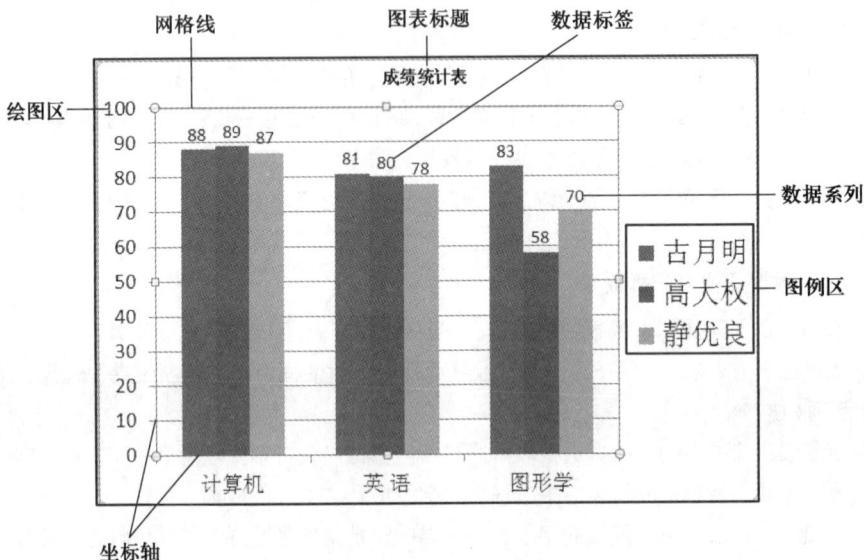

图 5.6.1
图表元素

图表区中主要分为图表标题、图例、绘图区 3 部分。

① 绘图区是指图表区内图形表示的范围，即以坐标轴为边的长方形区域，对于绘图区的格式，可以改变绘图区边框的样式和内部区域的填充颜色及效果。

② 绘图区中包含数据系列、数据标签、坐标轴、网格线等。

③ 数据系列对应工作表中的一行或一列数据。

④ 坐标轴分为主坐标轴和次坐标轴。

⑤ 网格线用于显示各数据点的具体位置，同样有主次之分。

⑥ 图表标题是显示在绘图区上方的文本框（只有一个），图表标题的作用是简明扼要地概述图表。

⑦ 图例是显示各个系列代表的内容，由图例项和图例项标识组成，默认显示在绘图区的右侧。

【提示】

　　将鼠标指针悬停在图表的对应元素上时，可以显示该元素的名称，认识这些名称可以方便快速地对图表进行设置。

微课 5-14
创建图表

5.6.2　创建图表

在 Excel 中的图表，可以分为嵌入式图表和图表工作表。嵌入式图表与数据源在同一工作表中，图表工作表与数据源不在同一工作表中，图表单独占据整张工作表。

Excel 2016 提供了 15 种图表类型，每一种图表类型又有若干种子类型，用不同图形呈现数据表示，同一数据源可以使用不同的图表类型创建图表。

1．使用快捷键创建图表

步骤 1：选择数据区域中的任意一个单元格。

步骤 2：使用快捷键 Alt+I+H 可打开"插入图表"对话框，也可以使用功能键 F11 快速创建一个图表工作表。

2．使用功能区创建

方法 1：选择"插入"选项卡，在"图表"选项组中单击一种图表类型的按钮，并在下拉列表中选择一种子类型，即可创建一个图表。

方法 2：按 Alt+F1 组合键，可快速在当前工作表中嵌入一张空白图表（下一步可在工作表中选择数据源，然后在图表中粘贴生成图表），一般用于制作动态图表。

5.6.3　常用图表的特点

不同的图表类型显示不同的数据关系。在创建图表时，选择何种类型的图表，一般会根据数据的类型、想表达的数据信息和希望从图表中展示的内容，以及图表的特点等多个方面，进行反复思索，确定创建图表的类型。

常用的几种图表特点如下。

①"柱形图"适合于多个类别的多个数据对比，即跨多个类别比较值，如多个同行业的季度数据对比，或多个子公司的季度或月度数据对比。

②"条形图"和柱形图是一样的，横向显示柱形，适用于当图表显示持续时间或类别文本很长时。

③"折线图"主要用于表现一个或多个类别的变化趋势，如股票、产值预期估算等，适用于存在许多数据点并且顺序很重要时。

④"饼图"主要用于展示不同类别所占比例的对比，如调查问卷的选项比例、子公司在某个月对总公司的贡献比例等。

⑤"xy 散点图"主要用于显示若干数据系列中各数值之间的关系，是一种将两个变量分布在纵轴和横轴上，在它们的交叉位置绘制出点的图表，主要用于表示两个变量之间的关系。

⑥"旭日图"可以表达清晰的层级和归属关系，能清晰地展示有父子层级维度的比例构成情况。

⑦"箱形图"常见于科学论文图表，瀑布图、树状箱形图是一种用于显示一组数据分散情况资料的统计图，其绘制须使用常用的统计量，能提供有关数据位置和分散情况的关键信息。

⑧"树状图"适用于比较层次结构内的比例，但是不适用于显示最大类别与各数据点之间的层次结构级别。树状图通过使用一组嵌套矩形中的大小和色码来显示大量组件之间的关系。

5.6.4　编辑图表

1．修改图表元素

当图表建立好后，如果打开数据源所在的工作表，输入新数值，图表也会相应地更

微课 5-15
图表编辑

改图表数值。

操作步骤如下。

步骤 1：选择要进行编辑的图表区域。

步骤 2：在"图表工具丨设计"选项卡的"图表布局"选项组中单击"图表元素"下拉按钮，在弹出的下拉列表中选择所需的图表元素进行格式设置。

2．更改图表类型

操作步骤如下。

步骤 1：选择要更改图表类型的图表。

步骤 2：在"图表工具丨设计"选项卡的"类型"选项组中单击"更改图表类型"按钮，在打开的对话框中选择所需要的图表类型。

步骤 3：单击"确定"按钮。

3．编辑图表标题和坐标轴标题

① 更改图表标题文本：选择更改图表标题，双击输入新文本，即可更改图表标题。

② 更改图表标题位置：在"图表工具丨设计"选项卡的"图表布局"选项组中单击"图表元素"下拉按钮，在下拉列表中选择"图表标题"选项进行相应的设置。

③ 坐标轴标题：在"图表工具丨设计"选项卡的"图表布局"选项组中单击"图表元素"下拉按钮，在下拉列表中选择"坐标轴标题"选项进行相应的设置。

4．添加网格线和数据标签

（1）添加网格线

为更好地显示图表中的数值，可以使用网格线将坐标轴上的刻度进行延伸。

操作步骤如下。

步骤 1：选择图表。

步骤 2：在"图表工具丨设计"选项卡的"图表布局"选项组中单击"图表元素"下拉按钮，在弹出的下拉列表中选择"网格线"选项进行相应的设置。

（2）添加数据标签

步骤 1：单击要添加数据标签的数据系列。

步骤 2：在"图表工具丨设计"选项卡的"图表布局"选项组中单击"图表元素"下拉按钮，在弹出的下拉列表中选择"数据标签"选项进行相应的设置。

5．更改图表布局

操作步骤如下。

步骤 1：选择图表。

步骤 2：在功能区中选择"图表工具"的"设计"选项卡，在"图表布局"选项组中单击"快速图表"下拉按钮，在弹出的下拉列表中进行相应的设置。

6．更改图表样式

操作步骤如下。

步骤 1：选择图表。

步骤 2：在"图表工具丨设计"选项卡的"样式"选项组中选择不同的样式。

7．添加与删除数据

步骤 1：选择图表。

步骤 2：在"图表工具 | 设计"选项卡的"数据"选项组中单击"选择数据"按钮，在打开的对话框中进行相应的设置。

【注意】

如果从工作表中删除数据，图表将自动更新。如果在图表中选中要删除的数据系列，然后按 Del 键，图表中该数据系列即被删除，而工作表中的数据并未被删除。

8．复制删除图表

对图表的复制和删除操作方法同 Word 中设置文档格式一样，可以使用复制命令或 Ctrl+C 组合键进行图表复制操作，使用 Del 键进行图表的删除操作。

9．格式化图表

选择图表中的元素，选择"图表工具 | 格式"选项卡，使用相应选项组中的命令按钮，可以对选定的元素进行格式化操作。操作方法同 Word 中设置文档格式一样。

5.6.5　创建迷你图

迷你图是插入工作表单元格中的微型图表，使用迷你图能快速发现数据变化的趋势。

微课 5-16
迷你图

1．创建迷你图

步骤 1：选定要在插入迷你图的空单元格。

步骤 2：在"插入"选项卡的"迷你图"选项组中，单击要创建的迷你图类型的按钮。

步骤 3：在打开对话框的"数据范围"文本框中输入迷你图所包含数据的单元格区域，在"位置范围"中设置存放迷你图的位置，单击"确定"按钮完成。

【注意】

可以拖曳迷你图所在的单元格填充柄来填充其他数据的迷你图。

2．编辑迷你图

创建迷你图后，可通过"迷你图工具 | 设计"选项卡进行以下设置。

① 改变迷你图类型：在"类型"选项组中进行选择。

② 突出显示数据点：在"显示"选项组中进行选择。

③ 迷你图样式和颜色设置：在"样式"选项组中进行选择。

④ 处理隐藏和空单元格：在"迷你图"选项组中单击"编辑数据"下拉按钮，在弹出的下拉列表中进行选择。

⑤ 清除迷你图：在"分组"选项组中单击"清除"按钮。

3．迷你图特点

① 占用空间少，清晰、直观地表达数据的趋势。

② 可选择多个单元格数据创建多个迷你图。

③ 可以在迷你图的单元格中使用填充柄。

④ 在迷你图单元格中可以输入文本，迷你图作为背景使用。

5.7　打印输出工作表

工作表的打印，其操作步骤是：先进行页面设置，再进行打印预览确认格式，然后打印输出。其页面设置和打印输出的基本设置参考 Word 的操作介绍。Excel 的工作表区域通常较大，在 Excel 的文件打印中，提供了一些特殊的设置功能。

打印输出设置包括纸张方向和大小、页边距、打印区域及打印标题等。

1．页面设置

选择"页面布局"选项卡，单击"页面设置"组中的对话框启动器按钮，打开"页面设置"对话框，在"页面"选项卡中对打印输出的页面进行设置。

微课 5-17
页面设置

- 方向：用于设置"纵向"或"横向"打印纸张方向。
- 缩放：用于设置缩放百分比来缩小或放大工作表。
- 纸张大小，从下拉列表框中选择所需要的纸张型号，默认为 A4。
- 打印质量：从下拉列表框中选择打印输出的质量。
- 起始页码：用于直接输入页码的起始号，默认为 1。

2．页边距的设置

在"页面布局"选项卡的"页面设置"选项组中单击"页边距"按钮，可以选择"常规""宽"和"窄"3 种内置的页边距样式，也可以自定义上下左右边距、页眉和页脚的边距。

3．人工分页

一张工作表较大，Excel 会自动为工作表分页，如果自动分页的效果不满意，可以根据需要对工作表进行人工分页。

进行人工分页时，可以手动插入分页符。分页的操作包括水平分页和垂直分页。

（1）水平分页

操作步骤为：首先单击要另起一页的起始行行号或选择该行最左侧单元格，然后在"页面布局"选项卡的"页面设置"选项组中，单击"分隔符"按钮，在下拉列表中选择"插入分页符"选项，这时在起始行上方出现一条水平虚线表示分页成功。

（2）垂直分页

操作步骤为：首先单击要另起一页的起始列标或选择该列最上方单元格，然后在"页面布局"选项卡的"页面设置"选项组中，单击"分隔符"按钮，在下拉列表中选择"插入分页符"项，这时在起始列左侧出现一条垂直虚线表示分页成功。

如果选择的不是最左侧或最上方的单元格，插入的分页符将在该单元格的上方和左侧，各产生一条分页虚线。

4．设置打印区域

在打印工作表时，可以设置只打印工作表中的部分数据，通过设置打印区域来完成。

操作步骤为：在工作表中选定需要打印的单元格区域，在"页面布局"选项卡的"页面设置"选项组中，单击"打印区域"按钮，在弹出的下拉列表中选择"设置打印区域"

命令，即可将选定的区域设置打印区域。选择"取消打印区域"命令，即可取消选定的打印区域。

也可以在"页面设置"对话框的"工作表"选项卡中进行打印区域设置。用户可以选定多个区域后，再使用上述方法，同时设置多个打印区域。

5. 打印标题

当一张工作表中的内容较多时，如表中有很多的行或列，打印预览会出现很多页，而表格的列标题信息又只能出现在第 1 页上。为了让打印出来的信息具有更高的可读性，可以设计其他页（即第二页至最后一页）都有列标题信息。

① 设置列标题打印的步骤如下。

● 在"页面布局"选项卡的"页面设置"选项组中，单击"打印标题"按钮。

● 打开"页面设置"对话框的"工作表"选项卡，在"顶端标题行"中设置打印的标题行，在"从左侧重复的列数"中设置打印左端的列标题。

② 网格线：可以在表中打印网格线。

③ 单色打印：打印时可忽略其他打印颜色，适用于单色打印机用户。

④ 草稿质量：可缩短打印时间。打印时将不打印网格线，同时图形以简化方式输出。

⑤ 行和列标题：打印时打印行号或列标。行号打印在工作表数据的左侧，列号打印在工作表数据的顶端。

⑥ 注释：用于设置打印时是否包含的注释。其中，"无""工作表末尾"选项是将注释单独打印在一页上，"如同工作表中的显示"选项是注释显示的位置（即打印的位置）。

⑦ **设置打印顺序**

在"页面设置"对话框的"工作表"选项卡中可以设置"打印顺序"，包括"先列后行"和"先行后列"。

6. 打印预览

选择"文件"选项卡中的"打印"命令，可以在右侧窗格预览打印的效果。

5.8 习题

1. 打开素材文件夹中的"某超市商品销售量统计表.xlsx"，完成以下操作。

（1）在工作表 Sheet1 中，设置区域 A1:G1 的对齐方式为跨列居中，字体为方正姚体，字号为 15 磅。设置第 2 行表头文字加粗。将表格单元格中的数据设置为水平对齐和垂直对齐居中。

（2）在工作表 Sheet1 中，依次输入商品编号（1201001、1201002、1201003……1201045）到区域 A3:A47。

（3）在工作表 Sheet1 中，利用公式或函数计算商品的总销售量。在区域 C52:F52 计算商品的最高销量，将表格 C～G 列的数据保留 1 位小数。

（4）在工作表 Sheet1 中，设置区域 A2:G47 的表格内部框线为细实线，外边框为粗实线。

（5）将工作表 Sheet1 中的区域 A2:G47 复制到工作表 Sheet2 中的区域 A1:G46，并将工作表 Sheet2 中"可口可乐"在 17000 以下（包含 17000）的数据筛选出来，将工作表 Sheet2 重命名为"筛选"（不含双引号）。

（6）以工作表 Sheet1 中的区域 B51:F52 作为数据源，创建簇状柱形图，图表嵌入在工作表 Sheet1 的 B54:F64 区域。

2. 某高中班主任老师需要对本班学生的各科期末考试成绩进行统计分析。按照下列要求完成该班的成绩统计工作，保存文件名为"通知单"。

（1）打开素材文件夹中的 "高中学生成绩.xlsx"，在最左侧插入一个空白工作表，重命名为"学生档案"，并将该工作表标签颜色设置为"紫色（标准色）"。

（2）将文本文件"学生档案.txt"从 A1 单元格开始导入到工作表"学生档案"中，注意不得改变原始数据的排列顺序。将第 1 列数据从左到右依次分成"学号"和"姓名"两列显示。最后创建一个名为"档案"、包含数据区域 A1:G56、包含标题的表，同时删除外部链接。

（3）在工作表"学生档案"中，利用公式及函数依次计算每个学生的性别"男"或"女"、出生日期"××××年××月××日"和年龄。其中，身份证号的倒数第 2 位用于判断性别，奇数为男性，偶数为女性；身份证号的第 7～14 位代表出生年、月、日；最后适当调整工作表的行高和列宽、对齐方式等，以方便阅读。

（4）参考工作表"学生档案"，在工作表"语文"中输入与学号对应的"姓名"；按照平时、期中、期末成绩各占 30%、30%、40% 的比例计算每个学生的"学期成绩"，并输入相应单元格中；按成绩由高到低的顺序统计每个学生的"学期成绩"排名，并按"第 *n* 名"的形式输入"班级名次"列中；按如图 5.8.1 所示的条件填写"期末总评"。

学期成绩	期末总评
≥90	优秀
≥75	良好
≥60	及格
＜60	不合格

图 5.8.1
期末总评估

（5）将工作表"语文"的格式全部应用到其他科目工作表中并按上述要求依次输入或统计其他科目的"姓名""学期成绩""班级名次" 和"期末总评"。

（6）分别将各科的"学期成绩"导入工作表"期末总成绩"的相应列中，在工作表"期末总成绩"中依次导入姓名、计算各科的平均分、每个学生的总分，并按成绩由高到低的顺序统计每个学生的总分排名、并以 1、2…形式标识名次，最后将所有成绩的数字格式设为数值、保留两位小数。

（7）在工作表"期末总成绩"中分别用红色（标准色）和加粗格式标出各科第 1 名成绩，同时将前10 名的总分成绩用浅蓝色填充。

（8）调整工作表"期末总成绩"的页面布局以便打印，其中，纸张方向为横向，缩减打印输出使得所有列只占一个页面宽（但不得缩小列宽），水平居中打印在纸上。

第6章　演示文稿软件PowerPoint 2016

　　PowerPoint 是微软公司推出的 Office 系列软件中的重要组件之一，是一种界面友好、功能强大、操作简便的演示文稿制作软件。

　　本章主要介绍 PowerPoint 2016 的操作界面、基本操作方法、演示文稿的创建、演示文稿中幻灯片的编辑、动画的制作、超链接的使用、演示文稿的打包和放映以及演示文稿的打印等。

6.1.1　启动和退出 PowerPoint

一般情况下，启动 PowerPoint 2016 的方法主要有以下 2 种。

方法 1：在"开始"菜单中选择 PowerPoint 2016 命令。

方法 2：如果桌面上有 PowerPoint 2016 的快捷图标，双击该图标即可启动。

退出 PowerPoint 2016 的方法主要有以下 2 种。

方法 1：单击窗口右上角的"关闭"按钮。

方法 2：使用快捷键 Alt+F4。

6.1.2　PowerPoint 2016 的窗口组成

微课 6-1
PowerPoint 2016
的窗口介绍

启动 PowerPoint 2016 后，进入 PowerPoint 2016 的工作界面，如图 6.1.1 所示。

图 6.1.1
PowerPoint 2016
工作界面

PowerPoint 2016 工作界面与 Office 2016 系列软件的界面风格保持一致，其组成部分及功能简述如下。

1．标题栏

标题栏用于显示当前演示文稿的文件名，右侧提供了"功能区显示选项"按钮、"最小化"按钮、"最大化"按钮、"关闭"按钮。

2．快速访问工具栏

该工具栏提供了一些快速执行命令按钮，如保存、撤销、恢复、新建等，如图 6.1.2 所示。用户可以通过单击其后的下三角按钮来添加或删除一些常用按钮。

图 6.1.2
PowerPoint 快速访
问工具栏中的按钮

3．功能区

PowerPoint 2016 的功能区是一个动态区域，由常规的 9 个选项卡组成，每个选项卡由多个选项组组成。功能区包含了 PowerPoint 大部分功能选项，如图 6.1.3 所示。

图 6.1.3
PowerPoint
2016 功能区

📖【提示】

　　功能区的最小化：默认情况下，功能区总在标题栏下方以一定的高度显示，若用户觉得该区域太大，可将其最小化。只需将鼠标指针移动到功能区任意位置后右击，在弹出的快捷菜单中选择"折叠功能区"命令，或通过单击窗口右上角的 ∧ 按钮。

4．幻灯片浏览窗格

该窗格显示了每张完整的幻灯片缩略图，方便浏览演示文稿和观看每张幻灯片的设计效果，还可以轻松地实现重新排列、添加或删除幻灯片，以及新增节、删除节和重命名节等功能。

5．幻灯片窗格

幻灯片窗格是编辑幻灯片的主要工作区，直观显示了当前幻灯片的内容，包括文本、图片、表格、视频等对象，在该区域中可对幻灯片的内容进行编辑。

6．状态栏

状态栏位于窗口底部，用于显示幻灯片的编号、演示文稿幻灯片总数、语言状态、备注窗格显示按钮、批注窗格显示按钮、幻灯片的视图切换按钮、幻灯片的显示比例调节、使幻灯片适应当前窗口按钮。

6.1.3　PowerPoint 的视图方式

PowerPoint 2016 为用户提供了普通视图、大纲视图、幻灯片浏览视图、备注页视图、阅读视图和状态栏中的幻灯片放映视图 6 种视图模式。

在"视图"选项卡的"演示文稿视图"选项组中，可根据不同的需要选择不同的视图方式，也可以通过状态栏右侧的视图切换按钮选择不同的视图方式。

1．普通视图

普通视图是 PowerPoint 2016 的默认视图，启动 PowerPoint 2016 后会直接进入普通

微课 6-2
PowerPoint 2016
的视图方式

视图模式，如图 6.1.4 所示。普通视图主要用于编辑单张幻灯片中的内容，调整幻灯片中的整体结构。

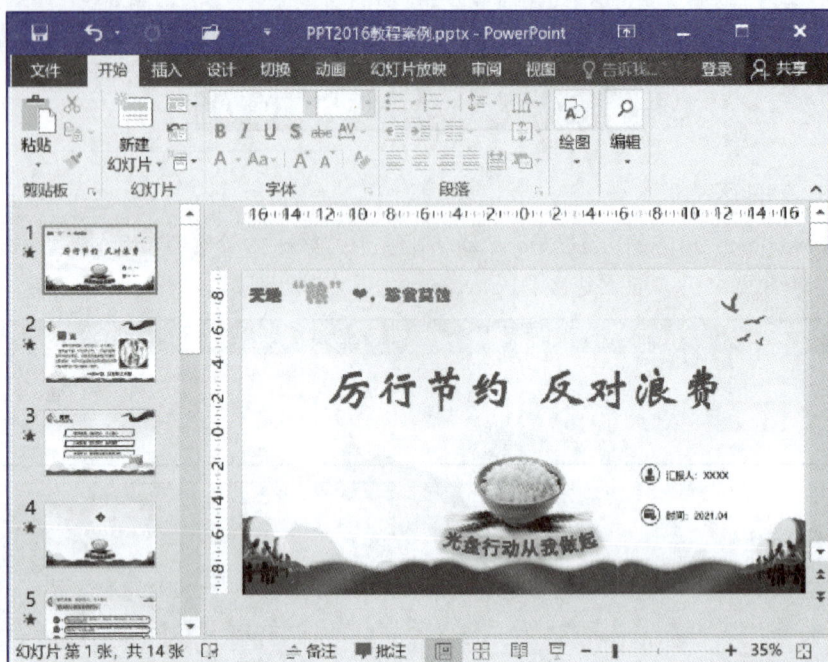

图 6.1.4
PowerPoint 普通视图

2. 幻灯片浏览视图

在幻灯片浏览视图中可查看缩略图形式的幻灯片，如图 6.1.5 所示。通过该视图，在创建演示文稿及准备打印演示文稿时，可以轻松地对演示文稿的顺序进行排列和组织。用户还可以在幻灯片浏览视图中添加节，并按不同的类别或节对幻灯片进行排序。

图 6.1.5
PowerPoint 幻灯片
浏览视图

3．备注页视图

在备注页视图下，用户可编辑和设计某张幻灯片的备注信息。上半部分是以图片形式显示幻灯片的缩略图，下半部分是一个文本占位符，用于输入文本备注信息或图片、表格、艺术字等，并可以为文字等对象设置格式，如图 6.1.6 所示。

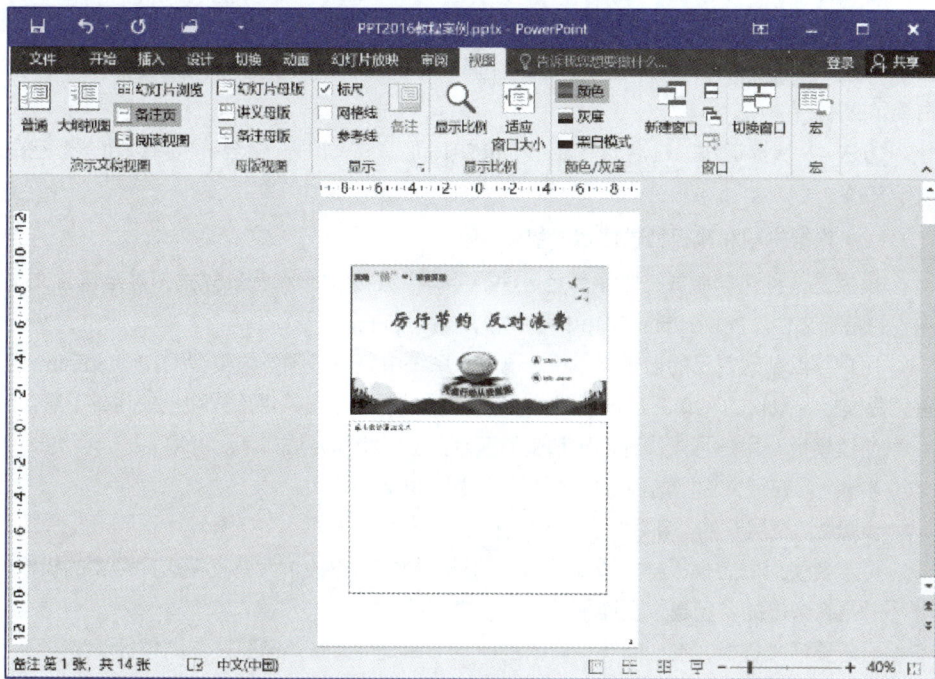

图 6.1.6
PowerPoint
备注页视图

4．大纲视图

大纲视图可以按从小到大的顺序和幻灯片的内容层次关系来显示演示文稿的内容。用户还可以通过将 Word 中的文本直接粘贴到大纲视图中，快速实现整个演示文稿的创建。

5．阅读视图

阅读视图用于在自己的计算机上查看演示文稿，实现无须切换到全屏状态，查看动画和切换效果。

6．幻灯片放映视图

幻灯片放映视图可用于向观众放映演示文稿。幻灯片放映视图会占据整个计算机屏幕，这与观众观看演示文稿时在大屏幕上显示的演示文稿完全一样。放映时可以看到图形、计时、电影、动画和切换效果在实际演示中的具体效果。若要退出幻灯片放映视图，按 Esc 键即可。

6.1.4 PowerPoint 2016 的演示文稿及其操作

1．创建演示文稿

（1）创建空白演示文稿

空白演示文稿是最简单的一种演示文稿，没有任何设计方案和文本的空白演示文稿。

创建空白演示文稿的方法主要如下。

方法 1：直接创建法。启动 PowerPoint 2016 后，系统弹出"新建"页面，在该页面中选择"空白演示文稿"选项，即可创建一个默认文件名为"演示文稿 1.pptx"的空白演示文稿。

方法 2：菜单命令法。选择"文件"选项卡中的"新建"命令,在"新建"设置区域中选择"空白演示文稿"选项，自动创建一个空白演示文稿。

方法 3：快捷命令法。单击快速访问工具栏中的"新建"按钮，即可快速创建一个空白演示文稿。

方法 4：快捷键法。在启动 PowerPoint 2016 后，按 Ctrl+N 组合键也可创建一个空白演示文稿。

（2）根据主题和模板创建演示文稿

模板是一种包含版式、主题颜色、主题字体、主题效果和背景样式，甚至包含文本内容的特殊文件。PowerPoint 2016 模板的扩展名为.potx。

用户可以创建自己的自定义模板，也可在系统中获取多种不同类型的 PowerPoint 内置免费模板。微软的 Office.com 上提供了丰富的模板和主题，供用户联机使用或下载。

通过模板，用户可以快速创建精美的演示文稿。操作方法如下。

步骤 1：在"文件"选项卡中选择"新建"命令。

步骤 2：在展开的"新建"页面中执行下列操作之一。

- 若要使用固定模板样式或最近使用的模板样式，在该页面中直接选择需要的模板，再在弹出的"创建"页面中单击"创建"按钮。
- 若要搜索模板，在"新建"页面的搜索文本框中，输入需要搜索的模板类型。
- 若要创建 Office 网站模板，在"新建"页面中选择"建议的搜索"列表中的相应搜索类型，即可新建该类型的相关演示文稿模板。

2．定义演示文稿的幻灯片大小

PowerPoint 2016 中提供了标准（4:3）和宽屏（16:9）两种大小的幻灯片，此外，用户还可以自定义幻灯片大小。在"设计"选项卡的"自定义"选项组中，单击"幻灯片大小"下拉按钮，在下拉列表中选择需要的命令。若选择"自定义幻灯片大小"命令，打开"幻灯片大小"对话框，如图 6.1.7 所示，在其中可以对幻灯片的大小、方向等进行相应的设置。

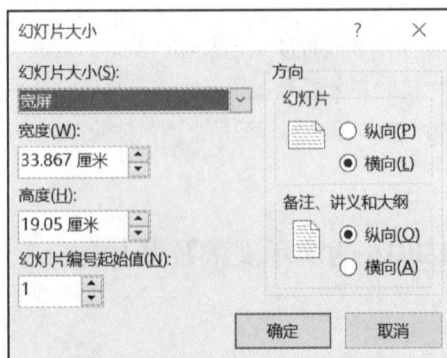

图 6.1.7
"幻灯片大小"对话框

3. 演示文稿的基本操作

演示文稿的操作主要包括对演示文稿的打开、关闭、保存以及多窗口的操作等。

（1）打开演示文稿

打开已有的演示文稿主要有以下 4 种方法。

方法 1：直接双击打开演示文稿。找到文件所在的位置，直接双击演示文稿文件图标即可。

方法 2：通过"文件"选项卡打开演示文稿。在"文件"选项卡中选择"打开"命令，系统会自动展开"打开"列表，在该列表中单击"浏览"按钮，在"打开"对话框中选择需要打开的演示文稿，单击"打开"按钮。

方法 3：通过快速访问工具栏打开演示文稿。单击快速访问工具栏中的"打开"按钮，系统也会自动展开"打开"列表。

方法 4：使用快捷键打开演示文稿。在 PowerPoint 2016 窗口中，按 Ctrl+O 组合键可快速显示"打开"列表，按 Ctrl+F12 组合键可快速打开"打开"对话框。

【提示】

在"打开"列表中还可以打开最近编辑过的演示文稿，以及提供了 OneDrive 位置的功能，但是在打开 OneDrive 中的演示文稿之前需要登录微软账户。

（2）关闭演示文稿

将已经打开的演示文稿关闭可以通过以下几种方法。

方法 1：单击"关闭"按钮。直接单击 PowerPoint 窗口右上角的"关闭"按钮。

方法 2：使用快捷键关闭程序或演示文稿。按 Ctrl+F4 组合键直接关闭已打开的演示文稿，按 Alt+F4 组合键直接关闭已打开的演示文稿，同时关闭 PowerPoint 程序。

（3）保存与保护演示文稿

演示文稿编辑完成后，用户需要对演示文稿进行保存，以便在需要时再打开。同时，对重要或机密的演示文稿可加以保护。

① 保存演示文稿。

方法 1：通过"文件"选项卡保存。选择"文件"选项卡中的"保存"或"另存为"命令，在展开的"另存为"列表中单击"浏览"按钮，在打开的"另存为"对话框中设置保存位置和文件类型，输入文件名，单击"保存"按钮。

方法 2：通过快速访问工具栏保存。单击快速访问工具栏中的"保存"按钮。

方法 3：通过快捷键保存。直接按 Ctrl+S 组合键或按 F12 键即可。

【提示】

首次进行保存时，单击"保存"按钮，会打开"另存为"对话框。保存后，再次单击"保存"按钮，不会再打开"另存为"对话框，将以第一次保存的位置及名称进行保存，新文件将覆盖上一次保存的文件。

② 自动保存。

用户在使用 PowerPoint 时，往往会遇到计算机故障或意外断电等情况，这时需要设置演示文稿的自动保存与自动恢复功能。

选择"文件"选项卡中的"选项"命令，在打开的"PowerPoint 选项"对话框中选择

"保存"选项，在右侧"保存演示文稿"选项区域中进行保存格式、自动恢复时间及默认的文件位置等的设置。

③ 保护演示文稿。

PowerPoint 提供了文档的权限设置功能，允许用户限制文档的编辑和查看。

选择"文件"选项卡中的"信息"命令，在"信息"设置区域中单击"保护演示文稿"下拉按钮，在弹出的下拉菜单中选择一种权限设置。PowerPoint 的权限主要包含了以下 4 个方面的内容。

- 标记为最终状态：让读者知晓演示文稿是最终版本，并将其设置为只读。
- 用密码进行加密：要求提供密码才能打开此演示文稿。
- 按人员限制权限：授予用户访问权限，同时限制其编辑、复制和打印操作。
- 添加数字签名：通过添加不可见的数字签名来确保演示文稿的完整性。

【提示】

在保存文件时也可对演示文稿设置密码。方法是，在"另存为"对话框中单击右下角的"工具"按钮，在展开的下拉菜单中选择"常规选项"命令，然后在打开的对话框（见图 6.1.8）中对演示文稿设置打开权限和修改权限的密码。

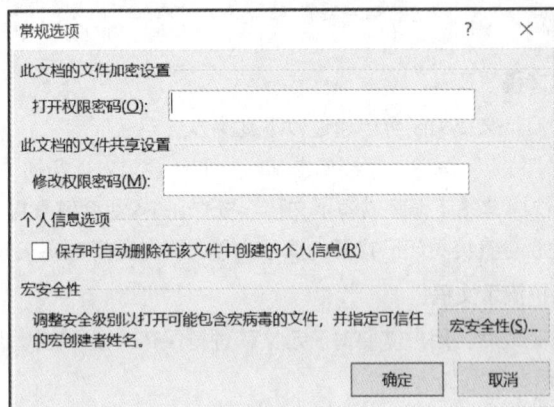

图 6.1.8
"常规选项"对话框

（4）演示文稿的多窗口操作

为了方便在演示文稿的多张幻灯片之间或多个演示文稿之间进行操作，用户可以进行新建窗口、切换窗口、排列窗口等操作。

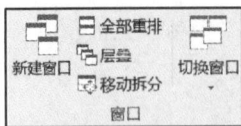

① 新建窗口。

选择"视图"选项卡，单击"窗口"选项组（见图 6.1.9）中的"新建窗口"按钮，可打开一个包含当前演示文稿的新窗口。

图 6.1.9
"窗口"选项组

例如，当前演示文稿文件名为"爱我中华.PPTX"，单击"新建窗口"按钮后，会打开一个名为"爱我中华.PPTX：2"的演示文稿，"爱我中华.PPTX"的文件名同时改为"爱我中华.PPTX：1"。修改其中任意一个演示文稿，两个演示文稿将同时发生相同的改变。因此，新建窗口方便了在同一演示文稿中多张幻灯片之间进行相互编辑。

【提示】

新建窗口与原来的窗口内容完全相同，只是窗口上的标题有所不同。

② 切换窗口。

选择"视图"选项卡,单击"窗口"选项组中的"切换窗口"下拉按钮,在下拉列表中选择一个演示文稿,作为当前的活动演示文稿。这种方法可方便在所有打开的演示文稿之间切换。

③ 排列窗口。

选择"视图"选项卡,在"窗口"选项组中可以单击"全部重排""层叠""移动拆分"等按钮,从而对已经打开的多个演示文稿进行排列操作。

4. 播放演示文稿

对编辑过程中的演示文稿,可以进行预览和播放,以检查文稿中的错误等,使演示文稿达到最佳效果。播放演示文稿的主要方法如下。

方法 1:选择"幻灯片放映"选项卡,在"开始放映幻灯片"选项组中单击"从头开始"或"从当前幻灯片开始"按钮即可,如图 6.1.10 所示。

图 6.1.10
"开始放映幻灯片"
选项组

方法 2:在任务栏右下角的视图方式选项中单击"幻灯片放映"按钮 ,则可从当前选中的幻灯片开始进行放映。

方法 3:按 F5 键,可从演示文稿的第 1 张幻灯片开始放映;按 Shift+F5 组合键,可从当前选中的幻灯片开始进行放映。

5. 制作演示文稿最佳基本流程

演示文稿的制作并不是随机的,也需要遵循一定的流程。依照基本流程并融合独特的想法及创意,可以设计出优秀的演示文稿。演示文稿的制作流程一般包括前期的策划、资料的收集和管理、演示文稿的制作、后期修改、放映及发布等,如图 6.1.11 所示。

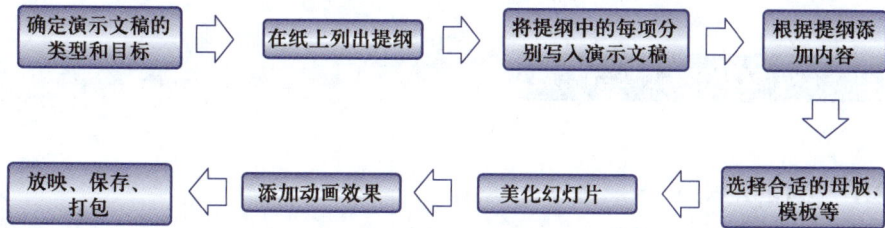

确定演示文稿的类型和目标 ⇒ 在纸上列出提纲 ⇒ 将提纲中的每项分别写入演示文稿 ⇒ 根据提纲添加内容

⇓

放映、保存、打包 ⇐ 添加动画效果 ⇐ 美化幻灯片 ⇐ 选择合适的母版、模板等

图 6.1.11
制作演示文稿
基本流程

6.1.5 PowerPoint 2016 的幻灯片及其操作

幻灯片的基本操作主要有幻灯片的选择、插入、移动、复制、删除等操作。

1. 选择幻灯片

对幻灯片进行基本操作需要先选择幻灯片,然后才能对其进行移动、复制等基本操作。在"幻灯片浏览"窗格中,单击需要的幻灯片即可选中该幻灯片;按住 Ctrl 键或 Shift 键,单击需要选择的幻灯片即可选中多张幻灯片。

2. 插入幻灯片

新建演示文稿中的幻灯片数量常常不能满足实际需要,可以通过以下 3 种方式来插

微课 6-3
幻灯片的基本操作

入新幻灯片。

方法 1：在"幻灯片浏览"窗格中插入幻灯片。

在"幻灯片浏览"窗格中，选择一张幻灯片后右击，在弹出的快捷菜单中选择"新建幻灯片"命令，即可在选择的幻灯片之后插入一张默认版式的新幻灯片。

方法 2：在"开始"选项卡中插入幻灯片。

在"幻灯片浏览"窗格中选择一张幻灯片后，在"开始"选项卡的"幻灯片"选项组中单击"新建幻灯片"下拉按钮，在弹出的下拉列表中选择一个合适的幻灯片版式，即可在选择的幻灯片之后插入一张所选择版式的新幻灯片。

方法 3：使用快捷键插入幻灯片。

在"幻灯片浏览"窗格中选择一张幻灯片后，按 Ctrl+M 组合键或 Enter 键，即可在选择的幻灯片之后插入一张默认版式的新幻灯片。

3．移动或复制幻灯片

在演示文稿中，当需要调整幻灯片的顺序或需要制作相似的幻灯片时，就需要移动或复制幻灯片。移动或复制幻灯片可以在"幻灯片浏览"窗格或在幻灯片浏览视图下选中需要操作的幻灯片，使用对象复制或移动的方法操作幻灯片即可。

4．重设幻灯片

如果需要将幻灯片占位符的位置、大小和格式恢复为默认设置，可在选中幻灯片后右击，在弹出的快捷菜单中选择"重设幻灯片"命令。或者选择"开始"选项卡，单击"幻灯片"选项组中的"重置"按钮。

5．删除幻灯片

对于多余的幻灯片，直接选中幻灯片后右击，在弹出的快捷菜单中选择"删除幻灯片"命令，或者直接按 Del 键即可。

6.2　演示文稿的编辑与设置

6.2.1　编辑幻灯片

1．幻灯片的文本处理

文本内容是幻灯片的基础，一张优秀的幻灯片需要具有感染力的文本作为前提。文本对于一张内容丰富的幻灯片具有非常重要的意义。下面简单介绍如何在幻灯片中编辑占位符，以及在占位符中编辑文本。

占位符是 PowerPoint 中一种重要的显示对象。占位符是一种带有虚线边缘的边框，在该虚线框中可以放置文本、表格、图表、图片、媒体剪辑等对象。如图 6.2.1 所示为标题幻灯版式中的占位符。在创建幻灯片时，用户选择的幻灯片版式就是占位符的位置。用户可以通过选择、移动、复制、粘贴、剪切、删除和调整占位符大小和方向等操作，修改幻灯片的版式。

微课 6-4
编辑幻灯片

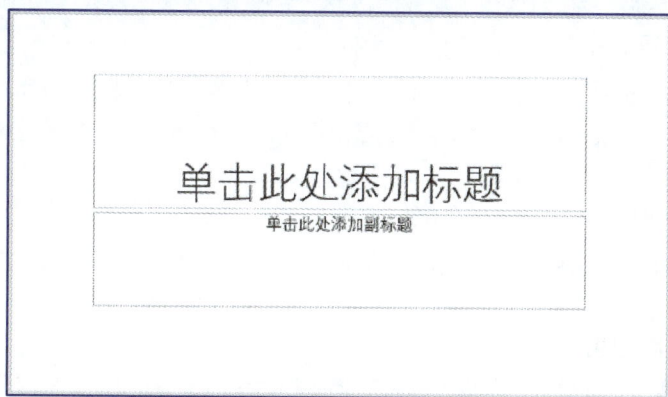

图 6.2.1
标题幻灯片版式

【提示】

在 PowerPoint 中，每张幻灯片中的占位符是根据幻灯片的版式而设定的，不同的幻灯片版式具有不同的且固定的占位符。用户可通过复制或编辑幻灯片母版两种方法来添加占位符。

（1）调整占位符的位置和大小

选择占位符后，可以通过鼠标调整占位符的具体位置和大小，以适应整张幻灯片的布局。

（2）对齐占位符

选择多个占位符后，选择"格式"选项卡，单击"排列"选项组中的"对齐"下拉按钮，在下拉列表中选择一种合适的对齐方式，即可对选中的占位符进行对齐操作。

（3）占位符的主题

占位符的主题即占位符的形状样式，PowerPoint 2016 为用户提供了 42 种主题样式和 35 种预设样式。选中占位符后，在"格式"选项卡的"形状样式"选项组中，单击"其他"下拉按钮，在下拉列表中选择需要的形状样式即可。"形状样式"选项组如图 6.2.2 所示。

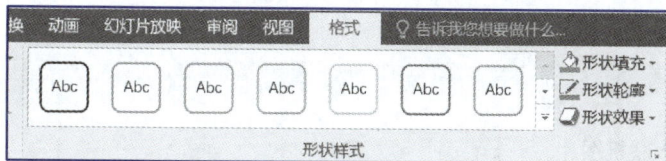

图 6.2.2
"形状样式"选项组

（4）设置占位符的形状填充、形状轮廓和形状效果

采用与设置占位符主题相似的方法，在"形状样式"选项组中可更改占位符的形状填充、形状轮廓、形状效果。

（5）输入文本

要创建一张简洁、清楚的幻灯片，文本输入是最基本的。文本输入主要在普通视图中利用占位符插入文本，直接单击占位符的中间位置，即可输入相应的文本内容。文本的格式设置与在 Word 中的使用方法相同。

微课 6-5
美化幻灯片

2．美化幻灯片

在 PowerPoint 2016 中，用户不仅可以插入各种文字，还可以插入图片、联机图片、相册、艺术字等对象，并对其进行相应的编辑操作，以美化幻灯片，从而增加演示文稿的艺术效果。

（1）插入图片

在 PowerPoint 2016 中可以通过两种方法插入图片，一种是直接插入图片，一种是在占位符中插入图片。

1）直接插入图片

选择"插入"选项卡，单击"图像"选项组中的"图片"按钮，在打开的"插入图片"对话框中选择需要的图片，单击"插入"按钮即可。

2）在占位符中插入图片

在一些幻灯片版式中会提供内容占位符，供用户插入各种对象。用户只需要在幻灯片窗格中选择内容占位符，然后在该占位符中单击"图片"按钮，如图 6.2.3 所示。在打开的"插入图片"对话框中选择需要的图片，单击"插入"按钮，即可将图片插入到相应的占位符所在的位置。

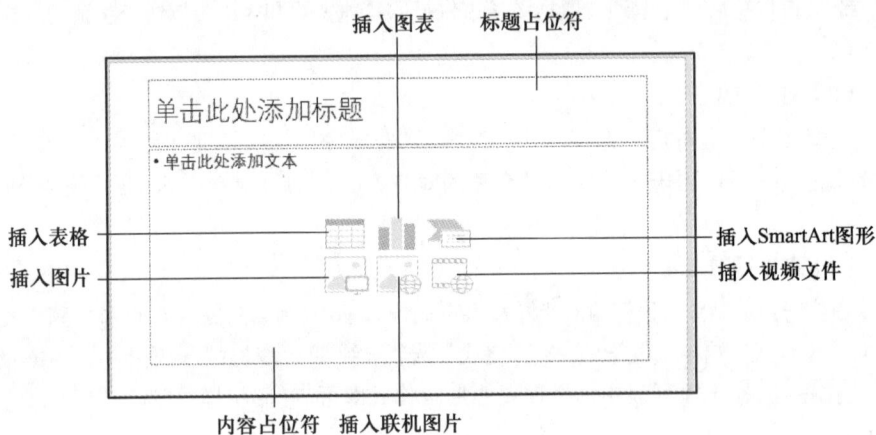

图 6.2.3
在占位符中插入对象

🖐【提示】

在内容占位符中，采用同样的方法可插入表格、图表、SmartArt 图形、联机图片、视频文件等。

（2）插入联机图片

在 PowerPoint 2016 中与某些 PowerPoint 早期版本不同的是没有剪贴画库，而是采用了"插入联机图片"来使用搜索工具查找和插入剪贴画。目前，"插入联机图片"只能添加"必应图像搜索"和"OneDrive-个人"中的图片。

选择"插入"选项卡，单击"图像"选项组中的"联机图片"按钮，打开"插入图片"对话框，如图 6.2.4 所示，在"必应图像搜索"搜索框中输入搜索内容，单击"搜索"按钮，即可搜索相关图片到剪贴画列表中，选择需要的图片，单击"插入"按钮，即可将图片插入到幻灯片中；在"OneDrive-个人"右侧单击"浏览"按钮，在打开的"OneDrive-个人"对话框中，选择需要的图片，单击"插入"按钮，即可将图片插入到幻灯片中。

图 6.2.4
插入联机图片

【提示】

在插入"OneDrive-个人"中的图片之前,还需要先将本地或其他设备中的图片上传到"OneDrive-个人"中心。

(3) 使用相册

相册也是 PowerPoint 中的一种图形对象。使用相册功能,用户可将批量的图片导入演示文稿中,制作包含这些图片的相册。

选择"插入"选项卡,单击"图像"选项组中的"相册"按钮,在打开的"相册"对话框(见图 6.2.5)中单击"文件/磁盘"按钮,在打开的"插入新图片"对话框中选择需要的照片或图片,单击"插入"按钮,将图片插入到"相册"对话框中,单击"创建"按钮,系统会自动新建一个包含多张图片的演示文稿。

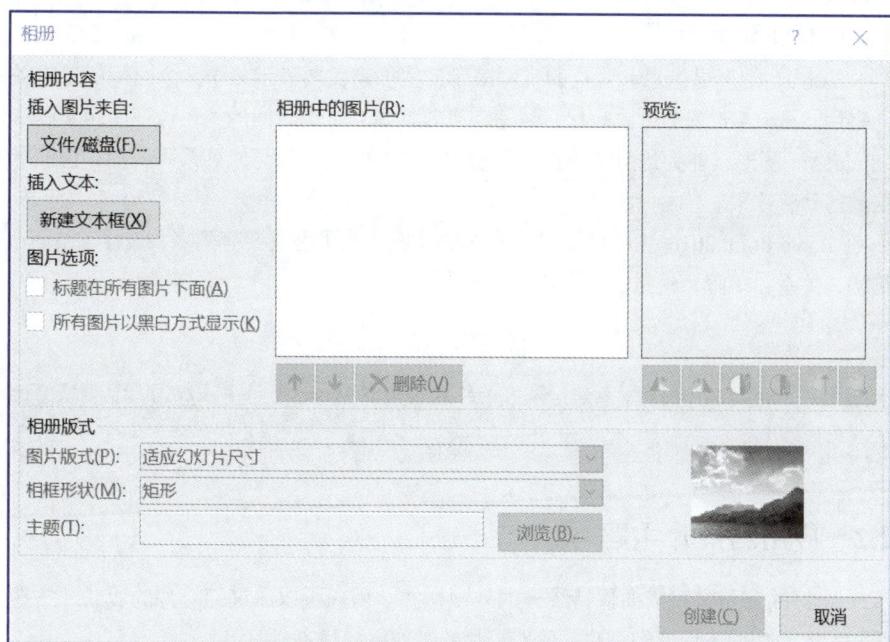

图 6.2.5
"相册"对话框

如果要编辑相册演示文稿,选择"插入"选项卡,单击"图像"选项组中的"相册"下拉按钮,在下拉列表中选择"编辑相册"命令,在打开的"编辑相册"对话框中对相册中的图片进行编辑。在该对话框中还可调整幻灯片的顺序,删除图片,设置指定图片的亮度对比度,设置图片的版式等。

（4）插入屏幕截图

屏幕截图可以截取当前系统打开的窗口，将其转换为图像插入到演示文稿中。

选择"插入"选项卡，单击"图像"选项组中的"屏幕截图"下拉按钮 ，在弹出的下拉列表中选择需要截图的窗口选项，如图 6.2.6 所示，即可将截取的窗口作为图片对象插入到幻灯片中。

图 6.2.6
屏幕截图

也可在弹出的下拉列表中选择"屏幕剪辑"命令，然后截取屏幕的某个区域，将其作为图片对象插入到幻灯片中。

（5）插入艺术字

艺术字是一种文字样式设置工具。PowerPoint 2016 中可以将艺术字插入到幻灯片中，从而为幻灯片添加特殊的文字效果。

（6）使用 SmartArt 图形

SmartArt 图形是信息和观点的视觉表示形式。当需要表示多个元素之间的逻辑关系时，采用 SmartArt 图形可以轻松、快速、有效地建立它们之间的关系。在演示文稿中使用 SmartArt 图形，能为幻灯片添加演示流程、层次结构、循环或关系等图形，使演示文稿更具备动感效果。

在 PowerPoint 2016 中，可以创建 SmartArt 图形的类型主要有列表、流程、循环、层次结构、关系、矩阵、棱锥图、图片 8 种。

【提示】

在幻灯片中插入艺术字、SmartArt 图形、表格、形状等的方法与在 Word 中的方法相同，请参照 Word 相关的知识点。

6.2.2　应用幻灯片主题

一个好的演示文稿需要保持统一的外观样式。用户可以通过幻灯片的版式、主题、母版和背景等功能来设计幻灯片，使幻灯片的制作更加整齐、简洁。

1．幻灯片版式

在 PowerPoint 2016 中，幻灯片的版式布局有 11 种类型，如标题幻灯片版式、标题和内容版式、节标题版式等，如图 6.2.7 所示，更改幻灯片版式的方法主要有以下几种。

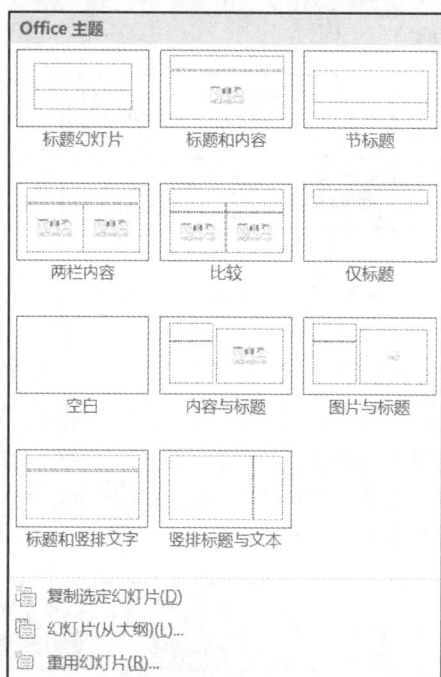

图 6.2.7
幻灯片的 11 种默认版式

方法 1：选择"开始"选项卡，单击"幻灯片"选项组中的"新建幻灯片"下拉按钮，在下拉列表中选择一种版式，即可插入一张相应版式的新幻灯片。

方法 2：选择"开始"选项卡，单击"幻灯片"选项组中的"版式"下拉按钮，在弹出的下拉列表框中选择一种版式，即可改变选中幻灯片的版式。该操作只改变幻灯片的布局，不会对原幻灯片中的内容进行改动。

方法 3：在"幻灯片浏览"窗格中，选择幻灯片后右击，在弹出的快捷菜单中选择"版式"子菜单中的一种版式，即可改变选中幻灯片的版式。

2. 幻灯片主题

幻灯片主题是应用于整个演示文稿的各种样式集合，可快速、统一设置整个演示文稿的格式。主题由颜色、标题字体、正文字体、线条、填充效果等一组格式组成。PowerPoint 2016 为用户提供了环保、回顾、积分、离子、切片等 30 种默认主题类型。此外，还可以通过自定义主题样式，来弥补默认主题样式的不足。

微课 6-6
使用幻灯片主题

（1）更改幻灯片的主题

在"设计"选项卡的"主题"选项组中单击"其他"下拉按钮，在展开的下拉列表中选择一种合适的主题，即可将该主题样式运用到整个演示文稿中。"主题"选项组如图 6.2.8 所示。

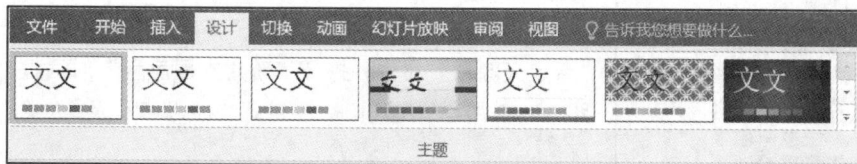

图 6.2.8
"主题"选项组

主题不仅可以应用于整个演示文稿，对于具有一定针对性的幻灯片还可以单独应用于某种主题。选择幻灯片后，在"主题"列表中选择一种主题并右击，在弹出的快捷菜单

（见图 6.2.9）中选择相应的命令，即可将该主题应用到所需的幻灯片中。

图 6.2.9
主题的应用范围快捷菜单

（2）应用变体效果

PowerPoint 2016 提供了"变体"样式，该样式可以自定义当前主题的其他外观。"设计"选项卡的"变体"选项组中提供了 4 种不同背景颜色的变体效果，如图 6.2.10 所示。单击"变体"选项组中的"其他"下拉按钮，在展开的下拉列表中，还可以设置颜色、字体、效果、背景样式，如图 6.2.11 所示。

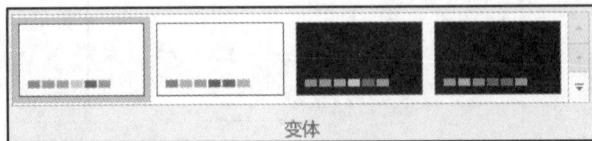

图 6.2.10
"变体"选项组

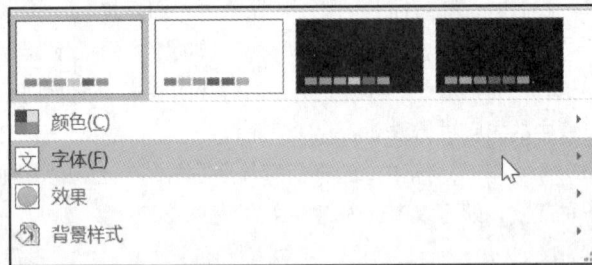

图 6.2.11
"变体"下拉列表

图 6.2.12
主题颜色

（3）更改主题颜色

PowerPoint 2016 提供了多种预置的主题颜色。不同的主题颜色可将当前主题外观的颜色设置为不同风格，是一种主题的配色方案。在"设计"选项卡中，单击"变体"选项组中的"其他"下拉按钮，在下拉列表中选择"颜色"命令，在其级联菜单中选择一种主题颜色即可，如图 6.2.12 所示。

除了 PowerPoint 2016 提供的内置主题颜色以外，用户也可以自定义主题颜色。在"颜色"级联菜单中选择"自定义颜色"命令，打开"新建主题颜色"对话框，如图 6.2.13 所示，在其中可以自定义主题名称及 12 类主题颜色。

（4）更改主题字体

字体也是主题中一种重要的元素。PowerPoint 2016 为

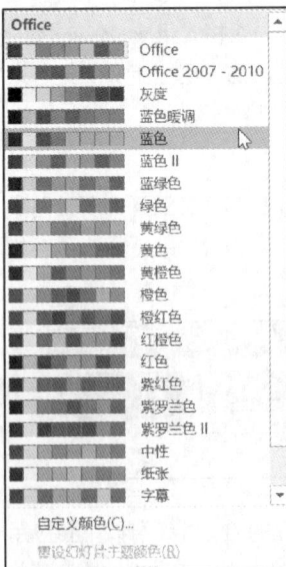

用户提供了多种主题字体，在"设计"选项卡中，单击"变体"选项组中的"其他"下拉按钮，在下拉列表中选择"字体"命令，在其级联菜单中选择一种主题字体即可，如图 6.2.14 所示。

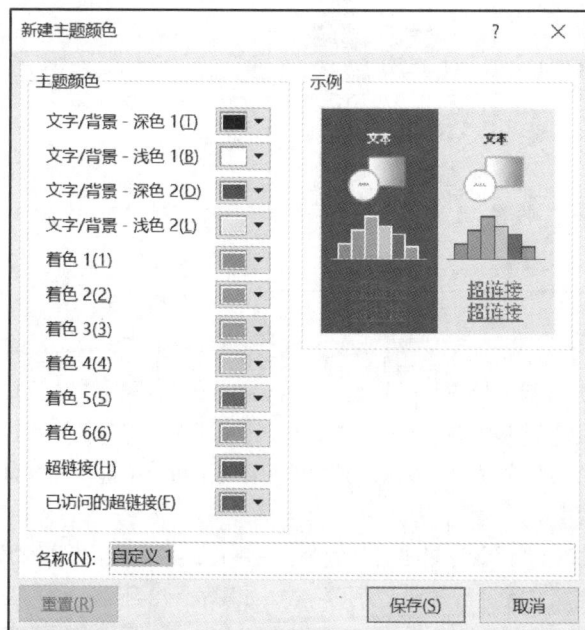

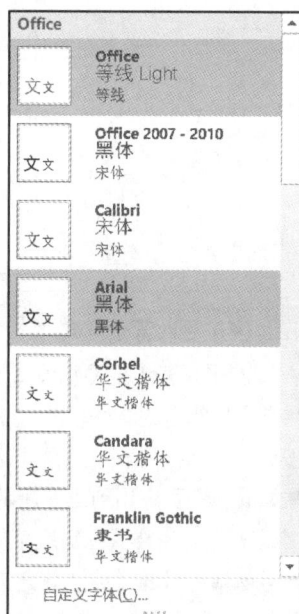

图 6.2.13
"新建主题颜色"
对话框

图 6.2.14
主题字体

同样，在"字体"级联菜单中选择"自定义字体"命令，打开"新建主题字体"对话框，在其中可以自定义主题字体，如图 6.2.15 所示。

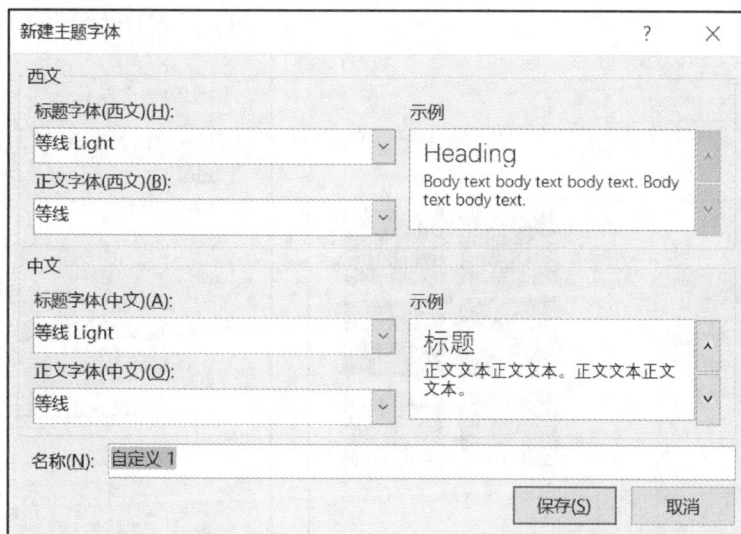

图 6.2.15
"新建主题字体"对话框

（5）更改主题效果

主题效果是 PowerPoint 2016 中预置的一些图形元素及特效。在"设计"选项卡中，单击"变体"选项组中的"其他"下拉按钮，在下拉列表中选择"效果"命令，在其级联菜单中选择一种主题效果，如图 6.2.16 所示。

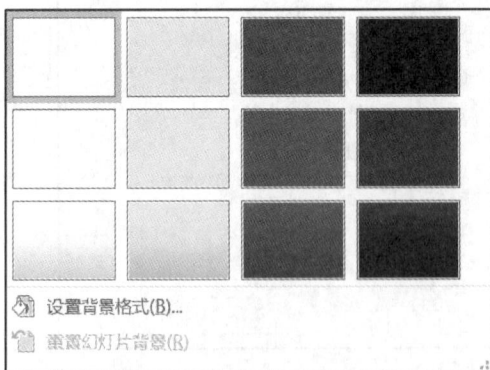

图 6.2.16
主题效果

（6）更改背景样式

背景样式主要是指设置幻灯片背景的填充与图片效果。PowerPoint 2016 中内置了 12 种渐变色组合的背景样式。在"设计"选项卡中，单击"变体"选项组中的"其他"下拉按钮，在下拉列表中选择"背景样式"命令，在其级联菜单（见图 6.2.17）中选择一种背景样式，即可应用到当前演示文稿。

在"背景样式"级联菜单中选择"设置背景格式"命令，在弹出的"设置背景格式"任务窗格中可通过纯色填充、渐变填充等进行自定义背景格式，如图 6.2.18 所示。也可在"设计"选项卡中，单击"自定义"选项组中的"设置背景格式"按钮，打开"设置背景格式"任务窗格。

图 6.2.17
背景样式

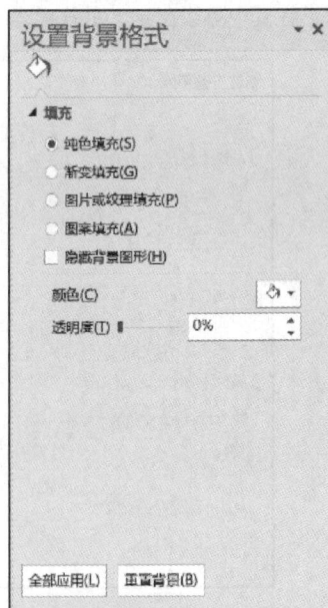

图 6.2.18
"设置背景格式"
任务窗格

6.2.3　应用幻灯片母版

母版可以快速控制演示文稿的整体风格。母版是模板的一部分，主要用来定义演示文稿中所有幻灯片的格式。其内容主要包括文本与对象在幻灯片中的位置、文本与占位符的大小、文本样式、效果、主题颜色、背景等信息。

1. 设置母版

如果要使整个演示文稿中具有统一的样式,最好的方法就是将一些特殊的文字格式、图形和背景等插入到幻灯片母版中,使整个演示文稿全部体现这种格式。母版分为幻灯片母版、讲义母版、备注母版 3 种,最常用的是幻灯片母版。

微课 6-7
应用幻灯片母版

- **幻灯片母版**:在演示文稿中,幻灯片母版控制着所有幻灯片的属性(如字体、字号和颜色)。另外,它还控制占位符大小和位置、背景设计、主题颜色等。幻灯片母版如图 6.2.19 所示。

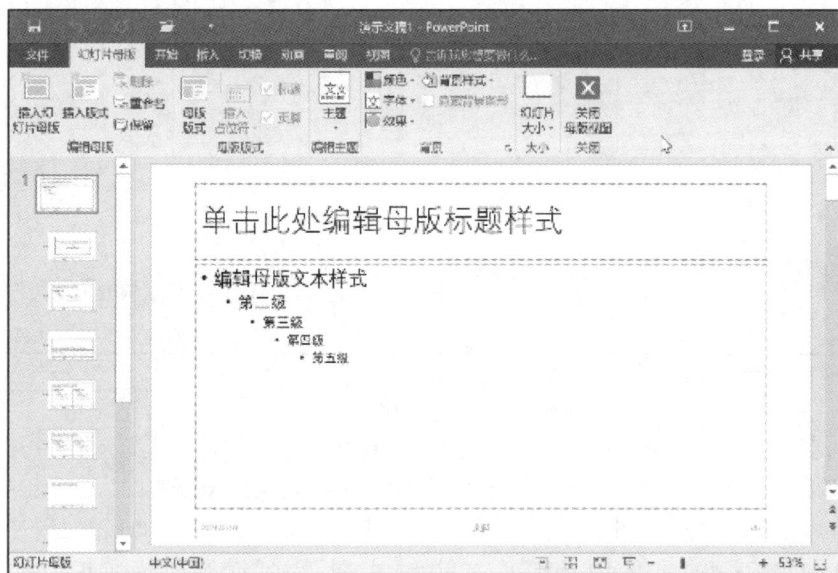

图 6.2.19
幻灯片母版

- **讲义母版**:用于显示多个幻灯片的内容,便于用户对幻灯片进行打印和快速浏览,如图 6.2.20 所示。

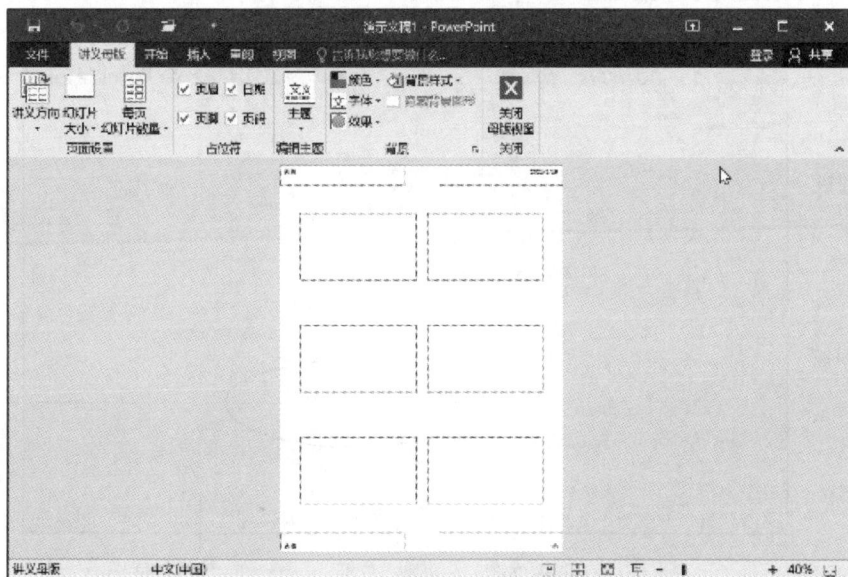

图 6.2.20
讲义母版

● **备注母版**：用于提示演示文稿中各幻灯片的备注和参考信息，由幻灯片图像和页眉、页脚、日期、正文等占位符组成，如图 6.2.21 所示。

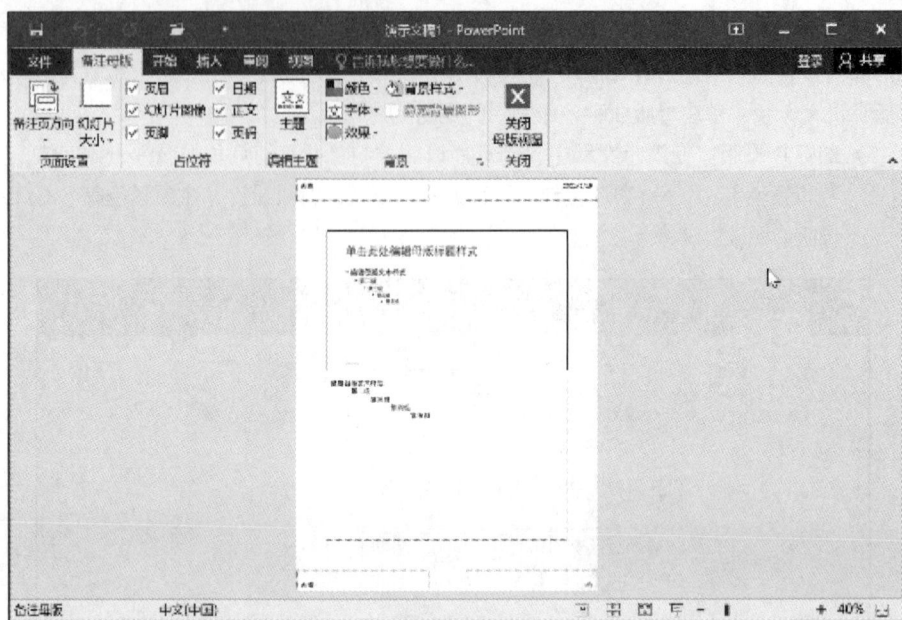

图 6.2.21
备注母版

下面以幻灯片母版为例对母版进行简单介绍。

幻灯片母版是最常用的母版，也是一种特殊的幻灯片，它控制了演示文稿中所有幻灯片的格式。在 PowerPoint 2016 中选择"视图"选项卡，在"母版视图"选项组中单击"幻灯片母版"按钮，切换到幻灯片的母版视图。默认情况下，幻灯片母版由 1 个主母版和 11 个幻灯片版式母版组成，其中，主母版的格式规定了所有版式母版的基本格式。通常，母版包含了 5 种占位符，分别是标题占位符、文本占位符、日期占位符、页脚占位符和幻灯片编号占位符，如图 6.2.22 所示。如果要修改多张幻灯片的外观，只需在幻灯片母版上做一次修改，PowerPoint 2016 将自动更新已有的幻灯片。

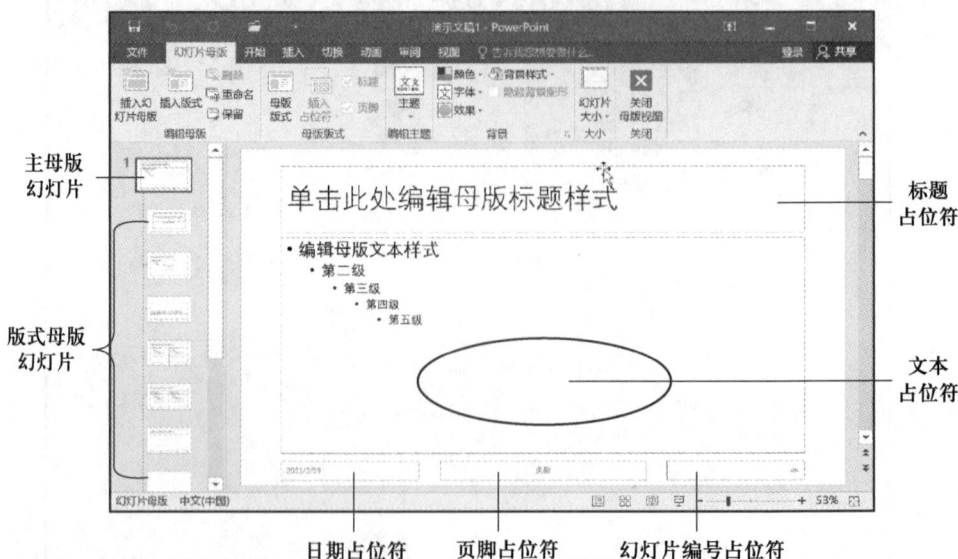

图 6.2.22
幻灯片母版视图

日期占位符　　页脚占位符　　幻灯片编号占位符

（1）更改文本格式

在幻灯片母版中选择占位符后，可采用常规设置文本的方式，按需要编辑字符格式、段落格式、项目符号或编号等。

【提示】

修改母版中的某一对象格式，也就同时修改了演示文稿中已有的对应版式幻灯片中的格式。

（2）设置页眉、页脚和幻灯片编号

默认情况下，在母版幻灯片下方有 3 个并排的占位符，分别代表日期、页脚和幻灯片编号。在"幻灯片母版"选项卡中，取消选中"母版版式"选项组中的"页脚"复选框，如图 6.2.23 所示，即可隐藏这 3 个占位符。

（3）向母版中插入对象

要使演示文稿中的所有幻灯片都在相同的位置出现相同的对象，如图片、艺术字、图标等，可在幻灯片母版视图下，通过"插入"选项卡中的相应按钮实现。插入后用鼠标将对象移动到指定位置即可。

【提示】

在幻灯片母版视图中插入的对象，只能在幻灯片母版视图中才能进行移动、复制、删除或设置其格式等操作。

（4）在母版中插入或删除占位符

在 PowerPoint 2016 中为用户提供了内容、文本、图表、图片、表格等 10 种占位符，所有占位符的添加方式都相同。在"幻灯片母版"选项卡中，单击"母版版式"选项组中的"插入占位符"下拉按钮，在下拉列表中选中占位符的类别，如图 6.2.24 所示，然后在幻灯片中绘制相应的占位符，在原演示文稿中对应版式下则自动增加该占位符。

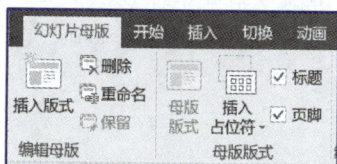

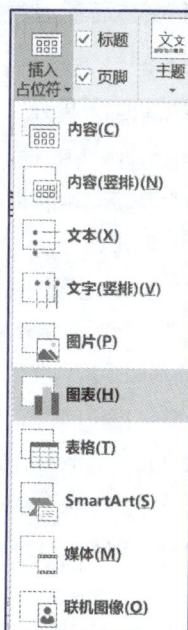

图 6.2.23
"母版版式"选项组

图 6.2.24
选择占位符类别

要删除占位符，需选中占位符后，按 Del 键即可。

2. 退出母版视图

完成对母版的所有设置工作后，只需选择"幻灯片母版"选项卡，单击"关闭"选项组中的"关闭母版视图"按钮，即可返回进入母版视图前的视图状态。

6.3　PowerPoint 幻灯片动画效果的设置

在使用 PowerPoint 制作演示文稿时，用户还需要对幻灯片中的对象和幻灯片设置各种动画效果，以及对幻灯片添加超链接、声音、视频等来增加演示文稿的动态性和多样性。

6.3.1　添加动画效果

1. 动画样式

动画是幻灯片中的一种重要技术。PowerPoint 2016 为用户提供了进入、强调、退出、路径动画 4 类动画样式，用户可以通过为幻灯片中的对象添加、更改或编辑动画效果来增强幻灯片内对象的互动性。

微课 6-8
添加和设置动画

- **进入效果动画**：主要通过设置显示对象的运动路径、样式、艺术效果等动画属性，来制作该对象从隐藏到显示的动画过程。
- **强调效果动画**：主要为了突出显示对象自身而添加各种动画元素，从而制作强调或突出效果的动画过程。
- **退出效果动画**：主要是通过设置显示对象的各种属性，来制作该对象从显示到消失的动画过程。
- **动作路径动画**：主要是通过用户指定显示对象的路径轨迹，来控制显示对象按该轨迹运动。

2. 添加动画效果

选择幻灯片中的显示对象，如文本、文本框、图片等，然后选择"动画"选项卡，单击"动画"选项组中的"其他"下拉按钮，在弹出的下拉列表（见图 6.3.1）中选择一种相应的动画即可。

也可在"高级动画"选项组中，单击"添加动画"下拉按钮，在下拉列表中选择一种动画效果，即可对显示对象添加动画。

添加动画和动画样式的区别：选择"动画"选项卡，在"动画"选项组中有"其他"下拉列表，在"高级动画"选项组中有"添加动画"按钮，两个命令都是为对象添加动画效果的。但使用"其他"下拉列表添加的动画只能更改第 1 个动画效果，而不能产生叠加动画；使用"添加动画"命令按钮时，既可以为显示对象添加第 1 个动画，也可以添加下一个新的动画，即产生叠加动画。

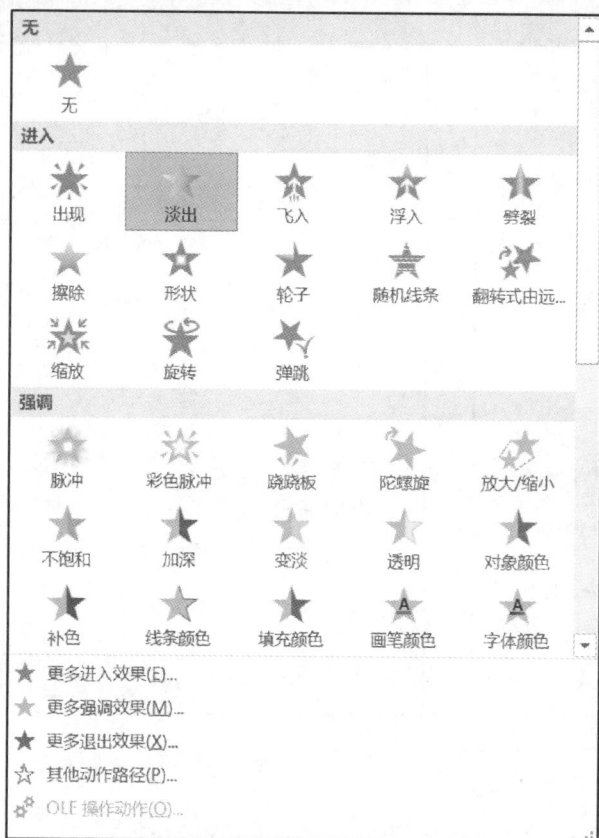

图 6.3.1
动画效果下拉列表

6.3.2 设置动画效果

每个被添加动画的对象的动画效果都是默认的，需要通过动画效果设置来改变同一动画效果的运动方向、快慢等，从而实现相同动画的不同效果。

1. 设置动画路径方向

对于一个简单的对象，如单行文字、形状或图片等对象，为其添加动画效果之后，PowerPoint 2016 还为其提供路径方向，如自左侧进入、自右侧进入等。设置动画路径有两种方法：一是选项组法，二是动画窗格法。

- **选项组法**：选中已设置动画的对象，选择"动画"选项卡，单击"动画"选项组中的"效果选项"下拉按钮，在弹出的下拉列表中选择一种路径方式即可，如图 6.3.2 所示。

- **动画窗格法**：选中已设置动画的对象，选择"动画"选项卡，单击"高级动画"选项组中的"动画窗格"按钮，在窗口右侧弹出"动画窗格"任务窗格，在该任务窗格中选择要修改的动画选项，单击后面的下三角按钮，在弹出的下拉列表中选择"效果选项"命令，打开相应的效果选项对话框，如图 6.3.3 所示，在"方向"下拉列表中选择相应的选项即可。

图 6.3.2
"效果选项"
下拉列表

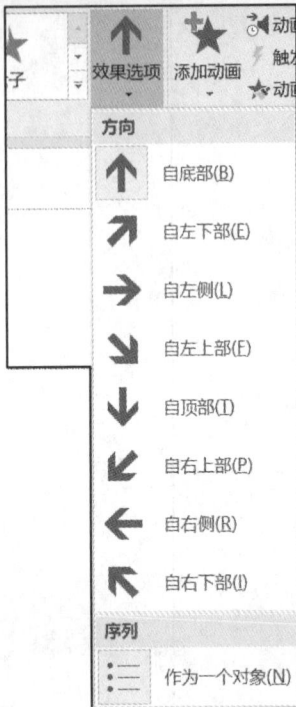

图 6.3.3
效果选项对话框

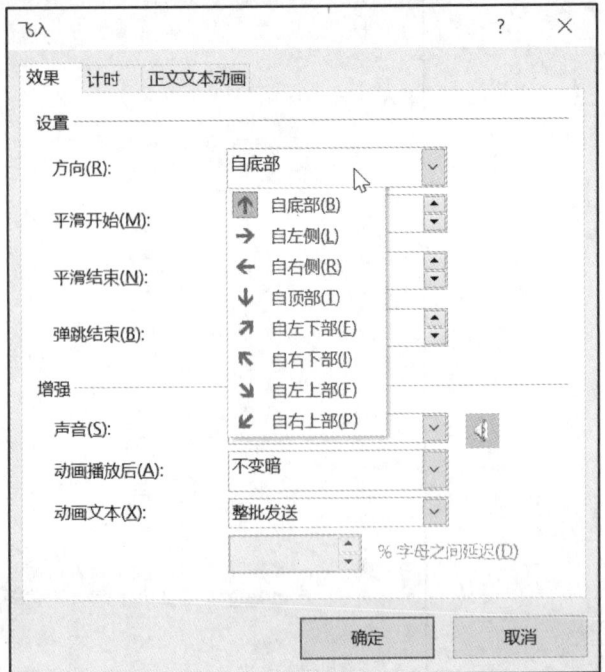

【提示】

效果选项对话框也可以通过"动画"选项组右下角的对话框启动器按钮打开。

2．设置动画路径序列

当用户为图表或包含多个段落的文本框添加动画效果时，PowerPoint 2016 除了显示路径方向，还会显示"序列"选项，来调整每个段落或图表数据系列的进入效果。

选择图表或文本框对象，选择"动画"选项卡，在"动画"选项组中单击"效果选项"下拉按钮，在下拉列表中显示路径"方向"和"序列"列表，如图 6.3.2 所示。

3．排序动画效果

在为显示对象添加多个动画样式后，要使其有条理地显示动画效果，用户需编辑这些动画样式的顺序。

当一个对象添加动画样式后，该对象前面会有一个序号，表示播放动画的先后顺序。若要更改该对象的动画播放顺序，应首先打开"动画窗格"任务窗格，在其列表框中选择动画效果，通过单击任务窗格右上方的"上移"或"下移"按钮来调整动画效果的播放顺序。

4．播放时间

在 PowerPoint 中可以控制每个动画效果的播放时间。

● **选项组法**：选中已设置动画的对象，选择"动画"选项卡，在"计时"选项组中直接修改"开始""持续时间"与"延迟"，如图 6.3.4 所示。"开始"是指动画的计时方式，包括单击时、与上一动画同时和上一动画之后 3 种方式，"持续时间"是指动画播放的总时间，"延迟"是指计时开始后经过多久播放动画。

● **动画窗格法**：选中已设置动画的对象，打开"动画窗格"任务窗格，选择所对应动画的"效果选项"命令，在打开的对话框中选择"计时"选项卡，设置"开始""延迟"与"期间"选项即可。"计时"选项卡如图 6.3.5 所示。

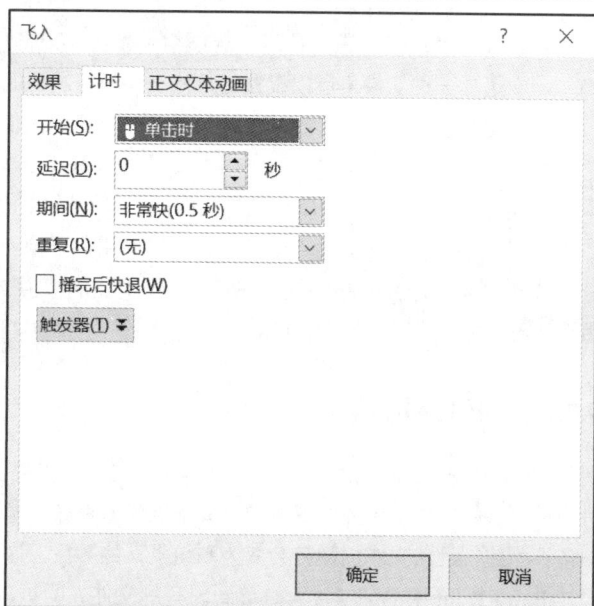

图 6.3.4
"计时"选项组

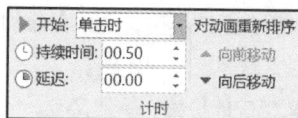

图 6.3.5
"计时"选项卡

6.3.3 设置幻灯片切换动画效果

幻灯片切换是指演示文稿中的幻灯片在交换时显示的动画效果。PowerPoint 2016 中的切换方案主要包括细微型、华丽型、动态内容 3 种。一张幻灯片只能应用一种切换方案。

1. 添加切换效果

选中要添加切换效果的幻灯片，选择"切换"选项卡，单击"切换到此幻灯片"选项组中的"其他"下拉按钮，在弹出的下拉列表中选择要切换的方式。"切换"选项卡如图 6.3.6 所示。

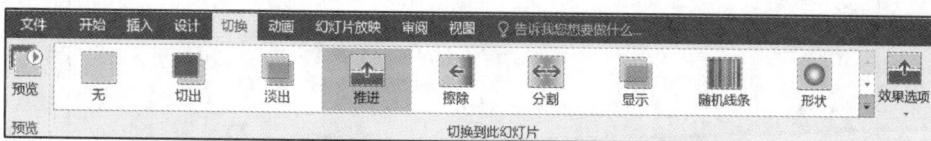

微课 6-9
添加和设置幻灯片
的切换

图 6.3.6
"切换"选项卡

2. 设置切换效果

幻灯片的切换效果主要是设置切换方向和方式。选择"切换"选项卡，单击"切换到此幻灯片"选项组中的"效果选项"下拉按钮，在弹出的下拉列表中选择一种切换效果即可。不同的切换方案，其效果选项的内容也不同。

3. 编辑切换动画

选择幻灯片，然后选择"切换"选项卡，在"计时"选项组中可以设置切换动画的声音和换片方式，来增强切换效果。"计时"选项组如图 6.3.7 所示。

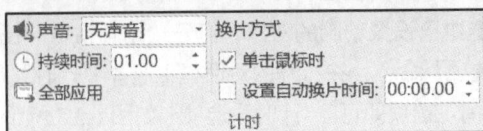

图 6.3.7
"切换"选项卡"计时"选项组

- **设置切换声音**：在"计时"选项组中单击"声音"下拉按钮，在弹出的下拉列表中选择一种切换声音以设置幻灯片在切换时发出的声音。
- **设置切换时长**：在"持续时间"选项中设定时间值来设置幻灯片切换的时长。
- **设置换片方式**：选中"单击鼠标时"复选框表示只有在用户单击鼠标时才可以切换幻灯片；选中"设置自动换片时间"复选框并在后面输入调整时间，表示切换幻灯片在一定的时间后自动产生，不需要用户干预。

单击"全部应用"按钮后，可将当前幻灯片的切换方案、切换声音和切换速度等应用于全部幻灯片中。

6.3.4 创建超链接

超链接是一种超文本标记，可以为对象提供链接的桥梁。超链接可对各种显示对象进行设置，如文本、图片、占位符、文本框、图表等。为文本创建超链接后，文本会添加一条下画线，且该文本的颜色会变为系统默认的颜色，这是由主题颜色所决定的。

PowerPoint 中的超链接可链接到现有的文件或网页、本文档中的位置、新建文档、电子邮件地址。

微课 6-10
创建超链接

1. 添加超链接

选中要添加超链接的对象，选择"插入"选项卡，在"链接"选项组中单击"链接"按钮，打开"插入超链接"对话框，如图 6.3.8 所示。或者选中要添加超链接的对象并右击，在弹出的快捷菜单中选择"超链接"命令，打开"插入超链接"对话框。

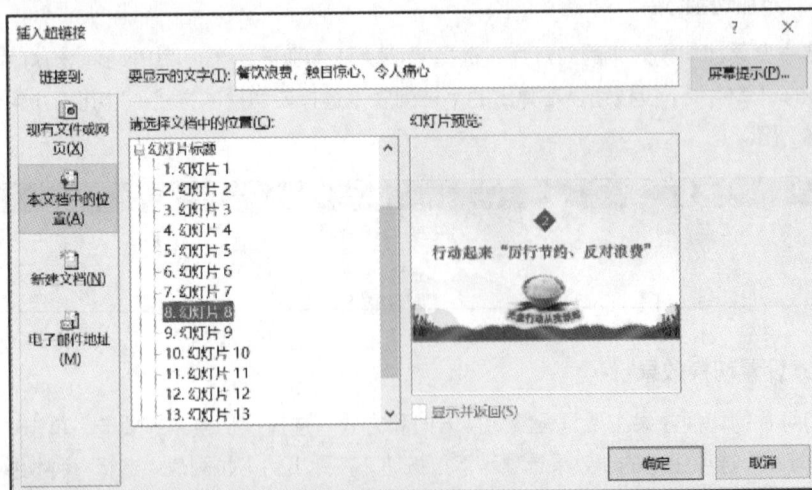

图 6.3.8
"插入超链接"对话框

在该对话框中可以选择链接到本文档中的位置、电子邮件、新建文档、现有的文件或网页等对象的超链接功能。

2. 删除超链接

要删除幻灯片中的超链接，主要有以下两种方法。

方法 1：选择要删除超链接的显示对象，在"编辑超链接"对话框中单击"删除链接"按钮。

方法 2：选择要删除超链接的显示对象并鼠标右击，在弹出的快捷菜单中选择"删除链接"命令。

6.3.5　添加动作按钮

在 PowerPoint 中，可以为幻灯片中的文本或对象创建超链接，也可以创建动作按钮。创建动作按钮可以实现通过按钮特定的动作，如播放声音、链接到其他幻灯片、运行特定的程序等。

PowerPoint 提供了 12 种动作按钮，包括"后退或前一项""前进或下一项""开始""结束""第一张"等，如图 6.3.9 所示。

微课 6-11
添加动作按钮

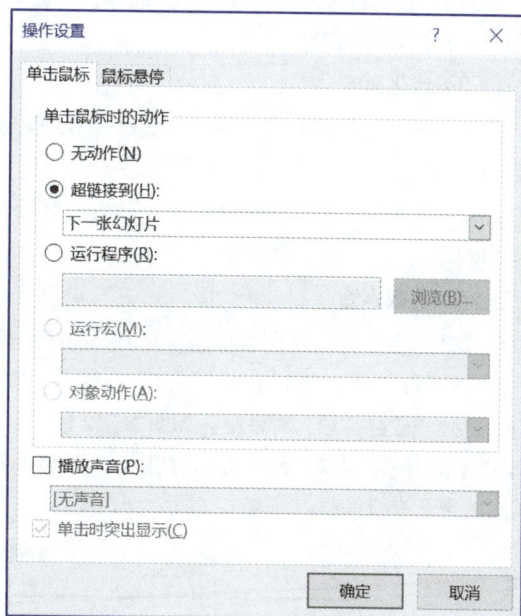

选择"插入"选项卡，单击"插图"选项组中的"形状"下拉按钮，在下拉列表中选择"动作按钮"分组中的相应按钮，采用绘图方式将其插入幻灯片中，随后弹出"操作设置"对话框，如图 6.3.10 所示。

图 6.3.9
12 种动作按钮

图 6.3.10
"操作设置"
对话框

通过该对话框可以设置单击鼠标时的动作和鼠标悬停动作。两种动作都可以通过"无动作""超链接到"和"运行程序"等单选按钮来操作。

- **无动作**：即不添加任何动作到幻灯片的文本或对象。
- **超链接到**：可以从其下拉列表中选择要链接到的对象。
- **运行程序**：单击"浏览"按钮，在打开的"选择一个要运行的程序"对话框中可以选择要链接到的程序对象。
- **播放声音**：可以为创建按钮的鼠标单击动作或鼠标悬停时添加播放声音。

213

6.3.6　添加音频和视频

微课 6-12
添加音频和视频

1．添加音频

声音是幻灯片中使用最频繁的多媒体元素。在 PowerPoint 2016 中，用户可以方便地将各种音频插入到演示文稿中。插入的音频主要为"PC 上的音频"和"录制音频"。

（1）添加音频

选择"插入"选项卡，单击"媒体"选项组中的"音频"下拉按钮，在下拉列表中选择一种要插入的音频文件。插入的音频会在幻灯片中显示为喇叭形状的图标。

（2）播放声音

插入音频后可以直接试听，具体方法如下。

方法 1：选择插入的音频图标会弹出工具条，如图 6.3.11 所示，单击其中的"播放"按钮即可试听。

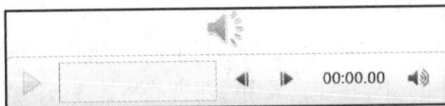

图 6.3.11
音频播放工具条

方法 2：选择插入的音频图标，选择"音频工具｜播放"选项卡，单击"预览"选项组中的"播放"按钮。

（3）淡化声音

淡化音频是指控制声音开始播放时音量从无逐渐增大，以及在结束播放时音量逐渐减小的过程。

选择音频后，选择"音频工具｜播放"选项卡，在"编辑"选项组中设置"淡入"和"淡出"。

（4）剪裁声音

插入声音文件后还可以根据实际情况进行裁剪，从而只保留需要播放的某个声音段。选择音频后，选择"音频工具｜播放"选项卡，单击"编辑"选项组中的"剪裁音频"按钮，打开"裁剪音频"对话框，如图 6.3.12 所示，在其中拖动"开始时间"滑块（绿色）和"结束时间"滑块（红色），或直接输入具体的时间值，单击"确定"按钮，即可对裁剪后的声音进行保存。

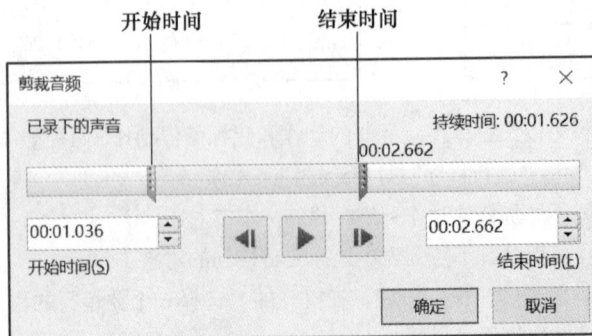

图 6.3.12
"剪裁音频"对话框

（5）设置音频选项

音频选项的作用是控制音频在播放时的状态和播放方式。选择"音频工具丨播放"选项卡，在"音频选项"选项组中设置相关属性，可设置音频的自动、单击时、跨幻灯片、循环等播放方式。

如果需要为整个演示文稿添加背景音乐，一般在第 1 张幻灯片添加音频，然后在"音频选项"选项组中选中"跨幻灯片播放"复选框，如图 6.3.13 所示。同样，还可以进行"循环播放，直到停止""放映时隐藏""播完返回开头"等的设置。

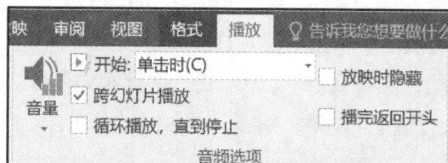

图 6.3.13
"音频选项"选项组

2. 添加视频

视频不仅可以记录声音，还可以记录动态的图像。视频和声音同属于多媒体元素，只是表现出来的形式不同，但添加视频的方法和添加音频的方法类似。PowerPoint 2016 可以插入"PC 上的视频""联机视频""屏幕录制"3 种视频。

（1）插入本地视频或联机视频

选择"插入"选项卡，单击"媒体"选项组中的"视频"下拉按钮，在下拉列表中选择"PC 上的视频"或"联机视频"命令，可以插入本地视频或网络中的视频。

（2）使用屏幕录制

PowerPoint 2016 中内置了屏幕录制功能，可以录制屏幕中的一些操作或视频播放。

选择"插入"选项卡，单击"媒体"选项组中的"屏幕录制"按钮，弹出录制操作工具条和区域选择框，选择工具条中的"选择区域"之后重新选择录制区域，然后单击"录制"按钮，开始录制屏幕。录制完成后单击"停止录制"按钮，录制内容就会以视频方式自动显示在幻灯片中。录制操作工具条如图 6.3.14 所示。

【提示】

在录制操作中选择"录制指针"选项，可在录制屏幕过程中将指针一起录制到视频中。

（3）编辑视频

可以对 PowerPoint 中添加的视频进行淡化、裁剪等，方法和音频编辑类似。用户还可以对视频进行美化处理，从而美化幻灯片。

- **更正视频**：为了提高视频的亮度和对比度。选择视频文件，选择"视频工具丨格式"选项卡，单击"调整"选项组中的"更正"下拉按钮，在下拉列表中选择一种更正样式。"调整"选项组如图 6.3.15 所示。

图 6.3.14
录制操作工具条

图 6.3.15
"调整"选项组

215

- **设置视频颜色**：是为视频重新着色，让其有不同风格。选择视频文件，选择"视频工具 | 格式"选项卡，单击"调整"选项组中的"颜色"下拉按钮，在下拉列表中选择一种颜色样式。
- **设置标牌框架**：是视频剪辑的预览图像。选择视频文件，选择"视频工具 | 格式"选项卡，单击"调整"选项组中的"标牌框架"下拉按钮，在下拉列表中选择"文件中的图像"命令，在打开的对话框中选择需要的图片，即可替换现有视频文件显示的图片。
- **设置视频样式**：是视频显示的形状、边框、3D 等效果。选择视频文件，选择"视频工具 | 格式"选项卡，单击"视频样式"选项组中的"其他"下拉按钮，在下拉列表中选择需要的视频样式。"视频样式"选项组如图 6.3.16 所示，在其中还可以更改视频的形状、边框、效果。

图 6.3.16
"视频样式"选项组

6.4　PowerPoint 2016 幻灯片的放映与打印

6.4.1　放映设置

在幻灯片放映前，可以设置具体的放映方式。

选择"幻灯片放映"选项卡，单击"设置"选项组中的"设置幻灯片放映"按钮，打开"设置放映方式"对话框，在该对话框中可设置 5 种主要属性，包括放映类型、放映选项、放映幻灯片、换片方式、多监视器，如图 6.4.1 所示。

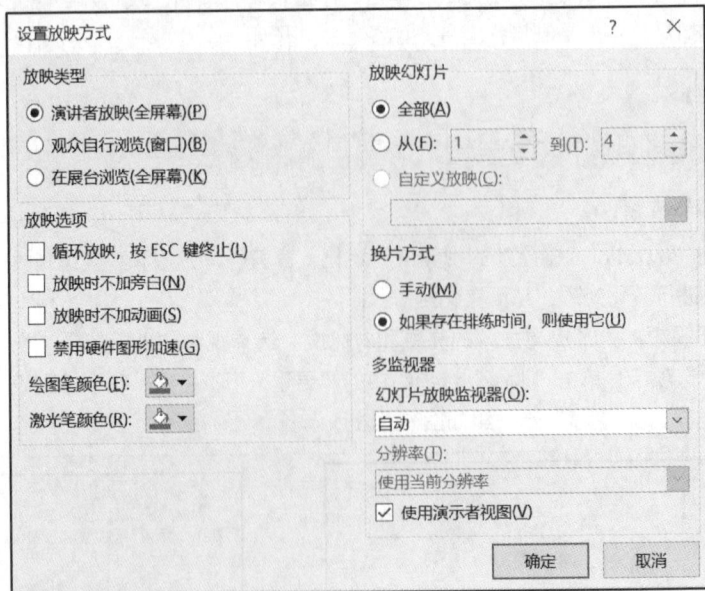

图 6.4.1
"设置放映方式"对话框

其中，"放映类型"有如下 3 种。

- **演讲者放映（全屏幕）**：用于常规的演示文稿放映，由演讲者控制整个演示过程，演示文稿将全屏幕形式显示。
- **观众自行浏览（窗口）**：使演示文稿在标准窗口中显示，观众可以拖动窗口上的滚动条或通过方向键自行浏览，与此同时，还可以打开其他窗口。
- **在展台浏览（全屏幕）**：整个演示文稿会以全屏幕的方式循环播放，在此过程中，除了通过鼠标选择屏幕对象进行放映之外，不能对其进行任何修改。

6.4.2　放映幻灯片

在 PowerPoint 2016 中，直接展示演示文稿最常用的方法，主要包括从当前幻灯片开始、从头放映、联机演示、自定义放映 4 种方式。

1. 从头放映

从头放映是指从第一张幻灯片放映到最后一张幻灯片。选择"幻灯片放映"选项卡，单击"开始放映幻灯片"选项组中的"从头放映"按钮或按 F5 键，可将演示文稿从第一张幻灯片开始放映。

2. 从当前放映

选择要开始放映的一张幻灯片，在"幻灯片放映"选项卡的"开始放映幻灯片"选项组中单击"从当前幻灯片开始"按钮，可以从选择的幻灯片开始放映。

另外，也可以选择幻灯片后单击视图切换按钮中的"幻灯片放映"按钮或按 Shift+F5 组合键，也可以从当前幻灯片开始放映。视图切换按钮如图 6.4.2 所示。

图 6.4.2
视图切换按钮

3. 联机演示

联机演示是一种通过默认的演示文稿服务联机演示幻灯片放映。使用此服务向在 Web 浏览器中观看并下载内容的人员进行演示。该功能需要 Microsoft 账户才能启动联机演示文稿。

选择"幻灯片放映"选项卡，单击"开始放映幻灯片"选项组中的"联机演示"按钮，在打开的"联机演示"对话框中选中"启用远程查看器下载演示文稿"复选框，单击"链接"按钮，系统自动连接网络，并显示启动连接演示文稿的网络地址，这时就可以复制演示地址给相关人员。

4. 自定义放映

自定义放映是指用户可以根据需要自定义演示文稿放映，即将一个演示文稿中的任意多张幻灯片进行分组，以便为特定的观众群体放映演示文稿中的特定部分。

选择"幻灯片放映"选项卡，单击"开始放映幻灯片"选项组中的"自定义幻灯片放映"下拉按钮，在下拉列表中选择"自定义放映"命令，打开"自定义放映"对话框，单击"新建"按钮，在打开的"定义自定义放映"对话框中先输入名称，再在"在演示文稿中的幻灯片"列表框中选择需要的幻灯片并单击"添加"按钮，单击"确定"按钮，完成自定义放映设置。"定义自定义放映"对话框如图 6.4.3 所示。

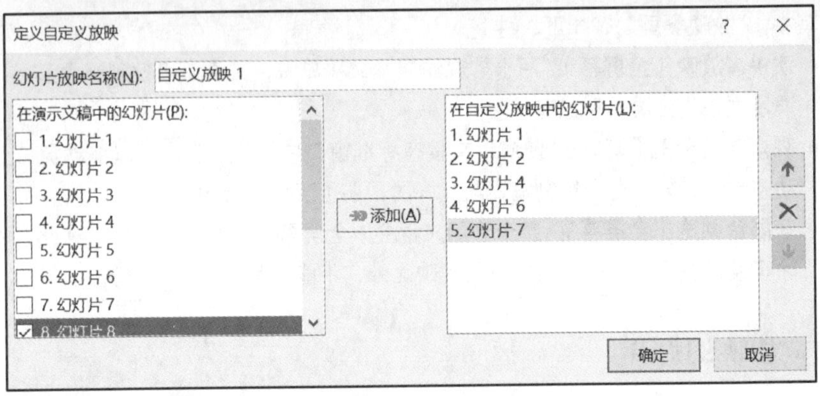

图 6.4.3
"定义自定义放映"
对话框

自定义完毕后，单击"自定义幻灯片放映"下拉按钮，在下拉列表中选择需要自定义放映的文件名称选项，即可放映幻灯片。

5.　排练计时与录制

完成演示文稿的内容制作后，可以通过为幻灯片排练计时与录制旁白来预演演示文稿的播放流程。

（1）排练计时

设置了排练计时的演示文稿，演讲者可以准确把握每一张幻灯片需要讲解的时间及整个演示文稿的放映时间。选择"幻灯片放映"选项卡，单击"设置"选项组中的"排练计时"按钮，此时系统将自动记录幻灯片的切换时间。

（2）录制旁白

在 PowerPoint 2016 中可以为指定的幻灯片或全部幻灯片添加旁白，使用录制旁白功能可以为演示文稿添加解说词，在放映状态下主动播放语音说明。选择"幻灯片放映"选项卡，单击"设置"选项组中的"录制幻灯片演示"下拉按钮，在弹出的下拉列表中选择"从头开始录制"命令，打开"录制幻灯片演示"对话框，选中所有复选框，单击"开始录制"按钮，用户通过麦克风为演示文稿配上旁白。

6.　结束幻灯片放映的方法

方法 1：在幻灯片放映过程中，右击，在弹出的快捷菜单中选择"结束放映"命令。
方法 2：按 Esc 键退出放映。

6.4.3　演示文稿的打包与打印

微课 6-13
演示文稿的打包和
打印

1.　打包为 CD 或视频

制作完的演示文稿，用户除了可以进行播放外，还可以将其制作成多种可执行程序，甚至发布为视频，来满足实际需要。通常，用户可以将演示文稿打包制作成 CD 光盘上的引导程序，也可以将其转换成视频。

（1）打包成 CD

为了能在没有安装 PowerPoint 的计算机上播放演示文稿，应对所要播放的演示文稿打包，压缩包中将包含 PowerPoint 播放器，以便能正常放映。用户只需要在目标计算机或网络上将该文件解压缩即可放映所需演示的文稿，而不用安装 PowerPoint 软件。

在需要打包的演示文稿中，选择"文件"选项卡，选择"导出"→"将演示文稿打包成 CD"命令，然后在右侧单击"打包成 CD"按钮，如图 6.4.4 所示。

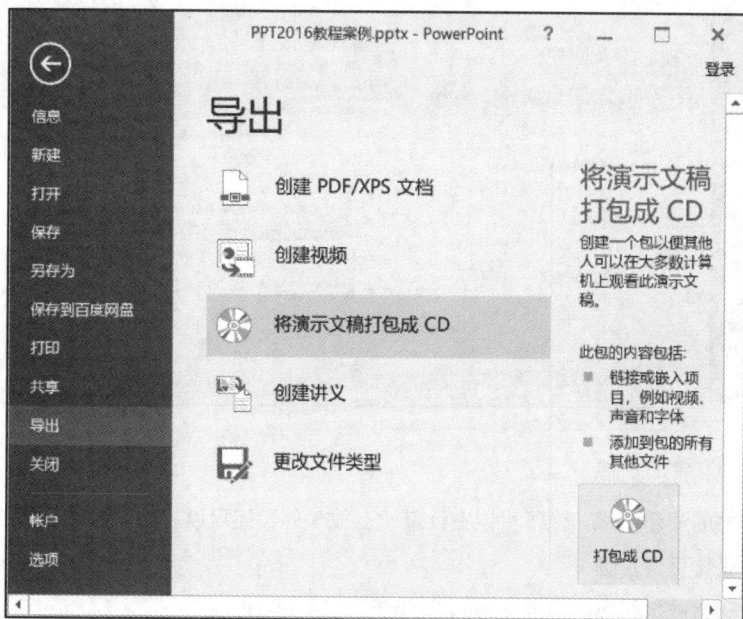

图 6.4.4
"将演示文稿打包成
CD"界面

此时打开"打包成 CD"对话框，如图 6.4.5 所示，在"将 CD 命名为"文本框中输入打包文件的名称，然后单击"复制到文件夹"按钮，在打开的对话框中设置打包文件的保存路径，单击"确定"按钮后即可完成演示文稿的打包。

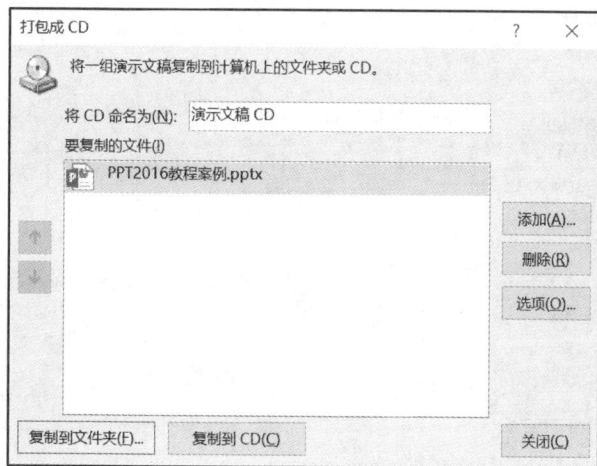

图 6.4.5
"打包成 CD"对话框

（2）创建视频

将演示文稿创建为视频，主要便于演示文稿的发送与观看。

选择"文件"选项卡，选择"导出"→"创建视频"命令，然后在右侧区域中设置相应参数，单击"创建视频"按钮，如图 6.4.6 所示，在打开的"另存为"对话框中设置保存位置和名称，单击"保存"按钮，此时演示文稿自动转换为 MPEG-4 或 Windows Media Video 格式的视频。

图 6.4.6
"创建视频"面板

2. 打印演示文稿

创建好的演示文稿，除了可以在计算机上放映外，还可以将内容打印，印刷成资料。

（1）设置页眉页脚

在打印之前，可以对演示文稿的页眉和页脚进行编辑。

方法 1：选择"文件"选项卡，选择"打印"命令，在打印设置区域单击"编辑页眉和页脚"链接，打开"页眉和页脚"对话框，如图 6.4.7 所示。

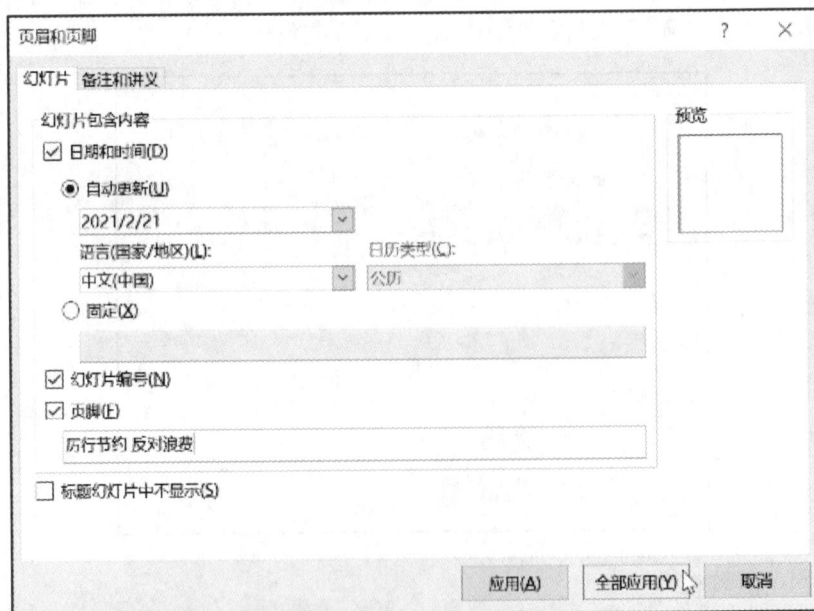

图 6.4.7
"页眉和页脚"对话框

方法 2：选择"插入"选项卡，单击"文本"选项组中的"页眉和页脚"按钮，打开"页眉和页脚"对话框，在其中可设置打印的幻灯片是否包含日期和时间、幻灯片编号、页脚显示等。

（2）打印预览

打开"文件"选项卡，选择"打印"命令，打印设置区域右侧提供了打印演示文稿的预览窗格。在该窗格中，用户可以预览演示文稿中所有幻灯片的打印效果。预览时，可以在预览页面下方设置预览幻灯片的页码，也可以调整百分比数值或拖动滑块来改变预览窗格中内容的缩放比例。

（3）设置打印

在打印之前，还需要进行相关的打印设置，主要包括打印份数、打印范围、打印版式、打印颜色等。

选择"文件"选项卡，选择"打印"命令，在打印设置区域中进行相应的设置即可，如图 6.4.8 所示。

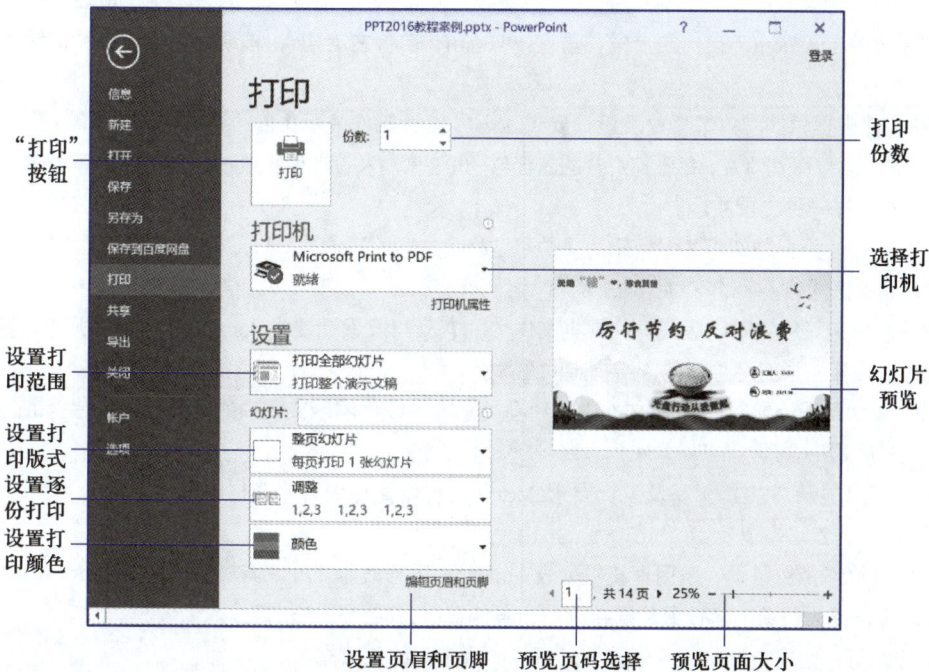

图 6.4.8
打印设置区域

① 设置打印份数：设置打印的数量。

② 选择打印机：如果本机安装了多台打印机，则需要选择相应的打印机完成打印。

③ 设置打印范围：单击"打印全部幻灯片"下拉按钮，在下拉列表中可选择幻灯片打印的范围，包括"打印全部幻灯片""打印所选幻灯片""打印当前幻灯片""自定义范围"等。

④ 设置打印版式：设置幻灯片在打印页面上的数量及布局。

⑤ 设置逐份打印：设置打印时是否一份一份地打印。

⑥ 设置打印颜色：设置打印幻灯片时所采用的颜色效果。

在预览和打印设置都设置好之后，就可以选择"文件"选项卡，通过单击打印设置区域中的"打印"按钮进行打印。

6.5 习题

1. 打开素材文件夹下的演示文稿"最活跃的十大科技公司.pptx"，按下列要求完成对该演示文稿的修饰。

（1）使用"水汽尾迹"模板修饰全文，全部幻灯片切换效果为"溶解"。

（2）第 1 张幻灯片的版式改为"内容与标题"，将第 2 张幻灯片中文本第 1 段移到第 1 张幻灯片的文本部分，图片区域插入有关"computers，computing，females…"的联机图片。文本设置为"开始时间"为"上一动画之后"的浮入动画，持续时间 1.5 s；图片设置为"开始时间"为"上一动画之后"的形状动画，持续时间 1.5 s。

（3）第 2 张幻灯片的版式改为"内容与标题"，将文本移至文本区，设置字体为楷体_GB2312，加粗，字号为 16 磅，颜色为红色（请用自定义标签的红色 250、绿色 0、蓝色 0），将第 3 张幻灯片的图片移到图片区域，图片动画设置为"随机线条"。

（4）在第 3 张幻灯片中插入形状为"填充–白色，轮廓–着色 1，发光–着色 1"的艺术字"最活跃的十大科技公司"（位置为水平：4.7 cm，自：左上角，垂直：9.3 cm，自：左上角），移动第 3 张幻灯片，使之成为第 1 张幻灯片。

2. 请根据素材文件夹提供的"PPT 素材及设计要求.docx"设计制作演示文稿，具体要求如下。

（1）演示文稿中需包含 6 张幻灯片，每张幻灯片的内容与"PPT 素材及设计要求.docx"文件中的序号内容相对应，并为演示文稿选择一种内置主题。

（2）设置第 1 张幻灯片为标题幻灯片，标题为"学习型社会的学习理念"，副标题包含制作单位"计算机教研室"和制作日期（格式：××××年××月××日）。

（3）设置第 3~5 张幻灯片为不同版式，并根据文件"PPT 素材及设计要求.docx"内容将其所有文字布局到各对应幻灯片中，第 4 张幻灯片需包含所指定的图片。

（4）根据"PPT 素材及设计要求.docx"文件中的动画类别提示设计演示文稿中的动画效果，并保证各幻灯片中的动画效果先后顺序合理。

（5）在幻灯片中突出显示"PPT 素材及设计要求.docx"文件中重点内容（素材中加粗部分），包括字体、字号、颜色等。

（6）将第 2 张幻灯片作为目录页，采用垂直框列表 SmartArt 图形表示"PPT 素材及设计要求.docx"文件中要介绍的 3 项内容，并为每项内容设置超链接，单击各链接时跳转到相应幻灯片。

（7）设置第 6 张幻灯片为空白版式，并修改该幻灯片的背景为纯色填充。

（8）在第 6 张幻灯片中插入包含文字为"结束"的艺术字，并设置其动画动作路径为圆形形状。

第 7 章　计算机网络基础

随着现代信息社会的蓬勃发展和计算机网络技术的不断创新，网络应用已延伸到各行各业，以及人们的日常生活和工作之中，伴随高效的信息传递和资源共享，极大地方便和提高了人们处理事务的效率。互联网已成为现代社会不可或缺的重要组成，影响着社会政治、经济、文化等方面的发展。

7.1.1　计算机网络的基本概念

计算机网络是利用通信设备和线路，将地理位置分散且功能独立的多台计算机及其控制的外部设备连接起来，在网络操作系统的控制下，按照约定的通信协议进行数据通信，以实现数据通信、资源共享和协同处理的系统。典型的计算机网络如图 7.1.1 所示。

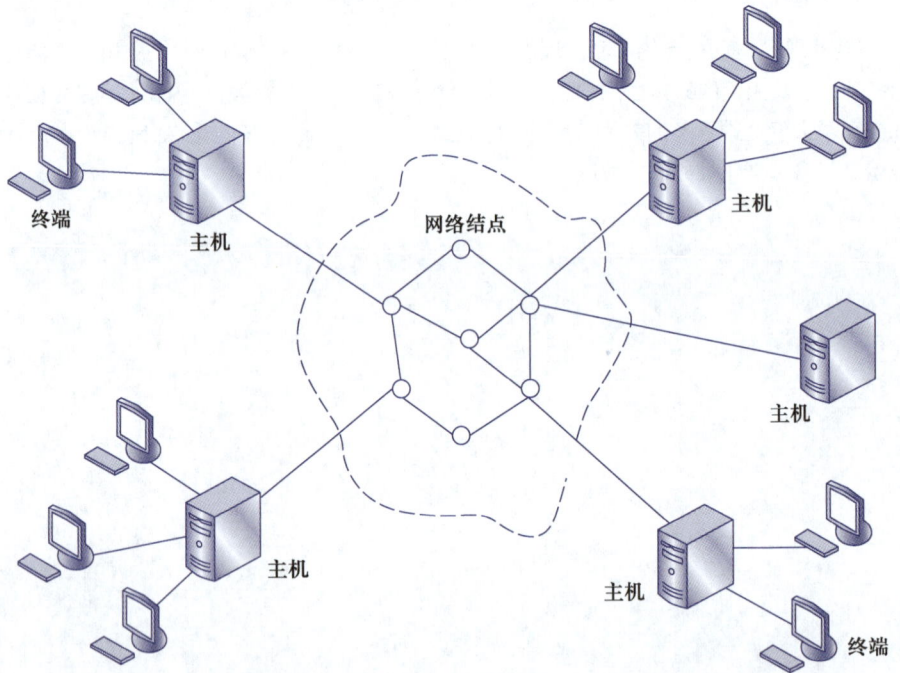

图 7.1.1
计算机网络示意图

计算机网络的功能体现在以下几个方面。

① **数据通信**：计算机之间要进行互连首先要解决数据通信的问题，解决如何在计算机之间传递信息。数据通信是计算机网络最基本的功能，也是当初发展计算机网络的目的。

② **资源共享**：网络中的用户可以通过网络使用其他计算机上的资源，包括硬件资源、软件资源和数据信息，如共享打印机、下载网上的软件等。资源共享是计算机网络最重要的功能。

③ **分布式处理**：对于大型任务的实施，可以将其分解成若干个小块，利用网络中多台主机分别承担一个小块的任务，从而在多台主机的协同下完成一些复杂的任务。这种处理方式可以大大加快任务的完成进度。分布式处理的典型应用如"云存储""云计算"等。

④ **提高系统的可靠性和可用性**：利用网络资源可调配的特点，可以有效解决如某台主机出现故障或负担过重的问题，从而大大提高计算机系统的可靠性和可用性。

7.1.2　计算机网络的分类

计算机网络的分类方法众多，以下是几种常用的分类方法。

1. 按网络的覆盖范围分类

按照网络的覆盖范围，人们通常把计算机网络分为局域网（Local Area Network，LAN）、城域网（Metropolitan Area Network，MAN）、广域网（Wide Area Network，WAN）3 种。

① 局域网：覆盖范围一般不超过 10 km。其特点是传输速率高、误码率低、结构简单、容易实现，多为一个单位或部门架设的专用网络，适用于公司、学校、机关、工厂等组建自己的内部网络。一个典型的局域网如图 7.1.2 所示。

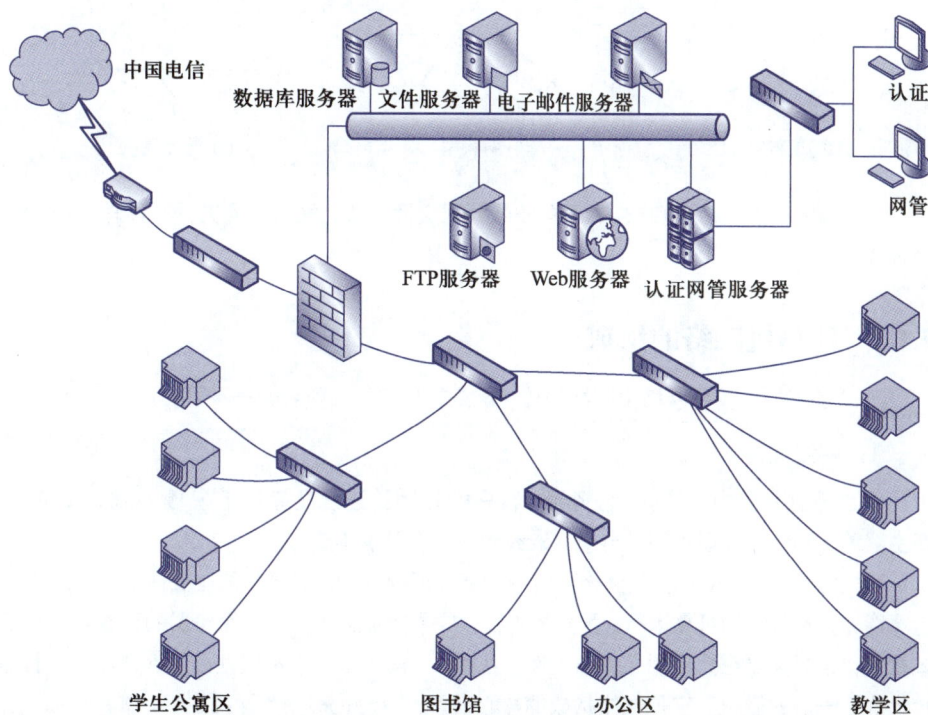

图 7.1.2
某高校局域网
示意图

② 城域网：覆盖范围一般在 10 km～100 km，它是将一个城市范围内的局域网通过互联而构成的一个规模更大的网络。其特点是网络规模更大、连接计算机更多，多采用光纤等介质作为主干通道。

③ 广域网：覆盖范围从几十 km 到几千 km，它是由相距较远的局域网或城域网互联而成。例如，国内的中国科学技术网（CSTNET）和中国教育科研网（CERNET）等就属于广域网。因特网（Internet）则是世界上覆盖范围最大、应用最广泛的广域网。

2. 按网络拓扑结构分类

计算机网络的拓扑结构是引用拓扑学中研究与大小、形状无关的点、线连接关系的方法，把网络中的计算机和通信设备抽象为一个点，把传输介质抽象为一条线，由点和线组成的几何图形就是计算机网络的拓扑结构。网络的拓扑结构反映了网络中各个实体的结构关系。计算机网络主要的拓扑结构有总线型、环型、树型、星型、混合型以及网状拓扑结构 6 种，如图 7.1.3 所示。

(a) 总线型　　　　　　　(b) 星型　　　　　　　(c) 树型

(d) 环型　　　　　　　(e) 网状型　　　　　　　(f) 混合型

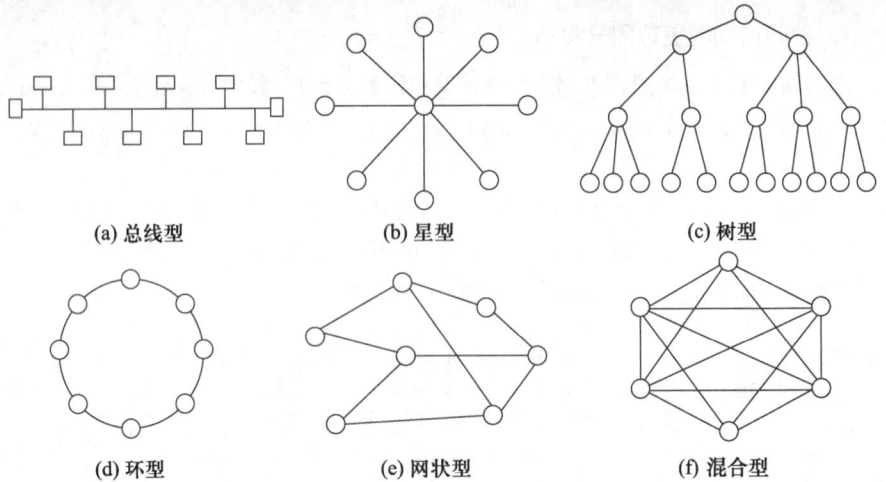

图 7.1.3
网络拓扑结构图

在计算机网络的分类方式中还有按照数据交换方式、系统服务方式、传输介质等分类方式。

7.1.3　计算机网络的组成

一个完整的计算机网络由网络硬件和网络软件组成，两者缺一不可。

1. 网络硬件

网络硬件主要由计算机（服务器、客户机）、网络连接设备（网卡、集线器、交换机、路由器等）和传输介质（同轴电缆、双绞线、光纤等）构成。

① 服务器（Server）：是网络环境中的高性能计算机，其高性能主要体现在高速度的运算能力、长时间的可靠运行、强大的外部数据吞吐能力等方面。服务器的构成与微机基本相似，但服务器在处理能力、稳定性、可靠性、安全性、可扩展性、可管理性等方面都大大优于一般的微机。它是网络构成的核心设备，有时也称之为网络主机。如图 7.1.4 所示为 DELL T620 服务器。

图 7.1.4
Dell T620 服务器

② 客户机：网络中除服务器外的其他计算机都可称为客户机，用户主要是通过对客户机的操作来实现访问计算机网络。

③ 网络适配器（Network Interface Card，NIC）：网络接口卡，简称网卡。网卡是工作在链路层的网络组件，是网络中连接计算机和传输介质的接口，不仅能与传输介质之间进行物理连接和电信号匹配，还涉及帧的发送与接收、帧的封装与拆封、介质访问控制、数据的编码与解码以及数据缓存等功能。它是用户能接入网络的一个重要部件。如图 7.1.5

所示为两种不同连接方式的网卡。

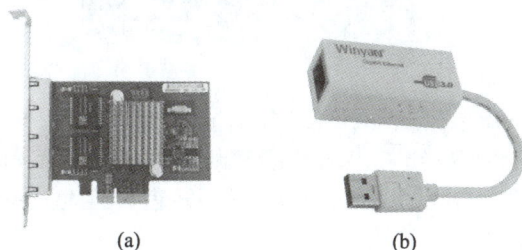

(a)　　　　　　　(b)

图 7.1.5
网络适配器（网卡）

- 在网卡中还存储有一个唯一的标识地址，称为 MAC 地址或物理地址，它采用十六进制数表示，共 6 个字节（48 位）。其中，前 3 个字节是由 IEEE 的注册管理机构 RA 负责给不同厂家分配的代码（高位 24 位），后 3 个字节（低位 24 位）由各厂家自行指派给生产的网卡，MAC 地址通常是由网卡生产厂家烧入网卡的 EPROM 中，这个地址编码在全球范围内具有唯一性。在网络中就是通过 MAC 地址来识别不同的计算机。

- 查看本机 MAC 地址的操作方法为：单击任务栏左侧的"搜索"按钮，在搜索框中输入"CMD"，单击搜索结果处的"命令提示符"，打开 DOS 界面，在命令行中输入 ipconfig/all 后按 Enter 键，会显示本机的网络配置信息，如图 7.1.6 所示，其中"物理地址……00-F1-F3-26-A5-D5"就是本机的 MAC 地址。

微课 7-1
查看网络参数

```
管理员: 命令提示符                                        —    □    ×

Windows IP 配置

   主机名 . . . . . . . . . . . . . : MS-SEJIPSHLNKRU
   主 DNS 后缀 . . . . . . . . . . . :
   节点类型 . . . . . . . . . . . . : 混合
   IP 路由已启用 . . . . . . . . . . : 否
   WINS 代理已启用 . . . . . . . . . : 否

以太网适配器 以太网:

   连接特定的 DNS 后缀 . . . . . . . :
   描述. . . . . . . . . . . . . . . : Realtek PCIe GbE Family Controller
   物理地址. . . . . . . . . . . . . : 00-F1-F3-26-A5-D5
   DHCP 已启用 . . . . . . . . . . . : 是
   自动配置已启用. . . . . . . . . . : 是
   本地链接 IPv6 地址. . . . . . . . : fe80::9044:6553:c25d:4654%5(首选)
   IPv4 地址 . . . . . . . . . . . . : 192.168.0.108(首选)
   子网掩码. . . . . . . . . . . . . : 255.255.255.0
   获得租约的时间. . . . . . . . . . : 2021年2月24日 9:20:17
   租约过期的时间. . . . . . . . . . : 2021年2月24日 11:20:17
   默认网关. . . . . . . . . . . . . : 192.168.0.1
   DHCP 服务器 . . . . . . . . . . . : 192.168.0.1
   DHCPv6 IAID . . . . . . . . . . . : 100725235
   DHCPv6 客户端 DUID . . . . . . . . : 00-01-00-01-27-AC-51-43-00-F1-F3-26-A5-D5
   DNS 服务器 . . . . . . . . . . . . : 192.168.1.1
                                       192.168.0.1
   TCPIP 上的 NetBIOS . . . . . . . : 已启用

C:\Users\Administrator>
```

图 7.1.6
查看计算机
MAC 地址

④ 交换机（Switch）：在网络中交换机同样具有汇聚结点的功能，它与 Hub 最大的不同是，Hub 中的数据传输是广播方式而交换机采用的是转发方式，它通过查询 MAC 地址表可以保证数据只发送给目标结点，这样大大提高了数据的安全性。目前，在局域网的建设中，接入设备多采用交换机而淘汰了集线器。交换机如图 7.1.7 所示。

图 7.1.7
交换机

⑤ 路由器（Router）：又称网关设备（Gateway），是用于连接多个逻辑上分开的网络并实现数据传递过程中的路径选择。路由器具有判断网络地址和选择最佳 IP 路径的功能，它能在多网络互联环境中，建立灵活的连接。路由器是网络互联的关键设备。如图 7.1.8 所示为两款不同的路由器。

图 7.1.8
路由器

  (a)   (b)

⑥ 双绞线：也称网线，采用了一对绝缘的金属导线互相绞合来抵御一部分外界电磁波干扰。把两根绝缘的铜导线按一定密度互相绞合在一起，可以降低信号干扰的程度，每一根导线在传输中辐射的电波会被另一根导线上发出的电波抵消。如图 7.1.9 所示，双绞线由 4 对 8 芯导线构成，根据外部是否包裹屏蔽层将其分为屏蔽双绞线（Shielded Twisted Pair，STP）和非屏蔽双绞线（Unshielded Twisted Pair，UTP）。它使用 RJ-45 的水晶头与网卡连接，其传输速率支持 10 Mbit～1000 Mbit/s，标准传输距离为 100 m。在网络的接入层多采用双绞线进行连接。

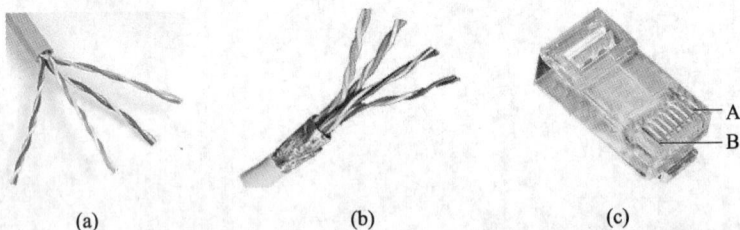

图 7.1.9
双绞线和水晶头

  (a)   (b)   (c)

⑦ 光纤：即光导纤维的简写，是一种利用光在玻璃或塑料制成的纤维中的全反射原理而实现的光传导工具，如图 7.1.10 所示。由于光在光导纤维的传导损耗比电在电线传导的损耗低得多，光纤被用作长距离的数据传输；光纤的带宽很宽，可达数十 GB，所以传输容量大；使用光纤传输数据，可有效杜绝电磁辐射窃听，安全性较高。因此光纤被广泛用于网络的主干通信和远端接入，计算机网络的传输介质正逐步向光纤线路转变。

图 7.1.10
光纤

  (a)   (b)

除上述的有线传输介质外，还有一类是无线传输介质，常用的无线传输介质包括微波、卫星、红外线、激光等。

2. 网络软件

计算机网络和计算机系统一样，除了需要硬件系统支持外，还需要软件系统支持。软件系统主要包括网络操作系统、网络协议和网络应用软件。

网络操作系统负责计算机网络的管理，是网络中最重要的软件。网络的数据通信和资源共享都是基于网络操作系统完成的，同时网络操作系统向用户提供了与网络资源之间的接口，帮助用户实现对网络的管理和控制，完成用户的服务请求。网络操作系统最常用的有 UNIX、Linux、Netware 和 Windows Server 4 类，目前在中小型网络应用中使用最多的是 Windows Server 操作系统。

网络协议主要实现计算机与网络设备以及网络设备之间的通信连接。由于网络中使用的设备种类繁多，工作方式也各不相同，为保证网络上的设备之间能相互通信，必须约定双方采用相同的标准进行通信，这些约定被称为网络协议。典型的网络协议有 TCP/IP、IPX/SPX、IEEE 802.2 协议等。Internet 使用的网络协议是 TCP/IP。

7.2　网络体系结构

由于计算机类型繁多，因此计算机之间的通信是一项非常复杂的任务。为了完成这一任务，在开发中采用将总任务分解为很多层次的子任务的方法进行，每一层次分别负责不同的通信功能。这种层次化的架构方式称为网络的体系结构，对不同层次功能实现的规则和约定称为网络协议。

目前大类的网络协议有两个，一是 OSI 参考模型，二是 TCP/IP 协议。

1. OSI 参考模型

国际标准化组织为了解决不同网络之间的互联，于 1983 年发布了"开放系统互连参考模型"（Open Systems Interconnection Reference Model，OSI/RM）。OSI 标准制定过程中所采用的方法是将整个庞大而复杂的问题划分为若干个容易处理的小问题，即分层的体系结构方法。该体系结构标准定义了网络互联的 7 层框架，分别是物理层、数据链路层、网络层、传输层、会话层、表示层和应用层。

OSI 是一个定义良好的协议规范集，并有许多可选部分完成类似的任务。它定义了开放系统的层次结构、层次之间的相互关系以及各层所包括的可能的任务，是作为一个框架来协调和组织各层所提供的服务。

但 OSI 参考模型并没有提供一个可以实现的方法，而是描述了一些概念，用来协调进程间通信标准的制定。即 OSI 参考模型并不是一个标准，而是一个在制定标准时所使用的概念性框架。由于推出的时间较晚，OSI 并不是 Internet 上实际使用的协议标准。

2. TCP/IP 协议

在 ARPAnet 网络建立之初，为了解决网络中异构计算机之间的通信，ARPAnet 推出了 TCP/IP 体系结构和协议，并从 1980 年开始至 1983 年，ARPAnet 网络中的所有计算机完成了向 TCP/IP 的转换。TCP/IP 由 TCP（Transfer Control Protocol，传输控制协议）和 IP（Internet Protocol，网际协议）两部分构成，每部分又包含多个协议，它实际上是一个协议簇。它实现了不同计算机网络之间的连接，推动计算机网络发展演变为今天遍布全球的 Internet。

和 OSI 参考模型相似，TCP/IP 模型也是按层次结构开发，它包含 4 个层次，分别是网络接口层、网络层、传输层和应用层。TCP/IP 模型与 OSI 参考模型的对应关系如图 7.2.1 所示。

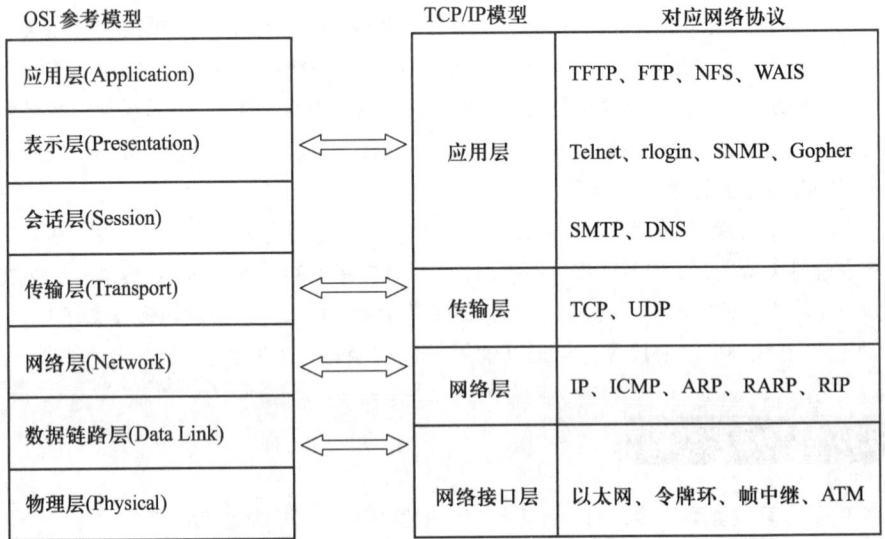

图 7.2.1 TCP/IP 模型及与 OSI 参考模型的对应关系

（1）TCP/IP 模型各层的主要功能

① 网络接口层：对应于 OSI 参考模型的数据链路层和物理层，其主要功能是接收 IP 数据包并通过网络发送，或者从网络上接收物理帧，抽出 IP 数据包，交给 IP 层。它实现了与其他通信网之间的数据传输接口。常见的接口层协议有 Ethernet 802.3、Token Ring 802.5、X.25、Frame Relay、HDLC、PPP ATM 等。

② 网络层：对应于 OSI 参考模型的第 3 层，其主要功能是响应传输层的分组发送请求发送分组数据、转发来自网络的分组数据、接受网络的分组数据交给传输层。网络层包含 4 个主要的协议，分别是 IP、ICMP（Internet Control Message Protocol，网际控制报文协议）、ARP（Address Resolution Protocol，地址转换协议）、RARP（Reverse ARP，反向地址转换协议）。其中 IP 协议是网络层的核心，通过路由选择将下一条 IP 封装后交给网络接口层。

③ 传输层：对应于 OSI 参考模型的第 4 层，提供应用程序间的通信，其功能包括格式化信息流和提供可靠传输。为实现后者，传输层协议规定接收端必须发回确认，如果分组丢失，必须重新发送。传输层协议主要包括 TCP（Transmission Control Protocol，传输控制协议）和 UDP（User Datagram Protocol，用户数据报协议）。

④ 应用层：对应于 OSI 参考模型的第 5~7 层，向用户提供一组应用程序。它包含所有的高层协议，如 FTP、Telnet、DNS、SMTP、NFS、HTTP 等。

（2）TCP/IP 体系结构的主要特点

① TCP/IP 不依赖于任何特定的计算机硬件或操作系统，提供开放的协议标准，因此获得了广泛的支持，TCP/IP 协议成为一种联合各种硬件和软件的实用系统。

② TCP/IP 不依赖于特定的网络传输硬件，它能够集成各种各样的网络。用户能够使

用以太网（Ethernet）、令牌环网（Token Ring Network）、拨号线路（Dial-up Line）、X.25 网以及所有的网络传输硬件。

③ 统一的网络地址分配方案，使得整个 TCP/IP 设备在网络中都具有唯一的地址。

④ 标准化的高层协议，可以提供多种可靠的用户服务。

正是由于 TCP/IP 的上述特点，使它成为当今互联网使用的协议标准。

7.3　Internet 基础

7.3.1　Internet 概述

Internet 是现今世界上最庞大的互联网络，通过 Internet，全球范围内的计算机网、数据通信网、电话交换网、电视网络等都连接到一起，形成了一个跨国界的网络体系，人们真正实现了网络资源共享和数据通信的功能。

1．Internet 的形成与发展

Internet 起源于 1969 年由美国国防部高级计划研究局主持建立的 ARPAnet，该网络第一次将美国西部的加州大学、加州大学洛杉矶分校、斯坦福大学研究学院和犹他州大学 4 所高校的计算机主机连接起来，成为第一个实验性的网络。ARPAnet 提出了资源共享、分组交换和 TCP/IP 等思想，并向用户提供了电子邮件、文件传输和远程登录的服务，奠定了 Internet 存在和发展的基础，是 Internet 的雏形。

1972 年，在第一届国际计算机通信会议上成立了 Internet 工作组，该小组的工作重心是规划一个能保证在不同计算机之间进行数据通信的标准规范，即通信协议。1974 年，IP 和 TCP 问世，合称 TCP/IP。TCP/IP 定义了一种在计算机网络间传送报文的方法，是解决计算机网络之间通信的核心技术，在随后的发展中逐步成为 Internet 的技术核心。

1980 年，美国人温顿·瑟夫提出一个构想：在不同的网络内部各自使用自己的通信协议，在和其他网络通信时使用 TCP/IP。因为当时除 ARPAnet 外，已经出现了很多其他网络，这些网络内部的通信没有问题，但如何实现网络之间的通信变得非常困难。这个构想的提出很好地解决了这个问题。随着构想的实施，计算机网络逐步演变为今天的 Internet 网络，也同时确立了 TCP/IP 在 Internet 中的核心地位。

20 世纪 80 年代初，美国国家科学基金会（NSF）开始着手建立提供给各大学计算机系使用的计算机科学网。1986 年，NSF 斥巨资在美国普林斯顿大学、匹兹堡大学、加州大学圣地亚哥分校、依利诺斯大学和康纳尔大学建立 5 个超级计算中心，并通过 56 Kbit/s 的通信线路连接形成 NSFNET 网络。在随后的发展中，NSFNET 的通信线路速度升级到了 T1（1.5 Mbit/s），并且连接了 13 个骨干结点。在 NSF 的鼓励和资助下，很多大学、政府机构甚至私营的研究机构纷纷将自己的局域网接入 NSFNET 中，从 1986 年至 1991 年，NSFNET 的子网从 100 个迅速增加到 3000 多个。之后，其他国家如德国、日本等的计算机也接入到 NSFNET，NSFNET 发展成为连接世界各地网络的广域网，并最终形成了国际互联网 Internet。

2．中国 Internet 的发展历程

Internet 在中国的发展历程大致可以划分为 3 个阶段，具体如下。

- 第一阶段为 1987—1993 年，也是研究试验阶段。在此期间中国一些科研部门和高等院校开始研究 Internet 技术，这一阶段主要的网络应用是提供小范围内的电子邮件服务。1987 年 9 月，北京计算机应用技术研究所从北京向德国发出了中国的第一封电子邮件，开启了在中国使用互联网的序幕。1988 年，中科院高能物理研究所通过西欧 DECNET 中心接入 Internet，实现了计算机国际远程联网以及与欧洲和北美地区的电子邮件通信。1990 年 10 月，中国正式在国际互联网络信息中心的前身 SRI-NIC（Stanford Research Institute's Network Information Center）注册登记了我国的顶级域名 CN，并从此开通了使用中国顶级域名 CN 的国际电子邮件通信服务。

- 第二阶段为 1994—1996 年，为中国互联网起步阶段。1994 年 4 月，中关村教育与科研示范网 NCFC 接入 Internet 的 64 K 国际专线开通，实现了与 Internet 的全功能连接，从此国际正式承认中国为拥有全功能 Internet 的国家。在随后的两年中，中国四大骨干网络：中国教育与科研计算机网 CERNet、中国公用计算机网 ChinaNet、中国科技网 CSTNet 和中国金桥网 ChinaGBN 相继建成，Internet 开始进入公众生活，并在中国得到了迅速的发展。至 1996 年底，中国 Internet 用户数达到 20 万，利用 Internet 开展的业务与应用逐步增多。

- 第三阶段为从 1997 年至今，是 Internet 在我国快速发展的阶段。1997 年，国家批准中科院组建成立了中国互联网络信息中心 CNNIC。从 1997 年开始，中国移动网 CMNET、中国联通网 UNINET、中国铁通网 CENET、中国电信 China169 等网络相继启动建设并投入运营，中国互联网得到了快速发展。根据 CNNIC 于 2021 年 2 月发布的第 47 次《中国互联网络发展状况调查统计报告》显示，截至 2020 年 12 月，我国网民规模达 9.89 亿，手机网民规模达 9.86 亿，互联网普及率达 70.4%。其中，40 岁以下网民超过 50%，学生网民最多，占比为 21.0%。我国网络购物用户规模达 7.82 亿，较 2020 年 3 月增长 7215 万，占网民总体的 79.1%。我国网络支付用户规模 8.54 亿，较 2020 年 3 月增长 8636 万，占网民总体的 86.4%。我国互联网政务服务用户规模 8.43 亿，较 2020 年 3 月增长 1.50 亿，占网民总体的 87.3%。

7.3.2　Internet 的技术基础

连接在 Internet 上的计算机数以亿计，在计算机之间进行数据通信时，为正确识别通信目标，就需要为每个计算机分配一个地址。这和人们通过邮局寄信是一个道理，信封上会写明收件人的地址，这样才能保证信件能正确地送到收信人手中。Internet 上标识地址的方式有两种，分别是 IP 地址和域名地址。

1. IP 地址

互联网协议地址（Internet Protocol Address），缩写为 IP 地址（IP Address）。IP 地址是 IP 提供的一种统一的地址格式，它为互联网上的每一个网络和每一台主机分配一个逻辑地址，以此来屏蔽物理地址的差异。IP 地址具有唯一性。IP 地址目前存在两个版本，即 IPv4 和 IPv6。

（1）IPv4

现有的互联网是在 IPv4 的基础上运行的，大量使用的还是 IPv4 地址。IPv4 地址的长度为 32 位二进制数，分为 4 段，每段 8 位二进制数，为了方便记忆，一般把每段的 8 位二进制数转换为十进制数来表示，每段对应十进制数的范围为 0～255 之间的整数，在段之间采用句点分隔。例如，IP 地址（192.168.1.1），实际上是 32 位二进制数（11000000.10101000.00000001.00000001）。

IP 地址包含两部分信息，即网络标识（Network ID）和主机标识（Host ID）。网络标识用于识别一个逻辑网络，主机标识用于识别网络中的某一台主机。只要两台主机有相同的网络 ID，那么这两台主机即使放在相距遥远的不同地点，它们也属于同一个网络。

根据网络 ID 和主机 ID 长度的不同，Internet 管理机构 IANA 将 IP 地址分为 A、B、C、D、E 共 5 类地址，其中 A、B、C 这 3 类为基本地址，D 类为多播传送的多播地址，E 类为保留扩展用的保留地址。其分类方法如图 7.3.1 所示。

	1	2	3	4	5	6	7	8	9 … 15	16 … 24	25 … 32
A类	0	网络号(7位)							主机号(24位)		
B类	1	0	网络号(14位)							主机号(16位)	
C类	1	1	0	网络号(21位)							主机号(8位)
D类	1	1	1	0	多播地址						
E类	1	1	1	1	0	保留地址					

图 7.3.1
IP 地址分类

分析图 7.3.1 可知道，IP 地址第 1 段数值的范围决定了网络的类型，主机号的位数决定了网络的规模，见表 7.3.1。

表 7.3.1 IP 地址的范围

地址分类	第 1 段数值的范围	包含的网络数	网内主机数	应用的网络规模
A 类	1～126	126	$2^{24}-2$	大型网络
B 类	128～191	2^{14}	$2^{16}-2$	中型网络
C 类	192～223	2^{21}	$2^{8}-2$	小型网络

对表 7.3.1 的说明如下。

① 网络号 127 规定作为回送地址，不分配给任何网络，主要用于测试网络的连通性，要测试本机是否与网络连通时，可发送 Ping 127.0.0.1 命令进行测试。

② 主机号全 0 和全 1 不分配给任何主机，其中全 1 作为广播地址使用，因此表中的网内主机数要减 2。

当一个机构申请加入 Internet 时，必须先向 INTERNIC 申请获得 IP 地址。随着 Internet 的快速发展，目前使用的 IPv4 地址已经分配完毕，IPv6 地址应运而生。

（2）IPv6

IPv6 是 Internet Protocol Version 6 的缩写，IPv6 是互联网工程任务组（Internet

Engineering Task Force，IETF）设计的用于替代现行版本 IPv4 的下一代协议，它由 128 位二进制数表示。

目前互联网使用的 IP 版本是 IPv4，其最大问题是网络地址资源有限，而且采用 A、B、C 这 3 类编址方式后，可用的网络地址和主机地址的数目大打折扣，以至 IP 地址已于 2011 年分配完毕。IP 地址的缺乏严重地制约了全球互联网的应用和发展。另一方面，随着新的网络技术（如物联网）的发展，今后接入网络的不只是计算机，其他电子设备也需要接入网络。IPv6 所拥有的地址容量理论上可高达 2^{128}-2 个，是 IPv4 的约 $8×10^{28}$ 倍，这不但解决了网络地址资源数量的问题，同时也为除计算机外的其他设备连入互联网在数量限制上扫清了障碍。

IPv6 地址为 128 位长，但通常写作 8 组，每组为 4 个十六进制数的形式，中间用冒号进行分隔。例如，FE80:0000:0000:0000:AAAA:0000:00C2:0002 是一个合法的 IPv6 地址。

IPv6 地址由两个逻辑部分组成：一个 64 位的网络前缀和一个 64 位的主机地址，主机地址通常根据物理地址自动生成，即 EUI-64。

与 IPv4 相比，IPv6 具有以下优势。

① IPv6 具有更大的地址空间，使理论地址数量从 2^{32}-2 增加到 2^{128}-2。

② IPv6 使用更小的路由表。IPv6 的地址分配一开始就遵循聚类（Aggregation）原则，这使得路由器能在路由表中用一条记录（Entry）表示一片子网，大大减小了路由器中路由表的长度，提高了路由器转发数据包的速度。

③ IPv6 增强了组播（Multicast）支持以及对流的控制（Flow Control），这使得网络上的多媒体应用有了长足发展的机会，为服务质量（Quality of Service，QoS）控制提供了良好的网络平台。

④ IPv6 加入了对自动配置（Auto Configuration）的支持，这是对 DHCP 的改进和扩展，使得网络（尤其是局域网）管理更加方便和快捷。

⑤ IPv6 具有更高的安全性。在 IPv6 网络中，用户可以对网络层的数据进行加密并对 IP 报文进行校验，在 IPv6 中的加密与鉴别选项提供了分组的保密性与完整性，极大地增强了网络的安全性。

⑥ 允许扩充。如果新的技术或应用需要时，IPv6 允许协议进行扩充。

目前互联网已经开始了由 IPv4 向 IPv6 的过渡。根据 CNNIC 于 2021 年 2 月发布的第 47 次《中国互联网络发展状况调查统计报告》显示，我国已经拥有 IPv6 地址 57634（块/32），较 2019 年增长 13.3%。人们正在逐步告别 IPv4 而进入 IPv6 的时代。

2．域名系统

IPv4 使用的是 32 位二进制数的地址，即用 4 段的十进制数来表示。对于大多数用户来说，还是不便于记忆。于是在 1983 年，保罗·莫卡派乔斯开发了域名系统（Domain Name System，DNS），并作为技术规范在因特网标准草案中发布。DNS 采用分层命名的方式来标识网络上的主机，其结构为"主机名.三级域名.二级域名.顶级域名"。域名中各部分均采用英文或英文缩写表示，这样就比数字表示的 IP 地址容易记忆。如人们熟悉的新浪网，其域名为 sina.com.cn，IP 地址为 218.30.66.101，当要访问新浪网时，一般会在浏览器的地址栏中输入 www.sina.com.cn，域名和 IP 地址是对应的，此时输入 IP 地址，同样可以打开新浪网主页。

顶级域名是用以识别域名所属类别、应用范围、注册国等公用信息，大体可分为两类：一类是识别国家或地区的标准国家代码，由两位英文字母构成，见表 7.3.2，另一类是专用顶级域名，表明组织机构的类型，见表 7.3.3。

表 7.3.2　国家代码顶级域名

国家代码	国　家
cn	中国
us	美国
fr	法国
gb	英国
jp	日本
de	德国
ca	加拿大

表 7.3.3　组织机构顶级域名

域名	机构名称
com	商业组织
edu	教育部门
gov	政府部门
mil	军事部门
net	主要网络支持中心
org	民间组织
int	国际组织

网络上的计算机彼此之间只能用 IP 地址才能相互识别，也就是说，当人们访问某个网站的服务器时，必须知道对方的 IP 地址，而用户实际输入的是对方的域名。因此在互联网中还有一类专门的服务器——域名服务器（Domain Name Server，DNS）来完成域名的解析工作。

用户访问互联网的过程大致可描述如下。例如访问新浪网，用户在浏览器的地址栏中输入 www.sina.com.cn，这时用户计算机首先会向 DNS 服务器发送一个查询请求，DNS 服务器在接收到这个请求时，会查询自己的数据库，然后向用户计算机返回新浪网的 IP 地址 218.30.66.101，如果这台 DNS 服务器没有新浪网的 IP 地址，它会向其他 DNS 服务器进行查询，直到查找到结果。当用户计算机得到了新浪网的 IP 地址后，才直接向这个 IP 地址发出数据请求，打开新浪网主页。

3．子网掩码

互联网是一个层次结构的网络，IP 地址在设计时就考虑到地址分配的层次特点，将每个 IP 地址都分割成网络号和主机号两部分，以便于 IP 地址的寻址操作。子网掩码实际标识出了当前网络网络号和主机号各自占用 IP 地址中二进制数的位数。

子网掩码（Subnet Mask）是一种用来指明一个 IP 地址的哪些位标识的是主机所在的网络号以及哪些位标识的是主机号。其设定规则是，子网掩码的长度和 IP 地址一样是 32 位，左边是与网络号位数相同的二进制数字"1"；右边是与主机号位数相同的二进制数字"0"。如 C 类网络的子网掩码为 11111111.11111111.11111111.00000000，即 255.255.255.0。

它的使用方法是将子网掩码与 IP 地址进行与运算，根据计算结果可以判断计算机是属于哪个网络。

例如有 A、B、C 3 台计算机，IP 地址分别是 192.168.0.2、192.168.0.254、192.168.1.1，子网掩码均为 255.255.255.0，将 IP 地址与子网掩码进行与运算，得到的结果分别是 192.168.0.0、192.168.0.0、192.168.1.0，由此可以判断计算机 A 和 B 属于同一子网络，它

们之间可以直接进行数据通信，而计算机 C 属于另一子网络，它与计算机 A 和 B 不能直接进行数据通信。

子网掩码的另一个作用是将一个大的 IP 网络划分成若干小的子网，以减少 IP 地址资源的浪费。

4．统一资源定位符

统一资源定位符（Uniform Resource Locator，URL）是对可以从互联网上得到的资源的位置和访问方法的一种简洁的表示，是互联网上标识资源的地址。互联网上的每个资源都有一个唯一的 URL，它包含的信息指出资源的位置以及浏览器应该如何处理它。

URL 的结构为：协议://子域名.域名.顶级域名/目录/文件名。

例如，http://jwc.scac.edu.cn/jwweb/default.aspx 这个 URL 的含义为，最后部分是默认的主页文件 default.aspx，它所在的位置是四川建筑职业技术学院教务处网站服务器的 jwweb 目录下，头部为 http，告诉浏览器采用超文本传输协议打开这个网页文件。这也是 URL 最常使用的协议，此外，URL 中还使用如下一些协议。

① https：超文本传输安全协议。

② ftp：文件传输协议。

③ mailto：电子邮件地址。

④ ldap：轻型目录访问协议搜索。

⑤ file：当地计算机或网上分享的文件。

⑥ news：Usenet 新闻组。

⑦ gopher：Gopher 协议。

⑧ telnet：Telnet 协议。

7.3.3　Internet 的接入技术

使用 Internet，首先要接入到互联网中，用户接入互联网的方式主要有以下几种。

（1）局域网接入

通过局域网接入 Internet，用户计算机首先要安装一块网卡并通过双绞线与局域网连接，这里就涉及安装相应的驱动程序和进行正确网络参数的设置，步骤如下。

步骤 1：安装网卡和驱动程序。

在计算机主板的扩展插槽上插入网卡，使用双绞线与局域网连接起来。打开计算机后，操作系统会自动识别网卡并安装相应的网卡驱动程序，对于个别不支持"即插即用"的网卡，则使用网卡自带的安装盘进行安装即可。

步骤 2：设置网络参数。

局域网连接的重要一步就是设置接入网络的 TCP/IP 参数，操作过程如下。

微课 7-2
设置网络参数

依次打开"控制面板"→"网络和 Internet"→"网络和共享中心"，单击右侧的"以太网"，在打开的"以太网状态"对话框中单击下方的"属性"按钮，打开如图 7.3.2 所示的"以太网属性"对话框。

选择"Internet 协议版本 4（TCP/IPv4）"复选框，单击"属性"按钮，打开如图 7.3.3

所示"Internet 协议版本 4（TCP/IPv4）属性"对话框。

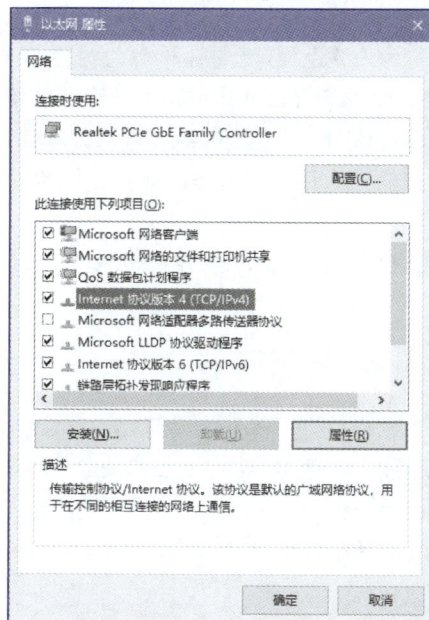

图 7.3.2
"以太网属性"
对话框

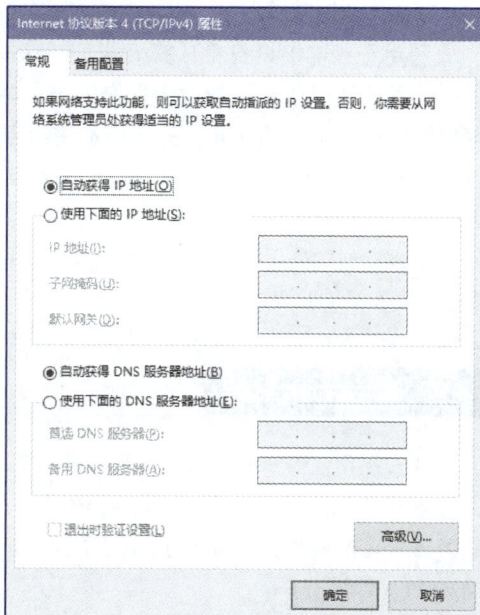

图 7.3.3
"Internet 协议
版本 4（TCP/
IPv4）属性"
对话框

在进行网络参数配置之前，需要询问所在局域网的网络管理员，如果网络中使用了 DHCP 服务自动分配 IP 地址和提供 DNS 服务，则选中"自动获取 IP 地址"和"自动获得 DNS 服务器地址"单选按钮；如果网络使用固定的 IP 地址，则选中"使用下面的 IP 地址"单选按钮，并根据管理员提供的 IP 地址、子网掩码、默认网关等参数进行配置。局域网为了方便管理，一般会使用固定 IP 地址，掌握网络参数的配置方法很有必要。

完成上述配置后，打开浏览器即可进入 Internet。

（2）ADSL 接入

ADSL（Asymmetric Digital Subscriber Line，非对称数字用户线路）是一种通过普通电话线提供高速宽带数据业务的接入技术，它采用频分复用技术把普通的电话线分成电话、上行和下行 3 个相对独立的信道，从而避免了相互之间的干扰。通常，ADSL 可以提供最高 1 Mbit/s 的上行速率和最高 8 Mbit/s 的下行速率（即通常说的带宽）。其特点是技术成熟、带宽较宽、连接简单、投资较小，在我国仍然有家庭用户、小单位用户采用这种方式接入互联网。采用 ADSL 接入，在用户端，用户需要安装一个 ADSL Modem 来连接电话线路。

（3）Cable Modem 接入

Cable Modem 即电缆调制解调器，主要用于有线电视网进行数据传输。Cable Modem 接入技术在全球尤其是北美发展的较好。在我国，广电部门在有线电视（CATV）网上开发的宽带接入技术已经进入市场。我国有不少家庭用户使用 Cable Modem 接入互联网。

（4）光纤接入

随着光纤技术的发展和光纤入户的普及，在我国城市中采用光纤接入互联网的比例越来越高，根据《中国互联网发展报告 2019》的数据显示，截至 2019 年 6 月，中国光纤接入用户规模达 3.96 亿户，占互联网宽带接入用户总数的 91%。光纤接入的优势是接入带宽很宽，除了解决上网之外，还很容易地实现了电视和电话的三网合一。

（5）无线网络接入

利用无线连接设备将计算机接入 Internet 称为无线上网。无线上网分为两种，一种是计算机通过手机或无线上网卡连接到网络，上网速度由使用的技术、终端支持速度和信号强度共同决定；另一种是使用无线网络设备，它是以传统局域网为基础，以无线 AP 和无线网卡来构建的无线局域网方式。人们比较熟悉的无线上网卡和Wi-Fi 等都属于无线上网。

发展更快的是手机上网，随着技术的发展和手机用户的普及，移动网络也由 2G、3G发展到现在的 4G、5G。

7.4　Internet 服务

用户采用任何一种方法接入互联网之后，就可以享受互联网提供的各种便捷、高效的服务来完成各项工作。Internet 可提供众多的服务，对大多数用户来说，常用的服务主要包括 WWW 服务、E-mail 电子邮件服务、FTP 文件传输服务、Telnet 远程登录、即时通信服务、微博等。

7.4.1　WWW 服务

微课 7-3
WWW 服务-网页
浏览

WWW（World Wide Web，万维网）并不是独立于 Internet 的一个物理网络，而是基于超文本（Hypertext）技术将许多信息资源链接成一个信息网，由结点和超链接组成的、方便用户在 Internet 上搜索和浏览信息的信息检索服务系统。超文本技术是由欧洲原子能物理实验室 CERN 的软件咨询师蒂姆·伯纳斯·李于 1989 年提出的，1990 年 12 月，他开发出来第一个万维网浏览器和第一个网页服务器，并在 CERN 的网络中使用。最初开发设计的目的是为 CERN 的物理学家们提供一种交流信息和共享科研成果的工具。1993 年，全球第一个 WWW 网站出现，这是 Internet 发展史上的又一个里程碑。

WWW 服务采用客户机/服务器（Client/Server）工作模式，为用户提供一种友好的信息检索模式，用户只需提出查询要求，而在哪里查询以及如何查询则由 WWW 服务器自动完成。

WWW 服务通过超文本传输协议（Hyper text Transfer Protocol，HTTP）可以实现在一台计算机上获取并显示存放在其他主机中的文本、图片、音频、视频等多媒体文件，这些获取的文件称为网页或 Web 页。WWW 中的网页通过超链接（Hyperlink）可链接到其他网页，用户通过单击超链接即可轻松地进入超链接所指向的网页。

为了实现对整个 Internet 范围的信息检索，蒂姆·伯纳斯·李对 WWW 的另一贡献就是发明了统一资源标识符（URL）。Internet 上的任何资源都有一个唯一的 URL 与之对应。如果知道一个网页文件的 URL，在浏览器中直接输入 URL 就可以访问到这个网页。如图 7.4.1 所示，当 URL 省略最后的资源文件名时，默认打开该网站的主页。

WWW 服务就是用户平时上网浏览的操作，首先打开浏览器，在浏览器的地址栏中输入正确的网页地址，如输入 https://www.sina.com.cn 后按 Enter 键，就可以打开如图 7.4.1所示的新浪网主页。

图 7.4.1
WWW 服务：
访问新浪网主页

之后可以单击某个链接，打开对应的网页进行相应的操作。

7.4.2　E-mail 电子邮件服务

电子邮件是网络最早提供的服务之一，早在 1971 年，为方便 ARPAnet 的研发人员之间的相互交流。雷·汤姆林森开发出了用于发送邮件的程序，最初命名为 SNDMSG（即 Send Message），并使用这个软件在 ARPAnet 上发送了第一封电子邮件，收件人是另外一台计算机上的自己，由此电子邮件诞生。中国最早接入 Internet 主要也是使用电子邮件服务。电子邮件是 Internet 上使用最多和最受用户欢迎的一种应用服务。典型的电子邮件系统如图 7.4.2 所示。

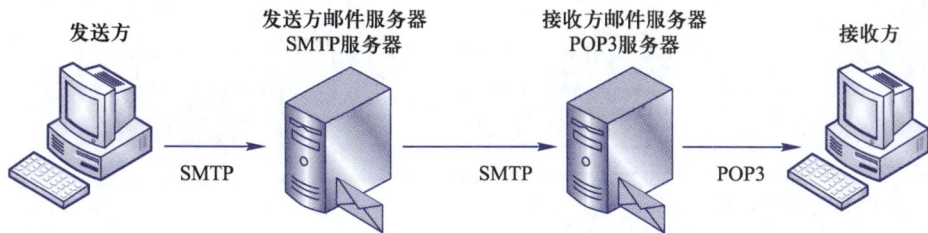

图 7.4.2
电子邮件系统

电子邮件的工作过程遵循客户机/服务器模式。发送方通过简单邮件传输协议（Simple Mail Transfer Protocol，SMTP），将编辑好的电子邮件发送给邮件服务器（SMTP 服务器）。SMTP 服务器识别接收者的地址，并向管理该地址的邮件服务器（POP3 服务器）发送消息。POP3 服务器将消息存放在接收者的电子信箱内，并告知接收者有新邮件。接收者通过邮局协议 POP3（Post Office Protocol 3）接收邮件。因此，当发送一封电子邮件给另一个客户时，电子邮件首先从用户计算机发送到 ISP 主机，然后到 Internet，再到收件人的 ISP 主机，最后到收件人的个人计算机。

要使用电子邮件服务，用户还必须有一个邮件地址，邮件服务器就是根据这些地址，将各用户的邮件送到各用户的邮箱中。电子邮件地址的格式如下：

用户名@电子邮件服务器域名

例如，人们熟悉的 QQ 邮箱的邮件地址 3248756@qq.com，其中 3248756 为用户名，即用户的 QQ 号，qq.com 为邮件服务器的域名。

7.4.3　FTP 服务

文件传输协议（File Transfer Protocol，FTP）使得计算机间可以共享文件。FTP 是在 TCP/IP 网络和 Internet 上最早使用的协议之一。其主要作用就是让用户连接上一台远程计算机，查看远程计算机有哪些文件，然后把文件从远程计算机上复制到本地计算机，或把本地计算机的文件送到远程计算机中。

与大多数 Internet 服务一样，FTP 也是一个客户机/服务器系统。用户通过一个支持 FTP 的客户机程序，连接到远程主机上的 FTP 服务器。用户通过客户机程序向服务器发出命令，服务器执行用户所发出的命令，并将执行结果返回到客户机。

早期在 Internet 上传输文件，并不是一件容易的事，Internet 是一个非常复杂的计算机环境，不同的计算机可能运行不同的操作系统，各计算机存储数据的格式、文件命名规则、访问控制方式各不相同。FTP 的出现消除了在不同操作系统下处理文件的不兼容性，实现了在不同系统的计算机之间传输文件。

FTP 服务器默认使用 20 和 21 两个端口，端口 20 用于在客户端和服务器之间传输数据流，端口 21 用于传输控制流。其连接过程如图 7.4.3 所示。

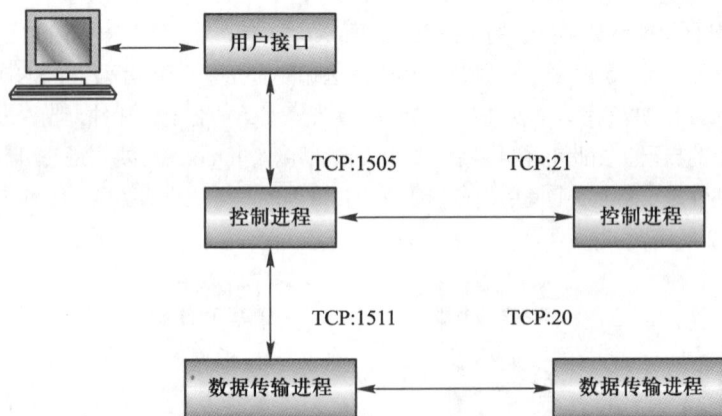

图 7.4.3
FTP 连接过程

FTP 连接过程描述如下。

① 客户端打开一个随机的端口（端口号大于 1024，如 1505），同时一个 FTP 进程连接至服务器的 21 控制端口。

② 客户端开始监听端口 1511，同时通过 1505 端口向服务器发送一个命令，此命令告诉服务器客户端正在监听的端口号，并且已准备好从此端口接收数据。

③ 服务器打开 20 端口，并且建立和客户端数据端口 1511 的连接。

④ 客户端通过本地的数据端口 1511 建立一个和服务器 20 端口的连接，然后向服务器发送一个应答，告诉服务器它已经建立好一个连接。

当连接建立好之后，用户就可以上传或下载数据文件。FTP 服务实际在客户端和服务器之间建立了两个连接，即一个控制连接和一个数据连接。用户访问网站，上传或下载数据都是通过 FTP 完成。

7.4.4　Telnet

Telnet 是 Internet 远程登录服务的标准协议和主要方式。其基本功能是允许用户登录进入远程主机系统。在远程终端上运行 Telnet 程序，可以连接到远程主机，获得主机界面，进而对主机进行操作，如同用户在主机前进行操作一样。对于网络管理人员来说会经常使用 Telnet 服务。

Telnet 服务也是采用客户机/服务器工作模式，在客户端计算机上必须安装 Telnet 程序，远程主机要开放远程登录允许客户端进行远程连接，还需要知道远程主机的主机名或 IP 地址以及远程主机的账号和密码。其操作过程如下。

①　本地与远程主机建立连接。该过程实际上是建立一个 TCP 连接，用户必须知道远程主机的 IP 地址或主机名。

②　将本地终端上输入的用户名和口令及以后输入的任何命令或字符以 NVT（Net Virtual Terminal）格式传送到远程主机。该过程实际上是从本地主机向远程主机发送一个 IP 数据包。

③　将远程主机输出的 NVT 格式的数据转化为本地所接受的格式送回本地终端，包括输入命令回显和命令执行结果。

④　最后，本地终端对远程主机进行撤销连接。该过程是撤销一个 TCP 连接。

当远程连接建立之后，管理员就可以很容易地实现远程用户管理、远程数据录入、远程系统维护等操作。

7.4.5　即时通信服务

即时通信（Instant Messaging，IM），是一种基于互联网的即时交流消息的业务。即时通信软件可以实现人与人之间在 Internet 上快速直接交流信息。即时通信服务一直是最基础的网络应用之一，是用户使用率最高的 Internet 服务。

最早的 IM 软件是 1996 年开发的，取名为 ICQ（ICQ 是英文中 I seek you 的谐音，意思是"我找你"）。ICQ 一经推出，立即受到网民的喜爱，主要市场在美洲和欧洲，成为世界上最大的即时通信系统之一。

目前主流的即时通信软件如下：

①　MSN Messenger 是微软开发的即时通信软件，它内嵌于 Windows 操作系统平台，随着微软全球化战略的日益扩展，MSN 也紧随微软操作系统一起，逐渐成为桌面 PC 的标准配置，在国内外受到广大用户的喜爱，注册用户数过亿，取得了巨大的市场占有率。

②　1999 年 2 月，腾讯公司正式推出第一个即时通信软件 OICQ，后改名为腾讯 QQ。腾讯 QQ 支持在线聊天、视频聊天及语音聊天、点对点断点续传文件、共享文件、网络硬盘、自定义面板、QQ 邮箱等多种功能，并可与移动通信终端等多种通信方式相连。

③　微信（WeChat）是腾讯公司于 2011 年初推出的一款快速发送文字和照片、支持多人语音对讲的手机聊天软件。用户可以通过手机或移动终端快速发送语音、视频、

图片和文字。微信提供公众平台、朋友圈、消息推送等功能，用户可以通过摇一摇、扫描二维码等方式添加好友和关注公众平台，同时微信将内容分享给好友以及将用户看到的精彩内容分享到微信朋友圈。微信支持多种手机操作系统，支持 Wi-Fi 无线局域网、2G、3G、4G 和 5G 移动数据网络，是目前用户数和用户使用率都非常高的移动即时通信软件。

7.4.6 电子商务

电子商务是指在互联网（Internet）、企业内部网（Intranet）和增值网（Value Added Network，VAN）上以电子交易方式进行交易活动和相关服务活动。电子商务是利用计算机技术、网络技术和远程通信技术，实现传统商业活动各环节的电子化、数字化和网络化。

根据 2021 年 2 月的《中国互联网络发展状况统计报告》显示，2020 年，我国网上零售额达 11.76 万亿元，较 2019 年增长 10.9%。其中，实物商品网上零售额 9.76 万亿元，占社会消费品零售总额的 24.9%。截至 2020 年 12 月，我国网络购物用户规模达 7.82 亿，较 2020 年 3 月增长 7215 万，占网民总体的 79.1%。商务类应用的高速发展与支付、物流的完善以及整体环境的推动有着密切的关系。

在电子商务的众多模式中，发展最快、应用最广泛的当属 B2C（Business-to-Consumer，企业对消费者）和 C2C（Consumer-to-Consumer，个人对消费者）。B2C 的典型代表有淘宝商城（天猫商城）、京东商城等，C2C 的典型代表有腾讯拍拍、当当网等。

电子商务的发展离不开安全可靠的电子支付平台，其中著名的有支付宝和财付通。支付宝交易服务从 2003 年 10 月在淘宝网推出，短时间内迅速成为使用极其广泛的网上安全支付工具，用户覆盖了整个 C2C、B2C 及 B2B 领域。财付通是腾讯公司于 2005 年 9 月正式推出的专业在线支付平台，财付通构建全新的综合支付平台，业务覆盖 B2B、B2C 和 C2C 各领域，提供卓越的网上支付及清算服务。针对个人用户，财付通提供了包括在线充值、提现、支付、交易管理等丰富功能；针对企业用户，财付通提供了安全可靠的支付清算服务和极富特色的 QQ 营销资源支持。

电子商务的快速发展离不开物流配送服务，随着国内近几年网上购物的飞速发展，一大批物流服务企业也在这一过程中得到发展壮大。随着云计算、大数据和物联网等技术的快速发展，极大地提高了物流效率，使用户网购收货的时间大大缩短，网购体验的改善也进一步促进了电子商务的快速发展。

中国电子商务的快速发展还得益于国家在政策层面的支持，随着国家在网络交易方面相关法律法规的不断完善，越来越多的用户会更放心地使用电子商务服务。

7.4.7 信息检索

用户在使用 Internet 时，经常需要查找网络上的各类信息。检索信息的方式通常有两种，分别是使用"搜索引擎"检索信息和使用"网络数据库"检索信息。

1. 使用"搜索引擎"检索信息

搜索引擎是指根据一定的策略、运用特定的计算机程序从互联网上搜集信息，在

微课 7-4
网络信息检索

对信息进行组织和处理后，为用户提供检索服务，将用户检索相关的信息展示给用户的系统。

目前常用的中文搜索引擎网站及市场占有份额排序为百度、360 搜索、搜狗等，一些门户网站也提供搜索引擎功能。

（1）搜索引擎的使用

打开微软 Edge 浏览器，在地址栏中输入 www.baidu.com，进入如图 7.4.4 所示的百度搜索引擎主界面。

图 7.4.4
百度搜索引擎
主界面

输入搜索关键词，如"成都电子科大"，单击"百度一下"按钮，在浏览器中就会显示出搜索结果，如图 7.4.5 所示。

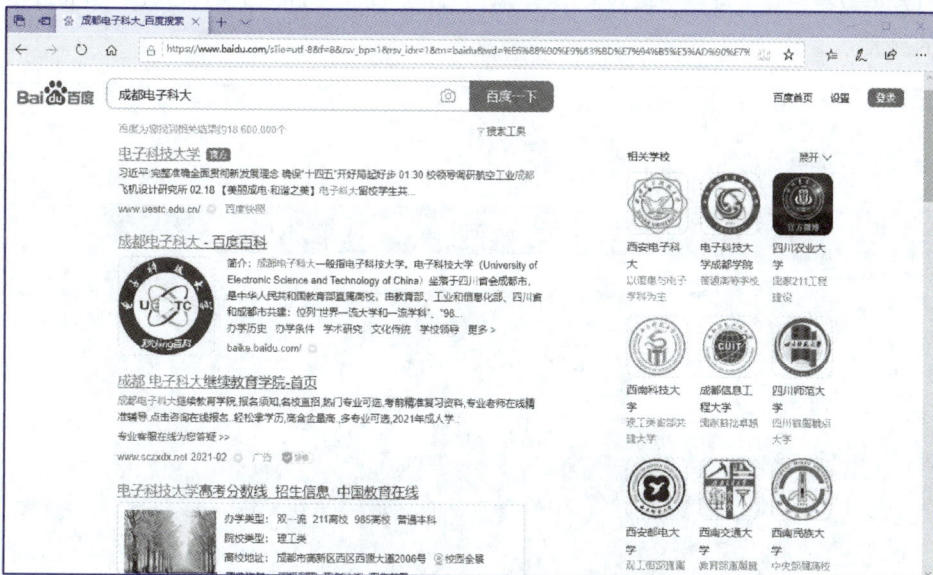

图 7.4.5
搜索结果显示

（2）搜索引擎使用技巧

从搜索结果中可以看到，除了搜索到有关"成都电子科技大学"的信息外，还有一些包含了这些词的信息（如"××科技公司"等）也在搜索结果中。为了提高搜索结果的准确性，需要掌握使用搜索引擎的一些操作方法和技巧。

① 使用多个关键词进行搜索，关键词之间允许使用 and 和 or 两个逻辑运算符。如成都电子科大 and 信息学院，搜索结果是同时包含这两个关键词的信息。

② 关键词加上双引号（注意要使用西文的双引号），表示精确搜索。如"成都电子科技大学"，搜索结果中就不会出现含有"电子"或"科技"等内容的其他信息。

③ 关键词前面使用加号，表示该关键词必须出现在搜索结果中。如+计算机+电视机+手机，搜索结果中必须同时包含"计算机""电视机""手机"这 3 个关键词。

④ 在关键词前面使用减号，表示搜索结果中不能出现该关键词。如大学−北京大学，搜索结果中不包含"北京大学"的信息。

⑤ 在英文关键词中可以使用通配符*和?。

⑥ 在英文检索中注意区分关键词的大小写。

2．使用"网络数据库"检索信息

网络数据库是根据特定的文献信息需要而建立的一种文献信息搜集、加工、存储和检索的程序化系统或数据集合。它通过对文献信息的搜集、加工、存储，以数据库、电子表格形式为载体，形成文献信息的资源整合，以 Web 为检索平台，通过友好的检索界面，使对文献信息的检索和利用方法简单且多样化。

网络数据库对信息的检索具有更强的针对性和全面性。目前常用的网络数据库包括中国知网、万方数据知识服务平台、超星数字图书馆等。

下面以"万方数据知识服务平台"为例，介绍如何使用网络数据库检索信息。打开浏览器，在地址栏中输入 https://www.wanfangdata.com.cn，打开如图 7.4.6 所示的界面。

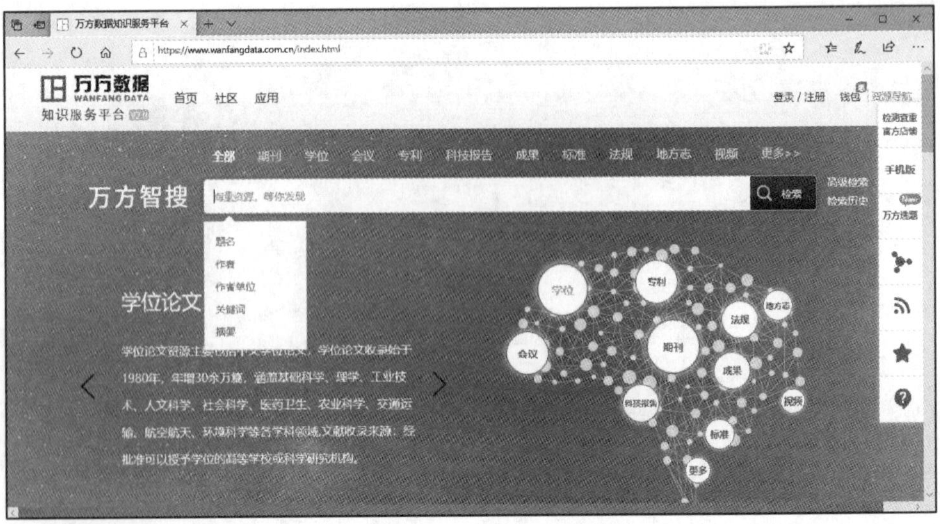

图 7.4.6
万方数据库主页

在"万方智搜"处可以选择类别（如关键词）以缩小检索范围，输入需要检索的信息（如物联网），单击右侧的"检索"按钮，得到如图 7.4.7 所示的检索结果。

图 7.4.7
基本检索结果

上述检索操作称为"一般检索"或"基本检索"，一般检索方式操作简便，但由于没有检索条件限制，得到的检索结果往往不是很理想。

为了得到更准确的检索结果，可以在此基础上进行"二次检索"，在结果上方可以继续输入"题名""作者""关键词""起始年"等数据，如在"关键词"处再输入"智能家居"、"起始年"输入 2018、"结束年"输入 2020，单击右侧的"结果中检索"按钮，会得到如图 7.4.8 所示的结果。

为了更快速准确地检索，也可以直接单击主页右侧的"高级检索"按钮。高级检索也称组合检索，用户可以同时选择或设置多个检索条件，如图 7.4.9 所示。

图 7.4.8
二次检索结果

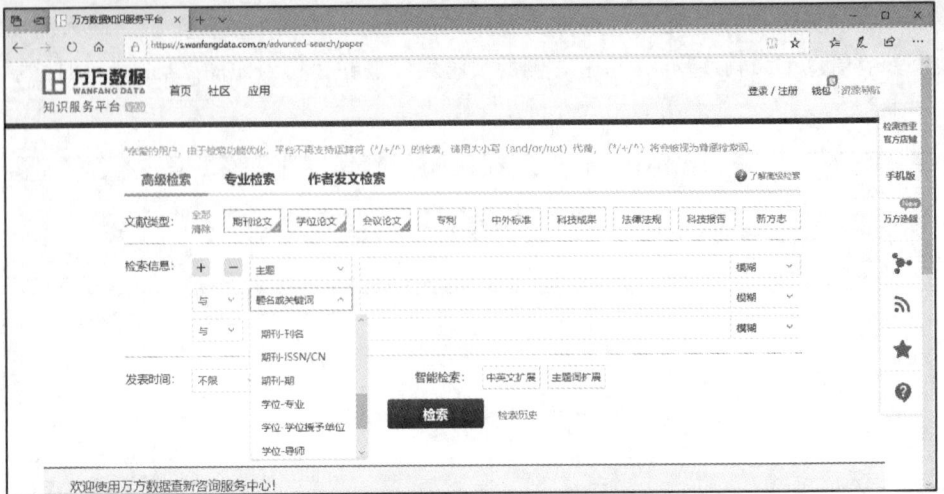

图 7.4.9
万方数据库高级
检索界面

高级检索可以设置多个检索条件，因此能够快速地得到比较准确的检索结果，在信息检索中使用比较普遍。

不管使用何种检索方式，对于检索条件之间的逻辑关系，如与（and）、或（or）、非（not），一定要正确使用。不同数据库的操作方式大同小异，使用时要遵循数据库的要求进行。

7.5 习题

一、判断题

1. 在一个办公室内组建的网络是局域网，在一幢大楼内将各个办公室的计算机连接起来组成的网络是广域网。 （   ）
2. TCP/IP 协议是一个 TCP 和一个 IP。 （   ）
3. 向对方发电子邮件时，对方计算机应处于打开状态。 （   ）
4. 电子邮件信箱地址为 YJK@online.sh.cn，其中 online.sh.cn 是电子邮件服务器地址。 （   ）
5. 只要将几台计算机使用网线连接在一起，计算机之间就能够通信。 （   ）
6. Hypertext 即超文本，HTML 即超文本传输协议。 （   ）
7. IP 协议对应 OSI 7 层协议的传输层。 （   ）
8. 可对浏览器收藏夹进行备份，当重装系统时可以利用备份文件恢复收藏夹。 （   ）
9. 城域网的英文缩写是 WAN。 （   ）
10. 因特网就是最大的广域网。 （   ）
11. 在电子邮件中，用户可以同时发送文本和多媒体信息。 （   ）
12. 局域网中的计算机不能上互联网。 （   ）
13. 如果电子邮件到达时，用户的计算机没有开机，那么电子邮件将退给发信人。 （   ）
14. http://www.scit.edu.cn/default.htm 中 http 是一种传输协议。 （   ）
15. gov 域名是政府部门的顶级域名。 （   ）

二、选择题

1. IPv6 地址由_____位二进制数组成。

  A. 64   B. 32

  C. 16   D. 128

2. TCP 称为_____。

  A. 网际协议   B. 传输控制协议

  C. Network 内部协议   D. 中转控制协议

3. 中国的顶层域命名为_____。

  A. CH   B. CN

  C. CHI   D. CHINA

4. http 是一个_____。

  A. 高级程序设计语言   B. 域名

  C. 超文本传输协议   D. 网址

5. 有一域名为 bit.edu.cn，根据域名代码的规定，此域名表示_____。

  A. 政府机关   B. 商业组织

  C. 军事部门   D. 教育机构

6. 一台微型计算机要与局域网连接，必须具有的硬件是_____。

  A. 集线器   B. 网关

  C. 网卡   D. 路由器

7. 下列各项中，非法的 Internet 的 IP 地址是_____。

  A. 202.96.12.14   B. 202.196.72.140

  C. 112.256.23.8   D. 201.124.38.79

8. 以下关于电子邮件的说法，不正确的是_____。

  A. 电子邮件的英文简称是 E-mail

  B. 加入 Internet 的每个用户通过申请都可以得到一个"电子信箱"

  C. 在一台计算机上申请的"电子信箱"，以后只有通过这台计算机上网才能收信

  D. 一个人可以申请多个电子信箱

9. Internet 实现了分布在世界各地的各类网络的互联，其最基础和核心的协议是_____。

  A. HTTP   B. HTML

  C. TCP/IP   D. FTP

10. 以下说法中，正确的是_____。

  A. 域名服务器（DNS）中存放 Internet 主机的 IP 地址

  B. 域名服务器（DNS）中存放 Internet 主机的域名

  C. 域名服务器（DNS）中存放 Internet 主机域名与 IP 地址的对照表

  D. 域名服务器（DNS）中存放 Internet 主机的电子邮箱的地址

11. 在计算机网络中，英文缩写 LAN 的含义是_____。

  A. 局域网   B. 城域网

  C. 广域网   D. 无线网

12. 在下列网络的传输介质中，抗干扰能力最好的一个是_____。

  A. 光缆   B. 同轴电缆

  C. 双绞线   D. 电话线

13. Internet 中，一台计算机可以作为另一台主机的远程终端，使用该主机的资源，该项服务称为_____。

A. Telnet
B. BBS
C. FTP
D. WWW

14. 在 Internet 中，以下_____IP 地址是 B 类地址。
    A. 202.96.13.25
    B. 176.78.89.67
    C. 10.252.36.2
    D. 198.76.56.156

15. 对 Internet 中关于 DNS 的说法错误的是_____。
    A. DNS 是域名服务系统
    B. DNS 不能把 IP 地址转换为域名
    C. DNS 的作用是将域名转换为 IP 地址
    D. 规定域名命名规则

16. 用于学校教学的计算机网络教室，它的网络类型属于_____。
    A. 广域网
    B. 城域网
    C. 局域网
    D. 互联网

17. 下列设备中不是网络设备的是_____。
    A. 路由器
    B. 打印机
    C. 交换机
    D. 防火墙

18. 下列选项中，对于一个电子邮箱地址书写正确的是_____。
    A. @263.net
    B. 2008BJ@263.net
    C. WWW.263.net
    D. 2008BJ#263.net

19. 要收发电子邮件，首先必须拥有_____。
    A. 电子邮箱
    B. 上网账号
    C. 中文菜单
    D. 个人主页

20. 若欲把百度（www.baidu.com）设为主页，应该_____。
    A. 在 IE 属性主页地址栏中输入 http://www.baidu.com
    B. 在百度网站中申请
    C. 在 IE 窗口中单击主页按钮
    D. 将百度添加到收藏夹

21. 下面_____方式不能连接到互联网。
    A. ADSL
    B. ISDN
    C. WIFI
    D. FAX（传真）

22. 要编写一封电子邮件，可以直接双击桌面上的_____图标实现。
    A. Internet Explore
    B. 网上邻居
    C. Outlook Express
    D. 计算机

23. 在 Internet 中，IPv4 地址是一个_____的二进制地址。
    A. 8 位
    B. 16 位
    C. 32 位
    D. 64 位

24. 下列不属于 Macromedia 公司的产品是_____。
    A. Fireworks
    B. Dreamweaver
    C. FrontPage
    D. Flash

25. 按拓扑结构划分，常见的局域网拓扑结构是_____。
    A. 总线型、逻辑型、关系型
    B. 网状型、环型、层次型

C. 星型、逻辑型、层次型　　　　D. 总线型、环型、星型

26. 将文件从 FTP 服务器传输到客户机的过程称为_____。

A. 浏览　　　　　　　　　　　　B. 电子商务

C. 上载　　　　　　　　　　　　D. 下载

27. IP 地址是由两部分组成，一部分是_____地址，另一部分是主机地址。

A. 网络　　　　　　　　　　　　B. 服务器

C. 机构名称　　　　　　　　　　D. 路由器

28. Internet 是全球性的、最具影响力的计算机互联网络，它的前身是_____。

A. Novell　　　　　　　　　　　B. Ethernet

C. ARPANET　　　　　　　　　D. ISDN

29. Internet 采用的通信协议是_____。

A. TCP/IP　　　　　　　　　　　B. FTP

C. SPX/IP　　　　　　　　　　　D. WWW

30. 计算机网络最显著的特征是_____。

A. 运算速度快　　　　　　　　　B. 运算精度高

C. 存储容量大　　　　　　　　　D. 资源共享

第 8 章　IT 新技术

当前社会正处于飞速发展阶段，新的信息技术层出不穷，给人们的生活带来了日新月异的变化。本章介绍这些新技术中具有代表性的技术，包括云计算、大数据、人工智能、5G 移动通信技术、物联网和区块链技术。

8.1　云计算

微课 8-1
云计算

云计算是一个内涵丰富而定义模糊的名词。当前，云计算已经席卷了 IT 行业的方方面面，但人们却难以清晰理解云计算的本质。本节将讲解云计算的定义、发展历程、特点、服务类型、部署模式及其应用，初步了解云计算。

8.1.1　云计算的定义

云计算是一种 IT 资源的交互和使用模式。云计算服务提供商，通过网络按需提供 IT 资源，用户利用标准的接口，通过网络申请所需的 IT 资源即可。在云计算模式下，用户所需的软硬件资源很少，他们的计算机配置会变得非常简单，硬件方面仅需要空间不大的内存和良好的网络及网络接口，软件方面除了浏览器外，几乎不需要安装其他软件，就可以满足工作学习所需。具体是：用户仅需要通过浏览器向"云"发送指令和接收数据，而真正的计算、存储、软件等都是在云服务器提供商的云服务器上进行，用户的计算机就像一个远端的显示与交互设备，真正的工作都在云服务器上完成，当用户需要更多的计算能力时，也不需要改变自己的计算机，而是向云服务提供商付费申请更多的资源即可。而当用户不需要计算资源时，可以实时减少资源的申请使用量，彻底实现了资源的实时增加和减少。

美国国家标准与技术研究院（NIST）定义：云计算是一种按使用量付费的模式，这种模式提供可用的、便捷的、按需的网络访问，进入可配置的计算资源共享池（包括网络、服务器、存储、应用软件和服务），这些资源能够被快速提供，只需投入很少的管理工作，或与服务供应商进行很少的交互。

云计算是一种互联网的计算方式，是分布式计算的一种，是一种革新的信息技术与商业服务的消费与交付模式（IBM 提出），是一种更友好的业务运行模式（Salesforce.com 提出）。

8.1.2　云计算发展及现状

云计算是由分布式计算、并行计算、效用计算、虚拟化、网络存储、负载均衡、热备份冗余等传统计算机和网络技术发展融合的产物。

追溯云计算的根源，它的产生和发展与之前所提及的并行计算、分布式计算等计算机技术密切相关。而后随着网络技术的发展，逐渐孕育了云计算的萌芽。

1959 年，克里斯·托弗发表了一篇有关虚拟化的论文《大型高速计算机中的时间共享》（*Time Sharing in Large Fast Computer*），首次提出了虚拟化的概念。虚拟化是今天云计算基础架构的核心，是云计算发展的基础。

2004 年，Web 2.0 会议举行，计算机网络发展进入了一个新阶段。与此同时，一些大型公司也开始致力于开发大型计算能力的技术，为用户提供了更加强大的计算处理服务，为云计算奠定了网络基础。

在 2006 年 8 月 9 日，谷歌公司首席执行官埃里克·施密特在搜索引擎大会首次提出"云计算"（Cloud Computing）的概念。这是云计算发展史上第一次正式地提出这一概念，有着巨大的历史意义。

2007年以来，"云计算"成为计算机领域最令人关注的话题之一，同样也是大型企业、互联网建设着力研究的重要方向。因为云计算的提出，互联网技术和IT服务出现了新的模式，引发了一场变革。

在2008年，微软公司发布其公共云计算平台（Windows Azure Platform），由此拉开了云计算大幕。国内许多大型网络公司纷纷加入云计算的阵列。

2019年8月17日，北京互联网法院发布《互联网技术司法应用白皮书》。发布会上，北京互联网法院互联网技术司法应用中心揭牌成立。

我国的云计算发展迅速，在云计算领域已有多家世界级的厂商。

- 腾讯云：腾讯致力于海量互联网服务，在社交、游戏等领域，能够为开发者及企业提供云服务等整体一站式方案。
- 华为云：国内大型云服务与解决方案供应商，专注于为企业、事业机构、创业群体提供安全中立的IT基础设施云服务。
- 金山云：金山云构建了完备的云计算基础架构和运营体系，公有云客户主要来自游戏、视频、电子商务等行业。
- 百度云：百度云专注于"云计算+大数据+人工智能"的布局，其技术已经在内部众多业务中得到了成熟的应用。

8.1.3 云计算的特点

云计算的可贵之处在于高灵活性、可扩展性和高性比等，与传统的网络应用模式相比，其具有如下优势与特点。

1. 虚拟化技术

虚拟化突破了时间、空间的界限，是云计算最为显著的特点，通过虚拟化可以屏蔽底层平台上的差异，统一规范和接口，虚拟化技术包括应用虚拟和资源虚拟两种。众所周知，物理平台与应用部署的环境在空间上是没有任何联系的，正是通过虚拟平台对相应终端操作完成数据备份、迁移和扩展等。

2. 动态可扩展

云计算具有高效的运算能力，在原有服务器基础上增加云计算功能，能够使计算速度迅速提高，最终实现动态扩展虚拟化的层次，达到扩展应用的目的。

3. 按需部署

计算机包含了许多应用、程序软件等，不同的应用对应不同的数据资源库，当用户运行的应用需要较强的计算能力，云计算平台能够根据用户的需求快速配备计算能力及相应的资源。

4. 灵活性高

目前市场上大多数IT资源都支持虚拟化，如存储网络、操作系统和开发软/硬件等。虚拟化要素被统一放在云系统资源虚拟池中进行管理，可见云计算的兼容性非常强，不仅可以兼容低配置机器、不同厂商的硬件产品，还能够统一管理获得更高性能。

5. 可靠性高

服务器故障也不影响计算与应用的正常运行，因为单点服务器出现故障时，可以通过虚拟化技术将分布在不同物理服务器上的应用进行恢复或利用动态扩展功能部署新的服务器进行计算。

6. 性价比高

将资源放在虚拟资源池中统一管理，在一定程度上优化了物理资源，用户不再需要昂贵、存储空间大的主机，可以选择相对廉价的 PC 组成云，不仅能减少费用，而且计算性能不逊于大型主机。

7. 可扩展性

用户可以利用应用软件的快速部署条件，更为简单快捷地将自身所需的已有业务以及新业务进行扩展。例如，云计算系统中出现设备的故障，对于用户来说，无论是在计算机层面上，还是在具体运用上，均不会受到阻碍。因为用户可以利用云计算具有的动态扩展功能来对其他服务器开展有效地扩展，从而确保任务得以有序完成。

8.1.4　云计算的交付模型

根据美国国家标准技术研究院（National Institute of Standards and Technology，NIST）的定义，云计算主要分为基础设施即服务（Infrastructure as a Service，IaaS）、平台即服务（Platform as a Service，PaaS）和软件即服务（Software as a Service，SaaS）3 种交付模型，它们的关系如图 8.1.1 所示。

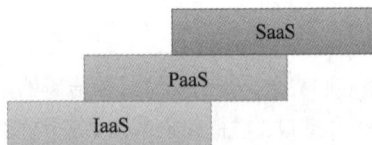

图 8.1.1
3 种交互模式的关系示意图

1. 基础设施即服务（IaaS）

IaaS 是主要的交付模型，它使得消费者可以通过互联网获得计算机基础设施的服务。基于互联网的服务（如存储和数据库）是 IaaS 的一部分。在 IaaS 模式下，服务提供商将多台服务器组成的"云端"服务（包括内存、I/O 设备、存储和计算能力等）作为计量服务提供给用户。其优点是用户只需准备低成本硬件，按需租用云服务端相应的计算能力和存储能力即可。

IaaS 的主要功能如下。

① 资源抽象：使用资源抽象的方法，能更好地调度和管理物理资源。

② 负载管理：通过负载管理，不仅能更好地利用系统资源，还能够使部署在基础设施上的应用更好地应对突发情况。

③ 数据管理：对云计算而言，数据的完整性、可靠性和可管理性是对 IaaS 的基本要求。

④ 资源部署：也就是将整个资源从创建到使用的流程自动化。

⑤ 安全管理：保证基础设施和其提供的资源被合法地访问和使用。

⑥ 计费管理：通过细致的计费管理能使用户更灵活地使用资源。

2．平台即服务（PaaS）

IaaS 为用户提供了硬件资源的基础设施，用户在该系统上进行自己的平台搭建，如搭建一个 Web 服务器，或是搭建物联网服务器，这些工作很多是繁琐且重复的工作。PaaS 通过提取各种应用的共性，为开发人员提供构建应用程序和服务的平台。

PaaS 的主要功能如下。

① 友好的开发环境：通过 SDK 和 IDE 等工具让用户能在本地方便地进行应用的开发和测试。

② 丰富的服务：PaaS 平台以 API 的形式将各种各样的服务提供给上层应用。

③ 自动的资源调度：即可伸缩特性，它不仅能优化系统资源，而且能自动调整资源来帮助运行于其上的应用更好地应对突发资源需求。

④ 精细的管理和监控：通过 PaaS 能够提供对应用层的管理和监控（如吞吐量和响应时间），以更好地衡量应用的运行状态；还能够通过精确计量应用所消耗的资源，以更好地计费。

涉足 PaaS 市场的公司在网上提供了各种开发和分发应用的解决方案，如虚拟服务器和操作系统，既节省了用户在硬件上的费用，也让分散的工作室之间的合作变得更加容易。这些解决方案包括网页应用管理、应用设计、应用虚拟主机、存储、安全以及应用开发协作工具等。

3．软件即服务（SaaS）

SaaS 是一种通过网络提供软件的模式，用户无须购买软件，而是向提供商租用基于 Web 的软件，来管理企业经营活动或完成相应工作。相对于传统软件，SaaS 解决方案有明显的优势，包括较低的前期成本、便于维护、快速展开使用、由服务提供商维护和管理软件，并且提供软件运行的硬件设施，用户只需拥有接入互联网的终端即可随时随地使用软件。SaaS 软件被认为是云计算的典型应用之一。

SaaS 的主要功能如下。

① 随时随地访问：在任何时候、任何地点，只要接上网络，用户就能访问 SaaS 服务。

② 支持公开协议：通过支持公开协议（如 HTML4、HTML5），能够方便用户使用。

③ 安全保障：SaaS 供应商需要提供一定的安全机制，不仅要使存储在云端的用户数据处于绝对安全的境地，而且也要在客户端实施一定的安全机制（如 HTTPS）来保护用户。

④ 多租户：Multi-Tenant 机制，通过多租户机制，不仅能更经济地支持庞大的用户规模，而且能提供一定的可指定性，以满足用户的特殊需求。

用户通过网页获得服务，这些网页服务也算是云技术的一部分。商务的 SaaS 应用包括 Citrix 公司的 GoToMeeting，Cisco 公司的 WebEx，以及 Salesforce 公司的 CRM、ADP 等。网页游戏则是娱乐类 SaaS 服务。

8.1.5　云计算部署模式

云计算的部署方式是根据云计算服务的用户进行划分的，包括公有云、私有云、混合云和社区云 4 种部署模式。

1. 公有云

公有云是一种面向公众开放的云服务器，由云服务提供商运营，支持大量用户的并发请求，社会公众可以通过网络获取相关 IT 资源。云服务提供商负责物理基础设置、软件运行环境、应用程序等 IT 资源的安全、管理、部署和维护。每个用户通过网页申请和使用相关的资源时，都感觉到资源是其独享的，并不知道还有哪些用户在共享该资源。这些资源的安全性、可靠性和私密性均由云服务器提供商负责。公有云具有资源使用高效、方便、成本低的特点。

2. 私有云

私有云是指组织机构建设的、专供自己使用的云平台。一些有众多分支机构的大型企业、政府部门或学校，由于对规模和信息安全的特殊考虑，需要自己建设私有的云平台。由于私有云服务可以支持灵活多变的基础设施，降低 IT 架构的复杂度，相对于传统的数据中心，提高了可用性，减低了运营成本。由于运行在内网中，可以保障自身的数据安全，但是相对共有云来说，无法充分发挥规模效应，成本相对较高。

3. 混合云

混合云是由私有云及公有云协同构建的混合云计算模式，这样的模式旨在兼顾核心数据的安全性和资源的低成本。使用混合云计算模式的机构可以在公有云上运行其非核心的业务，而在私有云上运行其核心业务，保护其敏感信息。由于需要涉及两种运行方式，混合云对部署、人员、技术的要求较高。

4. 社区云

社区云服务的用户是一个特定范围的群体，他们既不是一个单位内部，也不是完全公开的服务，而是介于两种之间，如某个软件园区的所有公司、某类高校的联合体等。其所产生的成本由他们共同承担，与私有云类似，由于受规模限制，资源利用效率也不会很高。

8.1.6 云计算应用

较为简单的云计算技术已经普遍服务于如今的互联网服务中，最为常见的就是网络搜索引擎和网络邮箱。在任何时刻，只要用过移动终端就可以在搜索引擎上搜索任何自己想要的资源，共享云端的数据资源。而网络邮箱也是如此，在云计算技术和网络技术的推动下，电子邮箱实现了实时邮件寄发，成为社会生活中的一部分。云计算技术已经融入现今的社会生活，移动端 App 就是很好的展现形式。

1. 存储云

存储云，又称云存储，是在云计算技术上发展起来的一个新的存储技术。云存储是一个以数据存储和管理为核心的云计算系统。用户将本地的资源上传至云端，在任何地方连入互联网，就能获取云上的资源。在国内，百度云和微云是市场占有量最大的存储云。存储云向用户提供了存储容器服务、备份服务、归档服务和记录管理服务等，大大方便用户对资源的管理。图 8.1.2 所示为一些云存储的管理页面。

图 8.1.2
云存储管理界面

2. 医疗云

医疗云，是指在云计算、移动技术、多媒体、移动通信、大数据以及物联网等新技术基础上，结合医疗技术，使用"云计算"来创建医疗健康服务云平台，实现共享医疗资源和扩大医疗范围的平台。因为云计算技术的运用与结合，医疗云提高了医疗机构的效率，方便了居民就医。如现在医院的预约挂号、电子病历、医保等都是云计算与医疗领域结合的产物。医疗云还具有数据安全、信息共享、动态扩展、布局全国的优势。图 8.1.3 所示展示了一些医疗云 App 界面。

图 8.1.3
医疗云 App 界面

3. 金融云

金融云，是指利用云计算的模型，将信息、金融和服务等功能分散到庞大分支机构构成的互联网"云"中，旨在为银行、保险和基金等金融机构提供互联网处理和运行服务，同时共享互联网资源，从而解决现有问题并且达到高效、低成本的目标。在 2013 年 11 月 27 日，阿里云整合阿里巴巴旗下资源并推出了阿里金融云服务，这就是现在基本普及了的快捷支付，因为金融与云计算的结合，现在只需要在手机上简单操作，就可以完成银行存款、保险购买和基金买卖。图 8.1.4 展示了金融云相关 App 界面。

图 8.1.4　金融云 App 界面

(a)　　　　　　　　(b)

4. 教育云

教育云，实质上是指教育信息化的一种发展结果。具体而言，教育云可以将所需要的任何教育硬件资源虚拟化，然后将其传入互联网中，以向教育机构和师生提供一个方便快捷的平台。现在流行的慕课（MOOC）就是教育云的一种应用，如中国大学 MOOC、学堂在线、职教云等。图 8.1.5 所示展示了教育云的界面。

图 8.1.5　教育云界面

(a)　　　　　　　　(b)

5. 政务云

政务云，是使用云计算技术对政府管理和服务职能进行精简、优化、整合，通过信息化手段在政务上实现业务流程办理和职能服务，为政府各级部门提供基础 IT 服务的平台。政务云是为政府部门搭建的一个底层的基础架构平台，将传统的政务应用迁移到平台上，共享给各个政府部门，提高政府服务效率和服务能力，促进各个政务云的互联互通，避免"信息孤岛"和重复建设。图 8.1.6 所示展示了一些政务云 App 的界面。

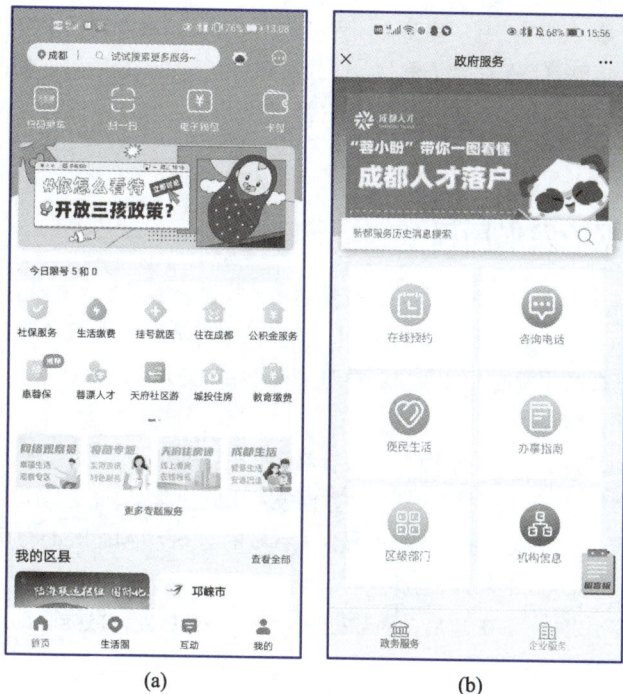

(a)　　　　　　　　(b)

图 8.1.6
政务云 App 界面

8.2　大数据

8.2.1　大数据的定义

"大数据"（Big Data）研究机构 Gartner 给出了这样的定义："大数据"是需要新处理模式，才能具有更强的决策力、洞察发现力和流程优化能力，以适应海量、高增长率和多样化的信息资产。

麦肯锡全球研究所给出的定义是：一种规模大到在获取、存储、管理、分析方面大大超出了传统数据库软件工具能力范围的数据集合，具有海量的数据规模、快速的数据流转、多样的数据类型和价值密度低四大特征。

大数据技术的战略意义不在于掌握庞大的数据信息，而在于对这些含有意义的数据进行专业化处理。换而言之，如果把大数据比作一种产业，那么这种产业实现盈利的关键，在于提高对数据的"加工能力"，通过"加工"实现数据的"增值"。

在现实中，有很多使用大数据的案例。网购平台会根据用户加入购物车的内容或已经购买的商品，向用户推送其他可能感兴趣的商品或其对应的购物券，以吸引用户的注意

微课 8-2
大数据

并购买更多的物品。快手、抖音则会根据用户喜欢看的视频类型不断推送相关视频。今日头条会推送用户感兴趣的同类型的新闻。这就是平台利用收集到的大数据进行分析后做出的反应。

大数据将逐渐成为现代社会基础设施的一部分，就像公路、铁路、港口、水电和通信网络一样不可或缺。就其价值特性而言，大数据和这些物理化的基础设施不同，不会因为人们的使用而折旧或贬值。许多物理学家认为：世界的本质就是数据。

我国在大数据的应用与实践上处于世界前列。2019 年，突如其来的新冠病毒肆虐全球，我国政府在短时间内控制了病毒，恢复了生产与生活。在疫苗完全接种前，发现并隔离病患以及相关接触者是最好的方式，我国政府利用健康码、场所码、移动通信定位等方法收集数据，采用大数据技术进行流行病防控，充分展现了我国政府利用大数据保障民众安全的决心和能力。

8.2.2　大数据的发展历程

大数据总体上可以划分为萌芽期、成熟期和大规模使用期 3 个重要的阶段。

- 萌芽期：约为 20 世纪 90 年代至 21 世纪初，随着数据挖掘理论和数据技术的逐步成熟，一批商业智能工具和知识管理技术开始被应用，如数据仓库、专家系统和知识管理系统等。
- 成熟期：约为 21 世纪前 10 年，随着 Web 2.0 应用的迅猛发展，非结构化数据大量产生，传统处理方法难以应对，大数据技术由此快速突破，逐渐走向成熟，形成了并行计算与分布式系统两大核心技术，谷歌的 GFS 和 MapReduce 等大数据技术受到追捧，Hadoop 平台开始流行。
- 大规模应用期：2010 年后，大数据应用渗透各行各业，数据驱动决策，信息社会智能化程度大幅提高。

下面简单回顾大数据的发展历程。

1980 年，在《第三次浪潮》一书中，著名未来学家阿尔文·托夫勒提出大数据，并将大数据称颂为"第三次浪潮的华彩乐章"。

1997 年 10 月，迈克尔·考克斯和大卫·埃尔斯沃思在第八届美国电气和电子工程师学会（IEEE）关于可视化的会议论文集中，发表了《为外存模型可视化而应用控制程序请求页面调度》的文章，这是在美国计算机学会的数字图书馆中，第一篇使用"大数据"这一术语的文章。

1999 年 10 月，在美国电气和电子工程师学会（IEEE）关于数据可视化的年会上，设置了名为"自动化或者交互：什么更适合大数据？"的专题讨论小组，探讨大数据问题。

2001 年 2 月，梅塔集团分析师道格·莱尼发布题为《3D 数据管理控制数据容量、处理速度及数据种类》的研究报告。10 年后，3V（Volume、Variety 和 Velocity）作为定义大数据的 3 个维度被广泛接受。

2005 年 9 月，蒂姆·奥莱利发表了《什么是 Web 2.0》一文，并在文中指出"数据将是下一项技术核心"。

2008 年，《自然》杂志推出大数据专刊；计算社区联盟（Computing Community Consortium）发表了报告《大数据计算：在商业、科学和社会领域的革命性突破》，简述了大数据技术及其面临的一些挑战。

2010 年 2 月，肯尼斯·库克尔在《经济学人》上发表了一份关于管理信息的特别报告《数据，无所不在的数据》。

2011 年 2 月，《科学》杂志推出专刊《处理数据》，讨论了科学研究中的大数据问题。

2011 年，维克托·迈尔·舍恩伯格出版著作《大数据时代：生活、工作与思维的大变革》，引起轰动。

2011 年 5 月，麦肯锡全球研究院发布《大数据：下一个具有创新力、竞争力与生产力的前沿领域》，提出"大数据"时代到来。

2012 年 3 月，美国奥巴马政府发布了《大数据研究和发展倡议》，正式启动"大数据发展计划"，大数据上升为美国国家发展战略，被视为美国政府继信息高速公路计划之后在信息科学领域的又一重大举措。

2013 年 12 月，中国计算机学会发布《中国大数据技术与产业发展白皮书》，系统总结了大数据的核心科学与技术问题，推动了中国大数据学科的建设与发展，并为政府部门提供了战略性的意见与建议。

2014 年 5 月，"数据"白皮书《大数据；抓住机遇、护价值》，报告鼓励使用数据来推动社会进步。

2015 年 8 月，国务院印发《促进大数据发展行动纲要》，全面推进我国大数据发展和应用，加快建设数据强国。

2017 年 1 月，为加快实施国家大数据战略，推动大数据产业健康快速发展，工信部印发了《大数据产业发展规划（2016–2020 年）》。

2017 年 4 月，《大数据安全标准化白皮书（2017）》正式发布，从法规、政策、标准和应用等角度，勾画了我国大数据安全的整体轮廓。

2018 年 4 月，首届"数字中国"建设峰会在福建省福州市举行，对中国的大数据发展提出了战略性的意见与建议。

2019 年 10 月，第六届世界互联网大会期间，国家数字经济创新发展试验区启动会发布《国家数字经济创新发展试验区实施方案》，河北省（雄安新区）、浙江省、福建省、广东省、重庆市、四川省 6 个国家数字经济创新发展试验区接受授牌，正式启动试验区建设工作。

2020 年大数据在我国及全球的抗击新冠病毒中提供了坚实的数据支撑。

8.2.3　大数据系统的特点

大数据必然无法用单台计算机进行处理，必须采用分布式架构。其特色在于对海量数据进行分布式数据挖掘，依托云计算的分布式处理、分布式数据库、云存储和虚拟化技术，以对数据进行存储和处理。

大数据需要特殊的技术，以有效地处理大量的数据。适用于大数据的技术包括：大规模并行处理数据库、数据挖掘、分布式文件系统、分布式数据库、云计算平台、互联网和可扩展的存储系统。大数据系统则是集成了相关技术的系统，一般分为硬件平台和软件平台两个方面。硬件平台一般指 OpenStack、华为云计算等，这类硬件平台就是云计算平台，将多台计算机虚拟化为一个资源池，提供给软件平台使用。软件平台即通常说的大数据平台，如 Hadoop、MapReduce、Spark 等，用以把多个结点资源进行整合，作为一个集群对外提供存储和运算分析服务。

以 Hadoop 为代表的大数据平台有如下特点。

① 高可扩展性：大数据平台能够在可用的计算机簇间分配数据并完成计算任务，这些集簇可方便地扩展到数以千计的结点中。

② 高效性：能够在结点之间动态地移动数据，并保证各个结点的动态平衡，其处理速度非常快。

③ 高容错：能够自动保存多个数据副本，并自动将失败的任务重新分配，保障任务的执行。

④ 低成本：通过使用低成本的计算机基础硬件，并采用开源的软件项目，成本大大降低。

⑤ 高可靠性：采用的架构和理念，使得其存储和处理数据的能力值得用户信赖。

8.2.4　大数据的应用

发展到今天，大数据已经无处不在，包括制造、金融、汽车、互联网、餐饮、电信、能源、物流、城市管理、生物医学、体育和娱乐在内的社会各行各业，都已经融入了大数据的痕迹。

1. 制造业

利用工业大数据提升制造业水平，包括产品诊断与预测、分析工艺流程、改进生产工艺、优化生产过程能耗、工业供应链分析与优化、生产计划与排程。

例如，汽车、工业和航空航天公司在高度监管的环境中运行，这些产品的开发周期长，成本高，往往需要经过多年的研究与资金支持。随着产业的日益全球化和统一化，这些企业也面临着更激烈的竞争和产能过剩的问题。产品的开发成本和风险是显著的，所以重点是利用大数据建设好供应商合作伙伴关系，从而降低风险，并不断控制成本。图 8.2.1 所示展现了汽车制造业大数据应用。

图 8.2.1
汽车制造业大数据应用

2. 金融

随着大数据技术的应用，越来越多的金融企业开始投身到大数据应用实践中。麦肯锡的一份研究显示，金融业在大数据价值潜力指数中排名第一。以银行业为例，中国银联涉及 43 亿张银行卡，超过 9 亿的持卡人，超过 1000 万商户，每天近 7000 万条交易数据，核心交易数据都超过了 TB 级。

一直以来，金融企业对数据的重视程度非常高。随着移动互联网发展各种服务和多样化市场整体规模扩大，数据分析给金融企业带来显著的业务价值。大量参加调研的金融企业表示，大数据分析的价值是可以根据商业分析实现更加智能的业务决策，让企业战略制定更加理性化。企业依靠有前瞻性的决策，有效实现生产过程中的资源更优化分配，根据市场变化迅速做出调整，提高用户体验以及资金周转率，降低库存积压的风险，从而获取更高的利润。

　　任何技术的应用都是基于需求产生的，大数据金融的应用也是由金融行业的业务驱动而衍生出来的。具体的应用分类也没有统一的标准。以金融行业最具代表性的银行为例，根据业务驱动应用场景大致可分为精准营销、风险控制、改善经营、服务创新和产品创新5个方面，如图 8.2.2 所示。

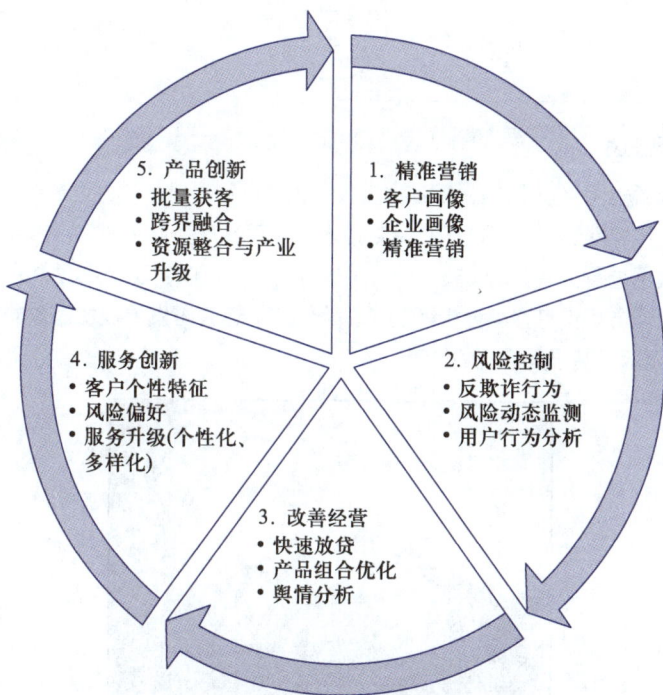

5. 产品创新
• 批量获客
• 跨界融合
• 资源整合与产业升级

1. 精准营销
• 客户画像
• 企业画像
• 精准营销

2. 风险控制
• 反欺诈行为
• 风险动态监测
• 用户行为分析

3. 改善经营
• 快速放贷
• 产品组合优化
• 舆情分析

4. 服务创新
• 客户个性特征
• 风险偏好
• 服务升级(个性化、多样化)

图 8.2.2
金融大数据业务驱动图

3. 互联网商业

　　利用收集到的海量数据，企业利用算法来分析用户的购物习惯，从而给用户打上标签，利用购买习惯给用户进行商品的推荐、广告的推送。一些公司已经把商业活动的每一个环节都建立在数据收集、分析上，尤其是在营销活动中。eBay 公司通过数据分析计算出广告中每一个关键字为公司带来的回报，以进行精准的定位营销，优化广告投放。从 2007 年以来，eBay 产品的广告费缩减了 99%，而顶级卖家的销售额在总销售额中上升至 32%。淘宝通过挖掘处理用户浏览页面和购买记录的数据，为用户提供个性化建议并推荐新的产品，以达到提高销售额的目的。还有的企业利用大数据分析研判市场形势，部署经营战略，开发新的技术和产品，以期迅速占领市场制高点。大数据如一股"洪流"注入世界经济，成为全球经济领域的重要组成部分。图 8.2.3 所示展示了商业中最常用的用户画像提取。

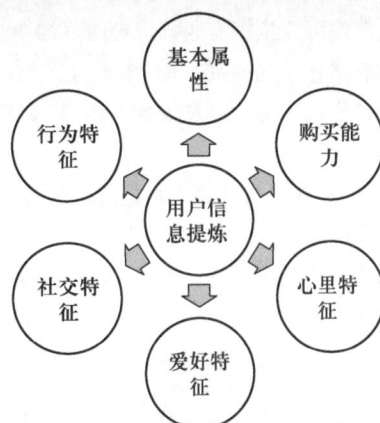

图 8.2.3
用户画像提取示意图

4．物流快递

利用大数据优化物流网络，提高物流效率，降低物流成本。通过最新的编码、定位、数据库、无线传感网络、卫星技术等高新技术的应用会产生海量数据，贯穿物流全过程。通过对物流数据进行关联分析、聚类分析等数据挖掘，可以实现物流客户关系分析、商品关联分析、物流市场信息聚类分析等功能，为物流的运营与发展提供有效的分析与决策。图 8.2.4 所示显示了基于大数据的物流。

图 8.2.4
基于大数据的物流

5．体育和娱乐

大数据可以帮助人们训练球队，指导球队比赛，预测比赛结果，以及决定投拍哪种题材的影视作品，如 NBA 中的金州勇士队，如图 8.2.5 所示。在 2015—2016 年的 NBA 赛季，金州勇士队创造了 NBA 历史上常规赛获胜率最高的纪录，在全部 82 场比赛中获胜 73 场。事实上，勇士队 2009 年成绩排名是倒数第二。这一显著转变是如何发生的呢？没有任何执教 NBA 经验的史蒂夫·科尔在执掌勇士队之后，坚持用数据说话而不是凭经验。他根据数据工程师对历年来 NBA 比赛的统计，发现最有效的进攻是眼花缭乱的传球和准确的投篮，而不是彰显个人能力的突破和扣篮。在这个思想的指导下，勇士队队员苦练神投技。正是因为不再按照篮球传统的战术作战，勇士队卖掉了那些价钱高却效率低的明星，着重培养自己看中的新人，如新人斯蒂芬·库里就是三分球的神投手。在 2014—2015 年赛季中，库里的神投技让勇士队夺得了 40 多年来的第一个总冠军，他自己也成为当年的最有价值球员。到了 2015—2016 年赛季，库里投进了 403 个三分球，创造了 NBA 历史上的纪录。除了利用数据制定战略，勇士队还利用实时数据及时调整比赛中的战术。大数据可以帮助球队改进精细到两个人配合的细节。正是依靠高科技，勇士队才得以在短短 6 年从倒数第二名登顶 NBA 总冠军。

图 8.2.5
勇士队

8.3　人工智能

8.3.1　人工智能定义

　　长期以来，制造出能够像人类一样思考的机器是科学家们最伟大的梦想之一。用智慧的大脑解读智慧必将成为科学发展的终极目标。而验证这种解读的最有效手段，莫过于再造一个智慧大脑——人工智能。人工智能，顾名思义就是人造智能（Artificial Intelligence，AI）。具体来讲，人工智能是指用计算机模拟或实现的智能，又称机器智能。阿尔法围棋（AlphaGo）是第一个战胜围棋世界冠军的人工智能机器人。在现实中，人们用的手机人脸解锁、学校门口的人脸开闸都是人工智能技术实现的。

微课 8-3
人工智能

　　人工智能的科学定义，目前学术界还没有统一的认识和公认的阐述。下面是部分公认的较好的人工智能定义。

　　人工智能之父约翰·麦卡锡认为：人工智能就是制造智能的机器，更特指制作人工智能的程序。人工智能模仿人类的思考方式使计算机智能地思考问题，人工智能通过研究人类大脑的思考、学习和工作方式，然后将研究结果作为开发智能软件和系统的基础。

　　图灵奖获得者马文·明斯基认为：人工智能是一门科学，是使机器做那些需要通过智能来做的事情。

　　国家标准 GB/T 5271.28-2001《信息技术 词汇 第 28 部分：人工智能 基本概念与专家系统》定义：一门交叉学科，通常视为计算机科学的分支，研究表现出与人类智能（如推理和学习）相关的各种功能的模型和系统。

8.3.2　人工智能的分类

　　从整体发展阶段看，人工智能可划分为弱人工智能、强人工智能和超人工智能 3 个阶段。弱人工智能擅长在特定领域、有限规划内模拟和延伸人的智能；强人工智能具有意识、自我和创新思维，能够进行思考、计划、解决问题、抽象思维、理解复杂理念、快速学习和从经验中学习等人类级别智能的工作，已经类似人，可以与人共同生活；超人工智能是在所有领域都大幅超越人类智能的机器智能。虽然人工智能经历了多轮发展，但是现阶段人们学习、研究和开发的人工智能还仅限于弱人工智能，用于解决问题，而非创造一个具有人的思维的机器人。

人工智能的实现主要包括通过模拟、借鉴脑智能和群智能而实现的人工智能、通过统计获得的人工智能和通过交互获得的人工智能。

1．符号人工智能

人们把人脑的宏观心理层次的智能表现为脑智能。符号人工智能是通过模拟、借鉴脑智能而实现的一种人工智能，它以符号形式的知识和信息为基础，主要通过逻辑推理、运用知识进行问题求解。符号智能的主要内容包括知识获取、知识表示、知识组织与管理、知识运用以及基于知识的智能系统等。它是最传统的人工智能或称为经典人工智能。根据其发展又分为以模拟人的思维方式的符号主义和仿生学方式模拟人脑构造的连接主义。

2．计算人工智能

在现实中，一些生物群落或更一般的生命群体的群体行为或社会行为表现出的智能称为群智能。计算人工智能通过模拟群智能而实现，它以数值数据为基础，主要通过数值计算，运用算法进行问题求解，主要包括神经网络计算、进化算法、遗传算法、进化规划、进化策略、免疫算法、粒子群算法、蚁群算法、自然计算等。计算智能主要研究各种寻优算法，是当前人工智能学科中一个很活跃的分支领域。

3．统计人工智能

人类在学习时，可以单纯地通过观察事物的外在表现，再运用统计、概率等方法获得原事物规律的相关知识。统计人工智能则是采用这样的方法，不直接考虑事物的内部结构，而通过采集和收集针对事物外在表现的测量/观察数据，运用统计、概率等数学方式进行处理，从而发现事物的性质、关系、模式或规律等相关知识，进而解决相关应用问题。统计机器学习、统计模式识别、统计语言模型等都是统计人工智能的内容。事实上，统计人工智能已经占了人工智能相当大的份额。

4．交互人工智能

人类或动物往往能在与环境的反复交互过程中获得经验和知识，从而适应环境或学会某种技能。交互人工智能则是通过对话、交互获得的智能行为，通常智能系统通过与用户或环境进行交互，并在交互中实现学习与建模。人机交互是人工智能最具挑战性、最综合性的技术，涵盖了语义理解、知识表示、语言生成、逻辑与推理等各个方面。

8.3.3　人工智能的发展历程

1956 年 6 月 18 日到 8 月 17 日，在达特茅斯大学举行了一次人工智能史上里程碑式的会议，史称"达特茅斯会议"，这是公认的人工智能的诞生会议。会议讨论的主题是：用机器来模仿人类学习以及其他方面的智能。虽然会议没有达成研究内容的共识，却为讨论的内容起了一个名字：人工智能。会议正式宣告了人工智能作为一门学科的诞生。

在人工智能学科诞生前，其已经被孕育了 10 余年，早在 20 世纪 40 年代就有学者开始用数学方法研究人脑神经元的信息处理机制。1950 年，电子计算机问世不久，英国科学家图灵就在"计算机与智能"的论文中提出了著名的"图灵测试"用于测试人工智能。

当前人工智能的主要学派有以下 3 家。

1. 符号主义（Symbolism）

符号主义认为人工智能源于数理逻辑。从 19 世纪末起，数理逻辑得以迅速发展，到 20 世纪 30 年代开始用于描述智能行为。计算机出现后，又在计算机上实现了逻辑演绎系统。其有代表性的成果为 1956 年纽厄尔、肖和西蒙合作的启发式程序逻辑理论机（Logic Theory Machine，LT），它证明了 38 条数学定理，表明了可以应用计算机研究人的思维过程，模拟人类智能活动。正是这些符号主义者，使"人工智能"这个术语早在 1956 年便诞生了，后来又发展了启发式算法→专家系统→知识工程理论与技术，并在 20 世纪 80 年代取得很大发展。符号主义为人工智能的发展做出了重要贡献，尤其是专家系统的成功开发与应用，为人工智能走向工程应用和实现理论联系实际具有特别重要的意义。在人工智能的其他学派出现后，符号主义仍然是人工智能的主流派别。

2. 连接主义（Connectionism）

连接主义认为人工智能源于仿生学，特别是对人脑模型的研究。其代表性成果是 1943 年由生理学家麦卡洛克和数理逻辑学家皮茨创立的脑模型（即 MP 模型），开创了用电子装置模仿人脑结构和功能的新途径。它从神经元开始进而研究神经网络模型和脑模型，开辟了人工智能的又一发展道路。20 世纪 60—70 年代，连接主义，尤其是以感知机为代表的脑模型的研究出现过热潮，由于受到当时的理论模型、生物原型和技术条件的限制，脑模型研究在 20 世纪 70 年代后期至 80 年代初期落入低潮。直到约翰·霍普菲尔德教授在 1982 年和 1984 年发表两篇重要论文，提出用硬件模拟神经网络以后，连接主义才又重新抬头。1986 年，鲁梅尔哈特等人提出多层网络中的反向传播算法。自此，连接主义势头大振，从模型到算法，从理论分析到工程实现，为神经网络计算机走向市场打下基础。现在，对人工神经网络的研究热情仍然较高。

3. 行为主义（Actionism）

行为主义认为人工智能源于控制论。控制论思想早在 20 世纪 40—50 年代就成为时代思潮的重要部分，影响了早期的人工智能工作者。维纳和麦克洛克等人提出的控制论和自组织系统以及钱学森等人提出的工程控制论和生物控制论，影响了许多领域。控制论把神经系统的工作原理与信息理论、控制理论、逻辑以及计算机联系起来。早期的研究工作重点是模拟人在控制过程中的智能行为和作用，到 20 世纪 60—70 年代，控制论系统的研究取得一定进展，播下智能控制和智能机器人的种子，并在 20 世纪 80 年代诞生了智能控制和智能机器人系统。行为主义是 20 世纪末以人工智能新学派的面孔出现的，引起许多人的兴趣。这一学派的代表作者首推布鲁克斯的六足行走机器人，它被看作是新一代的"控制论动物"，是一个基于感知-动作模式模拟昆虫行为的控制系统。

8.3.4 人工智能的发展基础

人工智能要发展，需要的基础是数据、算法和算力，其中数据是基础，算法是引擎，算力是支撑。

1. 数据

当前的人工智能已经成为各方关注的焦点。从软件时代到互联网时代，再到如今的数据时代，数据的量和复杂性都经历了从量到质的改变，数据支持是人工智能的核心。首先，数据技术的发展打造了坚实的素材基础。数据具有体量大、多样性、价值密度低、速度快等特点。大数据技术可以通过数据采集、预处理、存储及管理、分析及挖掘等方式，从各种各样的海量数据中，快速获取有价值的信息，为深度学习等人工智能算法提供素材基础。人工智能的发展也需要学习大量的知识和经验，而这些知识和经验就是数据，人工智能需要有数据支撑，反过来人工智能技术也同样促进了数据技术的进步，两者相辅相成，任何一方技术的突破都会促进另外一方的发展。

2．算法

基础算法的创新减少了传统算法和人类手工总结特征的不完备性。人工智能算法发展至今不断创新，学习层级不断增加。人工神经网络成为引领人工智能发展潮流的一大类算法，例如，机器学习算法和深度学习算法就是当前人工智能的两大热点，其中战胜围棋世界冠军的人工智能机器 AlphaGo 的工作原理就是"深度学习"。

3．算力

人工智能算法的实现需要强大的计算能力支撑，特别是深度学习算法的大规模使用，对计算能力提出了更高的要求。例如，有人测算过一台低配版的 AlphaGo 大概等于 300～500 台 PC 的计算能力。人工智能的大爆发，在很大程度上与图形处理器（Graphics Processing Unit，GPU）的广泛应用有关。当 GPU 与人工智能结合后，人工智能迎来了真正高速的发展。当前的人脸识别、图像识别等都是基于 GPU 进行，因而硬件算力的提升是人工智能快速发展的重要支撑。

8.3.5　人工智能的应用

人工智能的应用十分广泛，包括难题求解、自动规划、调度与配置、机器博弈、机器翻译与机器写作。机器定理证明，自动程序涉及智能控制、智能管理、智能决策、智能通信、智能预测、智能仿真、智能设计与制造、智能车辆与智能交通、智能诊断与治疗、智能生物信息处理、智能教育、智能人–机接口、模式识别、智能机器人、数据挖掘与知识发现、计算机辅助创新、计算机文艺创作等，下面对一些常见应用领域进行介绍。

1．机器博弈

机器博弈是人工智能最早的研究领域之一。早在人工智能学科建立之初——1956 年，塞缪尔就研制成功了一个跳棋程序，1959 年，装有这个程序的计算机击败了塞缪尔本人，1962 年又击败了美国一位州冠军。

1997 年 IBM 的"深蓝"计算机以 2 胜 3 平 1 负的战绩击败了蝉联 12 年之久的世界国际象棋冠军加里·卡斯帕罗夫，轰动了全世界。2001 年，德国的"更弗里茨"国际象棋软件更是击败了当时世界排名前 10 位棋手中的 9 位，计算机的搜索速度达到创纪录的 600 万步/s。

2016—2017 年，DeepMind 研制的围棋程序 AlphaGo 更是横扫人类各路围棋高手。在 2017 年 5 月的中国乌镇围棋峰会上，AlphaGo 与排名世界第一的围棋冠军柯洁对战，以 3 比 0 的总比分获胜，图 8.3.1 所示为柯洁与 AlphaGo 对战。AlphaGo 战胜人类世界冠军不是人机博弈的终点，相反，这只是一个开始，极大地促进了人工智能在当今社会的影响力。2017 年 12 月，DeepMind 又推出了一款名为 AlphaZero 的通用棋类程序。

图 8.3.1
柯洁与 AlphaGo 对战

各种机器人比赛是机器博弈的另一个战场。近年来，国际大赛已覆盖全世界的众多大专院校，激发了大学生们极大的兴趣和热情。

2. 模式识别

识别是人和生物的基本智能信息处理能力之一。事实上，人们几乎无时无刻不在对周围世界进行着识别。而所谓模式识别，指的是用计算机进行物体识别。这里的物体一般指文字、符号、图形、图像、语音、声音及传感器信息等形式的实体对象。模式识别是人和生物的感知能力在计算机上的模拟和扩展，其应用十分广泛。如信息、遥感、医学、影像、安全、军事等领域都是模式识别的用武之地。经过多年的研究，模式识别已有了长足进步和发展。例如，图像识别、人脸识别、语音识别、手写体文字识别等技术已经投入实际使用，基于模式识别还出现了生物认证、数字水印等新技术。图 8.3.2 所示为人脸识别在机场的应用。

图 8.3.2
人脸识别在机场的应用

3. 智能机器人

智能机器人是一个十分重要的应用领域和热门的研究方向。由于它直接面向应用，社会效益高，所以其发展非常迅速。事实上，有关机器人的报道，近年来在媒体上已频频出现。诸如工业机器人、太空机器人、水下机器人、家用机器人、军用机器人、服务机器人、医疗机器人、运动机器人、助理机器人、机器人足球赛、机器人象棋赛等，应有尽有。智能机器人的研制几乎需要所有的人工智能技术，而且还涉及其他许多科学技术门类和领域。所以，智能机器人是人工智能技术的综合应用，其能力和水平已经成为人工智能技术水平甚至人类科学技术综合水平的代表和体现。图 8.3.3 所示展示了运输机器人。

图 8.3.3
运输机器人

4. 数据挖掘与知识发现

随着计算机、数据库、互联网等信息技术的飞速发展，人类已进入大数据时代。例如，企业中出现了以数据仓库为存储单位的海量数据，互联网上的 Web 页面更以惊人的速度不断增长。面对这些浩如烟海的数据，人们已经无法用人工方法或传统方法从中获取有用的信息和知识。事实上这些数据中不仅承载着大量的信息，同时也蕴藏着丰富的知识，于是，如何从这些数据中归纳、提取出高一级的、更本质、更有用的规律性信息和知识，成了人工智能的一个重要研究课题。也正是在这样的背景下，数据挖掘（Data Mining，DM）与数据库中的知识发现技术（Knowledge Discovery in Databases，KDD）便应运而生，图 8.3.4 所示显示了数据挖掘与知识发现文献的分布。

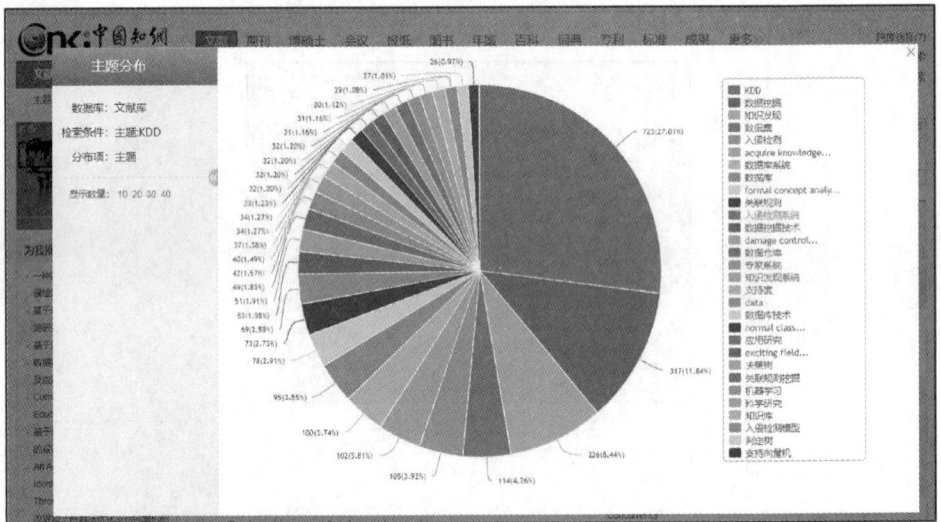

图 8.3.4
数据挖掘与知识
发现文献分布

其实，数据挖掘和数据库中知识发现的本质是一样的，只是前者主要应用于统计、数据分析、数据库和信息系统等领域，后者主要应用于人工智能和机器学习等领域。因此，现在有关文献中一般都把二者同时列出。

数据挖掘现已成为人工智能应用的一个热门领域和研究方向，其涉及范围非常广泛，如企业数据、商业数据、科学实验数据、管理决策数据等，尤其是 Web 数据的挖掘。它的分析方法包括分类、估计、预测、相关性分组或关联规则、聚类和复杂数据类型挖掘。

8.4 5G 移动通信网

8.4.1 移动通信的定义

现代通信包括有线通信和无线通信两种不同的类型，有线通信指的是通过光纤、同轴电缆、电话线、网线等方式传递信号，常见的有电话、有线电视、以太网、光纤等通过固定电缆线路的通信方式。无线通信除了常见的手机通信外，还包含蓝牙、Wi-Fi、卫星、微波等各种通过电磁波传输信号的通信方式。

在两大类通信方式中，无线通信（尤其是基于蜂窝网小区制的无线通信系统）成为近几十年来通信业中发展最快且影响最大的领域。根据 GSMA（全球移动通信系统协会）的统计，目前全世界已经拥有超过 50 亿的移动用户和移动通信设备。在许多国家和地区，手机和其他各种移动终端已成为人们日常生活和工作中不可缺少的工具。

移动通信（Mobile Communication）顾名思义是移动体之间的通信，或移动体与固定体之间的通信，它们通过无线通信方式进行连接。移动体可以是人，也可以是汽车、火车、轮船、收音机等在移动状态中的物体。

移动通信的特点如下。

① 移动性：就是要保持物体在移动状态中的通信，因而它必须是无线通信，或无线通信与有线通信的结合。

② 电波传播条件复杂：因移动体可能在各种环境中运动，电磁波在传播时会产生反射、折射、绕射、多普勒效应等现象，从而产生多径干扰、信号传播延迟和展宽等效应。

③ 噪声和干扰严重：在城市环境中的工业噪声等，使得移动用户之间存在互调干扰、邻道干扰、同频干扰等。

④ 系统和网络结构复杂：它是一个多用户通信系统和网络，必须使用户之间互不干扰，能协调一致地工作。此外，移动通信系统还应与市话网、卫星通信网、数据网等互连，整个网络结构是很复杂的。

微课 8-4
5G 技术

8.4.2 1G 到 4G 的发展历程

移动通信是进行无线通信的现代化技术，这种技术是电子计算机与移动互联网发展的重要成果之一。移动通信技术自 20 世纪 80 年代初诞生后，大约每 10 年就会经历一次标志性的技术革新。

1. 第一代移动通信技术（1G）

1979 年，日本的 NTT 在东京开通了移动通信服务。

1981 年，北欧的 NMT（Nordic Mobile Telephone）系统在丹麦、芬兰、挪威和瑞典正式部署，NMT 在这几个国家还成功地实现了跨国漫游。

1983 年，美国第一个 AMPS 蜂窝系统由 AT&T 公司在芝加哥正式开通并投入商用，从此开启了美国第一代蜂窝移动通信系统的时代。

20 世纪 80 年代初期到中期，包括英国在内的几个国家都部署并商用了 TACS（Total Access Communication System）。

我国第一代移动通信系统的代表是 1987 年从欧洲引进的 TACS，该系统在我国获得快速发展，最多时拥有 600 万用户。

2．第二代移动通信技术（2G）

1982 年,欧洲邮电管理委员会(Confederation of European Posts and Telecommunications, CEPT) 提出成立 GSM（Groupe Spécial Mobile）工作组，以研究下一代泛欧洲的陆基移动通信系统。后来这个标准流行于世，它被改称为 Global System for Mobile Communications。工作组确定了对 GSM 系统的基本要求和愿景，即良好的通话语音品质、较低的终端和服务成本、支持手持终端、支持国际漫游、支持一系列新的服务类型、较高的频谱效率以及和 ISDN 兼容等。1987 年，确定了 GSM 将是一个数字通信系统，采用数字通信的方式可以带来很多好处，如数字调制可以带来更高的频谱效率，采用数字电路可以降低终端成本、减小设备体积、提高通话的保密性等。

到 2004 年，GSM 用户数突破了 10 亿人。最多时，GSM 手机占世界手机的 80%。直至今日，GSM 仍然在世界各地许多运营商的网络中作为基础覆盖层提供话音和低速数据服务。在我国，2020 年各大电信运营商已经逐步清退 3G 网络，为 5G 腾出资源，但是 2G 网络还在顽强地为人们提供服务。2G 由于采用了先进的数字通信技术，相比 1G 大大提高了系统容量和语音通话质量，同时也降低了设备成本和功耗。

3．第三代移动通信技术（3G）

1996 年，国际电信联盟（ ITU ）通过 IMT-2000 确定了对新一代移动通信系统的愿景，即实现更广泛的无线覆盖和不同系统间的漫游，并确定了移动用户达到 394 kbit/s，固定用户达到 2 Mbit/s 数据传输速率的目标。

1999 年，ITU 根据来自不同地区和公司的提议，正式确定了 3 种 3G 标准，即欧洲提出的 WCDMA、美国的 CDMA2000 和中国的 TD-SCDMA，它们都是基于 CDMA 的原理。TD-SCDMA 是中国第一个自主研发推动的国际标准，获得中兴和华为的支持，TD-SCDMA 技术在应用上积累了经验与技术，使得我国能够在 3G 上实现追赶，在 4G 上能够跟随，在 5G 上能够超越。

4．第四代移动通信技术（4G）

2004 年，国际标准化组织 3GPP 开始着手进行 LTE(Long Term Evolution，长期演进)的标准化工作，并在 2008 年发布了 LTE 的第一个版本 3GPP Release 8，实现了以单一全球标准支持 LTE 的 FDD 和 TDD 两种制式，方便了不同频段的部署。

世界上第一个商用的 LTE 网络于 2009 年 5 月由瑞典的爱立信和运营商 TeliaSoNera 在斯德哥尔摩启动部署。LTE 系统在提供语音通信的同时也提供高速数据服务。

LTE 系统可以提供更高的传输速率和系统容量，以满足人们日益增长的对于数据流量的需求。从 2010 年起，全球 LTE 市场开始启动，2011 年开始规模部署，到了 2012 年，全球运营商开始大量从 CDMA 转向了 LTE 系统。据统计，到 2019 年，全球 LTE 基站数量达到 500 多万个，其中，中国拥有 372 万个，约占全球总数的 60% 左右。

按照 ITU 的定义，2020 年是全球 5G 商用的年份，被称为 5G 元年。实际上我国的 5G 元年应该是 2019 年，这也标志着我国在 5G 技术应用上处于领先地位。

8.4.3　5G 移动通信技术

1. 5G 移动通信发展历程

2013 年 2 月，欧盟宣布，将拨款 5000 万欧元，加快 5G 移动技术的发展，计划到 2020 年推出成熟的标准。

2013 年 5 月 13 日，韩国三星电子有限公司宣布，已成功开发第 5 代移动通信（5G）的核心技术，这一技术预计将于 2020 年开始推向商业化。该技术可在 28 GHz 超高频段以 1 Gbit/s 以上的速度传送数据，且最长传送距离可达 2 km。5G 技术预计可提供比 4G 长期演进（LTE）快 100 倍的速度，利用这一技术，下载一部高画质（HD）电影只需 10 秒钟。

2015 年 9 月 7 日，美国移动运营商 Verizon 无线公司宣布，将从 2016 年开始试用 5G 网络，2017 年在美国部分城市全面商用。

中国 5G 技术研发试验在 2016—2018 年进行，分为 5G 关键技术试验、5G 技术方案验证和 5G 系统验证 3 个阶段实施。

2017 年 2 月 9 日，国际通信标准组织 3GPP 宣布了 5G 的官方 Logo。

2017 年 11 月 15 日，工信部发布《关于第五代移动通信系统使用 3300 MHz-3600 MHz 和 4800 MHz-5000 MHz 频段相关事宜的通知》，确定 5G 中频频谱，能够兼顾系统覆盖和大容量的基本需求。

2017 年 11 月下旬工信部发布通知，正式启动 5G 技术研发试验第三阶段工作，并力争于 2018 年年底前实现第三阶段试验的基本目标。

2017 年 12 月 21 日，在国际电信标准组织 3GPP RAN 第 78 次全体会议上，5G NR 首发版本正式发布。

2017 年 12 月，发改委发布《关于组织实施 2018 年新一代信息基础设施建设工程的通知》，要求 2018 年将在不少于 5 个城市开展 5G 规模组网试点，每个城市 5G 基站数量不少于 50 个、全网 5G 终端不少于 500 个。

2018 年 2 月 23 日，在世界移动通信大会召开前夕，沃达丰和华为宣布，两家公司在西班牙合作采用非独立的 3GPP 5G 新无线标准和 Sub6 GHz 频段完成了全球首个 5G 通话测试。

2018 年 2 月 27 日，华为在 MWC2018 大展上发布了首款 3GPP 标准 5G 商用芯片巴龙 5G01 和 5G 商用终端，支持全球主流 5G 频段，理论上可实现最高 2.3 Gbit/s 的数据下载速率。

2018 年 6 月 13 日，3GPP 5G NR 标准 SA（Standalone，独立组网）方案在 3GPP 第 80 次 TSG RAN 全会正式发布，这标志着首个真正完整意义的国际 5G 标准正式出炉。

2018 年 6 月 14 日，3GPP 全会（TSG#80）批准了第五代移动通信技术标准（5G NR）独立组网功能冻结。加之 2017 年 12 月完成的非独立组网 NR 标准，5G 已经完成第一阶段全功能标准化工作，进入了产业全面冲刺新阶段。

2018 年 6 月 28 日，中国联通公布了 5G 部署，将以 SA 为目标架构，前期聚焦 eMBB，5G 网络计划 2020 年正式商用。

2018 年 11 月 21 日，重庆首个 5G 连续覆盖试验区建设完成，5G 远程驾驶、5G 无人机、虚拟现实等多项 5G 应用同时亮相。

2018 年 12 月 7 日，工信部同意联通集团自通知日至 2020 年 6 月 30 日，使用 3500 MHz～3600 MHz 频率在全国开展第五代移动通信（5G）系统试验。

2019 年 6 月 6 日，工信部正式向中国电信、中国移动、中国联通、中国广电发放 5G 商用牌照，中国正式进入 5G 商用元年。

2019 年 9 月 10 日，中国华为公司在布达佩斯举行的国际电信联盟 2019 年世界电信展上发布《5G 应用立场白皮书》，展望了 5G 在多个领域的应用场景，并呼吁全球行业组织和监管机构积极推进标准协同、频谱到位，为 5G 商用部署和应用提供良好的资源保障与商业环境。

2019 年 10 月，5G 基站入网正式获得工信部的开闸批准。工信部颁发了国内首个 5G 无线电通信设备进网许可证，标志着 5G 基站设备正式接入公用电信商用网络。

2020 年 9 月 15 日，以"5G 新基建，智领未来"为主题的 5G 创新发展高峰论坛在重庆举行。中国 5G 用户超过 1.1 亿，2020 年年底 5G 基站超过 60 万个，覆盖全国地级以上城市。

在 5G 的发展过程中，我国的华为、中兴公司做出了巨大的贡献，研发出了具有世界领先水平的 5G 技术。其中，华为在 5G 技术上的专利数量为全世界各公司之首。

2. 5G 特点与典型应用场景

5G 移动网络与早期的 2G、3G 和 4G 移动网络一样，是数字蜂窝网络。在这种网络中，供应商覆盖的服务区域被划分为许多被称为蜂窝的小地理区域。蜂窝中的所有 5G 无线设备通过无线电波与本地天线阵与低功率自动收发器（发射机和接收机）进行通信。收发器从公共频率池分配频道，这些频道在地理上分离的蜂窝中可以重复使用。本地天线通过高带宽光纤或无线回程连接，与电话网络和互联网连接。与现有的手机一样，当用户从一个蜂窝穿越到另一个蜂窝时，他们的移动设备将自动"切换"到新蜂窝中的天线。

5G 网络的主要优势在于，数据传输速率远远高于以前的蜂窝网络，最高可达 10 Gbit/s，比先前的 4G LTE 蜂窝网络快 100 倍。另一个优点是较低的网络延迟（更快的响应时间），低于 1 ms（毫秒），而 4G 为 30 ms～70 ms。由于数据传输更快，5G 网络将不仅仅为手机提供服务，还将成为一般性的家庭和办公网络提供商，与有线网络提供商用形成竞争。其网络特点如下。

- 峰值速率需要达到 Gbit/s 的标准，以满足高清视频、虚拟现实等大数据量的传输。
- 空中接口时延水平需要在 1 ms 左右，满足自动驾驶、远程医疗等实时应用。
- 超大网络容量，提供千亿设备的连接能力，满足物联网通信。
- 频谱效率要比 LTE 提升 10 倍以上。
- 连续广域覆盖和高移动性下，用户体验速率达到 100 Mbit/s。
- 流量密度和连接数密度大幅度提高。
- 系统协同化、智能化水平提升，表现为多用户、多点、多天线、多摄取的协同组网，以及网络间灵活地自动调整。

5G 的应用场景大体上可以分为 3 类，如图 8.4.1 所示。

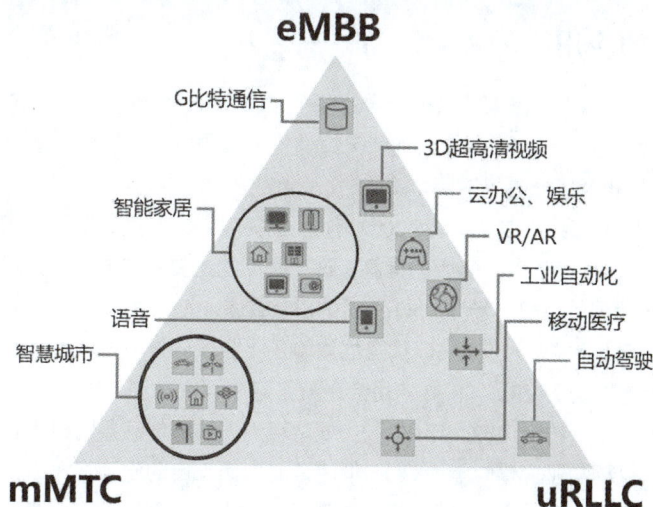

图 8.4.1
5G 三大应用场景
eMBB、mMTC、
uRLLC

（1）增强移动宽带（enhanced Mobile Broadband，eMBB）场景

增强移动宽带场景可以看成 4G 增强移动宽带业务的演进，主要目标为随时随地（包括小区边缘和高速移动等恶劣环境）为用户提供 100 Mbit/s 以上的用户体验速率；在局部热点区域提供超过 1 Gbit/s 的用户体验速率、数十 Gbit/s 的峰值速率，以及数十 Tbit/s 平方千米的流量密度。eMBB 不仅可以提供 LTE 现有的语音和数据服务，还可以实现诸如移动高清、VR/AR 等应用，提升用户的体验。

（2）海量物联网通信（massive Machine Type Communication，mMTC）场景

海量物联网通信场景是主要面向智慧城市环境监测、智慧家庭、森林防火等以传感和数据采集为目标的应用场景。其主要特点是小数据包、低功耗、大连接数。这一场景不仅要求网络支持超过百万连接每平方千米的连接密度，而且还要保证终端设备的低成本和低功耗，4G 时代虽然已经通过 NB-IoT 和 eMTC 实现了一些物联网连接，但是成本、功耗都较高，不能做到大量设备的接入。只有 5G 才能真正实现海量连接。做到万物互联。

（3）超高可靠与低时延通信（ultra Reliable Low Latency Communication，uRLLC）场景

这类业务主要满足车联网、工业物联网、远程医疗等应用场景，业务要求小于 1 ms 量级的时延和高达 99.999%的可靠性。

3. 5G 的关键技术

5G 作为一种全新的无线通信系统，其关键技术主要包括新的空中接口和新的网络架构两个方面。

新的空中接口指的是从手机终端到基站的空中接口部分的物理层特性和高层协议，5G 中采用了新的波形设计、多址技术、信道编解码等物理层技术以及新的信令控制流程、新的频段和全频谱接入，大规模天线、高密度组网等技术。

新的网络架构则是指网络部分将基于网络功能虚拟化（NFV）/软件定义网络（SDN）向软件化、云化转型，用 IT 方式重构网络，实现网络切片，并提供多样化的服务，以支持 5G 时代新业务的低延时和大连接的需要。

8.4.4 5G 的应用

5G 的应用非常广，覆盖了人类社会的各个方面。在 4G 时代，无线通信的主要应用是移动宽带，即数据传送。在 5G 时代，无线通信的应用将包含增强移动宽带和物联网两种类型，其部署和应用分成以下两个阶段。

- 第一阶段（大约从 2019 年到 2022 年）：主要应用场景仍然是移动宽带，但是速度和带宽比 4G 时代有相当大的提高。这一时期的主要客户群体仍然是个人用户。在 2020 年我国的手机市场中，5G 手机的出货量是 1.63 亿台，占到全部手机出货量的 53%。在此阶段，人们对 5G 优势的体验还不会太明显，但随着网速的提高，利用手机看电影以及 VR，AR 等应用会逐渐普遍。

- 第二阶段（大约在 2022 年以后）：低功耗大连接的传感器网络（智慧城市、智慧家庭、智慧农业、智能电力等）、低时延的应用（自动驾驶汽车、无人机、远程医疗、无线工业控制等）等场景将会逐渐普及。这一时期很多应用将面向企业和商业用户，很多目前没法想象的应用也会出现。5G 提供的大连接和大量数据交换将与大数据和人工智能相结合，并由此产生很多新的应用。

1. 娱乐和多媒体

娱乐与多媒体是一个大类应用，可以包括媒体点播、视频直播、AR\VR 和游戏等方面，同时也可以是多种结合。

媒体点播是指个人用户能够在任何时间和地点欣赏媒体内容（如音乐、电影等），这种应用需要很大的数据流量，而对于延时则不那么敏感。

视频直播带货在 2020 年新冠疫情期间发展得很快，5G 低延时、高速率的特点促进了视频直播行业的发展。

虚拟现实（VR）是指用户之间、用户与场景之间能够像在同一位置进行交流的体验。在虚拟场景中，来自不同地点的人们可以身临其境地召开会议、进行交流或置身于体育馆和演唱会中。增强现实（AR）则通过提供与用户周围环境相关的附加信息来现实。用户可以根据自己的兴趣定制额外的上下文信息。为了实现虚拟现实和增强现实，网络需要很高的数据速率和极短的延迟。为了创造身临其境的感觉，所有用户都必须不断向其他用户传输更新数据，用户的传感器/设备和云之间需要在上下两个方向交换大量信息。丰富的周围环境信息需要选择合适的上下文信息，而这些信息又必须提供给每个人，且对实时速度要求很高，延迟只要超过几毫秒，人们可能会产生强烈的不适感。因此，虚拟现实需要借由 AR\VR 技术，配合 5G 的低延时，才能实现身临其境的感觉。图 8.4.2 所示为应用 5G 的虚拟现实游戏场景。

图 8.4.2
应用 5G 的虚拟现实游戏场景

2. 交通出行

交通出行对移动中的通信有较大的需求。例如，乘坐高速列车和飞机时，5G 之前的移动通信很难满足用户的通信需求，甚至在很长一段时间内，高速列车上的移动通信经常不稳定，而飞机上的乘客则不能进行移动通信。5G 网络可以在不显著降低用户体验的情况下，让用户可以观看高质量视频、玩游戏、视频会议等。图 8.4.3 所示为我国启动 5G 覆盖高铁的工程。

图 8.4.3
我国启动 5G
覆盖高铁工程

车联网与自动驾驶是交通中的重要应用场景之一。自动车辆控制系统可以通过无线通信网络，把道路车辆传感器的数据和周围车辆的位置、道路环境相结合，最后由车辆或者云端的智能驾驶系统决定车辆要采取的行动。自动驾驶可以带来很多好处，如提高交通效率，避免事故，使乘客可以将注意力放在其他方面的生产活动（如在车内工作）。自动车辆控制不仅需要车辆与道路基础设施之间进行通信，还有车对周围的车辆、车对人、车对传感器的连接。这些连接需要提供非常低的车辆控制信号的延迟和高可靠性。图 8.4.4 所示展示了基于 5G 的自动驾驶公交车。

图 8.4.4
基于 5G 的自动驾驶
公交车

3. 医疗健康

5G 在医疗健康中的应用主要包括健康管理、远程诊断和远程医疗等。

5G 在管理人们的健康方面将发挥很大的作用。例如，通过可穿戴设备以及各种小型传感器，可以实时地把人们的各种生物数据（如血压、脉搏等）上传到云端的档案中，通过人工智能对其健康状况进行判断和管理。图 8.4.5 所示为 5G 智慧医疗的模型。

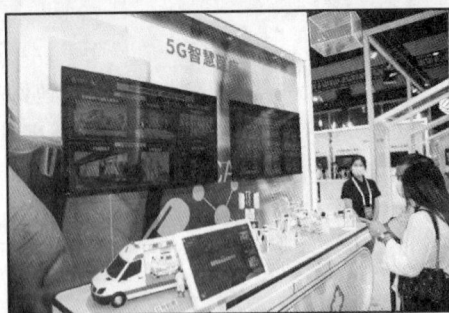

图 8.4.5
5G 智慧医疗

5G 远程诊断特别适合急救车场景，通过高清视频把患者的生命体征实时地回传到急救中心，实现远程支持。为了实现这种关键的医疗服务，需要非常低的端到端延迟和超可靠的无线通信通道，以实时提供患者的状况（如通过高分辨率图像访问医疗记录）。

4．公共事业

5G 之前的无线通信主要连接的是人，5G 将把这种连接扩展到周围环境，如办公楼、购物中心、道路、火车站、家里、公共汽车站和其他许多场所。大量的小型设备、可穿戴设备、传感器（如摄像头、温度和湿度感应器、空气质量检测器）、控制设备（如温度、照明控制）的相互连接将使"智能"生活成为可能。对以前需要人工参与的巡逻与道路清洁，也可以采用无人模式进行控制。除了基础设施的智能化，整个社会的管理服务能力和效率还将得到大大提高。图 8.4.6 所示为 5G 无人巡逻车和无人扫路车。

图 8.4.6
5G 无人巡逻车和无人扫路车

5．工业控制

许多工业制造应用需要非常低的延迟和超高的可靠性。例如，当网络用于控制高速运转的机床时，稍有延迟发生就会影响生产的精度，甚至酿成事故。企业可以通过 5G 服务来实现工厂的控制和业务连接，图 8.4.7 所示为基于 5G 的智慧工厂模型。

图 8.4.7
基于 5G 的智慧工厂模型

6. 智慧农牧业

在农业领域，可以通过部署海量传感器，实现天、空、地一体化的智慧农业信息遥感监测网络，传感器所能提供的数据包括土壤状况、天气预测、农作物的生长状况，以及病虫害的情况。这些数据会被传送到云端，利用农业大数据智能分析系统进行处理，以帮助人们制订区域规划，预测产量，进行健康管理和病虫害的防治。此外，还可以用通过5G控制的智能农机进行精准的自主作业，图8.4.8所示为基于5G的智慧农机。

图 8.4.8
基于 5G 的智慧农机

8.5.1　物联网的定义

目前，物联网还没有一个精确且公认的定义。这主要归因于：第一，物联网的理论体系没有完全建立，人们对其认识还不够深入，还不能透过现象看出本质；第二，由于物联网与互联网、移动通信网、传感网等都有密切关系，不同领域的研究者对物联网思考所基于的出发点和落脚点各异，短期内还没达成共识。通过与传感网、互联网、泛在网等相关网络的比较分析，有学者认为：物联网是一个基于互联网、传统电信网、移动通信网等信息承载体，让所有能够被独立寻址的普通物理对象实现互联互通的网络。它具有普通对象设备化、自治终端互联化和普适服务智能化3个重要特征。

微课 8-5
物联网

在物联网时代，每一件物体均可寻址，每一件物体均可通信，每一件物体均可控制。2005年11月17日，国际电信联盟（International Telecommunications Union，ITU）发布了《ITU互联网报告2005：物联网》，正式提出了物联网的概念。报告指出，泛在"物联网"通信时代即将来临，世界上所有物体（从轮胎到牙刷、从房屋到纸巾）都将互联。

物联网（Internet of Things，IoT）即"万物相连的互联网"，是互联网基础上的延伸和扩展的网络，将各种信息传感设备与互联网结合起来而形成的一个巨大网络，实现在任何时间、任何地点，人、机、物的互联互通。

物联网是新一代信息技术的重要组成部分，IT行业又称之为泛互联（万物万联）。这有两层意思：第一，物联网的核心和基础仍然是互联网，是在互联网基础上的延伸和扩展的网络；第二，其用户端延伸并扩展到了任何物品与物品之间进行信息交换和通信。因此，物联网的定义是通过射频识别、红外感应器、全球定位系统、激光扫描器等信息传感设备，按约定的协议，把任何物品与互联网相连接，进行信息交换和通信，以实现对物品的智能化识别、定位、跟踪、监控和管理的一种网络。

279

8.5.2　物联网的发展历程

物联网概念最早出现于比尔盖茨 1995 年《未来之路》一书，只是当时受限于无线网络、硬件及传感设备的发展，并未引起世人的重视。

1998 年，美国麻省理工学院创造性地提出了当时被称为 EPC 系统的"物联网"的构想。

1999 年，美国 Auto-ID 首先提出"物联网"的概念，主要是建立在物品编码、RFID 技术和互联网的基础上。中科院早在 1999 年就启动了传感网的研究，并已取得了一些科研成果。同年，在美国召开的移动计算和网络国际会议提出："传感网是下一个世纪人类面临的又一个发展机遇"。

2003 年，美国《技术评论》提出传感网络技术将是未来改变人们生活的十大技术之首。

2005 年 11 月 17 日，国际电信联盟（ITU）发布了《ITU 互联网报告 2005：物联网》，正式提出了"物联网"的概念。射频识别技术、传感器技术、纳米技术、智能嵌入技术将得到更加广泛的应用。

我国政府也高度重视物联网的研究和发展。2009 年 8 月 7 日，时任国务院总理温家宝在无锡视察时发表重要讲话，提出"感知中国"的战略构想，表示中国应抓住机遇，大力发展物联网技术。2009 年 11 月 3 日，温家宝向首都科技界发表了题为"让科技引领中国可持续发展"的讲话，再次强调科学选择新兴战略性产业非常重要，并指示要着力突破传感网、物联网等关键技术。2012 年，工信部、科技部、住房和城乡建设部再次加大了支持物联网和智慧城市方面的力度。我国政府高层一系列的重要讲话报告和相关政策措施表明：大力发展物联网产业将成为今后一项具有国家战略意义的重要决策。

我国于 2019 年进入 5G 商用元年，物联网在 5G 的加持下以更快的速度发展。

华为预测，2025 年物联网设备的数量将接近 1000 亿个。按照此数据测算，未来十年物联网新增设备终端数量年复合增长率将超过 30%，万物互联的时代开启。

8.5.3　物联网核心技术

物联网的基本特征从通信对象和过程来看，物与物、人与物之间的信息交互是物联网的核心。物联网形式多样、技术复杂、牵涉面广。根据信息生成、传输、处理和应用的原则，物联网可分为感知识别层、网络构建层、管理服务层和综合应用层 4 层。

1. 感知识别层

感知识别是物联网的核心技术，是联系物理世界和信息世界的纽带。感知识别层既包括 RFID、无线传感器等信息自动生成设备，也包括各种智能电子产品用来人工生成信息。RFID 是能够让物品"开口说话"的技术。RFID 标签中存储着规范而具有互用性的信息，通过无线通信网络把它们自动采集到中央信息系统，可以实现物品的识别和管理。无线传感器网络主要利用各种类型的传感器对物质性质、环境状态、行为模式等信息开展大规模、长期、实时的获取。近些年来，各类互联网电子产品层出不穷并迅速普及，包括智能手机、平板电脑、便携式计算机等，人们可以随时随地接入互联网来分享信息。信息生成方式多样化是物联网区别于其他网络的重要特征。

2. 网络构建层

网络构建层的主要作用是把下层（感知识别层）数据接入互联网供上层服务使用。互联网以及下一代互联网（包含 IPv6 等技术）是物联网的核心网络，处在边缘的各种无线网络则提供随时随地的网络接入服务。无线广域网包括现有的移动通信网络及其演进技术（包括 4G、5G 通信技术），提供广阔范围内连续的网络接入服务。无线城域网 WiMAX 技术（802.16 系列标准），提供城域范围（约 100 km）的高速数据传输服务。无线局域网 Wi-Fi（802.11 系列标准）技术，为一定区域内（家庭、校园、餐厅、机场等）的用户提供网络访问服务；无线个域网络包括蓝牙（802.15.1 标准）、ZigBee（802.15.4 标准）等通信协议，其特点是低功耗、低传输速率（相比于上述无线宽带网络）、短距离（一般小于 10 m），一般用作个人电子产品互联、工业设备控制等领域。随着物联网的蓬勃发展，一些新兴的无线接入技术，如 60 GHz 毫米波通信、可见光通信、低功耗广域网等技术也开始登上历史舞台。不同类型的网络适用于不同的环境，合力提供便捷的网络接入，是实现物-物互联的重要基础设施。

3. 管理服务层

在高性能计算和海量存储技术的支撑下，管理服务层将大规模数据高效、可靠地组织起来，为上层行业应用提供智能的支撑平台。存储是信息处理的第一步。数据库系统以及其后发展起来的各种海量存储技术，包括网络化存储（如数据中心），已广泛应用于 IT、金融、电信、商务等行业。面对海量信息，如何有效地组织和查询数据是核心问题。近年来，"大数据"成为炙手可热的明星词汇，而物联网是大数据的重要来源之一，需要高效的大数据处理技术。云计算作为处理大数据的重要平台，为海量数据的存储与分析提供了强有力的支持与保障。此外，信息安全和隐私保护变得越来越重要。在物联网时代，每个人穿戴多种类型的传感器，与多个网络连接，一举一动都被监测。如何保证数据不被破坏、不被泄露、不被滥用成为物联网面临的重大挑战。

4. 综合应用层

互联网从最初用来实现计算机之间的通信，进而发展到连接以人为主体的用户，现在正朝着物-物互联这一目标前进。伴随着这一进程，网络应用也发生了翻天覆地的变化。从早期的以数据服务为主要特征的文件传输、电子邮件，到以用户为中心的万维网、电子商务、视频点播、在线游戏、社交网络等，再发展到物品追踪、环境感知、智能物流、智能交通、智能电网等。网络应用数量激增，呈现多样化、规模化、行业化等特点。

物联网各层之间既相对独立又紧密联系。在综合应用层以下，同一层次上的不同技术互为补充，适用于不同环境，构成该层次技术的全套应对策略。而不同层次根据应用需求，提供各种技术的配置和组合，构成完整解决方案。总而言之，技术的选择应以应用为导向，根据具体的需求和环境，选择合适的感知技术、联网技术和信息处理技术。

8.5.4 物联网主要特点

从网络的角度观察，物联网具有以下几个特点：在网络终端层面呈现联网终端规模化、感知识别普适化的特点，在通信层面呈现异构设备互联化的特点，在数据层面呈现管理处理智能化的特点，在应用层面呈现应用服务链条化的特点。

① 联网终端规模化。物联网时代的一个重要特征是"物品触网"，每一件物品均具

有通信功能，成为网络终端。据预测，未来 5—10 年内，联网终端的规模有望突破百亿大关。

② 感知识别普适化。作为物联网的末梢，近年来，自动识别和传感网技术发展迅速，人们的衣食住行都能折射出感知识别技术的发展。无所不在的感知与识别将物理世界信息化，对传统上分离的物理世界和信息世界实现高度融合。

③ 异构设备互联化。各种异构设备（不同型号和类别的 RFID 标签、传感器、手机、便携式计算机等）利用无线通信模块和标准通信协议，可以构建成自组织网络。在此基础上，运行不同协议的异构网络之间通过"网关"互联互通，实现网际间信息共享及融合。

④ 管理处理智能化。物联网将大规模数据高效、可靠地组织起来，为上层行业应用提供智能的支撑平台。数据存储、组织以及检索成为行业应用的重要基础设施。与此同时，各种决策手段包括运筹学理论、机器学习、数据挖掘、专家系统等广泛应用于各行各业。

⑤ 应用服务链条化。链条化是物联网应用的重要特点。以工业生产为例，物联网技术覆盖原材料引进、生产调度、节能减排、仓储物流、产品销售、售后服务等各个环节，成为提高企业整体信息化程度的有效途径。更进一步，物联网技术在一个行业的应用也将带动相关上下游产业，最终为整个产业链服务。

8.5.5　物联网的应用

物联网可以广泛应用于经济社会发展的各个领域，引发和带动生产力、生产方式和生活方式的深刻变革，成为经济社会绿色、智能、可持续发展的关键基础和重要引擎。

物联网可应用于农业生产、管理和农产品加工，打造信息化农业产业链，从而实现农业的现代化。物联网的工业应用可以持续提升工业控制能力与管理水平，实现柔性制造、绿色制造、智能制造和精益生产，推动工业转型升级。物联网应用于零售、物流、金融等服务业，将大大促进服务产品、服务模式和产业形态的创新和现代化，成为服务业发展创新和现代化升级的强大动力。物联网在电网、交通、公共安全、气象、遥感勘测和环境保护等国家基础设施领域的应用，将有力推动基础设施的智能化升级，实现能源资源环境的科学利用和科学管理。物联网应用于教育、医疗卫生、生活家居、旅游等社会生活领域，可扩展服务范围、创新服务形式、提升服务水平，有力推进基本公共服务的均等化，不断提高人民生活质量和水平。物联网应用于国防和战争中的监视、侦察、定位、通信、计算、指挥等方面，将有效提升信息化条件下的国防与军事斗争能力，适应全球性的新军事变革。

1. 智能物流

根据《2015 年全国物流运行情况通报》，中国的物流总费用与 GDP 的比率为 16.0%，大约是发达国家的两倍。据 2013 年底统计，全球零售订货时间为 6～10 个月，在供应上的商品库存积压价值为 1.2 万亿美元，零售商每年因错失交易遭受的损失高达 930 亿美元，其主要原因是没有合适的库存产品来满足消费者的需求。基于物联网的智能供应链技术是对现有信息网和物流网技术的有力补充。如果将其应用到整个零售系统，不仅可以提升供应链各个步骤的效率，还可以减少浪费。该技术充分利用了互联网和无线射频识别网络设施支撑整个物流体系，从而使物流行业产生颠覆性的变化，使客户在任何地方、任何时间能以最便捷、最高效、最可靠、成本最低的方式享受到物流服务。图 8.5.1 所示为智慧物流场景。

图 8.5.1
智能物流

2. 智能交通

物联网技术在道路交通方面的应用比较成熟。随着社会车辆越来越普及，交通拥堵甚至瘫痪已成为城市的一大问题。对道路交通状况实时监控并将信息及时传递给驾驶人，让驾驶人及时做出出行调整，有效缓解了交通压力。高速路口设置道路自动收费系统，免去进出口取卡、还卡的时间，提升车辆的通行效率。公交车上安装定位系统，能及时了解公交车行驶路线及到站时间，乘客可以根据搭乘路线确定出行，免去不必要的时间浪费。社会车辆增多，除了会带来交通压力外，停车难也日益成为一个突出问题，不少城市推出了智慧路边停车管理系统，该系统基于云计算平台，通过手机端 App 软件可以实现及时了解车位信息、车位位置，结合物联网技术与移动支付技术，共享车位资源，提高车位利用率和用户的方便程度，很大程度上解决了"停车难、难停车"的问题。图 8.5.2 所示为智慧交通模型。

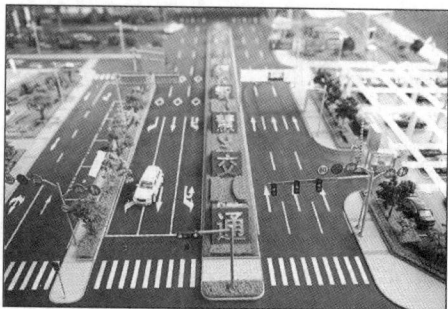

图 8.5.2
智慧交通模型图

3. 智能家居

智能家居就是物联网在家庭中的基础应用，随着宽带业务的普及，智能家居产品涉及方方面面。家中无人，可利用手机等产品客户端远程操作智能空调，调节室温，甚者还可以学习用户的使用习惯，从而实现全自动的温控操作；通过客户端实现智能灯泡的开关、调控灯泡的亮度和颜色；插座内置 Wi-Fi，可实现遥控插座定时通断电流，甚至可以监测设备用电情况，生成用电图表让用户对用电情况一目了然，安排资源使用及开支预算；智能体重秤，监测运动效果，内置可以监测血压、脂肪量的先进传感器，内定程序根据用户的身体状态提出健康建议；智能牙刷与客户端相连，供刷牙时间、刷牙位置提醒，可根据刷牙的数据生产图表，口腔的健康状况；智能摄像头、窗户传感器、智能门铃、烟雾探测器、智能报警器等都是家庭不可少的安全监控设备，用户即使出门在外，也可以在任意时间、地方查看家中任何一角的实时状况和安全隐患。看似繁琐的种种家居生活因为物联网变得更加轻松、美好。图 8.5.3 所示为智慧家居的示意图。

283

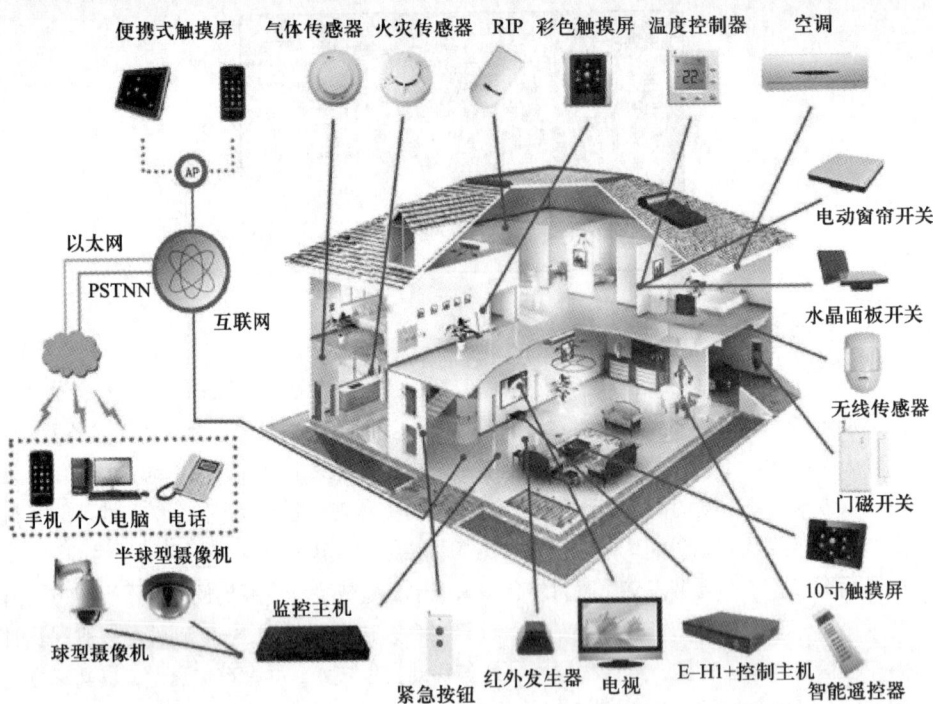

便携式触摸屏　气体传感器　火灾传感器　RIP　彩色触摸屏　温度控制器　空调

AP

以太网

PSTNN

互联网

手机　个人电脑　电话

半球型摄像机

球型摄像机　　　　　　监控主机

紧急按钮　　红外发生器　　电视　　E-H1+控制主机

电动窗帘开关

水晶面板开关

无线传感器

门磁开关

10寸触摸屏

智能遥控器

图 8.5.3
智慧家居示意图

4．农业物联网

农业物联网，即通过各种仪器仪表实时显示或作为自动控制的参变量参与到自动控制中。可以为温室精准调控提供科学依据，达到增产、改善品质、调节生长周期、提高经济效益的目的。

大棚控制系统中，运用物联网系统的温度传感器、湿度传感器、PH 值传感器、光照度传感器、二氧化碳传感器等设备，检测环境中的温度、相对湿度、PH 值、光照强度、土壤养分、二氧化碳浓度等物理量参数，保证农作物有一个良好的、适宜的生长环境。远程控制的实现使技术人员在办公室就能对多个大棚的环境进行监测控制。

农业物联网将大量的传感器结点构成监控网络，通过各种传感器采集信息，以帮助农民及时发现问题，并准确地确定发生问题的位置。农业物联网使农业从以人力为中心、依赖于孤立机械的生产模式逐渐转向以信息和软件为中心的生产模式，通过大量使用各种自动化、智能化、远程控制的生产设备，提高农业生产效率，图 8.5.4 所示为农业物联网场景。

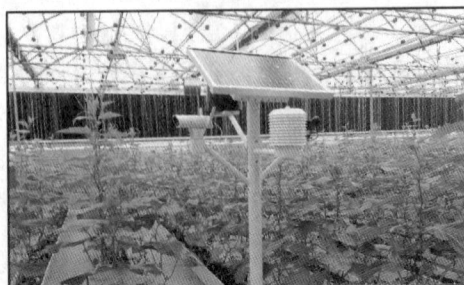

图 8.5.4
农业物联网场景

5．公共安全

近年来全球气候异常情况频发，灾害的突发性和危害性进一步加大，互联网可以实时监测环境的情况，提前预防、实时预警、及时采取应对措施，降低灾害对人类生命财产的威胁。我国在 2011 年就建立的地震预警系统，发展至今已经能够完全对监测台网内的破坏性地震进行预警，网内地震发生后平均 6.5 s 就能发出预警信息，对地震波波及的区域，可以提前几秒到几十秒进行预警，达到国际领先水平。图 8.5.5 所示为地震预警系统示意图。

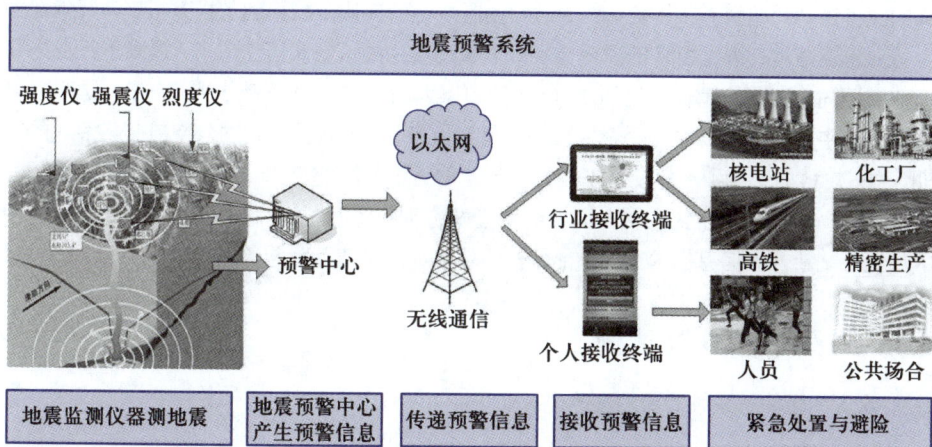

图 8.5.5
地震预警系统
示意图

8.6 区块链

8.6.1 区块链的定义

工信部指导发布的《区块链技术和应用发展白皮书 2016》对区块链的解释是：狭义来讲，区块链是一种按照时间顺序将数据区块以顺序相连的方式组合成的一种链式数据结构，并以密码学方式保证的不可篡改和不可伪造的分布式账本。广义来讲，区块链技术是利用块链式数据结构来验证和存储数据、利用分布式结点共识算法来生成和更新数据、利用密码学的方式保证数据传输和访问的安全性、利用由自动化脚本代码组成的智能合约来编程和操作数据的一种全新的分布式基础架构与计算范式。区块链本质是去中心化，如图 8.6.1 所示。

微课 8-6
区块链

图 8.6.1
去中心化连接方式

8.6.2　区块链的发展历程

区块链的发展先后经历了加密数字货币、企业应用、价值互联网 3 个阶段。

在区块链 1.0 阶段，区块链技术的应用主要聚集在加密数字货币领域。针对区块链 1.0 存在的专用系统问题，为了支持如众筹、溯源等应用，区块链 2.0 阶段支持用户自定义的业务逻辑，即引入了智能合约，从而使区块链的应用范围得到了极大拓展，开始在各个行业迅速落地，极大地降低了社会生产消费过程中的信任和协作成本，提高了行业内和行业间协同效率，典型代表是 2013 年启动的以太坊系统。2018 年 5 月 28 日，国家主席习近平在中国科学院发表讲话：“进入 21 世纪以来，全球科技创新进入空前密集活跃的时期，新一轮科技革命和产业变革正在重构全球创新版图、重塑全球经济结构。以人工智能、量子信息、移动通信、物联网、区块链为代表的新一代信息技术加速突破应用”，这表明区块链是“新一代信息技术”的一部分，区块链成为价值互联网的支撑。

8.6.3　区块链原理与技术

真实的区块链系统需要的支撑技术如下。

1. 哈希算法

哈希算法是散列算法（Hash Algorithm）的音译。它的基本功能就是把任意长度的输入通过一定的计算，生成一个固定长度的字符串，输出的字符串称为该输入的哈希值。该算法应具有正向快速、输入敏感、逆向困难和强抗碰撞等特点。区块链账本数据主要通过父区块哈希值组成链式结构来保证不可篡改性。其数据结构如图 8.6.2 所示。

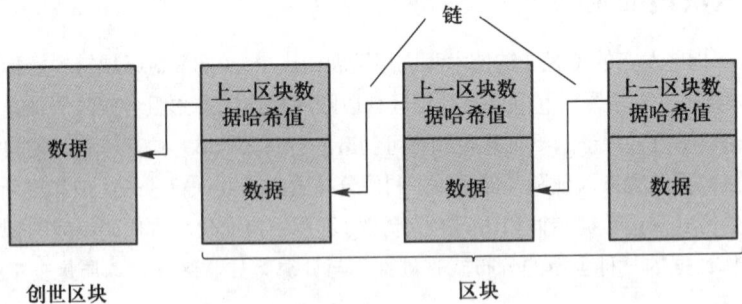

图 8.6.2
区块链数据结构示意图

2. 数字签名

数字签名也称为电子签名，是通过一定算法实现类似传统物理签名的效果。数字签名并不是通过图像扫描、电子板录入等方式获取物理签名的电子版，而是通过密码学领域相关算法对签名内容进行处理，获得一段用以表示签名的字符串。数字签名采用非对称密码来实现。区块链账本中，用数字签名来验证交易各方的身份。

3. 共识算法

区块链是一个去中心的系统，所有结点都是平等的，并且都参与记录数据，不同结点在同一时刻的记录可能存在差异，为了最终保证所有结点都记录一份相同的正确数据，就需要一个方法来进行保障，这就是共识算法。

4．智能合约

智能合约定义为："一个智能合约是一套以数字形式定义的承诺，包含合约参与方可以在上面执行这些承诺的协议"。简单地说，智能合约就是一种满足一定条件时，自动执行的计算机程序。通过智能合约，可以让区块链运行过程高效、简单，不需要第三方中间人进行裁决，也不会有赖账的问题。

5．P2P 网络

对等计算机网络（Peer-to-Peer Networking，P2P 网络）是一种消除了中心化的服务结点，将所有的网络参与者视为对等者（Peer），并在他们之间进行认证和工作负载分配。P2P 网络具有极高的可靠性，任何单一或少量结点的故障都不会影响整个网络正常运转，同时 P2P 网络的网络容量没有上限，实际上 P2P 网络中结点数目越多，P2P 网络提供的服务质量就越高。P2P 的设计思想与区块链的思想完美契合，使得区块链能够将信息以去中心的方式传递到所有的参与者。

8.6.4　区块链的特点

区块链是多种已有技术的集成创新，主要用于实现去中心化的多方信任和高效协同。通常，一个成熟的区块链系统具备透明可信、防篡改可追溯、隐私安全保障以及系统高可靠四大特性。

1．透明可信

每个结点都是对等的，人们平等地发送和接收网络中的信息，所有交易对所有结点都是透明可见的，而交易的最终确认也是由共识算法保证了所有结点的一致性。整个系统对参与者都是透明、公平的，系统中的信息具有可信性。

2．防篡改可追溯

交易一旦在全网中经过验证并添加至区块链，就很难修改或者抹除，实现"防篡改"，同时任何交易或变动都会记录下来，变得"可追溯"。这是由相关信息安全算法所保障的。

3．隐私安全保障

参与区块链的结点不需要提供身份信息来进行交易有效性的判断，从而使得区块链系统可以保障结点的隐私安全。

4．系统高可靠

区块链系统的高可靠体现在每个结点都对等地维护一个账本并参与整个系统的共识和区块链系统支持拜占庭容错。

8.6.5　区块链的应用

随着区块链技术的逐步发展，其应用潜力正得到越来越多行业的认可。只要涉及多方协同、不存在一个可信中心的场景，区块链均有用武之地。从最初的加密数字货币到金融领域的跨境清算，再到供应链、政务、数字版权、能源等领域，甚至已经有初创公司在探索基于区块链的电子商务、社交、共享经济等应用。当前区块链应用处于发展初期，主流的区块链应用均是利用了区块链的特性在原有业务模式下进行的改进式创新，区块链作为从协议层面解决价值传递的技术理应有更广阔的应用场景。

8.7 新技术小结

本章介绍了云计算、大数据、人工智能、5G 移动通信技术、物联网及区块链技术，它们之间相互融合，最早的互联网技术以及共享经济的思想促使了云计算的出现，它是一种大规模资源整合的思想，是 IT 界未来发展的必然趋势；信息的数字化，实现了对数据的大量收集与记录，使人们拥有了难以想象的数据，而为了更好地利用这些数据，需要一种技术来对这样的数据进行存储与处理，从而出现了大数据技术；除了采用常规的统计方法使用大数据外，对一些特别难以寻找规律的数据，会采用人工智能的方法进行数据的处理，提高数据的利用效率。而数据的来源中，除了人会产生数据外，万物都会产生数据，若要利用好数据，一定需要万物互联的物联网，这就需要快速的移动通信技术来进行支撑。融合多种技术后，区块链为信息交互提供了另一种方式。这些技术的融合发展一定会为人们造就一个完全不一样的未来。

8.8 习题

1. 美国国家标准与技术研究院（NIST）是如何定义云计算的？
2. 云计算的交付模型有哪些？
3. 云计算的部署模式有哪些？
4. 大数据系统有哪些特点？
5. 人工智能分为哪几类？
6. 人工智能的基础有哪些？
7. 5G 移动通信的应用场景为哪 3 个？
8. 物联网可以分为哪 4 层？
9. 区块链技术有哪些特点？

第 9 章　软件技术基础

9.1　算法与数据结构

9.1.1　算法

算法与数据结构和程序的关系非常密切。进行程序设计时，先确定相应的数据结构，然后再根据数据结构和问题的需要设计相应的算法。由于篇幅所限，下面只介绍算法的特性、算法的评价标准和算法的时间复杂度等 3 个方面。

1. 算法的特性

算法（Algorithm）是对某一特定类型的问题的求解步骤的一种描述，是指令的有限序列。其中每条指令表示一个或多个操作。一个算法应该具备以下 5 种特性。

① 有穷性（Finity）：一个算法总是在执行有穷步之后结束，即算法的执行时间是有限的。

② 确定性（Unambiguousness）：算法的每一个步骤都必须有确切的含义，即无二义性，并且对于相同的输入只能有相同的输出。

③ 输入（Input）：一个算法具有 0 个或多个输入。它是在算法开始之前给出的量，这些输入是某数据结构中的数据对象。

④ 输出（Output）：一个算法具有一个或多个输出，并且这些输出与输入之间存在着某种特定的关系。

⑤ 可行性（Realizability）：算法中的每一步都可以通过已经实现的基本运算的有限次运行来实现。

算法的含义与程序非常相似，但二者又有所区别。一个程序不一定满足有穷性。例如，操作系统，只要整个系统不遭破坏，它将永远不会停止。还有，一个程序只能用计算机语言来描述，也就是说，程序中的指令必须是机器可执行的，而算法不一定用计算机语言来描述，自然语言、框图、伪代码都可以描述算法。

2. 算法的评价标准

对于一个特定的问题，采用的数据结构不同，其设计的算法一般也不同，即使在同一种数据结构下，也可以采用不同的算法。那么，对于解决同一问题的不同算法，选择哪一种算法比较合适，以及如何对现有的算法进行改进，从而设计出更适合于数据结构的算法，这就是算法评价的问题。评价一个算法优劣的主要标准如下。

① 正确性（Correctness）。算法的执行结果应当满足预先规定的功能和性能的要求，这是评价一个算法最重要也是最基本的标准。算法的正确性还包括对于输入、输出处理的明确而无歧义的描述。

② 可读性（Readability）。算法主要是为了人阅读和交流，其次才是机器的执行。所以，一个算法应当思路清晰、层次分明、简单明了、易读易懂。即使算法已转变成机器可执行的程序，也需要考虑人能较好地阅读理解。同时，一个可读性强的算法也有助于对算法中隐藏错误的排除和算法的移植。

③ 健壮性（Robustness）。一个算法应该具有很强的容错能力，当输入不合法的数据时，算法应当能做适当的处理，使得不至于引起严重的后果。健壮性要求表明算法要全面

细致地考虑所有可能出现的边界情况和异常情况，并对这些边界情况和异常情况做出妥善处理，尽可能使算法没有意外的情况发生。

④ 运行时间（Running Time）。运行时间是指算法在计算机上运行所花费的时间，它等于算法中每条语句执行时间的总和。对于同一个问题如果有多个算法可供选择，应尽可能选择执行时间短的算法。一般来说，执行时间越短，性能越好。

⑤ 占用空间（Storage Space）。占用空间是指算法在计算机上存储所占用的存储空间，包括存储算法本身所占用的存储空间、算法的输入及输出数据所占用的存储空间和算法在运行过程中临时占用的存储空间。算法占用的存储空间是指算法执行过程中所需要的最大存储空间，对于一个问题如果有多个算法可供选择，应尽可能选择存储量需求低的算法。实际上，算法的时间效率和空间效率经常是一对矛盾，相互抵触。要根据问题的实际需要进行灵活地处理，有时需要牺牲空间来换取时间，有时需要牺牲时间来换取空间。

通常把算法在运行过程中临时占用的存储空间的大小叫算法的空间复杂度（Space Complexity）。算法的空间复杂度比较容易计算，它主要包括局部变量所占用的存储空间和系统为实现递归所使用的堆栈占用的存储空间。

如果算法是用计算机语言来描述的，还要看程序代码量的大小。对于同一个问题，在用以上 5 条标准评价的结果相同的情况下，代码量越少越好。实际上，代码量越大，占用的存储空间会越多，程序的运行时间也可能越长，出错的可能性也越大，阅读起来也越麻烦。

3. 算法的时间复杂度

一个算法的时间复杂度（Time Complexity）是指该算法的运行时间与问题规模的对应关系。一个算法是由控制结构和原操作构成的，其执行时间取决于二者的综合效果。为了便于比较同一问题的不同算法，通常把算法中基本操作重复执行的次数（频度）作为算法的时间复杂度。算法中的基本操作一般是指算法中最深层循环内的语句，因此，算法中基本操作语句的频度是问题规模 n 的某个函数 $f(n)$，记为 $T(n)=O(f(n))$。其中 O 表示随问题规模 n 的增大，算法执行时间的增长率和 $f(n)$ 的增长率相同，或者说，用 O 符号表示数量级的概念。

如果一个算法没有循环语句，则算法中基本操作的执行频度与问题规模 n 无关，记为 $O(1)$，也称为常数阶。如果算法只有一个一重循环，则算法的基本操作的执行频度与问题规模 n 呈线性增大关系，记为 $O(n)$，也叫线性阶。常用的还有平方阶 $O(n^2)$、立方阶 $O(n^3)$、对数阶 $O(\log_2 n)$ 等。

【例 9.1.1】 分析以下程序的时间复杂度。

```
x=n; /*n>1*/
y=0;
while(y < x)
{
    y=y+1; ①
}
```

解：这是一重循环的程序，while 循环的循环次数为 n，所以，该程序段中语句①的频度是 n，则程序段的时间复杂度是 $T(n)=O(n)$。

【例 9.1.2】 分析以下程序的时间复杂度。

```
for(i=1；i<n；++i)
```

```
    {
        for(j=0; j<n; ++j)
        {
            A[i][j]=i*j; ①
        }
    }
```

解：这是二重循环的程序，外层 for 循环的循环次数是 n，内层 for 循环的循环次数为 n，所以，该程序段中语句①的频度为 $n*n$，则程序段的时间复杂度为 $T(n)=O(n^2)$。

9.1.2 数据结构的基本概念

数据是外部世界信息的计算机化，是计算机加工处理的对象。运用计算机处理数据时，必须解决以下 4 个方面的问题。

① 如何在计算机中方便、高效地表示和组织数据。

② 如何在计算机存储器（内存和外存）中存储数据。

③ 如何对存储在计算机中的数据进行操作，可以有哪些操作，如何实现这些操作以及如何对同一问题的不同操作方法进行评价。

④ 必须理解每种数据结构的性能特征，以便选择一个适合于某个特定问题的数据结构。

这些问题就是数据结构这门课程所要研究的主要问题。

1. 数据（Data）

数据是外部世界信息的载体，它能够被计算机识别、存储和加工处理，是计算机程序加工的原料。计算机程序处理各种各样的数据，可以是数值数据，如整数、实数或复数，也可以是非数值数据，如字符、文字、图形、图像、声音等。

2. 数据元素（Data Element）和数据项（Data Item）

数据元素是数据的基本单位，在计算机程序中通常被作为一个整体进行考虑和处理。数据元素有时也被称为元素、结点、顶点、记录等。一个数据元素可由若干个数据项（Data Item）组成。数据项是不可分割的、含有独立意义的最小数据单位，数据项有时也称为字段（Field）或域（Domain）。例如，在数据库信息处理系统中，数据表中的一条记录就是一个数据元素，这条记录中的学生学号、姓名、性别、籍贯、出生年月、成绩等字段就是数据项。数据项分为两种：一种叫做初等项，如学生的性别、籍贯等，在处理时不能再进行分割，另一种叫做组合项，如学生的成绩，它可以再分为数学、物理、化学等更小的项。

3. 数据对象（Data Object）

数据对象是性质相同的数据元素的集合，是数据的一个子集。例如，整数数据对象是 $\{0, \pm1, \pm2, \pm3, \cdots\}$，字符数据对象是 $\{a,b,c,\cdots\}$。

4. 数据类型（Data Type）

数据类型是高级程序设计语言中的概念，是数据的取值范围和对数据进行操作的总和。数据类型规定了程序中对象的特性。程序中的每个变量、常量或表达式的结果都应该属于某种确定的数据类型。

数据类型可分为两类：一类是非结构的原子类型，如 C 语言中的基本类型（整型、实型、字符型等）；另一类是结构类型，其成分可以由多个结构类型组成，并可以分解，结构类型的成分可以是非结构的，也可以是结构的。

9.1.3 线性表

线性表是最简单、最基本、最常用的数据结构。线性表是线性结构的抽象（Abstract），线性结构的特点是结构中的数据元素之间存在一对一的线性关系。这种一对一的关系指的是数据元素之间的位置关系，即除第一个位置的数据元素外，其他数据元素位置的前面都只有一个数据元素；除最后一个位置的数据元素外，其他数据元素位置的后面都只有一个元素。也就是说，数据元素是一个接一个地排列。因此，可以把线性表想象为一种数据元素序列的数据结构。

以下是线性表的逻辑结构。

（1）线性表的定义

线性表（List）是由 n（$n \geq 0$）个相同类型的数据元素构成的有限序列。对于这个定义应该注意两个概念：一是"有限"，指的是线性表中的数据元素的个数是有限的，线性表中的每一个数据元素都有自己的位置（Position）。二是"相同类型"，指的是线性表中的数据元素都属于同一种类型，如图 9.1.1 所示。

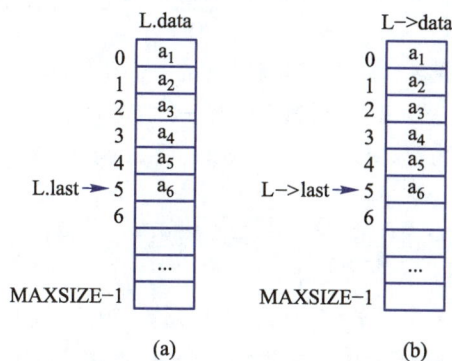

图 9.1.1
线性表

线性表通常记为 $L=(a_1, a_2 \cdots, a_{i-1}, a_i, a_{i+1}, \cdots, a_n)$，L 是英文单词 list 的第 1 个字母。L 中包含 n 个数据元素，下标表示数据元素在线性表中的位置。a_1 是线性表中第 1 个位置的数据元素，称为第 1 个元素。a_n 是线性表中最后一个位置的数据元素，称为最后一个元素。n 为线性表的表长，$n=0$ 时的线性表被称为空表（Empty List）。

线性表中的数据元素之间存在着前后次序的位置关系，将 a_{i-1} 称为 a_i 的直接前驱，将 a_{i+1} 称为 a_i 的直接后继。除 a_1 外，其余元素只有一个直接前驱，因为 a_1 是第 1 个元素，所以它没有前驱。除 a_n 外，其余元素只有一个直接后继，因为 a_n 是最后一个元素，所以它没有后继。

线性表的形式化定义为：线性表（List）简记为 L，是一个二元组，$L = (D, R)$，其中，D 是数据元素的有限集合。R 是数据元素之间关系的有限集合。

在实际生活中线性表的例子很多。例如，1 到 100 的偶数就是一个线性表：

（2，4，6，…，100）表中数据元素的类型是自然数。

某个办公室的职员姓名（假设每个职员的姓名都不一样）也可以用一个线性表来表示：

（"zhangsan"，"lisi"，"wangwu"，"zhaoliu"，"sunqi"，"huangba"）表中数据元素的类型为字符串。

在一个复杂的线性表中，一个数据元素是一个记录，由若干个数据项组成，含有大量记录的线性表又称文件（File）。例如，学生信息表就是一个线性表，表中的每一行是一个记录，一个记录由学号、姓名、行政班级、性别和出生年月等数据项组成。

（2）线性表的基本操作说明

① 求长度。

初始条件：线性表存在。

操作结果：返回线性表中所有数据元素的个数。

② 清空操作。

初始条件：线性表存在且有数据元素。

操作结果：从线性表中清除所有数据元素，线性表为空。

③ 判断线性表是否为空。

初始条件：线性表存在。

操作结果：如果线性表为空返回 true，否则返回 false。

④ 附加操作。

初始条件：线性表存在且未满。

操作结果：将值为 item 的新元素添加到表的末尾。

⑤ 插入操作。

初始条件：线性表存在，插入位置正确 inserter(int i)（$1 \leq i \leq n+1$，n 为插入前的表长）。

操作结果：在线性表的第 i 个位置上插入一个值为 item 的新元素，这样使得原序号为 $i,i+1 \cdots n$ 的数据元素的序号变为 $i+1,i+2 \cdots n+1$，插入后表长=原表长+1。

⑥ 删除操作。

初始条件：线性表存在且不为空，删除位置正确 Delete(int i)（$1 \leq i \leq n, n$ 为删除前的表长）。

操作结果：在线性表中删除序号为 i 的数据元素，返回删除后的数据元素。删除后使原序号为 $i+1,i+2 \cdots n$ 的数据元素的序号变为 $i,i+1 \cdots n-1$，删除后表长=原表长-1。

⑦ 取表元。

初始条件：线性表存在，所取数据元素位置正确（$1 \leq i \leq n$，n 为线性表的表长）。

操作结果：返回线性表中第 i 个数据元素。

⑧ 按值查找。

初始条件：线性表存在。

操作结果：在线性表中查找值为 value 的数据元素，其结果返回在线性表中首次出现的值为 value 的数据元素的序号，称为查找成功；否则，在线性表中未找到值为 value 的数据元素，返回一个特殊值，表示查找失败。

9.1.4　栈和队列

栈和队列是非常重要的两种数据结构，在软件设计中应用很多。栈和队列也是线性结构,线性表、栈和队列这 3 种数据结构的数据元素以及数据元素间的逻辑关系完全相同，差别是线性表的操作不受限制，而栈和队列的操作受到限制。栈的操作只能在表的一端进

行，队列的插入操作在表的一端进行而其他操作在表的另一端进行，所以，把栈和队列称
为操作受限的线性表。

1. 栈

（1）栈的定义及基本运算

栈（Stack）是操作限定在表的尾端进行的线性表。表尾由于要进行插入、删除等操
作，所以，它具有特殊的含义，把表尾称为栈顶（Top），另一端是固定的，称为栈底
（Bottom）。当栈中没有数据元素时称为空栈（Empty Stack），如图 9.1.2 所示。

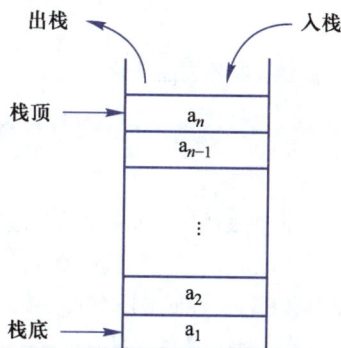

图 9.1.2
栈

栈通常记为 $S=(a_1,a_2,\cdots,a_n)$，S 是英文单词 stack 的第 1 个字母。a_1 为栈底元素，a_n 为
栈顶元素。这 n 个数据元素按照 $a_1,a_2\cdots a_n$ 的顺序依次入栈，而出栈的次序相反，a_n 第 1 个
出栈，a_1 最后一个出栈。所以，栈的操作是按照后进先出（Last In First Out，LIFO）或先
进后出（First In Last Out，FILO）的原则进行。

栈的形式化定义为 $S = (D, R)$，其中，D 是数据元素的有限集合，R 是数据元素之间
关系的有限集合。在实际生活中有许多类似于栈的例子。例如，刷洗盘子，把洗净的盘子
一个接一个地往上放（相当于把元素入栈），取用盘子时，从最上面一个接一个地往下拿
（相当于把元素出栈）。

由于栈只能在栈顶进行操作，所以栈不能在栈的任意一个元素处插入或删除元素。
因此，栈的操作是线性表操作的一个子集。栈的操作主要包括在栈顶插入元素和删除元素、
取栈顶元素和判断栈是否为空等。

与线性表一样，栈的运算定义在逻辑结构层次上，而运算的具体实现是建立在物理
存储结构层次上。因此，把栈的操作作为逻辑结构的一部分，而每个操作的具体实现只有
在确定了栈的存储结构之后才能完成。栈的基本运算不是它的全部运算，而是一些常用的
基本运算。

（2）栈的基本操作说明

① 求栈的长度。

初始条件：栈存在。

操作结果：返回栈中数据元素的个数。

② 判断栈是否为空。

初始条件：栈存在。

操作结果：如果栈为空返回 true，否则返回 false。

③ 清空操作。

初始条件：栈存在。

操作结果：使栈为空。

④ 入栈操作（Push）。

初始条件：栈存在。

操作结果：将值为 item 的新的数据元素添加到栈顶，栈发生变化。

⑤ 出栈操作（Pop）。

初始条件：栈存在且不为空。

操作结果：将栈顶元素从栈中取出，栈发生变化。

⑥ 取栈顶元素。

初始条件：栈表存在且不为空。

操作结果：返回栈顶元素的值，栈不发生变化。

2．队列

（1）队列的定义及基本运算

队列（Queue）是插入操作限定在表的尾部而其他操作限定在表的头部进行的线性表。把进行插入操作的表尾称为队尾（Rear），把进行其他操作的头部称为队头（Front）。当队列中没有数据元素时称为空队列（Empty Queue），如图 9.1.3 所示。

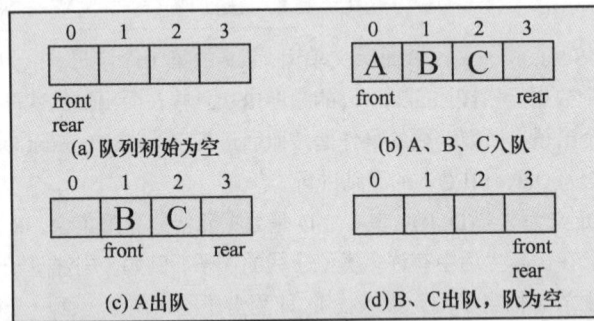

图 9.1.3
队列

队列通常记为 Q=（a_1,a_2···a_n），Q 是英文单词 queue 的第 1 个字母。a_1 为队头元素，a_n 为队尾元素。这 n 个元素是按照 a_1,a_2···a_n 的次序依次入队的，出对的次序与入队相同，a_1 第 1 个出队，a_n 最后一个出队。所以，对列的操作是按照先进先出（FIFO）或后进后出（LILO）的原则进行的。

队列的形式化定义为 Q =（D, R），其中，D 是数据元素的有限集合，R 是数据元素之间关系的有限集合。在实际生活中有许多类似于队列的例子，如排队取钱，先来的先取，后来的排在队尾。

队列的操作是线性表操作的一个子集。队列的操作主要包括在队尾插入元素、在队头删除元素、取队头元素和判断队列是否为空等。

与栈一样，队列的运算定义在逻辑结构层次上，而运算的具体实现是建立在物理存储结构层次上。因此，把队列的操作作为逻辑结构的一部分，每个操作的具体实现只有在确定了队列的存储结构之后才能完成。队列的基本运算不是它的全部运算，而是一些常用的基本运算。

（2）队列的基本操作说明

① 求队列的长度：GetLength()。

初始条件：队列存在。

操作结果：返回队列中数据元素的个数。

② 判断队列是否为空：IsEmpty()。

初始条件：队列存在。

操作结果：如果队列为空返回 true，否则返回 false。

③ 清空操作：Clear()。

初始条件：队列存在。

操作结果：使队列为空。

④ 入队列操作：In(T item)。

初始条件：队列存在。

操作结果：将值为 item 的新数据元素添加到队尾，队列发生变化。

⑤ 出队列操作：Out()。

初始条件：队列存在且不为空。

操作结果：将队头元素从队列中取出，队列发生变化。

⑥ 取队头元素：GetFront()。

初始条件：队列存在且不为空。

操作结果：返回队头元素的值，队列不发生变化。

9.1.5　树与二叉树

线性结构中的数据元素是一对一的关系。树形结构是一对多的非线性结构，非常类似于自然界中的树，数据元素之间既有分支关系，又有层次关系。树形结构在现实世界中广泛存在，如家族的家谱、一个单位的行政机构组织等都可以用树形结构来形象地表示。树形结构在计算机领域中也有着非常广泛的应用，如 Windows 操作系统中对磁盘文件的管理、编译程序中对源程序的语法结构的表示等都采用树形结构。在数据库系统中，树形结构也是数据的重要组织形式之一。树形结构有树和二叉树两种，树的操作实现比较复杂，但树可以转换为二叉树进行处理。

1. 树

（1）树的定义

树（Tree）是 n（$n \geq 0$）个相同类型的数据元素的有限集合。树中的数据元素叫结点（ Node）。$n=0$ 的树称为空树（Empty Tree）；对于 $n>0$ 的任意非空树 T 有：

① 有且仅有一个特殊的结点称为树的根（Root）结点，根没有前驱结点。

② 若 $n>1$，则除根结点外，其余结点被分成了 m（$m>0$）个互不相交的集合 $T_1,T_2\cdots T_m$，其中每一个集合 T_i（$1 \leq i \leq m$）本身又是一棵树。树 $T_1,T_2\cdots T_m$ 称为这棵树的子树（ Subtree）。

由树的定义可知，树（以及二叉树）的许多算法都使用了递归。

树的形式定义为：树（Tree）简记为 T，是一个二元组，T =（D, R），其中，D 是结点的有限集合，R 是结点之间关系的有限集合。

图 9.1.4 是一棵具有 10 个结点的树，即 T={A,B,C,D,E,F,G,H,I,J}。结点 A 是树 T 的根结点，根结点 A 没有前驱结点。除 A 之外的其余结点分成了 3 个互不相交的集合，T1={B,E,F,G}，T2={C,H}，T3={D,I,J}，分别形成了 3 棵子树，B、C 和 D 分别成为这 3

棵子树的根结点，因为这 3 个结点分别在这 3 棵子树中没有前驱结点。

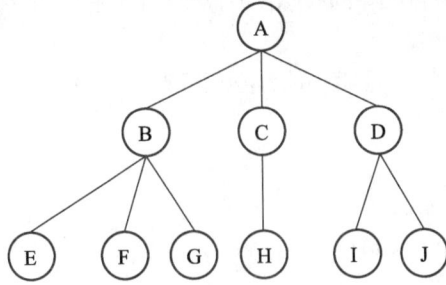

图 9.1.4
树

树具有以下两个特点。

● 树的根结点没有前驱结点，除根结点之外的所有结点有且只有一个前驱结点。

● 树中的所有结点都可以有 0 个或多个后继结点。

（2）树的相关术语

树的相关术语如下。

① 结点（Node）：表示树中的数据元素，由数据项和数据元素之间的关系组成。在图 9.1.4 中，共有 10 个结点。

② 结点的度：结点所拥有的子树的个数，在图 9.1.4 中，结点 A 的度为 3。

③ 树的度：树中各结点度的最大值。在图 9.1.4 中，树的度为 3。

④ 叶子结点：度为 0 的结点，也叫终端结点。在图 9.1.4 中，结点 E、F、G、H、I、J 都是叶子结点。

⑤ 分支结点：度不为 0 的结点，也叫非终端结点或内部结点。在图 9.1.4 中，结点 A、B、C、D 是分支结点。

⑥ 孩子：结点子树的根。在图 9.1.4 中，结点 B、C、D 是结点 A 的孩子。

⑦ 双亲：结点的上层结点叫该结点的双亲。在图 9.1.4 中，结点 B、C、D 的双亲是结点 A。

⑧ 祖先：从根到该结点所经分支上的所有结点。在图 9.1.4 中，结点 E 的祖先是 A 和 B。

⑨ 子孙：以某结点为根的子树中的任一结点。在图 9.1.4 中，除 A 之外的所有结点都是 A 的子孙。

⑩ 兄弟：同一双亲的孩子。在图 9.1.4 中，结点 B、C、D 互为兄弟。

⑪ 结点的层次：从根结点到树中某结点所经路径上的分支数称为该结点的层次。根结点的层次规定为 1，其余结点的层次等于其双亲结点的层次加 1。

⑫ 堂兄弟：同一层的双亲不同的结点。在图 9.1.4 中，G 和 H 互为堂兄弟。

⑬ 树的深度：树中结点的最大层次数。在图 9.1.4 中，树的深度为 3。

⑭ 无序树：树中任意一个结点的各孩子结点之间的次序构成无关紧要的树。通常树指无序树。

⑮ 有序树：树中任意一个结点的各孩子结点有严格排列次序的树。二叉树是有序树，因为二叉树中每个孩子结点都确切定义为是该结点的左孩子结点还是右孩子结点。

⑯ 森林：m（$m \geq 0$）棵树的集合。自然界中的树和森林的概念差别很大，但在数据结构中树和森林的概念差别很小。从定义可知，一棵树由根结点和 m 个子树构成，若把

树的根结点删除，则树变成了包含 m 棵树的森林。根据定义，一棵树也可以称为森林。

2. 二叉树

（1）二叉树的定义

二叉树（Binary Tree）是 n（$n \geq 0$）个相同类型的结点的有限集合。$n=0$ 的二叉树称为空二叉树（Empty Binary Tree）；对于 $n > 0$ 的任意非空二叉树有：

① 有且仅有一个特殊的结点称为二叉树的根（Root）结点，根没有前驱结点。

② 若 $n > 1$，则除根结点外，其余结点被分成了 2 个互不相交的集合 TL 和 TR，而 TL、TR 本身又是一棵二叉树，分别称为这棵二叉树的左子树（Left Subtree）和右子树（Right Subtree）。

二叉树的形式定义为：二叉树（Binary Tree）简记为 BT，是一个二元组，BT = (D, R)，其中，D 是结点的有限集合，R 是结点之间关系的有限集合。

由树的定义可知，二叉树是另外一种树形结构，并且是有序树，它的左子树和右子树有严格的次序，若将其左、右子树颠倒，就成为另外一棵不同的二叉树。因此，如图 9.1.5（c）和图 9.1.5（d）所示是不同的二叉树。

二叉树的形态共有空二叉树、只有根结点的二叉树、右子树为空的二叉树、左子树为空的二叉树和左、右子树非空的二叉树 5 种。二叉树的 5 种形态，如图 9.1.5 所示。

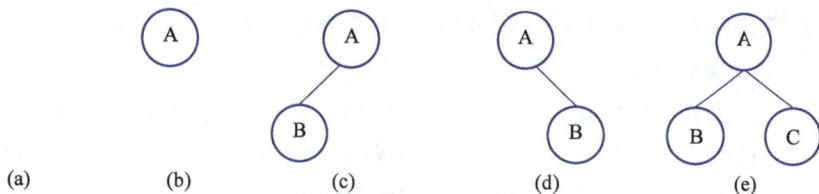

图 9.1.5
二叉树的 5 种形式

以下是两种特殊的二叉树。

- 满二叉树：如果一棵二叉树只有度为 0 的结点和度为 2 的结点，并且度为 0 的结点在同一层上，则这棵二叉树为满二叉树，如图 9.1.5（e）所示。

由定义可知，对于深度为 k 的满二叉树的结点个数为 2^k-1。

- 完全二叉树：深度为 k，有 n 个结点的二叉树当且仅当其每一个结点都与深度为 k，有 n 个结点的满二叉树中编号从 1 到 n 的结点一一对应时，称为完全二叉树，如图 9.1.5（c）所示。

完全二叉树的特点是叶子结点只可能出现在层次最大的两层上，并且某个结点的左分支下子孙的最大层次与右分支下子孙的最大层次相等或大 1。

（2）二叉树的性质

- 性质 1：在二叉树的第 k 层上，最多有 2^{k-1}（$k \geq 1$）个结点。
- 性质 2：深度为 m 的二叉树最多有 2^m-1 个结点。
- 性质 3：在任意一棵二叉树中，度为 0 的结点（即叶子结点）总是比度为 2 的结点多 1 个。
- 性质 4：具有 n 个结点的二叉树，其深度至少为 $[\log_2 n]+1$，其中 $[\log_2 n]$ 表示取 $\log_2 n$ 的整数部分。

（3）满二叉树与完全二叉树

满二叉树是指这样的一种二叉树：除最后一层外，每一层上的所有结点都有两个子结点。在满二叉树中，每一层上的结点数都达到最大值，即在满二叉树的第 k 层上有 2^{k-1} 个结点，且深度为 m 的满二叉树有 2^m-1 个结点。完全二叉树是指这样的二叉树：除最后一层外，每一层上的结点数均达到最大值；在最后一层上只缺少右边的若干结点。

对于完全二叉树来说，叶子结点只可能在层次最大的两层上出现：对于任何一个结点，若其右分支下的子孙结点的最大层次为 p，则其左分支下的子孙结点的最大层次或为 p，或为 $p+1$。

完全二叉树具有以下两个性质。

- 性质 1：具有 n 个结点的完全二叉树的深度为 $[\log_2 n]+1$。
- 性质 2：设完全二叉树共有 n 个结点。如果从根结点开始，按层次（每一层从左到右）用自然数 $1,2\cdots n$ 给结点进行编号，则对于编号为 k（$k=1,2\cdots n$）的结点有以下结论。

① 若 $k=1$，则该结点为根结点，它没有父结点；若 $k>1$，则该结点的父结点编号为 $\text{INT}(k/2)$。

② 若 $2k\leqslant n$，则编号为 k 的结点的左子结点编号为 $2k$；否则该结点无左子结点（显然也没有右子结点）。

③ 若 $2k+1\leqslant n$，则编号为 k 的结点的右子结点编号为 $2k+1$；否则该结点无右子结点。

（4）二叉树的遍历

二叉树的遍历是指按照某种顺序访问二叉树中的每个结点，使每个结点被访问一次且仅一次。遍历是二叉树中经常要进行的一种操作，因为在实际应用中，常常要求对二叉树中某个或某些特定的结点进行处理，这需要先查找到这个或这些结点。

实际上，遍历是将二叉树中的结点信息由非线性排列变为某种意义上的线性排列。也就是说，遍历操作使非线性结构线性化。

由二叉树的定义可知，一棵二叉树由根结点、左子树和右子树 3 部分组成，若规定 D、L、R 分别代表遍历根结点、遍历左子树、遍历右子树，则二叉树的遍历方式有 DLR、DRL、LDR、LRD、RDL、RLD 6 种。由于先遍历左子树和先遍历右子树在算法设计上没有本质区别，所以，只讨论 DLR（先序遍历）、LDR（中序遍历）和 LRD（后序遍历）3 种方式。

除了这 3 种遍历方式外，还有一种方式：层序遍历（Level Order）。层序遍历是从根结点开始，按照从上到下、从左到右的顺序依次访问每个结点一次（仅一次）。

1）前序遍历

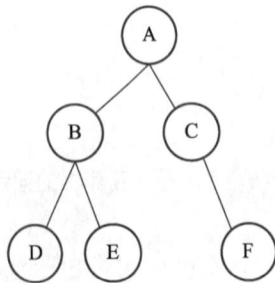

图 9.1.6
二叉树

先访问根结点，然后遍历左子树，最后遍历右子树，并且在遍历左、右子树时，仍需先访问根结点，然后遍历左子树，最后遍历右子树。例如，对图 9.1.6 中的二叉树进行前序遍历的结果（或称为该二叉树的前序序列）为：A，B，D，E，C，F。

2）中序遍历

先遍历左子树、然后访问根结点，最后遍历右子树，并且，在遍历左、右子树时，仍然先遍历左子树，然后访问根结点，最后遍历右子树。例如，对图 9.1.6 中的二叉树进行中序遍历的结果（或称为该二叉树的中序序列）为：D，B，

E，A，C，F。

3）后序遍历

先遍历左子树、然后遍历右子树，最后访问根结点，并且，在遍历左、右子树时，仍然先遍历左子树，然后遍历右子树，最后访问根结点。例如，对图 9.1.6 中的二叉树进行后序遍历的结果（或称为该二叉树的后序序列）为：D，E，B，F，C，A。

9.1.6 排序与查找

1. 排序

排序（Sort）是计算机程序设计中的一种重要操作，也是日常生活中经常遇到的问题。排序是把一个记录（在排序中把数据元素称为记录）集合或序列重新排列成按记录的某个数据项值递增（或递减）的序列。

可将排序方法分为内部排序（Internal Sorting）和外部排序（External Sorting）两大类。内部排序指的是在排序的整个过程中，记录全部存放在计算机的内存中，并且在内存中调整记录之间的相对位置，在此期间没有进行内、外存的数据交换。外部排序指的是在排序过程中，记录的主要部分存放在外存中，借助于内存逐步调整记录之间的相对位置。在这个过程中，需要不断地在内、外存之间交换数据。

常用的排序方法如下。

直接插入排序（direct Insert Sort）的基本思想是：顺序地将待排序的记录按其关键码的大小插入到已排序的记录子序列的适当位置。子序列的记录个数从 1 开始逐渐增大，当子序列的记录个数与顺序表中的记录个数相同时排序完毕。

冒泡排序（Bubble Sort）的基本思想是：将相邻的记录的关键码进行比较，若前面记录的关键码大于后面记录的关键码，则将它们交换，否则不交换。

简单选择排序（Simple Select Sort）算法的基本思想是：从待排序的记录序列中选关键码最小（或最大）的记录并将它与序列中的第 1 个记录交换位置；然后从不包括第 1 个位置上的记录序列中选择关键码最小（或最大）的记录并将它与序列中的第 2 个记录交换位置；如此重复，直到序列中只剩下一个记录为止。

快速排序（Quick Sort）的基本思想是：通过不断比较关键码，以某个记录为界（该记录称为支点），将待排序列分成两部分。其中，一部分满足所有记录的关键码都大于或等于支点记录的关键码，另一部分记录的关键码都小于支点记录的关键码。把以支点记录为界将待排序列按关键码分成两部分的过程，称为一次划分。对各部分不断划分，直到整个序列按关键码有序为止。

在直接选择排序中，顺序表是一个线性结构，要从有 n 个记录的顺序表中选择出一个最小的记录需要比较 $n-1$ 次。如能把待排序的 n 个记录构成一个完全二叉树结构，则每次选择出一个最大（或最小）的记录比较的次数就是完全二叉树的高度，即 $\log_2 n$ 次，则排序算法的时间复杂度就是 $O(n\log_2 n)$。这就是堆排序（Heap Sort）的基本思想。

归并排序（merge Sort）主要是二路归并排序。二路归并排序的基本思想是：将两个有序表合并为一个有序表。

假设顺序表 sqList 中的 n 个记录为 n 个长度为 1 的有序表，从第 1 个有序表开始，把相邻的两个有序表两两合并成一个有序表，得到 $n/2$ 个长度为 2 的有序表。如此重复，最后得到一个长度为 n 的有序表。

（1）交换类排序法

① 冒泡排序法。

首先，从表头开始往后扫描线性表，逐次比较相邻两个元素的大小，若前面的元素大于后面的元素，则将它们互换，不断地将两个相邻元素中的大者往后移动，最后最大者到了线性表的最后。然后，从到前扫描剩下的线性表，逐次比较相邻两个元素的大小，若后面的元素小于前面的元素，则将它们互换，不断地将两个相邻元素中的小者往前移动，最后最小者到了线性表的最前面。对剩下的线性表重复上述过程，直到剩下的线性表变空为止，此时已经排好序。在最坏的情况下，冒泡排序需要比较次数为 $n(n-1)/2$。

② 快速排序法。

任取待排序序列中的某个元素作为基准（一般取第一个元素），通过一次排序，将待排元素分为左右两个子序列，左子序列元素的排序码均小于或等于基准元素的排序码，右子序列的排序码则大于基准元素的排序码，然后分别对两个子序列继续进行排序，直至整个序列有序。

（2）插入类排序法

① 简单插入排序法，最坏情况需要 $n(n-1)/2$ 次比较。

② 希尔排序法，最坏情况需要 $O(n1.5)$ 次比较。

（3）选择类排序法

① 简单选择排序法，最坏情况需要 $n(n-1)/2$ 次比较。

② 堆排序法，最坏情况需要 $O(n\log_2 n)$ 次比较。

相比以上几种（除希尔排序法外），堆排序法的时间复杂度最小。

2．查找

查找是指在一个给定的数据结构中查找某个指定的元素。从线性表的第 1 个元素开始，依次将线性表中的元素与被查找的元素相比较，若相等则表示查找成功；若线性表中所有的元素都与被查找元素进行了比较但都不相等，则表示查找失败。

在下列两种情况下也只能采用顺序查找。

① 如果线性表为无序表，则不管是顺序存储结构还是链式存储结构，只能用顺序查找。

② 即使是有序线性表，如果采用链式存储结构，也只能用顺序查找。

3．二分法查找

二分法查找，也称折半查找，是一种高效的查找方法。能使用二分法查找的线性表必须满足用顺序存储结构和线性表两个条件。

"有序"是特指元素按非递减排列，即从小到大排列，但允许相邻元素相等。

对于长度为 n 的有序线性表，利用二分法查找元素 X 的过程如下。

步骤 1：将 X 与线性表的中间项比较。

步骤 2：如果 X 的值与中间项的值相等，则查找成功，结束查找。

步骤 3：如果 X 小于中间项的值，则在线性表的前半部分以二分法继续查找。

步骤 4：如果 X 大于中间项的值，则在线性表的后半部分以二分法继续查找。

顺序查找法每一次比较，只将查找范围减少 1，而二分法查找，每比较一次，可将查找范围减少为原来的一半，效率大大提高。

9.2.1 软件工程概述

软件指的是计算机系统中与硬件相互依存的另一部分，包括程序、数据和相关文档的完整集合。程序是软件开发人员根据用户需求开发的、用程序设计语言描述的、适合计算机执行的指令序列。数据是使程序能正常操纵信息的数据结构。文档是与程序的开发、维护和使用有关的图文资料。可见，软件由两部分组成：机器可执行的程序和数据；机器不可执行的，与软件开发、运行、维护、使用等有关的文档。

根据应用目标的不同，软件可分应用软件、系统软件和支撑软件（或工具软件），见表 9.2.1。

表 9.2.1 软件的分类

名　称	描　述
应用软件	为解决特定领域的应用而开发的软件
系统软件	计算机管理自身资源，提高计算机使用效率并为计算机用户提供各种服务的软件
支撑软件（或工具软件）	支撑软件是介于两者之间，协助用户开发软件的工具软件

9.2.2 结构化开发方法

结构化开发方法学也称为生命周期方法学（瀑布模型方法），是一种面向数据流的需求分析方法。它的基本思想是自顶向下逐层分解。为了在需求改变时对软件的影响较小，结构化分析时应该使程序结构与问题结构相对应。

1. 结构化分析方法的定义

结构化分析方法就是使用数据流图、数据字典、结构化英语、判定表和判定树等工具，建立一种新的、称为结构化规格说明的目标文档。

结构化分析方法的实质是着眼于数据流、自顶向下、对系统的功能进行逐层分解、以数据流图和数据字典等为主要工具，建立系统的逻辑模型。

2. 结构化分析方法常用工具

（1）数据流图（Data Flow Diagram，DFD）

数据流图是系统逻辑模型的图形表示，即使不是专业的计算机技术人员也能理解，它是分析员与用户之间很好的通信工具。

数据流图主要由以下 4 个部分组成。

- 数据流（Data Flow）：由一组固定成分的数据组成，表示数据的流向。它可以从源、文件流向加工，也可以从加工流向文件和宿，还可以从一个加工流向另一个加工。通常每个数据流必须有一个合适的名称，一是为了区别，二是提供一个直观的印象，使人容易理解这个数据流的含义。但流向文件或从文件流出的数据流不必命名，因为这种数据流的组成部分就是相应文件的组成部分。

- 加工（Process）：描述了输入数据流到输出数据流之间的变换，也就是输入数据流做了什么处理后变成了输出数据流。每个加工有一个名字和一个编号。编号反映了该加工位于分层 DFD 的哪个层次和哪张图中，以及它是哪个加工分解出来的子加工。
- 文件（File）：可以表示数据文件，也可以表示一个数据记录。流向文件的数据流表示写文件，流出文件的数据流表示读文件，双向箭头表示对文件既读又写。每个文件都有一个文件名。
- 源/宿（Source/Sink）：源是指系统所需数据的发源地，宿（也称数据池）是指系统所产生数据的归宿地。无论源或宿，均对应于外部实体，在框内应加注实体的名称，在一个软件的各级软件系统中，有些源和宿可以是一个外部实体，外部实体是指存在于软件系统之外的人员或组织，它指出系统所需数据的发源地和系统所产生数据的归宿地。

（2）数据字典（Data Dictionary，DD）

数据字典是对数据流图中所有元素的定义的集合，是结构化分析的核心。数据流图和数据字典共同构成系统的逻辑模型，没有数据字典，数据流图就不严格，若没有数据流图，数据字典也难以发挥作用。数据字典中有数据流、数据项、数据存储和加工 4 种类型的条目。

（3）判定表

有些加工的逻辑用语言形式不易表达清楚，而用表的形式则一目了然。如果一个加工逻辑有多个条件、多个操作，且在不同的条件组合下执行不同的操作，可以使用判定表来描述。

（4）判定树

判定树和判定表没有本质的区别，可以用判定表表示的加工逻辑都能用判定树表示。

9.2.3　面向对象的开发方法

1．面向对象的基本概念

面向对象方法从客观事物中构造软件系统，它运用了对象、类、继承、封装、聚合、消息传递和多态性等概念描述软件系统，其中封装、继承、多态是类的三大特性。

对象是类的实例，它是系统的基本单元，从客观存在事物的本质特征中抽象出来。对象包含属性等静态特征和方法等动态特征。

（1）类与对象之间的 4 种关联方式

- 通用与特性结构：描述对象之间的分类关系。
- 整体与部分结构：体现对象之间的组成关系。
- 实现连接：表示对象属性之间的静态联系。
- 消息连接：反映对象行为之间的动态联系。

消息是系统向对象发出的服务请求，是对象之间的通信机制。提供服务的对象负责消息协议的格式和消息的接收，请求服务的对象提供输入信息，获取应答消息内容，在面向对象中，消息常通过函数调用来实现。

（2）OMT 方法

OMT 方法的 OOA 模型包括对象模型、动态模型和功能模型。

- 对象模型：表示静态的、结构化的、系统的"数据"性质，它是对模拟客观世界实体的对象及对象之间的关系映射，通常用类图表示。对象模型描述系统中对象的静态结构、对象之间的关系、对象的属性、对象的操作。对象模型为动态模型和功能模型提供了基本框架，用包含对象和类的对象图来表示。
- 动态模型：表示瞬间的、行为化的、系统的"控制"性质，它规定了对象模型中对象合法化的变化序列。动态模型描述与时间和操作顺序有关的系统特征，具体为激发事件、事件序列、确定事件先后关系的状态以及事件和状态的组织。动态模型用状态图来表示，每张状态图显示系统中一个类的所有对象所允许的状态和事件的顺序。
- 功能模型：表示变化的、系统的功能性质，它指明系统应该做什么，直接反映用户对目标系统的需求，通常用数据流图表示。功能模型描述与值变换有关的系统特征，具体为功能、映射、约束和函数依赖。

OMT 方法支持软件系统生命周期开发，其开发实施过程可以分为以下 3 个阶段。

- 系统分析：将用户需求模型化，在需求人员和开发者之间建立一致模型，为后面的设计提供一个框架。
- 系统设计：决定系统的系统结构。一般将系统分解为几个子系统，将对象分成可以并行开发的对象组。
- 对象设计：反复分析，产生一个比较实用的设计，并确定主要算法。

2. 静态建模和动态建模

在 UML 中建模，可以分为静态建模和动态建模，它们使用了以下 5 类图：用例图、静态图、行为图、交互图、实现图。

（1）静态建模

UML 的静态建模包括用例图、类图、对象图、包图、构件图和配置图。

- 用例图：描述了系统的外部执行者与系统用例之间的联系，由角色、用例、系统边界以及角色与用例之间的关联组成。
- 类图：反映了系统中类的静态关系，它标识了模型的对象。
- 对象图：类图的变体，对象图表示类的对象的实例，它及时地反映了系统的工作状态。
- 包图：体现了系统集中管理模型元素（类和用例）的分组机制。
- 构件图：展示了程序代码的组织结构、系统运行的特性和实现结构以及不同构件之间的依赖关系。
- 配置图：展现了系统中软硬件的物理配置情况，尤其是分布式及网络环境中的通信途径、结点及其拓扑结构，有利于理解分布式系统的布局。

（2）动态建模

UML 的动态模型包括状态图、顺序图、合作图和活动图。

- 状态图：说明了对象的全部状态及状态转换的事件，包含了对象生命周期中的行为。

- 顺序图：描述对象之间消息传递的时间顺序，体现对象之间的动态协作关系。
- 合作图：描述了相互合作对象之间的静态通信关系。
- 活动图：描述了系统中各种活动的执行顺序。

（3）建模工具

当前使用最广的 UML 建模工具是 Rational Rose，它全面支持 UML 各种模型和图，包括以下 4 个视图。

- 案例视图：强调用户角度的系统功能。
- 逻辑视图：展示了系统的静态特性和结果组成等。
- 构建视图：体现系统实现的结构和行为，包括代码、执行文件、运行库和其他构件。
- 部署视图：描述了系统实现的环境结构，包括实际的部署以及容错、带宽、恢复和响应时间等。

9.2.4　软件测试与维护

1．软件测试的目的

G.J.Myers 给出了软件测试的目的：测试是为了发现程序中的错误而执行程序的过程；好的测试用例能发现迄今为止尚未发现的错误；一次成功的测试能发现至今为止尚未发现的错误。测试的目的是发现软件中的错误，但是，暴露错误并不是软件测试的最终目的，测试的根本目的是尽可能多地发现并排除软件中隐藏的错误。

2．软件测试的准则

根据上述内容，为了设计出有效的测试方案及好的测试用例，软件测试人员必须深入理解，并正确运用以下软件测试的基本准则：所有测试都应追溯到用户需求；在测试之前制订测试计划，并严格执行；充分注意测试中的群集现象；避免由程序的编写者测试自己的程序；不可能进行穷举测试；妥善保存测试计划、测试用例、出错统计和最终分析报告，为维护提供方便。

3．软件测试方法

软件测试具有多种方法，依据软件是否需要被执行，可以分为静态测试和动态测试方法。如果依照功能划分，可以分为白盒测试和黑盒测试方法。

（1）静态测试和动态测试

① 静态测试包括代码检查、静态结构分析、代码质量度量等。其中代码检查分为代码审查、代码走查、桌面检查、静态分析等具体形式。

② 动态测试。静态测试不实际运行软件，主要通过人工进行分析。动态测试就是通常所说的上机测试，是通过运行软件来检验软件中的动态行为和运行结果的正确性。

动态测试的关键是使用设计高效、合理的测试用例。测试用例就是为测试设计的数据，由测试输入数据和预期的输出结果两部分组成。测试用例的设计方法一般分为黑盒测试方法和白盒测试方法两类。

（2）黑盒测试和白盒测试

① 白盒测试：是把程序看成装在一只透明的白盒子中，测试者完全了解程序的结构

和处理过程。它根据程序的内部逻辑来设计测试用例，检查程序中的逻辑通路是否都按预定要求正确地工作。

白盒测试多用于单元测试阶段。逻辑覆盖是主要的白盒测试技术。白盒测试时，确定测试数据应根据程序的内部逻辑和指定的覆盖方式。采用语句覆盖、判定覆盖、条件覆盖、判定/条件覆盖、条件组合覆盖、路径覆盖等多种逻辑覆盖标准。满足条件组合覆盖测试用例，也一定满足判定条件覆盖。因此，条件组合覆盖是上述 5 种覆盖标准中最强的一种。

② 黑盒测试：又称为功能测试，是把软件看成一个不透明的黑盒子，完全不考虑（或不了解）软件的内部结构和处理算法，它只检测软件功能是否能按照软件需求说明书的要求正常使用，软件是否能适当地接受输入数据并产生正确的输出信息，软件运行过程中能否保持外部信息（如文件和数据库）的完整性等。

常用的黑盒测试技术包括等价类划分、边值分析、错误推测和因果图等。其中，等价类划分和边界值分析法方法最常用，如果两者结合使用，更有可能发现软件中的错误。

4. 软件测试的实施

软件测试过程分为 4 个步骤，即单元测试、集成测试、验收测试和系统测试。

- 单元测试是对软件设计的最小单位——模块（程序单元）进行正确性检验测试，检查各个模块是否争取实现规定的功能，从而发现模块在编码中或算法中的错误，该阶段涉及编码和详细设计文档。单元测试的技术可以采用静态分析和动态测试。

- 集成测试是测试和组装软件的过程，主要目的是发现与接口有关的错误，主要依据是概要设计说明书。集成测试所设计的内容包括软件单元的接口测试、全局数据结构测试、边界条件和非法输入的测试等。集成测试时将模块组装成程序，通常采用非增量方式组装和增量方式组装两种方式。

- 确认测试的任务是验证软件的功能和性能，以及其他特性是否满足了需求规格说明中确定的各种需求，包括软件配置是否完整、正确。确认测试的实施首先运用黑盒测试方法，对软件进行有效性测试，即验证被测软件是否满足需求规格说明确认的标准。

- 系统测试是通过测试确认的软件，作为整个基于计算机系统的一个元素，与计算机硬件、外部设备、支撑软件、数据和人员等其他系统元素组合在一起，在实际运行（使用）环境下对计算机系统进行一系列的集成测试和确认测试。系统测试的具体实施一般包括功能测试、性能测试、操作测试、配置测试、外部接口测试、安全性测试等。

5. 程序调试

在对程序进行成功测试之后，将进入程序调试（通常称为 Debug，即排错）。程序的调试任务是诊断和改正程序中的错误，调试主要在开发阶段进行。

程序调试活动由两部分组成，一是根据错误的迹象确定程序中错误的确切性质、原因和位置；二是对程序进行修改，排除错误。

程序调试的基本步骤如下。

① 错误定位。从错误的外部表现形式入手，研究有关部分的程序，确定程序中出错

的位置，找出错误的内在原因。

　　② 修改设计和代码，以排除错误。

　　③ 进行回归测试，防止引入新的错误。

软件调试可分为静态调试和动态调试。静态调试主要是指通过人的思维来分析源程序代码和排错，是主要的设计手段，而动态调试是辅助静态调试的。主要的调试方法有强行排错法、回溯法和原因排除法 3 种。

9.2.5　软件开发过程模型

常见的软件开发模型有瀑布模型、原型开发模型（快速原型模型、演化模型、增量模型）、螺旋模型、喷泉模型。

1．瀑布模型

瀑布模型（传统的软件周期模型）严格遵循软件生命周期各阶段的固定顺序，即计划、分析、设计、编程、测试和维护，上一阶段完成后才能进入下一阶段，整个模型就像一个飞流直下的瀑布。

优点：可要求开发人员采用规范的方法，严格规定了各阶段必须提交的文档；要求每一阶段结束后，都要进行严格的评审。与它最相适应的开发方法是结构化方法。缺点：不适应用户需求的改动。

2．原型模型

（1）快速原型模型

快速原型的用途是获知用户的真正需求，一旦确定了需求，原型即被抛弃，主要用于需求分析阶段。不追求也不可能要求对需求的严格定义，而是采用动态定义需求的方法，所以不能定义完善的文档。特征：简化项目管理、尽快建立初步需求、加强用户参与和决策。

（2）演化模型

演化模型应用于整个软件开发过程，是从初始模型逐步演化为最终软件产品的渐进过程。也就是说，快速原型模型是一种"抛弃式"的原型化方法，演化模型则是一种"渐进式"的原型化方法。

（3）增量模型

增量模型主要用于设计阶段，把软件产品划分为一系列的增量构件，分别进行设计、编程、集成和测试。新的增量构件不得破坏已经开发出来的产品。

3．螺旋模型

螺旋模型综合了瀑布模型和原型模型中演化模型的优点，还增加了风险分析。螺旋线第一圈的开始点可能是一个概念项目。从第二圈开始，一个新产品开发项目开始，新产品的演化沿着螺旋线进行若干次迭代，一直转到软件生命期结束。

4．喷泉模型

喷泉模型主要用于描述面向对象的开发过程。喷泉一词体现了面向对象开发过程的迭代和无间隙特征。

9.3 程序设计基础

9.3.1 程序和程序设计语言

程序设计语言是用于编写计算机程序的语言。语言的基础是一组记号和一组规则。根据规则由记号构成的记号串的总体就是语言。在程序设计语言中，这些记号串就是程序。程序设计语言包含 3 个方面，即语法、语义和语用。语法表示程序的结构或形式，即构成程序的各个记号之间的组合规则，但不涉及这些记号的特定含义，也不涉及使用者。语义表示程序的含义，即按照各种方法所表示的各个记号的特定含义，也不涉及使用者。语用表示程序与使用的关系。

程序设计语言的基本成分有：数据成分，用于描述程序所涉及的数据；运算成分，用以描述程序中所包含的运算；控制成分，用以描述程序中所包含的控制；传输成分，用以表达程序中数据的传输。

程序设计语言按照语言级别可分为低级语言和高级语言。低级语言有机器语言和汇编语言。低级语言与特定的机器有关、功效高，但使用复杂、繁琐、费时、易出错。机器语言是表示成数码形式的机器基本指令集，或者是操作码经过符号化的基本指令集。汇编语言是机器语言中地址部分符号化的结果，或进一步包括宏构造。高级语言的表示方法比低级语言更接近于待解问题的表示方法，其特点是在一定程度上与具体机器无关，易学、易用、易维护。

程序设计语言按照用户要求有过程式语言和非过程式语言之分。过程式语言的主要特征是，用户可以指明一列可顺序执行的运算，以表示相应的计算过程。按照应用范围，有通用语言与专用语言之分。按照使用方式，有交互式语言和非交互式语言之分。具有反映人机交互作用的语言成分的语言称为交互式语言。不反映人机交互作用的语言称为非交互式语言。按照成分性质，有顺序语言、并发语言和分布语言之分。程序设计语言还分为面向对象和面向过程。按照结构性质，有结构化程序设计与非结构化程序设计之分。

程序设计的基本概念有程序、数据、子程序、子例程、协同例程、模块以及顺序性、并发性、并行性、和分布性等。

程序设计=数据结构+算法

程序设计（Programming）是指设计、编制、调试程序的方法和过程。它是目标明确的智力活动。由于程序是软件的本体，软件的质量主要通过程序的质量来体现，在软件研究中，程序设计的工作非常重要，内容涉及有关的基本概念、工具、方法及方法学等。程序设计通常分为问题建模、算法设计、代码编写、编译调试和文档编写与整理 5 个阶段。

9.3.2 程序设计步骤与风格

步骤 1：分析问题：对于接受的任务要进行认真分析，研究所给定的条件，分析最后应达到的目标，找出解决问题的规律，选择解题方法，完成实际问题。

步骤 2：设计算法：即设计出解题的方法和具体步骤。

步骤 3：编写程序：将算法翻译成计算机程序设计语言，对源程序进行编辑、编译和连接。

步骤 4：运行程序，分析结果：运行可执行程序，得到运行结果。能得到运行结果并不意味着程序正确，要对结果进行分析，看它是否合理。不合理的要对程序进行调试，即通过上机发现和排除程序中故障的过程。

步骤 5：编写程序文档：许多程序是提供给别人使用的，如同正式产品应提供产品说明书一样，正式提供给用户使用的程序，必须提供程序说明书。内容应包括程序名称、程序功能、运行环境、程序的装入和启动、需要输入的数据，以及使用注意事项等。

9.3.3　结构化程序设计

结构化程序设计的基本思想是采用"自顶向下，逐步求精"的程序设计方法和"单入口单出口"的控制结构。"自顶向下、逐步求精"的程序设计方法从问题本身开始，经过逐步细化，将解决问题的步骤分解为由基本程序结构模块组成的结构化程序框图；"单入口单出口"的思想认为一个复杂的程序，如果它仅由顺序、选择和循环 3 种基本程序结构通过组合、嵌套构成，那么这个新构造的程序一定是一个单入口单出口的程序。据此就很容易编写出结构良好、易于调试的程序来。

结构化程序设计曾被称为软件发展中的第 3 个里程碑。该方法的要点如下。

① 主张使用顺序、选择、循环 3 种基本结构来嵌套连接成具有复杂层次的"结构化程序"，严格控制 GOTO 语句的使用。

②"自顶而下，逐步求精"的设计思想，其出发点是从问题的总体目标开始，抽象低层的细节，先专心构造高层的结构，然后再一层一层地分解和细化。

③"独立功能，单出、入口"的模块结构，减少模块的相互联系，使模块可作为插件或积木使用，降低程序的复杂性，提高可靠性。

④ 结构化程序设计的是顺序结构、选择结构和循环结构 3 种基本结构。

⑤ 自顶向下：程序设计时，应先考虑总体，后考虑细节；先考虑全局目标，后考虑局部目标。不要一开始就过多追求细节，先从最上层总目标开始设计，逐步使问题具体化。

结构化程序设计的优点：由于模块相互独立，因此在设计其中一个模块时，不会受到其他模块的影响，因而可将原来较为复杂的问题简化为一系列简单模块的设计。模块的独立性还为扩充已有系统、建立新系统带来了方便，即可以充分利用现有模块进行积木式的扩展。在软件开发过程中整体思路清楚，目标明确。设计工作中阶段性非常强，有利于系统开发的总体管理和控制。在系统分析时可以诊断出原系统中存在的问题和结构上的缺陷。

按照结构化程序设计的观点，任何算法功能都可以通过由程序模块组成的顺序结构、选择结构和循环结构 3 种基本程序结构的组合来实现。

结构化程序设计的缺点：在软件开发过程中用户要求难以在系统分析阶段准确定义，致使系统在交付使用时产生许多问题。用系统开发每个阶段的成果来进行控制，不能适应事物变化的要求。系统的开发周期长。

9.3.4　面向对象程序设计

面向对象程序设计是一种适用于设计、开发各类软件的范型。它将软件看成是一个由对象组成的社会；这些对象具有足够的智能，能理解从其他对象接受的信息，并以适当的行为做出响应；允许低层对象从高层对象继承属性和行为。通过这样的设计思想和方法，将所模拟的现实世界中的事物直接映射到软件系统的空间。

　　与传统的结构式程序设计相比，面向对象程序设计吸取了结构式程序设计的一切优点（自顶向下、逐步求精的设计原则）。而二者之间的最大差别表现在以下两个方面。

　　① 面向对象程序采用数据抽象和信息隐藏技术使组成类的数据和操作是不可分割的，避免了结构式程序由于数据和过程分离引起的弊病。

　　② 面向对象程序是由类定义、对象（类实例）和对象之间的动态联系组成的。这种抽象过程分为知性思维和具体思维两个阶段，知性思维是从感性材料中分解对象，抽象出一般规定，形成了对对象的普遍认识。具体思维是从知性思维得出的一般规定中揭示事物的深刻本质和规律，其目的是把握具体对象的多样性的统一和不同规定的综合。

1. 面向对象的基本概念

　　① 对象：在现实世界中，对象就是可以感觉到的实体。每个对象具有一个特定的名字以区别于其他对象；具有一组状态以描述它的某些特性；具有一组操作，每一个操作决定对象的一种功能或行为（为自身服务的操作和为其他对象提供服务的操作）。在面向对象系统中，对象是可以标识的存储区域。每个对象的状态被保存在此区域中，而实现一类对象行为的操作（代码）被保存在另外相关的存储区域中。

　　② 消息：消息是要求某个对象执行某种功能操作（方法）的规格说明。消息由消息的接收者、消息要求提供的操作（消息名）和必要的参数组成。

　　③ 类：在现实世界中，类是对一组具有共同特性（属性和行为）的客观对象的抽象。而在面向对象系统中，类是由程序员自定义的具有特定结构和功能的类型，是一种代码共享的手段。

　　④ 实例：任何一个对象都是该对象所属类的一个具体实例。

　　⑤ 公有消息：是由对象外部向对象发送的消息，用于激活该对象的某种方法。

　　⑥ 私有消息：是由对象向自身发送的消息，用于内部操作，该类消息不能从对象外部向该对象发送。

　　⑦ 消息序列：在面向对象系统中，一个事件的发生总会有多个对象的多次相互作用才能完成。使得这些对象能够相互作用的消息组成的序列被称为消息序列。

2. 类与实例的关系

　　类是创建对象的模板，而对象是实现类的实例。属于同一类的不同实例必须具有相同的操作集合，相同的静态属性集合，不同的对象名和属性动态值。

　　通过前面的概念面向对象的思想得到了体现，具体如下。

　　① 对象（Object）：可以对其做事情的一些事物。一个对象有状态、行为和标识 3 种属性。

　　② 类（Class）：一个共享相同结构和行为的对象的集合。

　　③ 封装（Encapsulation）：第一层意思是将数据和操作捆绑在一起，创造出一个新类型的过程；第二层意思是将接口与实现分离的过程。

　　④ 继承：类之间的关系，在这种关系中，一个类共享了一个或多个其他类定义的结构和行为。继承描述了类之间的"是一种"关系。子类可以对基类的行为进行扩展、覆盖、重定义。

　　⑤ 组合：既是类之间的关系也是对象之间的关系。在这种关系中，一个对象或类包含了其他的对象和类。组合描述了"有"关系。

⑥ 多态：类型理论中的一个概念，一个名称可以表示很多不同类的对象，这些类和一个共同超类有关。因此，这个名称表示的任何对象可以以不同的方式响应一些共同的操作集合。

⑦ 动态绑定：也称动态类型，指的是一个对象或表达式的类型直到运行时才确定，通常由编译器插入特殊代码来实现。与之对立的是静态类型。

⑧ 静态绑定：也称静态类型，指的是一个对象或表达式的类型在编译时就确定。

⑨ 消息传递：指的是一个对象调用了另一个对象的方法（或称为成员函数）。

⑩ 方法：也称为成员函数，是指对象上的操作，作为类声明的一部分来定义。方法定义了可以对一个对象执行哪些操作。

面向对象软件的开发生命周期由分析、设计、演化和维护 4 个阶段组成。每个阶段都可以反馈，是一个迭代、渐增的开发过程。这种迭代、渐增过程不仅贯穿整个软件生命周期，并且表现在每个阶段中，特别是分析（全局分析、局部设计）和设计（全局设计、局部设计）阶段。这与传统的程序设计所遵循的分析、设计、编码、调试和维护 5 个阶段组成的瀑布式生命周期有着很大的不同，更符合随着人的认识逐步深化，软件分析、设计逐步求精的规律，有利于软件的编码、调试和维护、扩展。

9.4　数据库与数据库系统

9.4.1　数据库

数据库技术是计算机学科中的一个重要分支，发展迅速、应用广泛，几乎涉及所有应用领域。例如，办公系统、生产管理、财务管理、人事管理、工业管理等，都广泛应用了数据库技术。以下是数据库的几个基本概念。

1. 数据

数据是数据库系统研究和处理的对象，从本质上讲是描述事物的符号记录。传统意义上的数据是指数值、文字、字母和其他符号，但随着计算机技术的发展，计算机的数据处理能力不断增强，使数据不仅包括传统定义的内容，还包括了图形、图像、声音等在内的多种形式的数据。

数据有数据类型和值之分。数据类型给出了数据表示的形式，如整型、实型、字符型等；数据的值给出了符合给定数据类型具体的值，如整型值 78 等。

2. 数据库（DataBase，DB）

顾名思义，数据库就是存放数据的仓库，是长期存储在计算机内，有组织的、大量的、可共享的数据集合。

从计算机的角度来看，数据库是依照某种数据模型组织起来并存放于计算机二级存储器中的数据集合。数据库中的数据按一定的数据模型描述、组织和存储，具有较小的冗余度、较高的数据独立性和易扩展性，并可为多个用户、多个应用程序共享。

3. 数据库管理系统（DataBase Management System，DBMS）

数据库中存放大量数据，就如图书馆中存放很多图书。为了方便查找、整理和存放图书，每个图书馆都有图书管理员对这些图书进行管理。而在数据库中，数据库管理系统就像图书管理员那样，帮助管理数据库中的大量数据。数据库管理系统在数据库系统中的层次结构如图 9.4.1 所示。

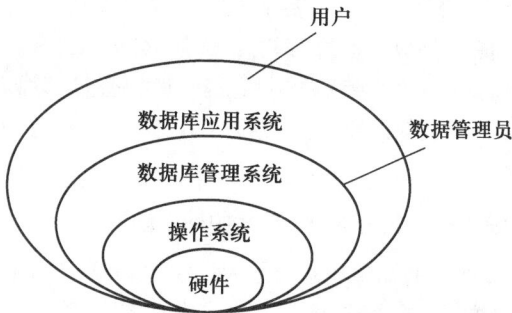

图 9.4.1
数据库系统层次图

数据库管理系统是位于用户与操作系统之间的数据管理软件，是一种应用软件，其主要功能包括以下几方面。

（1）数据定义功能

用户通过数据库管理系统提供的数据库定义语言（Data Definition Language，DDL）可以很方便地对数据库中的数据对象进行定义。

（2）数据操纵功能

用户可以通过使用数据库管理系统提供的数据库操作语言（Data Manipulation Language，DML）实现对数据库的基本操作。

（3）数据库的运行管理

数据库管理系统统一管理数据库的建立、运行和维护，以保证数据的安全性、完整性、用户对数据的并发使用以及发生故障后的系统恢复。

（4）数据库的建立和维护功能

建立数据库包括数据库初始数据的输入、转换功能。维护数据库包括数据库的转储、恢复和数据库的重组织和性能检测、分析等，这些功能通常由一些实用程序完成。

（5）数据通信接口

数据库管理系统需要提供与其他软件系统进行通信的功能。

4. 数据库管理员（DataBase Administrator，DBA）

数据库管理员是对数据库的规划、设计和维护等进行管理的人员，其主要工作有以下几方面。

① 数据库设计，即设计数据模式。
② 数据库维护，即保证数据安全性、完整性、并发控制及系统恢复、数据定期转存等。
③ 改善系统性能，提高系统效率。

5. 数据库系统（DataBase System，DBS）

数据库系统是指计算机系统中引入数据库后的系统，它能对大量的动态数据进行有组织的存储和管理。

9.4.2　数据库系统

数据库技术是应数据管理任务的需要而产生的。数据处理是将数据转换成信息的过程，数据处理的核心问题就是数据管理，即对数据进行分类、组织、编码、存储、检索和维护。在应用需求的推动下，数据库管理技术也经历着由低级到高级的发展过程。随着计算机软、硬件的发展，计算机数据管理技术经历了人工管理、文件系统、数据库系统等几个阶段。

1．人工管理系统阶段（20 世纪 50 年代中期以前）

20 世纪 50 年代中期以前，计算机软、硬件水平都比较低，计算机主要用于科学计算，数据量不大，数据处理方式是批处理。人工管理方式的特点如下。

（1）数据不保存

由于没有磁盘等直接存取的存储设备，外存只有纸带、卡片、磁带等，且由于计算机主要用于科学计算，数据一般不需要长期保存，因此数据一般用完即撤。

（2）数据不共享

数据面向应用，一组数据只能对应一个程序，这就意味着即使多个程序用到相同的数据，数据也要各自定义，无法相互利用，因此程序和程序之间有大量的数据冗余。

（3）数据不具有独立性

数据和程序合在一起，因而数据不具有独立性，当数据的逻辑结构或物理结构发生变化时，必须对应用程序做相应的修改。

（4）数据由应用程序管理

没有相应的软件系统管理数据，编写程序时要安排数据的物理存储，包括存储结构、存取方式和输入方式等。

2．文件系统阶段（20 世纪 50 年代后期至 60 年代中期）

这一时期，计算机有了一定的发展，在硬件方面，外存有了磁盘、磁鼓等，软件方面有了文件系统，专门管理数据。计算机的应用范围逐渐扩大，不仅用于科学计算，还大量用于管理，处理方式也从原来仅有的批处理方式发展到联机实时处理。

文件系统管理数据有如下特点。

（1）数据可以长期保存

由于计算机大量用于数据处理，数据需要长期保存以便于进行反复查询、编辑、插入和删除等操作。

（2）数据可共享，但共享性差

在文件系统中文件仍然是面向应用的，即一个文件基本对应于一个应用程序，因此，当不同的应用程序具有部分相同的数据时，仍然需要建立各自的文件，不能实现数据共享，因此数据冗余度大。

（3）数据具有一定的独立性，但独立性差

应用程序通过文件系统对数据文件中的数据进行存取和加工，因此，在处理数据时文件系统充当应用程序和数据之间的一种接口，使得程序可以不用过多地考虑数据物理存储的细节，使应用程序和数据都具有一定的独立性。

但由于文件系统中的文件是为某一特定应用服务的，系统不容易扩充，一旦数据的逻辑结构发生变化，就需要修改应用程序，因此数据与程序之间仍缺乏独立性。

（4）数据由文件系统管理

文件系统把数据组织成相互独立的数据文件，实现了记录内的结构化，但整体无结构。程序和数据之间由文件系统提供存取方法进行转换，使数据的物理结构和逻辑结构有了区别，但比较简单。程序员只需要用文件名和数据，而不必过多地考虑物理细节，而且，数据在存储上的改变不一定反映在程序上，大大节省了维护程序的工作量。

（5）文件形式多样化

为了方便存储和查找数据，人们研究了多种文件类型，如索引文件、链接文件、顺序文件和倒排文件等，数据的存取基本上以记录为单位。

3. 数据库系统阶段（20 世纪 60 年代后期至今）

随着计算机软、硬件的发展，计算机应用越来越广泛，数据量越来越大，数据处理规模也越来越大，在这种背景下，以文件系统作为管理手段已经不能满足需要，于是数据库技术和统一管理数据的专门软件系统——数据库管理系统便应运而生。

从文件系统到数据库系统，标志着数据管理技术的飞跃。与人工管理和文件系统相比，数据库系统具有以下几方面优点。

（1）数据结构化

这是数据库系统和文件系统的本质区别。同文件系统相比，在数据系统中数据不再针对某一应用，而是面向全组织，具有整体的结构化。

（2）数据共享性高

同文件系统相比，数据库应用系统从全局的观点组织数据，而不是像文件系统那样从某一具体任务出发考虑数据，因此数据可以被多用户共享，从而减少了冗余，节约了存储空间。

（3）独立性高

在数据库系统中，数据库管理系统提供映像功能，使得在物理上，用户的应用程序和存储在外存上的数据库中的数据是相互独立的；逻辑上，用户应用程序和数据库的逻辑结构也相互独立。这样用户只需要用简单的逻辑结构来操作数据，而不必考虑数据的物理存储方式，从而大大简化了应用程序的编制。

随着计算机技术的发展，应用范围也不断扩大，为了适应各种需要，数据库技术与通信技术、多媒体技术和面向对象等技术相互渗透、相互结合，使数据库系统产生了新的发展，如出现了与网络通信技术相结合的分布式数据库系统，使得数据库从主机——终端体系结构发展到客户机/服务器（C/S）系统结构；与面向对象程序设计技术结合产生了面向对象数据库系统，用面向对象的思想简化了数据对象和对象之间关系的复杂性，从而提高了数据库管理的效率。

9.4.3　常见的数据库管理系统

1. Access

Access 是 Office 办公套件中一个重要的组成部分。从 1992 年微软公司发布了第一个

Windows 数据库关系系统——Access 1.0 后，Access 不断发展，直至现在的 Access 2019。

2．MS SQL

MS SQL 是指微软公司的 SQL Server 数据库服务器，它是一个数据库平台，提供从服务器到终端的完整的解决方案，其中数据库服务器部分，是一个数据库管理系统，用于建立、使用和维护数据库。

3．Oracle

Oracle 数据库系统是美国 Oracle 公司（甲骨文）提供的以分布式数据库为核心的一组软件产品，是目前流行的客户/服务器（Client/Server）体系结构的数据库之一。

4．DB2

DB2 是 IBM 公司研制的一种关系型数据库系统，它主要应用于大型应用系统，具有较好的可伸缩性，可支持从大型机到单用户环境，应用于 OS/2、Windows 等平台下。

9.4.4　数据库的设计与原理

数据库的设计是指对于一个给定的环境，找出最优的关系模式，建立数据库，使之能够高效地存储数据，满足各种用户的应用需求。按照规范化设计的方法，一般数据库设计可分为需求分析、概念结构设计、逻辑结构设计、物理结构设计、数据库实施和数据库运行与维护 6 个阶段。数据库的具体设计过程如下。

1．需求分析

这个阶段的工作是要充分调查研究，了解用户需求，确定数据库设计的目的、功能以及库要存储哪些信息、建立何种对象才能最大程度地发挥数据库的作用。调查的重点是"数据"和"处理"，通过调查研究获得用户的需求信息。

① 信息需求：用户需要从数据库中获得的信息内容，由信息需求可以导出数据要求，即它定义了数据库应用系统应该提供的所有信息。

② 处理需求：用户要完成哪些处理功能，以及处理的时间和方式。

③ 安全性和完整性需求。

需求分析是一件非常复杂的事情，这是因为用户对计算机不是很了解，无法确定计算机能做什么、不能做什么，因此可能会不断提出各种需求。另外，数据库设计人员不了解用户的专业知识，不能很好地理解用户的需求。因此，在这个阶段要多与用户交流，收集尽可能多的资料，充分考虑用户的各种需求，并为以后可能的扩充和改变做好准备。

2．确定所需表

确定数据库中所需要的表就是将信息需求划分为若干个独立的实体并为每个实体建立一个表，如给学生建立一个学生表，给教师建立一个教师表等。这是数据库设计过程中技巧性最强的一部分，它需要对收集到的数据进行抽象、提取共同的本质特征。

3．确定所需字段

找出实体后，要确定字段，这些字段决定了要在表中存储哪些信息，每个字段即为表中的一列，如教师表中包括教师编号、姓名、年龄、性别、所在系等字段。

4. 确定关键字

关键字是某个属性或属性组合，它能够唯一地标识实体集中的各个实体，所以关键字非常重要。主关键字段中不允许有重复值或空值，常使用唯一的标志号作为主关键字，如学号是学生实体的关键字。

5. 确定表间联系

数据库中的表之间是有一定关系的，表和表之间通过键关联，使表结构更加合理。这样不仅可以保存必要的实体信息，还可以反映出实体之间的相互关系。建立两个表中的联系，可以把一个表的关键字加到另一个表中，使两个表中都有同一个字段。

6. 设计优化

任何设计都不可能一步到位，数据库设计也是一个不断与用户交流然后修改优化的过程。每设计完一个阶段都要交由用户确认，然后根据用户要求修改、调整。当数据库的表、字段等都设计好之后，还应该总体检查，看是否存在设计上的缺陷，主要是看是否有信息未包含在数据库中、字段设置是否合理、每个表是否都设置了合适的主关键字、是否输入了重复信息等。

9.5　数据模型的基本概念

数据模型是数据特征的抽象，是描述数据以及数据之间联系的结构模式。数据模型从抽象层次上描述了系统的静态特征、动态行为和约束条件，为数据库的信息表示和操作提供一个抽象的框架。数据模型是数据库的基础，任何数据库管理系统都是基于某种数据模型的。

数据模型的要素如下。

1. 数据结构

数据结构是所研究的对象类型的集合，这些对象是数据库的组成成分。它们包括两类：一类是与数据类型、内容、性质有关的对象，一类是与数据之间联系有关的对象。

2. 数据操作

数据操作是指对数据库中各种对象（型）的实例（值）允许执行的操作的集合，包括操作及有关的操作规则。数据库主要有检索和更新（包括插入、删除、修改）两大类操作，数据模型必须定义这些操作的确切含义、操作符号、操作规则（如优先级）以及实现操作的语言。数据操作是对系统动态特性的描述。

3. 数据的约束条件

数据的约束条件是一组完整性规则的集合。完整性规则是给定的数据模型中数据及其联系所具有的制约和依存规则，用以限定符合数据模型的数据库状态以及状态的变化，以保证数据的正确、有效，相容。例如，入学年龄不超过 20 岁，成绩不得有 3 门以上不及格等。

根据模型应用的不同目的，可以将数据模型分为两类或两个层次，一是概念模型（也称信息模型），二是结构模型（包括层次模型、网状模型和关系模型等）。

9.5.1 概念模型

概念模型用于现实世界的建模，是现实世界到机器世界的一个中间层次，它不依赖于具体的计算机系统或某一特定的数据库管理系统。

1. 相关概念

概念模型中，主要涉及以下几个概念。

（1）实体（Entity）

客观存在并可相互区别的事物称为实体。实体是概念世界中的基本单位，实体可以是具体的人、事、物，也可以是抽象的概念或联系。例如，学生是一个实体，教师也是一个实体。

（2）属性（Attribute）

实体所具有的某一特性称为属性。一个实体可以由若干个属性来描述。例如，学生实体可以用学号、姓名、性别等属性来描述。

（3）关键字（Keys）

如果某个属性或属性组合能够唯一地标识出实体集中的各个实体，可以作为关键字，也称为码，如学号是学生实体的关键字。有些属性（如姓名）有相同值的可能，就不能作为码。

（4）域（Domain）

实体中的每个属性，都有一个取值范围，叫做属性的值域或值集。例如，姓的域为汉字集合，年龄的域为自然数集合。

（5）实体型（Entity Type）

用实体名及其属性名集合来抽象和描述同类实体，称为实体型。例如，学生（学号，姓名，性别）是一个实体型，而每个学生的具体情况（0001，张三，男）是一个实体值。

（6）实体集（Entity Set）

同一类型实体的集合称为实体集。例如，所有学生构成一个实体集。

（7）联系（Relationship）

现实世界中事务间的关系称为联系。联系一般可分为两类：一是实体内部的联系，如组成实体的属性之间的联系；二是实体之间的联系。

2. 实体间的联系方式

客观世界中的事物是彼此联系的，不存在独立存在而且不与其他事物相联系的实体。研究实体时，不仅要研究实体本身，更重要的是研究实体之间的联系。两个实体之间的联系又可分为以下 3 类。

（1）一对一联系（1:1）

即实体集 A 中的任何一个实体仅对应实体集 B 中的一个实体（可以没有），反之亦然。例如，学生与学号，一个学生只有一个学号，一个学号也只对应一个学生。

（2）一对多联系（1:n）

即实体集 A 中的一个实体与实体集 B 中的 n（$n \geq 0$）个实体联系，反之，实体集 B 中的一个实体只与实体集 A 中的一个实体相联系。例如，宿舍与学生之间，一个宿舍可以住多名学生，但一个学生只可以住在一个宿舍中。

（3）多对多联系（*m:n*）

即实体集 A 中的每个实体与实体集 B 中的 *n*（*n*≥0）个实体联系，同时，实体集 B 中每个实体也与 A 中的 *m*（*m*≥0）个实体相联系。例如，学校中课程与学生之间就存在着多对多的联系，每门课程可以供多个学生选修，而每个学生又可以选修多门课程。

3. 概念模型的表示方法

概念模型的表示方法很多，其中最著名的是实体联系方法（Entity-Relationship Approach，E-R 方法）。它用 E-R 图来描述现实世界的概念模型，E-R 图的主要成分是实体、属性和联系。E-R 图通用的表示形式如下。

- 实体型：用矩形表示，矩形框内写明实体名。
- 属性：用椭圆形表示，并用无向边将其与相应的实体连接起来。
- 联系：用菱形表示，菱形框内写明联系名，并用无向边分别与有关实体连接起来，同时在无向边旁标上联系的类型（1:1、1:*n*、或 *m:n*）。

E-R 方法是抽象描述现实世界的有力工具。用 E-R 图表示的概念模型与具体的 DBMS 所支持的数据模型相独立，是各种数据模型的共同基础，因而比数据模型更一般，更抽象，更接近现实世界。

例如，学生选课的 E-R 图描述如图 9.5.1 所示。实体集 Student 与实体集 Course 之间的 SC 联系是 *m* 对 *n* 的，即一个学生可以选修多门课程，一门课程也可以被多个学生选修。

实体集 Student 有属性 S#（学号）、Sn（学生姓名）、Sa（学生年龄）和 Sd（学生班级）。

实体集 Course 有属性 C#（课程号）、Cn（课程名）和 P#（课程学分）。

联系 SC（学生与课程间的联系）又有属性 G（成绩）。

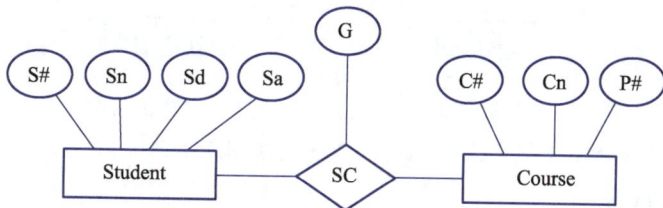

图 9.5.1
完整的 E-R 图

9.5.2 结构模型

结构模型是从计算机的角度对数据进行抽象。目前数据库系统常用的结构模型有层次模型、网状模型和关系模型。其中层次模型和网状模型统称为非关系模型。

1. 层次模型

层次模型是数据库系统最早使用的一种模型，若用图来表示，层次模型是一棵倒立的树，结点层次从根开始定义，根为第一层，根的孩子为第二层，同一双亲的孩子称为兄弟。在数据库中，满足以下条件的数据模型称为层次模型。

- 有且仅有一个结点，且无父结点，这个结点称为根结点。
- 其他结点有且仅有一个父结点。

例如，在一所学校中学校作为父结点位于第一层，学校下设多个系，系下面又设多个专业，具体示意图如图 9.5.2 所示。

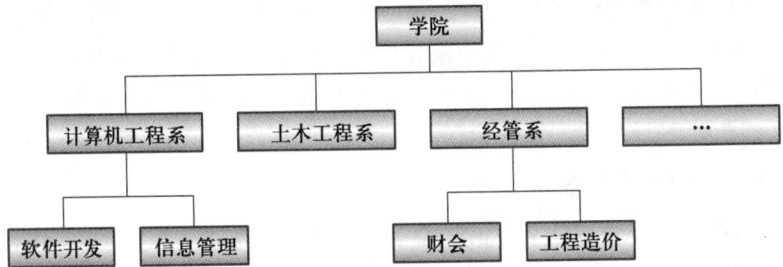

图 9.5.2
学院层次结构

层次模型用来表示行政关系和家族关系等是很方便的，但其缺点是不能表示两个以上实体型之间的复杂联系和实体之间多对多的联系。

2. 网状模型

在现实世界中，事物之间的联系更多是非层次关系的，用层次模型表示非树型结构很不直接，网状模型可以克服这一弊病。网状模型是一个网络，从广义上讲，所有连通的基本层次的联系的集合都可称为网状模型。在数据库中，满足以下两个条件的数据模型称为网状模型。

- 允许一个以上的结点无父结点。
- 一个结点可以有多于一个的父结点。

例如，老师、学生、课程以及教室可以构成一个网状模型，如图 9.5.3 所示。

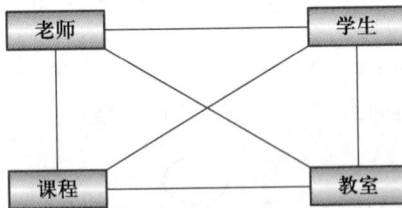

图 9.5.3
网状模型示例图

从以上定义看出，网状模型构成了比层次结构复杂的网状结构，适宜表示多对多的联系。网状模型和网页上的"超链接数据"模式有类似之处。

3. 关系模型

关系模型以二维表的形式表示实体和实体之间的联系，其数据结构是一个"二维表框架"组成的集合，每个表又称为关系。

从模型的三要素角度看，关系模型的内容如下。

建立在严格数据概念基础之上，逻辑结构是一张二维表格，由行和列组成；实体之间的联系通过不同关系中的同名属性来体现。下面以教师和课程为例进行说明。

教师有教师编号、姓名、年龄、性别和所在系等属性，课程有课程编号、课程名称、课时、教师编号和上课教室等属性，见表 9.5.1 和表 9.5.2。

表 9.5.1　教师关系表

编号	姓名	年龄	性别	所在系
001	张三	35	男	计算机科学系
002	李四	46	女	数学系

表 9.5.2 课程关系表

编号	课程名称	课时	教师编号	上课教室
1001	Access 数据库设计	50	001	201
1002	数学分析	70	002	321

当查找"李四"老师上的课时，首先找到该教师的教师编号 002，然后在课程关系中找到教师编号为 002 的老师所对应的课程即可。从以上例子可以看出，两个关系中的同名属性"教师编号"在查找过程中起到了连接的作用。

9.5.3 E–R 模型

E–R 模型的构成成分是实体集、属性和联系集。

例如，系、学生和课程的联系的 E–R 模型：系、学生和课程作为实体集；一个系有多个学生，而一个学生仅属于一个系，所以系和学生之间是一对多的联系；一个学生可以选修多门课程，而一门课程有多个学生选修，所以学生和课程之间是多对多的联系。

实体是一个数据的使用者，代表软件系统中客观存在的生活中的实物，如人、动物、物体、列表、部门、项目等。同一类实体就构成了一个实体集。实体的内涵用实体类型来表示，实体类型是对实体集中实体的定义。实体中的所有特性称为属性，如用户有姓名、性别、住址、电话等。"实体标识符"是在一个实体中，能够唯一表示实体的属性和属性集的标示符，但一个实体只能使用一个"实体标识符"来标明。实体标识符也就是实体的主键。在 E–R 图中，实体所对应的属性用椭圆形的符号线框表示，添加了下画线的名字就是所说的标识符。在现实生活的世界中，实体不会单独存在，实体和其他实体之间有着千丝万缕的联系。例如某个人在公司的某个部门工作，其中的实体有"某个人"和"公司的某个部门"，他们之间有着很多的联系。

9.5.4 关系模型

关系模型的基本假定是所有数据都表示为数学上的关系，即 n 个集合的笛卡儿积的一个子集，有关这种数据的推理通过二值（即没有 NULL）的谓词逻辑来进行，这意味着对每个命题都只有两种可能的求值：要么是真，要么是假。数据通过关系演算和关系代数的一种方式来操作。关系模型是采用二维表格结构表达实体类型及实体间联系的数据模型。

关系模型允许设计者通过数据库规范化的提炼，建立一个信息的一致性的模型。访问计划和其他实现与操作细节由 DBMS 引擎处理，而不反映在逻辑模型中。这与 SQL DBMS 普遍的实践是对立的，在它们那里性能调整经常需要改变逻辑模型。

基本的关系建造块是域或者叫数据类型。元组是属性的有序多重集，属性是域和值的有序对。关系变量是域和名字的有序对（序偶）的集合，它充当关系的表头。关系是元组的集合。尽管这些关系概念是数学上的定义的，它们可以宽松地映射到传统数据库概念上。表是关系的公认的可视表示；元组类似于行的概念。

关系模型的基本原理是信息原理：所有信息都表示为关系中的数据值。所以，关系变量在设计时是相互无关联的；反而，设计者在多个关系变量中使用相同的域，如果一个属性依赖于另一个属性，则通过参照完整性来强制这种依赖性。

9.5.5　关系代数

1．关系

一个关系就是一张二维表，每个关系都有一个关系名，即数据表名。表主要有基本表、查询表和视图表 3 种类型。基本表是指实际存储数据的表；查询表是指查询结果所对应的表；视图表不对应实际存储的数据，它是由基本表或其他视图表导出的表。

2．元组（记录）

表中的行称为元组，一行就是一个元组，对应表中的一条记录。表 9.6.1 教师关系表中，每一个教师的信息为一元组，即每一个教师的信息为一条记录。

3．属性

表中的列称为属性（即字段），字段名称为属性名，字段值称为属性值。表 9.6.1 中，每个教师的教师编号、姓名、年龄、性别和所在系分别构成一列，构成教师实体的属性，其中的数据即为属性值。

4．域

域就是属性的取值范围，如年龄的域为自然数（根据实际情况一般设置不超过 110），性别的域为男、女。

5．关系模式

一个关系的关系名及其全部属性名的集合称为关系模式，也就是对关系的描述。一般表示为：关系名（属性名 1，属性名 2…属性名 n），如教师（教师编号，姓名，年龄，性别，所在系）。

6．关键字

关键字表示表中的一个属性（组），其值可以唯一地标识一个元组，如教师实体中的教师编号。

7．候选码

候选码是表中的某一个属性，其值可以唯一地标识一个元组。一个表中可能有多个候选码，选择一个作为主键，主键的属性称为主属性。

8．外关键字

如果一个关系中的属性或属性组并非该关系的关键字，但它们是另外一个关系的关键字，则称其为该关系的外关键字，如教师关系中的教师编号。

9.5.6　关系运算

要从一个关系中查找所需要的数据，就要使用关系运算。从大的方面说，关系运算可分为传统的集合运算和专门的关系运算两类。

1. 传统集合运算

传统集合运算主要是指并、交、差运算，参与运算的记录通常都具有相同的结构。

（1）并（Union）

两个相同结构的关系的并是由属于这两个关系的记录组成的集合。

（2）交（Intersection）

两个相同结构的关系的交是由这两个关系中相同的记录组成的集合。

（3）差（Difference）

两个相同结构的关系的差是由前一个关系中属于前一个关系但不属于后一个关系的记录组成。

2. 专门的关系运算

专门的关系运算包括选择、投影、连接等。

（1）选择（Selection）

选择也称限制（Restriction），它是指从关系中找出满足给定条件的记录的操作。选择的条件由逻辑表达式给出，选择运算实际上就是从关系中选取使所给逻辑表达式为真的记录，这是从行的角度进行的运算。

（2）投影（Projection）

投影是指从关系模式中指定若干属性组成新的关系。投影后不仅可能取消原有关系中的某些属性，还可能取消原有的某些元组，这是因为取消了某些属性后，一些元组就会具有完全相同的属性，这时就应该取消重复行。投影是从列的角度进行的运算。

（3）连接（Join）

连接就是将两个关系根据二表的连接条件进行横向结合，从而拼接成更宽的关系模式。一般连接运算是从行的角度进行运算。

9.6 习题

一、选择题

1. 算法的时间复杂度取决于_____。
   A. 问题的规模
   B. 待处理的数据的初态
   C. 问题的难度
   D. A 和 B

2. 在数据结构中，从逻辑上可以把数据结构分成_____。
   A. 内部结构和外部结构
   B. 线性结构和非线性结构
   C. 紧凑结构和非紧凑结构
   D. 动态结构和静态结构

3. 以下_____不是栈的基本运算。
   A. 判断栈是否为素空
   B. 将栈置为空栈
   C. 删除栈顶元素
   D. 删除栈底元素

4. 链表不具备的特点是_____。
   A. 可随机访问任意一个结点
   B. 插入和删除不需要移动任何元素
   C. 不必事先估计存储空间
   D. 所需空间与其长度成正比

微课 9-1
习题 1 算法的时间复杂度

5. 已知某二叉树的后序遍历序列是 DACBE，中序遍历序列是 DEBAC，则它的前序遍历序列是_____。

    A. ACBED   B. DEABC

    C. DECAB   D. EDBAC

6. 设有一个已按各元素的值排好序的线性表（长度大于 2），对给定的值 k，分别用顺序查找法和二分查找法查找一个与 k 相等的元素，比较的次数分别是 s 和 b，在查找不成功的情况下，s 和 b 的关系是_____。

    A. $s = b$ B. $s > b$

    C. $s < b$ D. $s \geqslant b$

7. 在快速排序过程中，每次划分，将被划分的表（或子表）分成左、右两个子表，考虑这两个子表，下列结论一定正确的是_____。

    A. 左、右两个子表都已各自排好序

    B. 左边子表中的元素都不大于右边子表中的元素

    C. 左边子表的长度小于右边子表的长度

    D. 左、右两个子表中元素的平均值相等

8. 结构化程序设计方法提出于_____。

    A. 20 世纪 50 年代   B. 20 世纪 60 年代

    C. 20 世纪 70 年代   D. 20 世纪 80 年代

9. 下列关于结构化程序设计方法的主要原则，不正确的是_____。

    A. 自下向上   B. 逐步求精

    C. 模块化   D. 限制使用 GOTO 语句

10. 面向对象的开发方法中，类与对象的关系是_____。

    A. 抽象与具体   B. 具体与抽象

    C. 部分与整体   D. 整体与部分

11. 关于软件的特点，下面描述正确的是_____。

    A. 软件是一种物理实体

    B. 软件在运行使用期间不存在老化问题

    C. 软件开发、运行对计算机没有依赖性，不受计算机系统的限制

    D. 软件的生产有一个明显的制作过程

12. 以下_____是软件生命周期的主要活动阶段。

    A. 需求分析   B. 软件开发

    C. 软件确认   D. 软件演进

13. 从技术观点看，软件设计包括_____。

    A. 结构设计、数据设计、接口设计、程序设计

    B. 结构设计、数据设计、接口设计、过程设计

    C. 结构设计、数据设计、文档设计、过程设计

    D. 结构设计、数据设计、文档设计、程序设计

14. 以下_____是软件测试的目的。

    A. 证明程序没有错误   B. 演示程序的正确性

    C. 发现程序中的错误   D. 改正程序中的错误

15. 以下_____测试要对接口测试。

A. 单元测试   B. 集成测试

C. 验收测试   D. 系统测试

16. 程序调试的主要任务是_____。

  A. 检查错误   B. 改正错误

  C. 发现错误   D. 以上都不是

17. 以下_____不是程序调试的基本步骤。

  A. 分析错误原因   B. 错误定位

  C. 修改设计代码以排除错误   D. 回归测试，防止引入新错误

18. 在修改错误时应遵循的原则有_____。

  A. 注意修改错误本身而不仅仅是错误的征兆和表现

  B. 修改错误的是源代码而不是目标代码

  C. 遵循在程序设计过程中的各种方法和原则

  D. 以上 3 个都是

19. 对于数据库系统，负责定义数据库内容，决定存储结构和存取策略及安全授权等工作的是_____。

  A. 应用程序员   B. 用户

  C. 数据库管理员   D. 数据库管理系统的软件设计员

20. 在数据库管理技术的发展过程中，经历了人工管理阶段、文件系统阶段和数据库系统阶段。在这几个阶段中，数据独立性最高的是_____。

  A. 数据库系统   B. 文件系统

  C. 人工管理   D. 数据项管理

21. 在数据库系统中，当总体逻辑结构改变时，通过改变_____，使局部逻辑结构不变，从而使建立在局部逻辑结构之上的应用程序也保持不变，称之为数据和程序的逻辑独立性。

  A. 应用程序   B. 逻辑结构和物理结构之间的映射

  C. 存储结构   D. 局部逻辑结构到总体逻辑结构的映射

22. 数据库系统依靠_____支持数据的独立性。

  A. 具有封装机制

  B. 定义完整性约束条件

  C. 模式分级，各级模式之间的映射

  D. DDL 语言和 DML 语言互相独立

23. 将 E-R 图转换到关系模式时，实体与联系都可以表示成_____。

  A. 属性   B. 关系

  C. 键   D. 域

24. 用树形结构来表示实体之间联系的模型称为_____。

  A. 关系模型   B. 层次模型

  C. 网状模型   D. 数据模型

25. 对数据库中的数据可以进行查询、插入、删除、修改（更新），这是因为数据库管理系统提供了_____。

  A. 数据定义功能   B. 数据操纵功能

  C. 数据维护功能   D. 数据控制功能

26. 设关系 R 和关系 S 的属性元数分别是 3 和 4，关系 T 是 R 与 S 的笛卡儿积，即 T=R×S，则关系 T 的属性元数是_____。

　　A. 7　　　　　　　B. 9　　　　　　C. 12　　　　　D. 16

27. 下述_____不属于数据库设计的内容。

　　A. 数据库管理系统　　　　　　B. 数据库概念结构

　　C. 数据库逻辑结构　　　　　　D. 数据库物理结构

二、填空题

1. 问题处理方案的正确而完整的描述称为_____。

2. 一个空的数据结构是按线性结构处理的，则属于_____。

3. 设树 T 的度为 4，其中度为 1、2、3 和 4 的结点的个数分别为 4、2、1、1，则 T 中叶子结点的个数为_____。

4. 二分法查找的存储结构仅限于_____且是有序的。

5. 在面向对象方法中，使用已经存在的类定义作为基础建立新的类定义，这样的技术叫做_____。

6. 对象的基本特点包括_____、分类性、多态性、封装性和模块独立性好等 5 个特点。

7. 对象根据所接收的消息而做出动作，同样的消息被不同的对象所接收时可能导致完全不同的行为，这种现象称为_____。

8. 软件设计是软件工程的重要阶段，是一个把软件需求转换为_____的过程。

9. _____是指把一个待开发的软件分解成若干小的简单的部分。

10. 数据流图采用 4 种符号表示_____、数据源点和终点、数据流向和数据加工。

11. 一个数据库的数据模型至少应该包括_____、数据操作和数据的完整性约束条件 3 个组成部分。

12. 在关系数据模型中，二维表的列称为属性，二维表的行称为_____。

参考文献

[1] 张海藩. 软件工程导论[M]. 5 版. 北京：清华大学出版社，2012.

[2] 何玉洁. 数据库原理与应用[M]. 北京：机械工业出版社，2011.

[3] 周鸿旋. 数据库原理与 SQL 语言[M]. 北京：清华大学出版社，2011.

[4] 任向民，孟照凯. 计算机应用技术基础[M]. 北京：清华大学出版社，2005.

[5] 李拴保. 网络安全技术[M]. 北京：清华大学出版社，2012.

[6] 张钧良，张世波. 计算机组成原理[M]. 北京：清华大学出版社，2010.

[7] 卓晓波. 大学计算机基础（Windows 7+Office 2010）[M]. 北京：高等教育出版社，2014.

[8] 教育部考试中心. NCRE 一级教程 计算机基础及 MS Office 应用[M]. 北京：高等教育出版社，2021.

[9] 教育部考试中心. NCRE 二级教程 MS Office 高级应用与设计[M]. 北京：高等教育出版社，2021.

[10] 教育部考试中心. NCRE 二级教程 公共基础知识[M]. 北京：高等教育出版社，2021.

[11] 眭碧霞. 计算机应用基础任务化教程（Windows 7+Office 2010）[M]. 3 版. 北京：高等教育出版社，2019.

[12] 刘卉，张研研. 大学计算机应用基础教程（Windows 10+Office 2016）[M]. 北京：清华大学出版社，2020.

[13] 张钧良，张世波. 计算机组成原理[M]. 北京：清华大学出版社，2010.

[14] 武志学. 云计算导论 概念 架构与应用[M]. 北京：人民邮电出版社，2016.

[15] 吕云翔，柏燕峥，许鸿志，等. 云计算导论[M]. 2 版. 北京：清华大学出版社，2020.

[16] 周奇，张纯，苏绚，等. 大数据技术基础应用教程[M]. 北京：清华大学出版社，2020.

[17] 尼克. 人工智能简史[M]. 2 版. 北京：人民邮电出版社，2021.

[18] 廉师友. 人工智能导论[M]. 北京：清华大学出版社，2020.

[19] 郭铭. 移动通信简史——从 1G 到 5G[M]. 北京：人民邮电出版社，2020.

[20] 刘云浩. 物联网导论[M]. 3 版. 北京：科学出版社，2017.

[21] 郎为民，马卫国，张寅，等. 大话物联网[M]. 2 版. 北京：人民邮电出版社，2020.

[22] 华为区块链技术开放团队. 区块链技术及应用[M]. 北京：清华大学出版社，2019.

郑重声明

高等教育出版社依法对本书享有专有出版权。任何未经许可的复制、销售行为均违反《中华人民共和国著作权法》，其行为人将承担相应的民事责任和行政责任；构成犯罪的，将被依法追究刑事责任。为了维护市场秩序，保护读者的合法权益，避免读者误用盗版书造成不良后果，我社将配合行政执法部门和司法机关对违法犯罪的单位和个人进行严厉打击。社会各界人士如发现上述侵权行为，希望及时举报，我社将奖励举报有功人员。

反盗版举报电话　（010）58581999　58582371
反盗版举报邮箱　dd@hep.com.cn
通信地址　北京市西城区德外大街 4 号　高等教育出版社法律事务部
邮政编码　100120

读者意见反馈

为收集对教材的意见建议，进一步完善教材编写并做好服务工作，读者可将对本教材的意见建议通过如下渠道反馈至我社。

咨询电话　400-810-0598
反馈邮箱　gjdzfwb@pub.hep.cn
通信地址　北京市朝阳区惠新东街 4 号富盛大厦 1 座
　　　　　高等教育出版社总编辑办公室
邮政编码　100029